高温高压高产气井油管柱流致振动及失效机理

柳　军　郭晓强　王国荣　李炎军　著

石油工業出版社

内容提要

本书对高温高压高产气井油管柱非线性流致振动模型、屈曲变形机理、油套管摩擦磨损机理、疲劳损伤机理进行了深入研究。主要内容包括：高温高压高产气井的三维井眼轨迹模拟方法、井筒温度压力场计算模型、油管柱流致振动模型及响应特性、油管柱摩擦磨损分析方法及失效机理、油管柱疲劳分析方法及损伤机理、油管柱参数影响规律及安全控制措施、油管柱动力学软件开发及应用等。

本书可供从事油气井工程的技术人员、科研人员阅读，也可供石油高等院校师生参考。

图书在版编目(CIP)数据

高温高压高产气井油管柱流致振动及失效机理 / 柳军等著. —北京：石油工业出版社，2021. 1

ISBN 978-7-5183-4567-0

Ⅰ. ①高… Ⅱ. ①柳… Ⅲ. ①采气井-油管柱-研究 Ⅳ. ①TE931

中国版本图书馆 CIP 数据核字(2021)第 041791 号

出版发行：石油工业出版社
(北京安定门外安华里 2 区 1 号楼　100011)
网　址：www. petropub. com
编辑部：(010)64523687　图书营销中心：(010)64523633
经　销：全国新华书店
印　刷：北京中石油彩色印刷有限责任公司

2021 年 1 月第 1 版　2021 年 1 月第 1 次印刷
787×1092 毫米　开本：1/16　印张：17. 5
字数：400 千字

定价：90. 00 元
(如出现印装质量问题，我社图书营销中心负责调换)

序

石油工业是一个高投入、高风险和高科技含量的产业，理论基础研究是推进石油工业科学发展的基石。基础理论研究的科学发现与理性认识的系统总结是技术产生与发展的源泉，而技术的发展与进步是科学理论价值的具体体现。随着石油与天然气需求量的上升以及浅层油气资源的日益减少，钻井、完井工艺不断向高温高压和复杂的深部地层方向发展，导致油气井管柱面临诸多挑战。面对这些挑战，需要加强基础理论及其应用研究，开发利用新技术，进一步保障石油天然气安全高效开采。

井下油气管柱是石油工程地面与井下资源联系的唯一通道，长期位于高温高压等恶劣环境中，其力学行为及失效机理十分复杂，且其安全性是油气资源有效开采的重要保障，对石油生态环境具有重要影响，因而，对井下油气管柱进行系统的、准确的力学行为分析具有重要的理论意义和实用价值。

近年来，国内外多名专家学者对管柱力学理论开展了一系列研究工作，形成了一些管柱力学分析方法，为油气井井下管柱力学行为的认识奠定了理论基础。作者们在国家自然科学基金项目、国家科技重大专项项目、中国海洋石油集团有限公司重大项目等的资助下，从传热理论、轨迹模拟、动力学建模、数值求解、试验测试、现场应用等方面，对高温高压高产油管柱流致振动及失效机理开展了深入研究，取得了一系列研究成果，指导了现场管柱的设计及操作，应用效果显著，研究工作对促进管柱力学理论的发展做出了有益的贡献。

本书在总结前人研究成果的基础上，以高温高压高产气井油管柱流致振动与失效机理研究为主线，建立了新模型、新试验装置和新方法，发现了新规律，提出了新观点，获得了新认识。该书既可为相关设计人员提供理论基础，也可为现场工程师提供操作指导，同时可作为石油高校教师、国内外石油科研院所人员参考用书。

相信此书的出版将为油气开发领域的科研工作者、现场设计人员及工程人员等的学习和工作带来有益的参考。

加拿大　里贾纳大学　终身教授
美国机械工程学会　会士(ASME Fellow)　Liming Dai

2020 年 11 月

前　　言

随着石油与天然气需求量的上升以及浅层油气资源的日益减少，我国钻井、完井工艺不断向高温高压和复杂的深部地层方向发展，并以高产的开采方式才能够满足当前的需求。与常规气井油管柱相比，高温高压气井油管柱将面临更大的风险，主要表现为管内高速流体诱发管柱的非周期性剧烈振动，将增加管柱的轴向载荷，引起管柱屈曲变形，更加容易导致油管发生摩擦磨损失效及疲劳失效。一旦油管柱发生破坏，将被迫停止井下作业，甚至导致井筒报废，造成重大的经济损失和环境污染。近几年，国内典型高温高压高产(简称“三高”)气井相继出现管柱失效问题，其中包括塔里木油田(克拉 2 气田、迪那 2 气田、大北气田)、克拉玛依油田、准噶尔盆地南缘霍尔果斯背斜、西南油气田(龙岗气田、九龙山气田)、大庆油田徐家围子、吉林油田长深、大港油田歧口等区块。现有的“三高”气井油管柱力学研究集中于高温高压引起管柱变形分析和钻井、射孔完井、注水压裂等工况下外激励诱发的管柱振动特性研究。针对生产工况下管内高速流体诱发油管柱振动失效问题，还未有相应的理论研究，且未能全面认识“三高”气井油管柱流致振动特性和揭示“三高”气井油管柱振动失效机理。因此，高温高压高产气井油管柱动力学行为及失效机理研究已成为国内外油气资源开发领域亟待解决的重要课题之一。

本书在前人研究工作的基础上，深入开展“三高”气井油管柱非线性流致振动模型、屈曲变形机理、油套管摩擦磨损机理、疲劳损伤机理和现场应用研究，探究现场设计参数对油管柱振动、摩擦磨损、疲劳寿命和强度安全等特性影响规律，揭示高温高压高产油管柱振动、摩擦磨损和疲劳失效机理，在此基础上提出有效的管柱优化设计方法，开发“三高”气井油管柱力学仿真软件。研究成果丰富了油气井管柱力学理论，指导了现场“三高”气井油管柱结构设计、生产参数的优选。

在本书相关内容的研究过程中和气田现场资料收集方面，中海石油(中国)有限公司湛江分公司、中海油研究总院和中国石油塔里木油田公司给予了大力支持和帮助，对此表示衷心的感谢。在撰写本书过程中，参阅了大量的国内外文献资料，引用了一些其他作者的研究成果，在此也谨向文献作者表示深深的谢意。

此外，李中、方达科、魏安超、张小洪、黄亮、何玉发、毛良杰、黄本生、钟林、魏刚、王建勋、付升和曾林林等为本书的出版做出了贡献，多位专家对书稿进行了认真的审阅并提出了宝贵意见，石油工业出版社在本书出版过程中给予了全力支持和帮助，在此一并表示感谢！

由于高温高压高产气井油管柱动力学行为及失效机理的复杂性，涉及的具体理论和实际难点很多。由于水平有限，书中难免有疏漏或不足之处，敬请读者批评指正！

前言

目　录

1 绪论

1.1 全球高温高压天然气资源开发现状

全球经济的迅猛发展和工业的现代化进程都得益于传统能源的开采和使用，石油和天然气作为传统能源的重要组成部分，在政治、经济及安全领域中的重要性日益增加。随着石油与天然气需求量的上升以及浅层油气资源的日益减少，为了满足当前的需求，中国钻井、完井工艺不断向高压、高温和复杂的深部地层方向发展，并以高产的方式进行开采。美国联邦法规以及哈里伯顿公司定义高温高压气井通常指地层孔隙压力大于 69MPa (10000psi)、井底温度高于 150℃(302℉)的井，国内定义产量大于 $120\times10^4m^3/d$ 的气井为高产井。随着全球勘探技术的飞速发展，被发现的高温高压油气资源越来越多，国外主要分布于墨西哥湾、北海(英国)、北美(加拿大和美国)、澳大利亚等国家和地区，中国主要分布在已开发多年的新疆塔里木油田和将要大力开发的南海，其中 2019 年博孜 9 井获高产工业油气流，成为塔里木油田在天山南部发现的又一个千亿立方米级大气田，标志着塔里木油田博孜—大北第 2 个万亿立方米大气区问世(克拉—克深为第一个万亿立方米大气区)，成功开发的牙哈、迪那 2、塔中 1 号等 14 个超深、超高压复杂凝析气田，已形成年产凝析油超 200×10^4t、天然气 $100\times10^8m^3$ 产能，建成了全球最大超深层凝析油气生产基地，奠定了中国在世界深层复杂凝析气田开发领域的领军地位。另外中国海洋石油集团有限公司在中国南海西部发现多个高温高压气田，其中包括已开发的东方 13-1 和正在开发的东方 13-2、陵水 17、乐东 10 等 6 个气田，约 $15\times10^{12}m^3$ 的天然气资源，约占中国南海总资源的 37.5%。

油管柱作为油气开采的重要部件，其安全性是“三高”气井顺利作业的重要保障。与常规气井管柱相比，“三高”气井油管柱面临的环境更加恶劣、失效机理更加复杂和破坏风险更高。其中一个重要原因是高温加热的环空完井液会使得环空压力被动升高，被动升高的环空压力容易导致油管破裂，同时由于井筒温度压力高容易导致管柱发生大变形，从而影响油管柱的使用寿命(即管柱的温度效应、鼓胀效应和活塞效应导致的变形对管柱工作安全性的影响突出)；另一个重要原因是管内高速流体易引起油管柱的非周期性剧烈振动，导致油管柱发生疲劳失效，同时增加管柱的轴向载荷，引起管柱屈曲变形，增加油套管之间的接触碰撞，导致管柱发生摩擦磨损失效。近几年，国内典型“三高”气井相继出现管柱失效等问题，其中包括塔里木油田克拉 2 气田。该气田内共有 10

口生产井，其井口压力为54~58MPa，井口温度为70~85℃，每次定期检测时，发现由于气井管柱剧烈振动，其屈曲变形进一步加剧，导致管柱的磨损程度超过预期；除此之外，迪那2、大北、克拉玛依油田准噶尔盆地南缘霍尔果斯背斜、西南油气田龙岗、九龙山、大庆油田徐家围子、吉林油田长深、大港油田歧口等区块“三高”气井也报道了油管柱振动引起的破坏问题。

1.2 “三高”气井油管柱失效现场调研

针对“三高”气井油管柱振动失效问题，开展了现场调研，共调研了95口“三高”气井，主要分布在塔里木油田克拉2气田、迪那2气田、克深2气田、大北3气田、大北201气田和大北1气田，具体分布如图1-1所示，不同区块参数见表1-1。

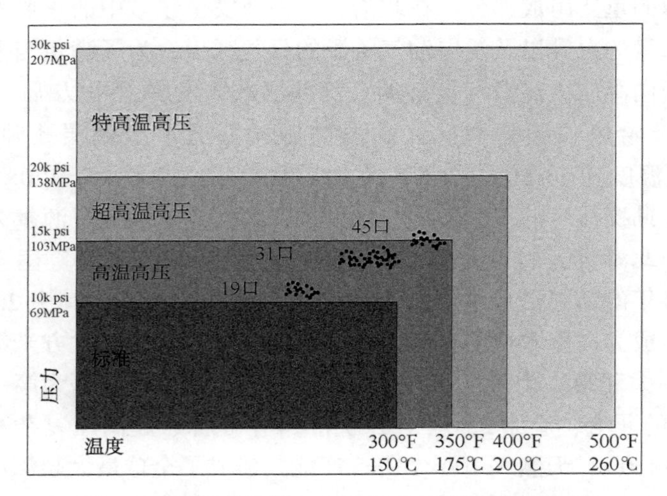

图1-1 塔里木油田“三高”气井温度压力分布图

表1-1 塔里木油田不同区块的参数表

区块	地层压力(MPa)	井口关井压力(MPa)	井口油压(MPa)	单井日产气量(10^4m^3)
克拉2	74	64	58~62	100~400
迪那2	106	87	88~90	50~100
克深2	120	95	70~88	50~100
大北3	119	99	75.9	40~50
大北201	92	76	71~75	50~100
大北1	92	76	30~60	30~50

通过调研分析，发现塔里木油田“三高”气井的失效主要分为油管柱失效、套管柱失效和其他工具失效，各部分失效形式所占的比例如图1-2所示，其中2009—2015年，

库车区块的高温高压气井共有15口发生19井次的失效事故，其中油管柱失效12井次、套管柱失效3井次、其他工具失效4井次。可见，油管柱失效是影响井筒完整性的主要问题。

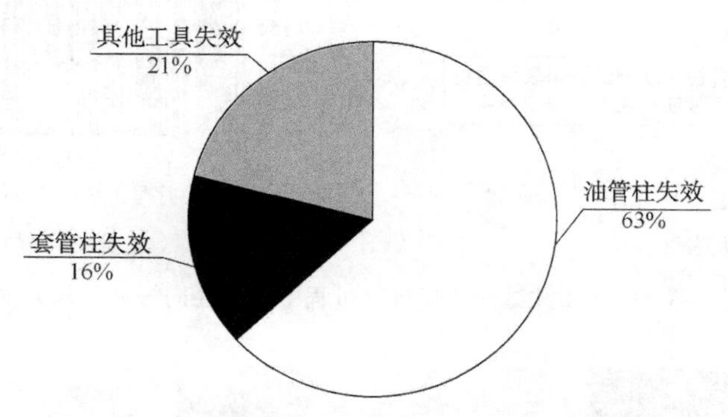

图1-2 塔里木油田“三高”气井失效形式所占比例

根据现场调研，给出了不同区块“三高”气井典型失效案例(表1-2)，表明了“三高”气井失效的主要形式是油管柱的损坏。同时，塔里木油田曾经设计了井下管柱振动测试器，并在吐北4等气井开展了现场测试，证实了气井中流体诱发油管柱振动的现象(图1-3)。通过对某些典型的事故井现场资料的收集、查看和分析，发现“三高”气井油管柱的主要失效形式(图1-4)有：(1)油管断裂；(2)油管脱扣；(3)油管窜通；(4)屈曲变形；(5)摩擦穿孔；(6)疲劳破坏。油管柱失效的主要原因有：(1)起下管柱时动载复杂；(2)管柱振动；(3)温度高导致材料性能改变。管柱主要失效位置为中下部。

表1-2 典型的失效井描述

井号	事故现象	事故描述
迪西1	封隔器芯轴断裂	钻井期间环空带压。放喷求产测试结束后起甩测试管柱，发现测试管柱从7in MHR封隔器芯轴断开，管柱为：7in MHR封隔器+5in MHR封隔器测试—分层改造—完井一体化管柱
克深201	油管脱扣	AB环空带压。修井通过泄油压，降低AB环空压力至0；起甩原井5½in MHR封隔器完井管柱，发生油管脱扣，造成2151.29m落鱼
中深1	油套窜通、油管脱扣	连续油管气举排液期间，套压突然由6.11MPa降至0，油套窜通；起7⅝in MHR封隔器完井一体化管柱，发现4784.38m处一根油管整体压扁，MHR封位6315.35m(该井泵压较高，最高达91.9MPa，排量为0.3~0.5m^3/min，共计注入30h，累计注入98.7m^3)
大北101-1	油套窜通	加砂压裂施工，挤入地层总液量785.18m^3，挤入地层总砂量29.7m^3，泵压121~45.5MPa，套压42.8~36.8MPa，排量11.7~0.2m^3/min；用针阀控制排液期间，发现套压升至61.77MPa，油套窜通

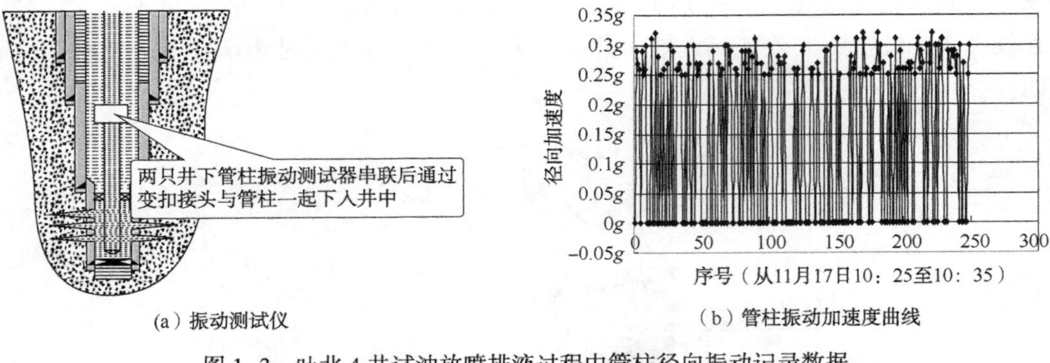

（a）振动测试仪　　（b）管柱振动加速度曲线

图 1-3　吐北 4 井试油放喷排液过程中管柱径向振动记录数据

（a）迪那2-16井　（b）迪那2-27井　（c）东秋6井

（d）克深2-2-3井　（e）克深2-1-5井　（f）克深101井

图 1-4　“三高”气井油管柱失效图

1.3　油气井管柱力学研究进展

在油气井工程中，管柱是不可缺少的井下工具，是地下油气与地面装置的唯一通道，其包括钻柱、套管柱、注入管柱、生产管柱及连续管、膨胀管等。油气井管柱力学是综合应用力学、数学等基础科学的理论和方法，结合现场采集的数据资料，综合研究受井眼(垂直井、定向井、水平井及大位移井等)约束管柱的力学行为，如管柱的稳定性(屈曲行为等)、动态特性、机械强度及受力与变形等，为油气井管柱与工程的优化设计与作业控制提供科学依据[1]。油气井管柱力学是石油钻采工程学科领域的重要理论基础。有关管柱在无限空间(只有端部或管体上有限个点处受到外部约束)中的力学问题研究开展得比较早，但油气井管柱是在充满流体的狭长井筒内工作，易受几何非线性因素的影响，同时由于横向方向受约束条件的限制，导致与约束体易发生非线性接触，从而使油气井管柱力学问题的分析变得更加复杂。

人们对油气井管柱力学的理论研究最早可以追溯到 1929 年，在 1929—1950 年，Jones[2]，Capelushnikov[3]，Clark[4]等分别对钻柱力学作了探索性的研究。如今，钻柱力学经历了从静力学分析到动力学分析、从线性分析到非线性分析、从考虑单因素到考虑复合多因素影响、从一维问题到三维问题发展过程。学者们提出了油气井管柱力学分析的许多理论和方法，包括经典微分方程法、有限差分法、逆解法、纵横弯曲连续梁法、能量法、变分近似法、有限元法等。但由于问题的复杂性，有关理论和技术现状与目前人们的期望还有不少差距。

1.3.1 管柱静力学研究进展

1950 年，Lubinski 发表了第一篇研究钻柱稳定性问题的文献[5]，开启了国内外学者在油气井管柱力学方面的研究生涯。Lubinski 较系统地研究了垂直井眼中钻柱的受力和变形，分析了二维钻柱在垂直井眼中的平面(正弦)屈曲，导出了钻柱在垂直平面内的屈曲方程，并给出了该方程的级数解，还详细讨论了钻柱弯曲对钻头倾角、钻柱形态、井壁接触力及弯矩的影响。在 20 世纪 50 年代期间，Lubinski 等还发表了其他重要的文献[6,7]，对抽油井中油管柱及抽油杆柱的屈曲问题进行了研究。这些文章重点分析了管柱内外流体密度对管柱屈曲过程的影响，同时也分析了屈曲对抽油作业的影响，提出了抽油杆和油管在轴压和内外压作用下发生空间螺旋屈曲的概念和内压引起管柱失稳的概念。这些研究工作为后面开展管柱力学的研究奠定了基础。到 60 年代，Lubinski 等[8]在封隔器管柱的螺旋屈曲理论研究方面进行了开创性的工作，并于 1962 年将关于封隔器管柱受力的第一篇著名文献公之于世。在这篇文章中建立了屈曲变形的基本模型，讨论了直井中带有封隔器的管柱在压力和温度作用下引起的鼓胀效应、活塞效应、温度效应及螺旋屈曲效应等产生的管柱轴向位移的计算方法：

$$\Delta L_1 = -\frac{L}{EA}[(A_p - A_i)\Delta p_i - (A_p - A_o)\Delta p_o] \tag{1-1}$$

式中：ΔL_1 为活塞效应引起管柱的长度变化，m；L 为管柱长度，m；E 为油管弹性模量，MPa；A 为油管横截面积，mm²；A_p 为封隔器密封腔的横截面积，mm²；A_i 为油管内截面积，mm²；Δp_i 为封隔器处油管内部的压力变化，MPa；A_o 为油管外截面积，mm²；Δp_o 为封隔器处环形空间的压力变化，MPa。

$$\Delta L_2 = -\frac{r^2 A_p^2 (\Delta p_i - \Delta p_o)^2}{8EI(w_s + w_i - w_o)} \tag{1-2}$$

式中：ΔL_2 为螺旋弯曲效应引起管柱的长度变化，m；r 为油套管间的径向间隙，mm；I 为油管的截面惯性矩，m^4；w_s 为单位长度油管柱重量，N/m；w_i 为单位长度油管柱内的流体重量，N/m；w_o 为单位长度油管柱体积所排开气体的重量，N/m。

$$\Delta L_3 = -\frac{\upsilon}{E}\frac{\Delta\rho_i - R^2\rho_o - \dfrac{1+2\upsilon}{2\upsilon}}{R^2 - 1}L^2 - \frac{2\upsilon}{E}\frac{\Delta p_i - R^2\Delta p_o}{R^2 - 1}L \tag{1-3}$$

式中：ΔL_3 为鼓胀效应引起管柱的长度变化，m；υ 为材料的泊松比；$\Delta\rho_i$ 为管柱内流体密度变化，kg/m^3；$\Delta\rho_o$ 为油套环空流体密度变化，kg/m^3；R 为油管外径与内径的比值；Δp_i 为井口处油压的变化，MPa；Δp_i 为井口处套压的变化，MPa。

$$\Delta L_4 = L\beta\Delta t \tag{1-4}$$

式中：ΔL_4 为温度效应引起管柱的长度变化，m；β 为材料热膨胀系数，$℃^{-1}$；Δt 为管柱内平均温度变化，℃。

$$\Delta L = \Delta L_1 + \Delta L_2 + \Delta L_3 + \Delta L_4 \tag{1-5}$$

式中：ΔL 为当4种基本效应同时发生时管柱总的长度变化，m。

Lubinski 等提出了“虚构力”(Fictitious force)的概念，首次区分了屈曲过程的产生阶段，亦即正弦屈曲(也称作侧向屈曲和二维平面屈曲)阶段和螺旋屈曲阶段，并应用能量法推导出了管柱发生螺旋屈曲后螺距与所承受的等效轴向压缩力(包括内外压所产生的“虚构力”)之间的关系以及由螺旋屈曲所引起的管柱轴向位移的计算公式。研究形成了垂直井封隔器管柱力学分析的基本理论，是封隔器管柱设计和作业参数选择的重要理论依据，被广泛应用于井下管柱的设计和施工中。但是，Lubinski 等的研究始终限于二维分析，由于这一研究中假设井眼轴线为一维的铅垂直线，与实际井眼形态不符，并且他们采用了等螺距假设而且未考虑重力的影响，使得一些研究结论不够准确，

1977—1980 年，Hammerlindl[9-11]基于 Lubinski 所得结论的基础上，进一步研究了带封隔器多级组合管柱的受力、应力和位移的计算问题，液体压力对管柱屈曲性能的影响，“中性点”的计算问题，多封隔器管柱及其中间封隔器的受力计算问题，发展了封隔器管柱受力的理论。Goins 对如何防止作业管柱的屈曲问题进行了理论和应用研究[12,13]。Seldenrath 和 Wright[14]对抽油井中油管的屈曲问题也进行了论述。1982 年，Mitchell[15]应用细长梁理论提出了不考虑油管柱重力的螺旋屈曲平衡方程，并分析了封隔器约束对管柱螺旋屈曲形态的影响。1983 年，Johansick 等[16]在假设管柱为一条只有重量而无刚性的柔索基础上，考虑了管柱的拉力、重力及井眼轨迹等参数，首次提出了一个预测钻柱拉力和扭矩的模型，该模型对后来学者们研究钻柱和其他管柱摩阻扭矩奠定了基础。在国内，自1980 年西南石油学院的曾宪平发表了第一篇油管柱受力分析的文章以来[17]，我国专家学者在井下管柱的屈曲理论、摩阻和扭矩、受力和变形、现场测试与实验、理论应用等方面开展了大量的研究工作[18-27]。曾宪平提出屈曲变形的中和点的概念，得到了中和点到封

隔器距离的计算公式：

$$L_n = \frac{F}{q} = \frac{F}{Kq_s} \tag{1-6}$$

式中：L_n 为中和点到封隔器的距离，m；F 为管柱加给封隔器的压重，N；K 为管柱在井内液体中的浮力系数；q_s 为单位长度管柱在空气中的平均重力，N/m。

弹性缩短公式：

$$\Delta L_1 = \frac{1}{2}\frac{FL_n}{EA} + \frac{F(L-L_n)}{EA} = \frac{F}{EA}\left(L - \frac{L_n}{2}\right) \tag{1-7}$$

式中：ΔL_1 为弹性缩短的变形量，m；E 为管柱的弹性模量，Pa；A 为管柱的截面积，m^2；L 为封隔器以上管柱的长度，m。

螺旋弯曲引起的变形量：

$$\Delta L_2 = \frac{\gamma^2 F^2}{8EIq} \tag{1-8}$$

式中：γ 为油套管之间的间隙，m；I 为管柱的截面惯性矩，m^4；q 为单位长度管柱在井内液体中的重力，N；其中 $\gamma=\frac{1}{2}(D-d_0)$、$I=\frac{\pi}{64}(d_0^4-d_f^4)$，$D$ 为套管的内径，m；d_0 为油管的外径，m；d_f 为油管的内径，m。

式中：$\gamma=\frac{1}{2}(D-d_0)$，$I=\frac{\pi}{64}(D^4-d_0^4)$。

发现，当封隔器以上长度大于中和点到封隔器的长度时，管柱只有中和点以下的部分是弯曲的，反之，整个管柱会发生弯曲，论证了液压下管柱出现的“虚构力”是一个真实存在的内力，用弹性力学方法得出了虚构力的计算公式，并对液压作用下管柱的失稳条件、中和点及轴向应力零点作了阐述。

目前，国内外有关管柱静力学的研究已经趋于系统和成熟，形成了经典的管柱变形四大效应，并已开发较为成熟的商业软件。

1.3.2 管柱流致振动研究进展

国内外众多学者针对管柱振动失效问题开展了相应的研究，并取得了一些成果。早期研究中，学者主要针对无外激力作用下，由管内流体作用引起的管柱振动问题开展了初步研究[28,29]，并初步确定了管内流体诱发管柱振动的现象，但未得到流体与管柱的具体作用方式。2005 年黄祯[30]应用流体激振与流体力学的理论研究了天然气在油管柱内流动过程中诱发油管柱振动机理，确定了流体与管柱的作用方式。在此基础上，多数学者主要集中于流体诱发管柱振动模型的建立和求解。早期建立的模型未考虑管柱的非线性因素[31-33]，得到了管柱的解析解，由于模型过于简化，其计算精度无法满足现场要求。因此，部分学者开始将非线性因素考虑到流体诱发管柱的振动中[34,35]，建立了管柱的非线性振动模型，但所建立的动力学模型只考虑了一个方向的振动(纵向或横向)。部分学者发现细长管柱的纵横向耦合效应明显，不可忽略。为了解决这一问题，又有学者建立了结构(包括深水隔水管)的纵横向耦合振动模型[36-38]，为本书模型的建立奠定了理论基础。但该模型局限于单管的振动分析，未考虑结构体之间的接触碰撞问题，而“三高”气井油管柱受套管的约束作用，导致已建立的振动模型无法适用于油管柱流致振动分析。

针对管中管结构的接触碰撞问题，一些学者主要考虑当内管发生屈曲变形时外管对其的支反力作用(静力作用)，或者把外管的作用当成内管分析计算时的位移边界[39-42]，但却忽略了管柱的振动时接触力和摩擦力的动态变化，无法满足计算精度。目前分析外管对内管动态接触力的影响，主要采用商用软件建模分析[43]，无法得到具体的碰撞力和摩擦力计算公式。最早的动态接触模型研究主要集中于多刚体系统[44-47]，建立了判断系统中Stick-Slip现象的接触定理，完成了多刚体系统的模型建立与数值仿真分析，并得到了冲击力在接触过程中的时间历程。在此基础上，针对梁与支撑结构之间间隙的接触碰撞问题，洪景丰、窦一康、丁传义、沈时芳和张磊等学者开展了接触碰撞力的计算方法研究[48-52]，得到了单一位置接触的碰撞力计算方法和碰撞力的时程响应，并与试验数据对比验证了计算方法的正确性，但模型只考虑一点位置的接触碰撞，对于多位置的接触碰撞还未开展研究。

可见，针对管内流体诱发管柱的振动问题，目前所建立的振动模型主要集中于一个方向(纵向或横向)，且忽略了实际套管接触非线性因素、井筒温度压力和井斜角变化等，使得无法精确有效揭示“三高”气井油管柱振动失效机理，指导现场油管柱的优化设计。目前在建立“三高”气井油管柱流致振动模型过程中，将面临的难点主要包括缺乏有效的油套管接触碰撞计算方法、大长径比管柱纵横向耦合振动模型的建立方法和有效的数值求解方法。

1.3.3 管柱临界屈曲载荷计算方法研究进展

1950 年，管柱力学鼻祖 Lubinski[5] 针对钻柱在垂直井眼中的稳定性问题推导了其弯曲方程，通过理论方法求解出弯曲方程的级数解，首次提出了钻柱在垂直平面内发生失稳弯曲时的临界载荷计算公式：

$$F_{cr} = kq\left(\frac{EI}{q}\right)^{\frac{1}{3}} \tag{1-9}$$

式中：F_{cr}为钻柱在垂直平面内发生失稳弯曲的临界载荷，N；k 为钻柱在钻井液中的浮力系数；q 为单位长度钻柱在空气中的重力，N/m；E 为钻柱的弹性模量，Pa；I 为钻柱的截面惯性矩，m^4。

1964 年，Paslay 等[53]针对斜直井管柱的稳定性问题，采用能量法推导了管柱发生正弦弯曲时的临界载荷计算公式：

$$F_{cr} = EI\left(\frac{\pi}{L}\right)^2\left[n^2 + \frac{q\sin\varphi}{n^2EIr}\left(\frac{L}{\pi}\right)^4\right] \tag{1-10}$$

式中：F_{cr}为管柱发生正弦弯曲时临界载荷，N；E 为管柱的弹性模量，Pa；I 为管柱的截面惯性矩，m^4；L 为管柱的长度，m；n 为管柱变形的半波数；q 为单位长度管柱在井内液体中的重力，N/m；φ 为井斜角，(°)；r 为井眼的视半径，m。

1984 年，学者 Dawson 与 Paslay[54]通过对式(1-10)变形化简给出了其极小值公式：

$$F_{cr} = 2\left(\frac{EIq\sin\varphi}{r}\right)^{0.5} \tag{1-11}$$

上面所推到的管柱正弦屈曲临界荷载计算公式在现场得到广泛应用，并称之为斜直井中钻柱失稳载荷计算公式。

随着水平井的广泛应用，学者开始针对水平井管柱的失稳临界载荷展开研究。1990 年，Chen 等[55]在前面学者的基础上采用能量法推导了水平井管柱发生正弦及螺旋弯曲时的临界载荷计算公式。

正弦弯曲：

$$F_{cr} = 2\left(\frac{EIq}{r}\right)^{0.5} \tag{1-12}$$

螺旋弯曲：

$$F_{cr} = 2\sqrt{2}\left(\frac{EIq}{r}\right)^{0.5} \tag{1-13}$$

1993 年 Wu 等[56,57]同样利用能量法推导了考虑摩擦阻力作用下的管柱螺旋弯曲时的临界载荷计算公式：

$$F_{cr} = 2(2\sqrt{2} - 1)\left(\frac{EIq\sin\varphi}{r}\right)^{0.5} \tag{1-14}$$

上述研究都是针对直管柱得出的屈曲弯曲临界载荷计算方法，随着定向井的广泛应用，在造斜段处需要弯曲管柱，曲管柱的稳定性问题比直管柱更加复杂，需要考虑管柱与支撑结构之间的接触力，因此，在 20 世纪 90 年代，部分学者针对弯曲井眼中管柱的稳定性问题开始了相关研究。1995 年，He 等[58]在直管柱屈曲载荷计算方法的基础上考虑井壁支反力的作用，采用最小能量原理推导出了曲管柱临界螺旋屈曲载荷计算公式：

$$F_{cr} = 1.45\left[\frac{4EIq}{r}\sqrt{\left(q\sin\varphi + F\frac{d\varphi}{dx}\right)^2 + \left(F\sin\varphi\frac{d\varphi}{dx}\right)^2}\right]^{0.5} \tag{1-15}$$

式中：F 为管柱所受的轴向载荷，N。

到了21世纪初，学者们开始开展考虑不同的外界因素作用下管柱临界屈曲载荷计算方法的研究。2005年，陈敏[59]考虑了钻柱的自重和离心力的影响，采用能量法推导出了管柱正弦屈曲临界载荷计算公式：

$$F_{cr} = \frac{g\pi}{2p^2}\sqrt{4\rho^3 g^2 EI\pi^2 - 2\rho p^3} \tag{1-16}$$

式中：g 为重力加速度，m/s²；p 为井底作用于钻头的轴向力，N；ρ 为钻柱的密度，kg/m³；E 为钻柱的弹性模量，Pa；I 为钻柱的截面惯性矩，m⁴。

2008年，李文飞[60]在陈敏研究的基础上进一步考虑了钻柱扭矩的影响，得到了其螺旋屈曲变形临界载荷计算公式：

$$F_{cr} = \frac{4\pi^2 EI}{h^2} - \frac{2\pi T}{h} - \frac{\omega^2 r_0^2 \rho h\sqrt{h^2 + 4\pi^2 r^2}}{2\pi^2 r^3} - \frac{qL\cos\varphi}{2} + \frac{qh^2}{2\pi^2 r}\sin\varphi - \frac{qh^3}{2\pi^3 Lr}\sin\frac{2\pi L}{h} + \frac{1}{2}qL\cos\varphi \tag{1-17}$$

式中：p 为井底作用于钻头的轴向力，N；ρ 为钻柱的质量线密度，kg/m³；E 为钻柱的弹性模量，Pa；I 为钻柱的截面惯性矩，m⁴；h 为钻柱的节距，m/s²，计算公式为：$h = \sqrt{\frac{8\pi^2 EI}{F}}$，其中 F 为钻柱所受轴向载荷，N；T 为钻柱扭矩，N·m；ω 为钻柱自转速度，rad/s；r_0 为钻柱外半径，m；ρ 为钻柱的密度，kg/m³；r 为钻柱贴井壁反转时的回转半径，m；q 为单位长度管柱的浮重，N/m；L 为钻柱的长度，m；φ 为井斜角，(°)。

2013年，夏辉[61]针对全井段管柱(造斜段、稳斜段和降斜段)建立了相应的屈曲变形临界载荷计算方法，为全井段管柱的稳定性分析提供了理论方法。

造斜段下凹管柱：

$$F_{cr} = \frac{2EIK}{\delta} + 2EI\sqrt{\left(\frac{K}{\delta}\right)^2 + \frac{q\sin\varphi}{EI\delta}} + \frac{qL\cos\varphi}{2} \tag{1-18}$$

稳斜段斜直段管柱：

$$F_{cr} = 2EI\sqrt{\frac{q\sin\varphi}{EI\delta}} - \frac{qL\cos\varphi}{2} \tag{1-19}$$

造斜段下凹管柱：

$$F_{cr} = \frac{2EIK}{\delta} + 2EI\sqrt{\left(\frac{K}{\delta}\right)^2 + \frac{q\sin\varphi}{EI\delta}} - \frac{qL\cos\varphi}{2} \tag{1-20}$$

式中：E 为钻柱的弹性模量，Pa；I 为钻柱的截面惯性矩，m⁴；K 为定向井造斜段井眼曲率，1/m；δ 为定向井造斜段管柱横截面形心与井眼形心的径向距离，m；q 为单位长度管柱的浮重，N/m；φ 为定向井造斜段井眼平均井斜角，(°)；L 为定向井造斜段管柱总长度，m。

1.4 管柱摩擦磨损失效研究进展

1.4.1 管柱磨损失效机理研究进展

油管的摩擦磨损是一个复杂的、随机性强的变化过程，国内外学者首先针对钻柱与套管之间的摩擦磨损问题开展了研究。早在20世纪60年代，大量学者将摩擦学理论引入到石油管柱磨损问题的研究中，但进展很缓慢，主要是通过一些小型试验仪器探索套管的磨损规律。直到20世纪70年代，Russel[62]通过开展实验发现，影响套管磨损的主要因素包括钻井液中的磨料沙粒、井眼轨迹的变化和钻杆接头的硬化带，初步揭示了导致套管磨损的主要原因，为后续学者的研究指明了方向。Bradley等[63]开展了钻杆运动方式对套管磨损的影响分析，发现钻杆旋转比滑动对套管磨损影响大得多，这一发现进一步揭示了造成套管磨损的主要原因。1981年，Williamson[64]在前人研究的基础上，进一步研究了套管与钻杆接触力大小对其磨损的影响，发现低接触力作用下套管发生磨粒磨损，在高接触力作用下以黏着磨损为主，并给出了发生转变的接触力范围，但这一发现针对复杂油气井具有不适应性。1986年，Bruno[65]发表了一篇会议论文，其中指出套管的磨损形式还包括腐蚀磨损和疲劳磨损，这四种形式的磨损同时存在，相互影响，不同时刻会出现其中一种磨损形式作为主导作用，这一研究丰富了套管的磨损理论，很大程度上揭示了套管磨损机理。White和Dawson[66]在套管磨损机理认识的基础上，采用能量法提出了磨损预测模型，将磨损与接触力做功联系起来，用磨损效率作为预测模型与接触力的决定参数，但不同工况下钻柱与套管的磨损效率不同，具有随机性，不太容易确定。在此基础上，国内学者黄伟和[67]针对现场常用井型YKI的技术套管磨损问题展开力学分析，发现管柱质量、钻柱拉力与侧向力、钻井时间、钻井液密度对套管的磨损量影响也大。随着计算机技术的发展，2001年，韩勇[68]采用有限元模拟方法研究了钻杆与套管接触应力与磨损时间之间的变化情况，在磨损初期两者成线性变化，到了一定程度，两者变化复杂而没有规律。于会媛和董小钧等发表了关于套管磨损机理及试验研究发展的综述性文章[69,70]，总结了前面学者的研究成果，阐明了今后研究将重点在高温高压超深井中，需考虑杆管冲击—滑动耦合作用。

国内外学者针对不同因素(管柱强度、表面粗糙度、管材等)对其摩擦磨损的影响问题也开展了研究。White和Dawson[66]采用实验的方法开展了几种套管钢级(K55、N80、P110)对其摩擦磨损的影响规律分析，指出套管强度越低磨损效率越低。True和Weiner[71]研究了钻柱表面粗糙度对管柱磨损的影响规律，发现表面粗糙度很大程度上影响管柱的磨损速率，粗糙度越大磨损速率越大，光滑的粗糙度可以减小其磨损。Russell[72]通过实验研究了不同管材(N80、玻璃钢和钛合金)对套管磨损的影响，发现：N80材质的套管磨损率最低，其次是钛合金材质，玻璃钢材质的套管磨损率最大。21 世纪初，林元华和窦益华等针对大位移井、大斜度井和水平井钻井过程中套管磨损问题[73,74]，采用实验手段分别研究了法向载荷、狗腿度、温度、转速和材料对套管磨损的影响。2017 年，党兴武[75]发现了往复频率、作用力和接触面积对 35CrMo/GCr15 摩擦副磨损行为的影响很大。2019 年，徐学利等[76]采用实验方法研究了电缆在不同速度作用下对 CT80 油管磨损行为的影响规律，发现结构之间的相对滑移速度对结构的磨损行为具有很大的影响。针对油气井中钻井液参数对套管磨损行为的影响问题，学者们采用实验方法发现，钻井液中的泥沙对套管的磨损影响不大，油基钻井液相对于清水对套管的磨损具有抑制作用[77-80]。

1.4.2 管柱磨损量预测方法研究进展

1975 年，Bradley 和 Fontenot[81]指出套管磨损是极为复杂的问题，与实际的钻井参数等条件息息相关。随后，1987 年，White 和 Dawson[66]运用能量守恒定律建立了磨损效率模型("磨损—效率"模型)，并在工程界得到了广泛的应用和发展。在此基础上，Maurer 工程公司通过开展大量的套管磨损实验，并总结分析开发了一套工程应用广泛的磨损预测分析软件——CWEAR[82]。国内学者在 20 世纪 90 年代，随着定向井、大位移井和水平井的发展，不少学者开始研究套管磨损预测计算方法，总结了套管内壁磨损有均匀形、月牙形、船底形等类型，其中以月牙形磨损最为典型，代表了两圆柱体之间的磨损特性，形成了一些研究成果[83-86]。到了 21 世纪初，石油大学(北京)余磊等[87]考虑了钻柱涡动效应建立了套管磨损预测模型，使得计算模型更加符合现场。2010 年之后，不少学者[88-95]在 White 所建立模型的基础上，针对不同的井型(深井、超深井、定向井、大斜度井和水平井)套管磨损问题，开展了相应的实验研究，测得了不同工况下套管磨损效率，找到了影响磨损效率的主控因素，建立了磨损深度计算方法。近几年，有学者[96-99]针对抽油杆对油管的磨损问题，采用能量法、实验等方法开展了相应的研究，得到了油管磨损量和磨损深度计算模型，重点研究了抽油杆偏磨因素对磨损量的影响规律，发现接触压力和管材是磨损的直接因素，但模型都为深入考虑杆件振动对磨损的影响。国内一些学者[100,101]基于套管磨损预测模型开展了套管磨损监测技术的研究，利用钻柱相关参数反算套管的磨损量，为现场定量分析套管安全提供了有效的理论方法，但目前的监测方法所考虑的因素简单，对复杂油气井套管磨损量的监测误差较大。

可见目前有关管柱磨损预测方法的研究主要是针对钻井工况下的套管磨损，而在"三高"气井生产工况下由于井眼轨迹的变化和管柱下部的屈曲导致油套管长期处于接触状态，同时由于油管的硬度低于套管和管柱的剧烈使的油管发生磨损破坏，而国内外还未见相关工况下油管磨损预测方法的研究。

1.4.3 磨损管柱剩余强度研究进展

管柱在发生磨损后其剩余强度会发生变化，磨损到一定程度，其强度就无法达到现场的要求，导致管柱发生强度破坏，因此，对管柱磨损后剩余强度的分析显得十分必要，国内外学者在这方面做了许多工作，也取得了一定的成果。

管柱的剩余强度研究起源于薄壁圆筒的强度分析，铁木辛哥研究了不圆度对套管抗外挤强度的影响，推导了具有不圆度套管的抗外挤强度的计算公式。随后，萨尔奇索夫进一步考虑了壁厚不均度对套管抗外挤强度的影响，得到了同时考虑这两种因素的套管抗挤强度计算公式，为研究含原始缺陷的套管强度奠定了基础。20 世纪 70 年代美国 API 进行了大量的全尺寸套管抗外挤实验，通过数据回归的方法得出了套管抗外挤强度的计算方法。随后，学者们逐步认识到不均匀磨损对套管剩余强度影响的重要性，加大了对磨损套管剩余强度的研究工作。1984 年，Song[102]等利用极坐标理论建立起月牙形磨损套管模型，并得到了磨损套管的抗内压计算公式。1992 年，Kuriyama 等[103]对磨损套管的抗外挤强度进行了大量实验研究，应用统计学分析拟合出磨损套管的抗外挤强度计算公式，并用实验方法、解析方法和有限元方法分析了磨损套管在外压作用下的失效机理，对于磨损套管剩余强度的研究具有一定的促进作用。同年，Wu 等[104]建立了套管的力学分析模型，得到了磨损最严重情况下的周向应力分布情况。2012 年，Shen 等[105]认为应用力学原理直接确定磨损套管磨损位置的应力十分困难，需要把磨损套管的复杂边界分解成多个简单边界的叠加来进行求解，得出相关的应力计算模型。

国内的研究相比于国外发展较晚，直到 20 世纪 80 年代才开始相关的研究。我国宝山钢铁等公司通过实验研究了磨损套管的抗挤强度，得到了许多宝贵的试验资料，为国内磨损套管剩余强度的研究打下了一定的基础。1995 年，仇伟德[106]等分析了各种影响因素对套管抗外挤强度的影响规律，得出了适用于薄壁、中厚和厚壁的套管抗挤毁强度计算公式。2000 年，覃成锦等[107]和高连新等[108]运用有限元方法得到了套管磨损后的剩余抗外挤强度公式。2006 年，王小增等[109]将月牙形磨损套管简化成双极坐标下的偏心磨损套管，推导出了偏心磨损套管的应力计算公式，为磨损套管的应力计算提供了很好的思路。2010 年，管志川、廖华林[110]通过把套管的磨损简化为原始缺陷并结合经验公式，给出了磨损套管的抗外挤强度的计算方法，并与试验数据与有限元方法和偏心筒公式进行了对比，证明该方法计算精度较高。2009 年，王同涛等[111]用有限元模拟了外压作用下的 N80 钢级的不均匀磨损套管的抗挤强度，并与均匀磨损套管的剩余抗挤强度进行了对比，发现均匀磨损套管的剩余抗挤强度要高于实际情况。2012 年，一些学者[112-114]对内压作用下的套管强度问题进行了实验研究和有限元分析，得到了磨损套管在内压作用下，最大周向应力位于磨损与未磨损的过渡区域，最小周向应力位于磨损最严重区域。2014 年，谭树志[115]针对深井、超深井中套管磨损问题，采用试验和有限元模拟相结合的方法开展了套管磨损机理分析、磨损量计算方法研究和剩余强度分析，提出了磨损套管应力集中系数概念，并通过试验和统计方法得到了应力集中系数计算公式。

1.5 管柱疲劳损伤研究进展

管柱疲劳破坏是目前油气井管柱失效的主要形式之一，一直是油气井工程领域研究的热点[116]，特别是近几十年，随着生产工况恶劣程度的增加，导致引起管柱振动因素变得越来越复杂，管柱发生疲劳失效的概率增加。油气井管柱的疲劳机理研究、疲劳寿命预测方法和疲劳失效防控措施研究是国内外学者一直以来的研究内容，并取得了一系列的研究成果。

疲劳一词最早是由法国学者彭赛提出，是指结构在交变载荷的作用下发生失效的一种形式(失效时结构受到的应力低于材料的屈服强度)，是结构振动而引起的一种常见形式，随后，大量学者针对这一问题展开研究。在 20 世纪 40—80 年代，学者采用试验和理论的方法开展了应力与疲劳寿命关系式的研究，提出了 Palmgren-Miner 线性累积疲劳损伤理论[117]、等效总应变幅与等效应力的概念[118]和根据应力应变来计算疲劳寿命的方法[119]，这些研究为后面管柱疲劳的研究奠定了基础，并指明了研究方向。随着石油科技的发展，不少学者[120-122]开始针对管柱疲劳失效问题开展相关研究。最早的研究集中于钻柱，揭示了井下钻柱发生疲劳失效机理，提出了钻柱疲劳失效的原因与金属的材质、应力突变、腐蚀、划痕等因素有关。一些学者[123-126]针对管柱表面存在裂纹而发生疲劳失效问题，提出了裂纹扩展方法计算钻柱的使用寿命，并得到现场的广泛使用。到了 21 世纪初，在钻柱动力学得到广泛研究的基础上，国内学者开展了钻柱疲劳寿命机理和疲劳寿命预测方法研究。林元华等[127]开展了井位、地质条件及钻井参数对钻柱疲劳的影响分析，赵增新等[128]开展了钻柱正弦屈曲效应对其疲劳寿命的影响规律分析，发现钻柱发生屈曲产生的附加弯曲应力对其寿命影响显著。2006 年，杨冬平、邓涛和艾池等分别考虑不同因素下建立了钻柱疲劳寿命计算模型，并编写了计算程序[129-131]，但模型考虑的因素过于简单，导致在复杂油气井计算精度较低。管志川等[132,133]建立了钻柱在拉、压、弯、扭等组合作用下的疲劳寿命预测模型，找到了钻柱的危险处疲劳安全系数随井深、钻速和钻压的变化规律，所得结论为现场参数的优化提供了理论基础。王涛[134]建立了水平井下部钻柱疲劳寿命预测方法，但模型过于简单，考虑因素不全面，无法精确计算现场钻柱的疲劳寿命。随着气体钻井技术的发展，一些学者[135-138]开展了气体钻井钻柱疲劳损伤寿命预测方法研究，模型同时考虑了钻柱与套管的干摩擦作用、井斜角的变化和钻柱的热效应等因素，模型在现场使用的效果良好，为气体钻井钻柱的优化设计奠定了基础。2017 年，程彩霞团队[139,140]开展了全尺寸钻柱弯曲耦合疲劳损伤试验研究，并将磁记忆检测技术引入试验测量中，通过试验验证了监测技术的可行性，为后期现场管柱的安全监测评估提供了技术手段。2019 年，Belkacem[141]针对 2024 铝合金钻杆材料疲劳问题开展了相关研究，发现此种材料相对于合金钢能有效降低失效概率。

针对油管柱疲劳失效问题的研究晚于对钻柱的研究，直到 1993 年，Avakov[142-144]对连续油管进行了疲劳试验，提出了等效应变失效准则，同时建立了油管柱疲劳寿命预测模型。随后，Wu[145]在前面学者的研究基础上，考虑了现场参数(腐蚀性、应力集中效应和寿命估计可靠性)的影响，并引入了一些修正系数，使得疲劳预测模型比较适合工程应用，但具体系数的取值是一个困难的问题。2001 年，王优强等[146-148]将连续油管的应变—寿命关系转化为应力—寿命关系，得到了半经验的疲劳寿命公式，并根据实际作业条件，探讨了影响管柱疲劳寿命的主要因素。2006年，Tipton与Newburn[149]根据Miner线性疲劳累积理论建立了油管疲劳寿命预测的理论模型，通过对模型的广泛使用发现内压较小时结果较符合，随着内压增大，模型计算结果误差也变大。2007年，赵旭升[150]提出了连续油管低周疲劳预测的3种方法——进尺法、行程方法和经验模式法，并比较了这3种方法的优缺点。2008年，Padron[151]探讨了酸性液体对连续油管疲劳寿命的影响，发现振动和酸性液体的腐蚀对管柱疲劳损伤具有耦合作用效果。2009年，蒋维奇等[152]通过ANSYS有限元软件对连续油管进行了分析，并对疲劳寿命进行了预测。2010年，练章华等[40]针对目前国内的“三高”气井管柱失效问题，基于国内外文献的调研，指出了前期研究成果还不够精确揭示特殊井的失效机理，并表明今后将重点在管柱的冲蚀和振动方向开展相关研究。2013年，何春生等[153]通过连续油管疲劳寿命试验，基于油管椭圆度和油管壁厚拟合连续油管循环周期，即连续油管疲劳寿命预测公式。2016年，程文[154]基于建立的连续油管管柱力学模型与疲劳寿命预测数学模型为基础，开发了具有自主知识产权的连续油管力学分析软件。随着陆地油气资源的减少，油气开采逐渐向浅海、深海发展，针对海洋立管疲劳损伤方面的研究近几年日益增多。2014年，余树荣等[155]采用线性波浪力理论模拟海洋隔水管上的波浪力，分析了海洋隔水管中不同尺寸的裂纹在内压和波浪力共同作用下的疲劳寿命随裂纹的变化规律。2017年，Xu等[156]首先对顶张力隔水管进行涡激振动特性分析，然后采用S—N曲线分析了不同海流流速、外径和顶张力对隔水管疲劳寿命的影响。同年，刘红兵等[157]基于Miner线性累积损伤理论分析了深水测试管—隔水管耦合疲劳寿命，发现测试管的疲劳损伤约为0.2~0.25倍隔水管疲劳损伤，但其振动模型只考虑一个方向，没有考虑纵横向耦合效应，与现场实际情况不太相符合。2018年，胡瑾秋等[158]首先讨论了海洋管道焊接接头疲劳失效的规律，并依据裂纹疲劳形成机理，推导出了疲劳裂纹扩展的萌生阶段和稳定扩展阶段的疲劳寿命公式，从而计算出焊接接头的疲劳寿命。同年，Geovana与Ilson[159]指出今后将重点在超深水(3000m)海洋立管的疲劳损伤问题开展相关研究。刘秀全等[160]针对目前高校使用的疲劳试验机存在的缺陷问题，基于共振原理研制了一套油气管柱弯曲疲劳实验平台，为今后研究考虑纵横耦合振动效应的管柱疲劳寿命提供了实验平台基础。杨向同等[161]针对塔里木油田高温高压气井油管柱疲劳失效问题，采用商业软件Abaqus分析了管柱的疲劳安全系数，分析结果与现场相近，为现场管柱设计提供了一种分析方法，但这种分析方法现场人员对软件的专业知识要求很高，还未得到现场广泛的应用。

可见，目前比较成熟的疲劳寿命预测模型有：基于疲劳损伤的Miner线性累积理论、著名的Manson-Coffin应力应变方程、Avakov疲劳寿命预测模型和Formant疲劳寿命预测模型。以上模型都在钻柱或油管的疲劳寿命预测上得到了广泛的应用，形成了比较成熟的理论。

2 三维井眼轨迹模拟方法

钻井最终形成的空间轨迹称之为井眼轨迹，实指井眼轴线。实钻井眼轨迹都是三维的，是一条复杂的三维空间曲线。本书所建立管柱流致振动模型考虑了井眼轨迹的井斜角变化，而现场实测的井眼轨迹数据是有限的，不能有效与管柱动力学计算单元一一对应，需对实测井眼轨迹数据进行插值计算，建立相应的轨迹模拟方法。

2.1 井眼轨迹的描述方法

井眼轨迹是一条连续光滑的空间曲线，采用空间直角坐标系 *Oxyz* 和自然坐标系 O_s *TNB* 两种坐标系描述井眼轨迹，如图 2-1 所示。

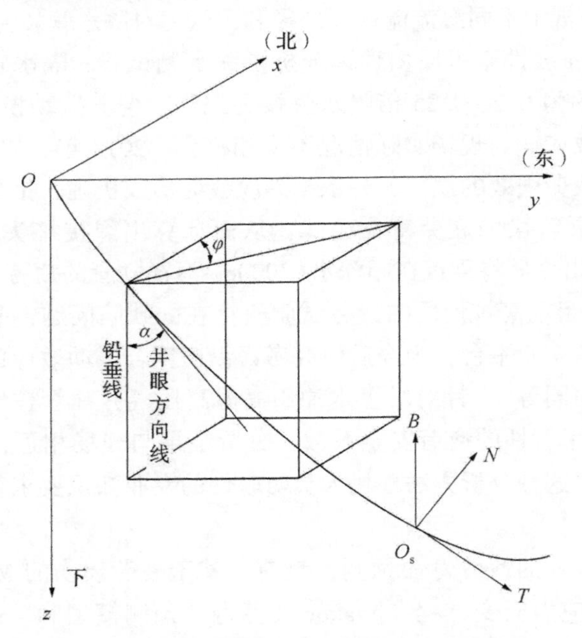

图 2-1 三维井眼轨迹的空间几何关系示意图

用于描述井眼轨迹空间挠曲形态的参数主要有 3 个。

(1)井深 s。

井眼轨迹上任意一点到井口的长度称为井深，它是一条曲线的长度，所以也称之为斜深。对于实钻井眼轨迹来讲，测点处的井深称为测量深度，它通常用钻柱长度或测量电缆的长度来表示。

(2)井斜角 α。

过井眼轴线上某测点作井眼轴线的切线，该切线向井眼前进方向延伸的部分称为井眼方向线。井斜角为井眼轨迹曲线上任意一点井眼方向线与铅垂线的夹角，如图 2-1 所示的 α 角。井斜角表示了井眼轨迹在该测点处倾斜的大小。

(3)方位角 φ。

以正北方向为始边，顺时针旋转至井眼轨迹方向在水平面上的投影所转过的角度，称为该点处的方位角，如图 2-1 所示的 φ 角。

2.2 井眼轨迹的插值计算

由测井得到的井眼轨迹坐标数据是不连续的，是一系列测深离散点及对应的井斜角和方位角。只用这些数据不能表示井眼轨迹的实际形态，也不便于力学分析计算。只有借助于插值计算方法，对参数进行曲线拟合，才能获得更多点来绘制连续光滑的井眼轨迹曲线。三次样条插值既有分段插值精度高的优点，又能使曲线保持光滑连续，其结果高度逼真[162,163]。本书采用三次样条插值来计算井眼轨迹。

设测深 s_0 开始至 s_N 测深，共测得 $N+1$ 个点的井深、井斜角和方位角：

$$\begin{cases} s_0,\ s_1,\ s_2,\ \cdots,\ s_N \\ \alpha_0,\ \alpha_1,\ \alpha_2,\ \cdots,\ \alpha_N \\ \varphi_0,\ \varphi_1,\ \varphi_2,\ \cdots,\ \varphi_N \end{cases} \tag{2-1}$$

井深是井眼轨迹的一个基本参数，也是测点位置的标志。因此，在井眼轨迹计算中将井深作为自变量，而将井斜角和方位角表达为井深的函数。根据三次样条函数的定义和性质，可以构造出区间 $[s_{k-1},\ s_k]$ $(k=1,\ 2,\ \cdots,\ N)$ 上井斜角函数 $\alpha(s)$ 和方位角函数 $\varphi(s)$ 的表达式。

$$\alpha(s) = \frac{M_{k-1}(s_k - s)^3}{6L_k} + \frac{M_k(s - s_{k-1})^3}{6L_k} + C_k(s - s_{k-1}) + C_{k-1}(s_k - s) \tag{2-2}$$

$$\varphi(s) = \frac{m_{k-1}(s_k - s)^3}{6L_k} + \frac{m_k(s - s_{k-1})^3}{6L_k} + c_k(s - s_{k-1}) + c_{k-1}(s_k - s) \tag{2-3}$$

式中：$C_k = \frac{\alpha_k}{L_k} - \frac{M_k L_k}{6}$，$C_{k-1} = \frac{\alpha_{k-1}}{L_k} - \frac{M_{k-1}L_k}{6}$；$c_k = \frac{\varphi_k}{L_k} - \frac{m_k L_k}{6}$，$c_{k-1} = \frac{\varphi_{k-1}}{L_k} - \frac{m_{k-1}L_k}{6}$；$M_k = \alpha''(s_k)$，$M_{k-1} = \alpha''(s_{k-1})$；$m_k = \varphi''(x_k)$，$m_{k-1} = \varphi''(x_{k-1})$；$k$ 为测点序号；L_k 为测段长度，m，$L_k = s_k - s_{k-1}$；s 为插值点处的井深，m；N 为测点个数。

系数 M_k 和 m_k 既与井斜角和方位角的测量值有关，又与井口和井底的边界条件有关。

设井口和井底的井斜角和方位角的二阶导数为常数，则有：

$$M_0 = M_N = m_0 = m_N = 0 \tag{2-4}$$

对于全井的 $N+1$ 个测点，可以得到两组含有 $N-1$ 个未知数 $M_k(k=1, 2, \cdots, N-1)$ 和 $m_k(k=1, 2, \cdots, N-1)$ 的线性方程组。

$$\begin{bmatrix} 2 & \lambda_0 & 0 & \cdots & 0 & 0 \\ \mu_1 & 2 & \lambda_1 & \cdots & 0 & 0 \\ 0 & \mu_2 & 2 & \cdots & 0 & 0 \\ \cdots & \cdots & \mu_3 & \cdots & \cdots & \cdots \\ 0 & 0 & 0 & \cdots & 2 & \lambda_{N-1} \\ 0 & 0 & 0 & \cdots & \mu_N & 2 \end{bmatrix} \begin{bmatrix} M_0 \\ M_1 \\ M_2 \\ \vdots \\ M_{N-1} \\ M_N \end{bmatrix} = \begin{bmatrix} D_0 \\ D_1 \\ D_2 \\ \vdots \\ D_{N-1} \\ D_N \end{bmatrix} \tag{2-5}$$

$$\begin{bmatrix} 2 & \lambda_0 & 0 & \cdots & 0 & 0 \\ \mu_1 & 2 & \lambda_1 & \cdots & 0 & 0 \\ 0 & \mu_2 & 2 & \cdots & 0 & 0 \\ \cdots & \cdots & \mu_3 & \cdots & \cdots & \cdots \\ 0 & 0 & 0 & \cdots & 2 & \lambda_{N-1} \\ 0 & 0 & 0 & \cdots & \mu_N & 2 \end{bmatrix} \begin{bmatrix} m_0 \\ m_1 \\ m_2 \\ \vdots \\ m_{N-1} \\ m_N \end{bmatrix} = \begin{bmatrix} d_0 \\ d_1 \\ d_2 \\ \vdots \\ d_{N-1} \\ d_N \end{bmatrix} \tag{2-6}$$

其中

$$D_k = \frac{6}{L_k + L_{k+1}} \left(\frac{\alpha_{k+1} - \alpha_k}{L_{k+1}} - \frac{\alpha_k - \alpha_{k-1}}{L_k} \right)$$

$$d_k = \frac{6}{L_k + L_{k+1}} \left(\frac{\varphi_{k+1} - \varphi_k}{L_{k+1}} - \frac{\varphi_k - \varphi_{k-1}}{L_k} \right)$$

$$\lambda_0 = 1$$

$$\mu_N = 0$$

$$\lambda_k = \frac{L_{k+1}}{L_k + L_{k+1}}$$

$$\mu_k = 1 - \lambda_k$$

式(2-6)与式(2-7)是对角线方程组，采用追赶法求解。将解 $M_k(k=1, 2, \cdots, N-1)$、$m_k(k=1, 2, \cdots, N-1)$ 分别代入 $\alpha(s)$ 和 $\varphi(s)$ 的表达式中，即可求出 $[s_{k-1}, s_k](k=1, 2, \cdots, N)$ 井段上任意井深处的井斜角和方位角，从而确定三维空间中的平滑井眼轨迹曲线。

2.3 实例井计算

基于前面的井眼轨迹插值方法，采用 Fortran 软件编写计算程序，根据南海西部 M“三高”气田的现场 4 口井的井眼轨迹数据(附录 1)，已知井深、井斜角和方位角，计算出其井眼轨迹数据，并绘制出其井眼轨迹如图 2-2 至图 2-5 所示，其中 A3 和 B5 气井为定向井，A1H 和 A6H 气井为水平井，为后续三高气井油管柱动力学行为及失效机理研究奠定了数据基础。

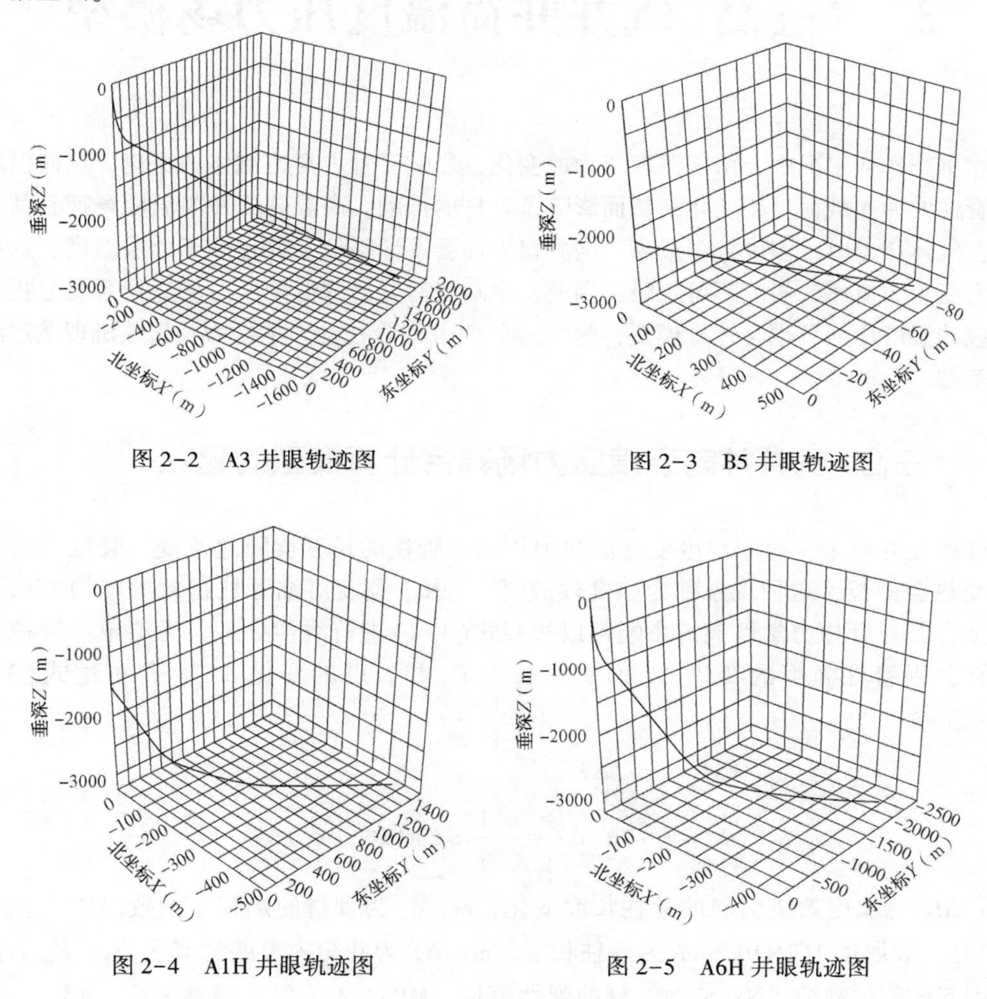

图 2-2　A3 井眼轨迹图

图 2-3　B5 井眼轨迹图

图 2-4　A1H 井眼轨迹图

图 2-5　A6H 井眼轨迹图

3 “三高”气井井筒温度压力场模型

在生产作业工况中，由于温度压力的变化，影响了管内高速流体的流速，从而引起流体对管柱的冲击载荷发生变化，从而影响了管柱的振动。高温高压井筒温度场拥有其自身特点，气体产出时，温度处于最高，向井口方向会逐渐降低，并且高于地层温度，这种温度压力变化对流速的影响不可忽略；因此，本章将对井筒的温度压力场进行系统分析，建立相应的温度压力场耦合计算模型，为“三高”气井油管柱动力学行为及失效机理奠定温压数据基础。

3.1 “三高”气井井筒温度压力场耦合计算模型的建立

管柱在井筒中，由于温度变化的热力作用，管柱的长度会随之改变，管柱受冷会缩短，受热会伸长，这种现象称为温度效应[164]。由于温度对油管柱材料的本构关系不造成改变，其对管柱力学性能的影响可以按照式(3-1)进行线性处理。无论单一管柱或组合管柱，因管柱温度的变化 ΔT 而引起的力 F_w 和长度的变化 ΔL_w，都可由式(3-1)表示：

$$\begin{cases} \Delta L_w = \alpha_0 L \Delta T \\ F_w = -\alpha_0 EA\Delta T = -\dfrac{1}{4}\alpha_0 E\pi(D^2 - d^2)\Delta T \end{cases} \tag{3-1}$$

式中：ΔL_w 为温度效应引起的管柱长度变化，m；α_0 为管材的热膨胀系数，$℃^{-1}$，在20～200℃时一般取值 1.2×10^{-5}；L 为管柱长度，m；ΔT 为井筒内温度的变化，℃；F_w 为温度效应引起的管柱载荷，N；E 为管材的弹性模量，MPa；A 为管柱横截面积，m^2；D 为管柱外径，m；d 为管柱内径，m。

当 $\Delta T>0$ 时，$\Delta L_w>0$，管柱伸长；当管柱运动的长度受到限制时，管柱内产生压缩的轴向载荷 F_w，$F_w<0$，F_w 为压缩力。当 $\Delta T<0$ 时，$\Delta L_w<0$，管柱缩短；当管柱运动的长度受到限制时，管柱内产生拉伸的轴向载荷 F_w，$F_w>0$，F_w 为张力。

根据高温高压深井油管柱生产作业过程中温度变化的特点，将整个油管柱系统划分地层—水泥环—套管—环空流体—油管柱—气体之间的传热问题(图3-1)。

在建立油管柱温度场数学模型之前，做了一些基本假设：(1)油管柱内气体流动状态为稳定单向流动；(2)井筒内的传热为稳定传热；(3)地层的传热为不稳定传热，且服从

Remay 推荐的无因次时间函数。

以泥线井口为坐标原点，油管柱向下为坐标 z 正向，建立如图 3-2 所示的微元体，气体在管柱内流动过程中满足动量、质量和能量守恒。

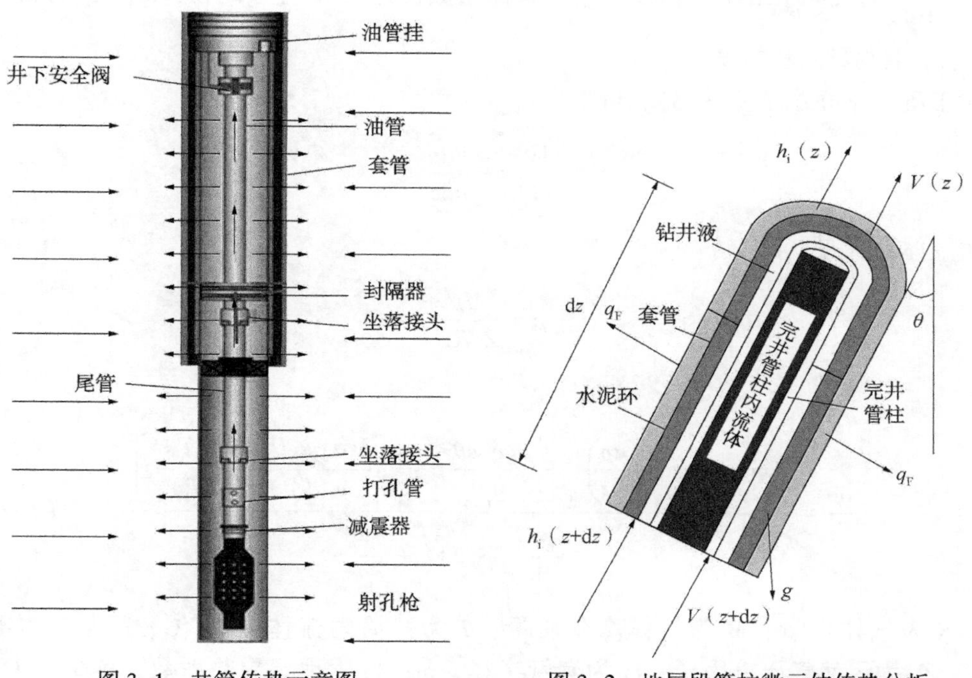

图 3-1　井筒传热示意图　　　　图 3-2　地层段管柱微元体传热分析

$$-\frac{\mathrm{d}p}{\mathrm{d}z}+\left(\frac{\mathrm{d}p}{\mathrm{d}z}\right)_{\mathrm{fr}}+\rho g\cos\theta=\rho\frac{V\mathrm{d}V}{\mathrm{d}z} \tag{3-2}$$

$$\rho\frac{\mathrm{d}v}{\mathrm{d}z}+V\frac{\mathrm{d}\rho}{\mathrm{d}z}=0 \tag{3-3}$$

$$h_{\mathrm{i}}(z+\mathrm{d}z)-h_{\mathrm{i}}(z)+\frac{1}{2}w_{\mathrm{i}}V^2(z+\mathrm{d}z)-\frac{1}{2}w_{\mathrm{i}}V^2(z)-w_{\mathrm{i}}g\cos\theta\mathrm{d}z+q_{\mathrm{F}}=0 \tag{3-4}$$

式中：$h_i(z+dz)$ 为单位时间流体进入微元体的焓，包括内能和压能，J；V 为井筒内流体流速，m/s；$h_i(z)$ 为单位时间流体流出微元体的焓，包括内能和压能，J；w_i 为流体质量流量，kg/s；q_F 为单位时间内地层传入油管柱井筒内的热量，J；θ 为井斜角，(°)。

对于动量守恒方程式(3-2)，可变为：

$$\frac{\mathrm{d}p}{\mathrm{d}z}=\rho g\cos\theta+\left(\frac{\mathrm{d}p}{\mathrm{d}z}\right)_{\mathrm{fr}}-\frac{\rho V\mathrm{d}V}{\mathrm{d}z} \tag{3-5}$$

$$\left(\frac{\mathrm{d}p}{\mathrm{d}z}\right)_{\mathrm{fr}}=\frac{f_{\mathrm{tei}}\rho V^2}{d_{\mathrm{tei}}} \tag{3-6}$$

$$\frac{1}{\sqrt{f_{tei}}}=-2\lg\left[\frac{\varepsilon/d_{tei}}{3.715}+\left(\frac{6.943}{Re}\right)^{0.9}\right] \tag{3-7}$$

式中：$\left(\frac{dp}{dz}\right)_{fr}$ 为气体摩阻压力梯度；f_{tei} 为摩擦系数；d_{tei} 为油管柱内径，m；Re 为雷诺数；ε 为油管柱管材绝对粗糙度。

对于质量守恒方程式(3-3)，可变为：

$$\frac{dV}{dz}=-\frac{Vd\rho}{\rho dz} \tag{3-8}$$

由气体的状态方程：

$$\rho=\frac{Mp}{Z_g RT} \tag{3-9}$$

则有：

$$\frac{d\rho}{dz}=\frac{T\rho g\cos\theta+T\left(\frac{dp}{dz}\right)_{fr}-\frac{\rho g\cos\theta}{c_p}-\frac{p}{c_p}\left[\frac{2\pi r_{co}k_e U_a(T-T_{ei})}{w_i(k_e+r_{co}U_a f_t)}\right]}{\frac{Z_g RT^2}{M}-TV^2+\frac{pV^2}{c_p\rho}} \tag{3-10}$$

式中：R 为气体常量；M 为气体摩尔质量；T 为井筒内流体温度,℃；ρ 为气体密度，kg/m^3；Z_g 为天然气压缩因子；r_{co}为套管半径，m；k_e 为地层导热系数，W/m·℃；U_a 为井筒总导热系数，W/m·℃；T_{ei}为地层温度,℃；f_t 为瞬态传热时间函数；c_p 为定压比热，J/kg·K。

天然气压缩因子采用 Gopa 方法[165]，其计算公式如下。

当 $5.4<p_r\leqslant 15.0$ 且 $1.05<T_r\leqslant 3.0$ 时：

$$Z_g=\frac{p_r}{(3.66T_r+0.711)^{1.4667}}-\frac{1.637}{0.319T_r+0.522}+2.071 \tag{3-11}$$

当 $0.2<p_r\leqslant 5.4$ 时：

$$Z_g=p_r(AT_r+B)+CT_r+D \tag{3-12}$$

式中：p_r 为天然气对比压力，且 $p_r=\frac{p}{\bar{p}_c}$；$\bar{p}_c$ 为天然气的视临界压力，MPa，且 $\bar{p}_c=4.666+0.103\gamma_g-0.25\gamma_g^2$；$T_r$ 为对比温度，且 $T_r=\frac{T}{\bar{T}_c}$；$\bar{T}_c$ 为天然气的视临界温度，K，且 $\bar{T}_c=93.3+181\gamma_g-7\gamma_g^2$；$\gamma_g$ 为天然气相对密度；A，B，C，D 为由天然气视对比状态确定的系数，其值见表 3-1。

表 3-1 系数 A，B，C，D 的值

p_r	T_r	A	B	C	D
0. 2~1. 2	1. 05~1. 2	1. 6643	-2. 2114	-0. 3647	1. 4385
	1. 2~1. 4	0. 5222	-0. 8511	-0. 036	1. 0490
	1. 4~2. 0	0. 1392	-0. 2988	0. 0007	0. 9969
	2. 0~3. 0	0. 0295	-0. 0825	0. 0009	0. 9967
1. 2~2. 8	1. 05~1. 2	-1. 3570	1. 4942	3. 6315	-3. 7006
	1. 2~1. 4	0. 1717	-0. 3232	0. 5869	0. 1229
	1. 4~2. 0	0. 0984	-0. 2053	0. 0621	0. 8580
	2. 0~3. 0	0. 0211	-0. 0527	0. 0127	0. 9549
2. 8~5. 4	1. 05~1. 2	-0. 3278	0. 4752	1. 8223	-1. 9036
	1. 2~1. 4	-0. 2521	0. 3871	1. 6087	-1. 6635
	1. 4~2. 0	-0. 0284	0. 0625	0. 4714	-0. 0011
	2. 0~3. 0	0. 0041	0. 0039	0. 0607	0. 7927

对于能量守恒方程式(3-4)可化为

$$\frac{\mathrm{d}h_i}{\mathrm{d}z} + w_i \frac{V\mathrm{d}V}{\mathrm{d}z} - w_i g\cos\theta + \frac{\mathrm{d}q_F}{\mathrm{d}z} = 0 \tag{3-13}$$

又

$$q_F = \frac{2\pi k_e}{f_t}(T_{ei} - T_{wb})\mathrm{d}z \tag{3-14}$$

而井筒同地层界面温度与油管柱井筒能量满足：

$$q_F = 2\pi r_{co} U_a (T_{wb} - T_i)\mathrm{d}z \tag{3-15}$$

联立式(3-14)与式(3-15)，可得

$$q_F = \frac{2\pi r_{co} k_e U_a (T_{ei} - T_i)\mathrm{d}z}{(k_e + r_{co} U_a f_t)} \tag{3-16}$$

式中：T_{wb} 为井筒同地层界面温度，℃；T_i 为井筒同地层温度，℃；T_{ei} 为地层温度，℃。

能量方程(3-4)可以化为

$$\frac{\mathrm{d}h_i}{\mathrm{d}z} + w_i \frac{V\mathrm{d}V}{\mathrm{d}z} - w_i g\cos\theta + \frac{2\pi r_{co} k_e U_a (T_{ei} - T_i)}{(k_e + r_{co} U_a f_t)} = 0 \tag{3-17}$$

地层传热过程为瞬态传热，满足瞬态传热函数。

当$10^{-10} \leqslant t_D \leqslant 1.5$时：

$$f_t = 1.1281\sqrt{t_D}(1 - 0.3\sqrt{t_D}) \tag{3-18}$$

当$t_D > 1.5$时：

$$f_t = (0.4036 + 0.5\ln t_D)\left(1 + \frac{0.6}{t_D}\right) \tag{3-19}$$

其中：

$$\begin{cases} t_D = \dfrac{\alpha t}{r_{wb}^2} \\ \alpha = \dfrac{k_e}{c_e \rho_e} \end{cases} \tag{3-20}$$

式中：k_e为地层导热系数，W/(m·℃)；c_e为地层比热，J/(kg·℃)；ρ_e为地层密度，kg/m^3；t_D为无因次时间；f_t为瞬态传热时间函数；r_{wb}为井眼半径，m；α为地层热扩散系数，m^2/s。

在井筒内流体能量方程(3-13)中，气体的比焓是温度和压力的函数：

$$dh = c_p w_i dT - c_p w_a \alpha_J dp \tag{3-21}$$

式中：c_p为比定压热容，J/(kg·K)；α_J为焦耳—汤姆逊系数。

由于气体在油管柱内流动，其管径变化一般不大，故焦耳—汤姆逊系数很小可忽略，所以，可以认为：

$$dh = c_p w_i dT \tag{3-22}$$

$$c_p w_i \frac{dT}{dz} + w_i \frac{VdV}{dz} - w_i g\cos\theta + \frac{2\pi r_{co} k_e U_a (T_{ei} - T)}{(k_e + r_{co} U_a f_t)} = 0 \tag{3-23}$$

$$T_{ei} = T_0 + T_G \frac{h}{100} \tag{3-24}$$

式中：T_G为地温梯度，℃/100m。

所以，井筒温度为

$$\frac{dT}{dz} = \frac{g\cos\theta - \dfrac{VdV}{dz} + \dfrac{2\pi r_{co} k_e U_a (T - T_{ei})}{w_i (k_e + r_{co} U_a f_t)}}{c_p} \tag{3-25}$$

将式(3-22)、式(3-23)、式(3-24)和式(3-25)联立，可得

$$
\begin{cases}
\dfrac{dV}{dz} = -\dfrac{Vd\rho}{\rho dz} \\
\dfrac{dp}{dz} = \rho g\cos\theta + \left(\dfrac{dp}{dz}\right)_{fr} - \dfrac{\rho VdV}{dz} \\
\dfrac{dT}{dz} = \dfrac{g\cos\theta_d - \dfrac{VdV}{dz} + \dfrac{2\pi r_{co}k_e U_a(T - T_{ei})}{w_i(k_e + r_{co}U_a f_t)}}{c_p} \\
\dfrac{d\rho}{dz} = \dfrac{T\rho g\cos\theta_d + T\left(\dfrac{dp}{dz}\right)_{fr} - \dfrac{\rho g\cos\theta}{c_p} - \dfrac{p}{c_p}\left(\dfrac{2\pi r_{co}k_e U_a(T - T_{ei})}{w_i(k_e + r_{co}U_a f_t)}\right)}{\dfrac{Z_g RT^2}{M} - TV^2 + \dfrac{pV^2}{c_p\rho}}
\end{cases}
\tag{3 - 26}
$$

边界条件：

$$
\begin{cases}
\rho_b = \dfrac{Mp_b}{Z_g RT_b} = 3484.4\dfrac{\gamma_g p_b}{Z_g T_b} \\
T(z_b) = T_b \\
V(z_b) = \dfrac{Z_g w_i}{86400A\rho_b} \\
p(z_b) = p_f
\end{cases}
\tag{3 - 27}
$$

式中：ρ_b 为井底地层位置处天然气密度，kg/m^3；z_b 为井底地层位置处的坐标；T_b 为井底温度,℃；γ_g 为天然气相对密度；p_f 为地层压力，MPa。

3.2 井筒温度压力场耦合模型的求解

通过对高温高压井筒传热分析，建立了高温高压井筒的温度场模型，求解该模型便可得到井筒内的温度压力分布。由于模型较为复杂，所以无法用解析方法求出，故本书采用数值求解的方法——四阶龙格库塔法。

首先对地层段井筒温度进行求解，式(3-26)中，流速、温度等是关于深度的函数，将式(3-26)中右侧函数分别记作 F_1，F_2，F_3，F_4，则式(3-26)可表示为

$$
\begin{cases}
\dfrac{dV}{dz} = F_1(z, p, v, \rho, T) \\
\dfrac{dp}{dz} = F_2(z, p, v, \rho, T) \\
\dfrac{d\rho}{dz} = F_3(z, p, v, \rho, T) \\
\dfrac{dT}{dz} = F_4(z, p, v, \rho, T)
\end{cases}
\tag{3 - 28}
$$

已知起点位置 z_0 的函数值记为 $y_i(z_0)$，取步长为 h，节点 $z=z_0+h$ 处的解可用四阶龙格库塔法表示为

$$y_i^1 = y_i^0 + \frac{h}{6}(a_i + 2b_i + 2c_i + d_i) \tag{3-29}$$

其中

$$a_i = F_i(z_0, y_1^0, y_2^0, y_3^0, y_4^0) \tag{3-30}$$

$$b_i = F_i\left(z_0 + \frac{h}{2}, y_1^0 + \frac{h}{2}a_1, y_2^0 + \frac{h}{2}a_2, y_3^0 + \frac{h}{2}a_3, y_4^0 + \frac{h}{2}a_4\right) \tag{3-31}$$

$$c_i = F_i\left(z_0 + \frac{h}{2}, y_1^0 + \frac{h}{2}b_1, y_2^0 + \frac{h}{2}b_2, y_3^0 + \frac{h}{2}b_3, y_4^0 + \frac{h}{2}b_4\right) \tag{3-32}$$

$$d_i = F_i(z_0 + h, y_1^0 + hc_1, y_2^0 + hc_2, y_3^0 + hc_3, y_4^0 + hc_4) \tag{3-33}$$

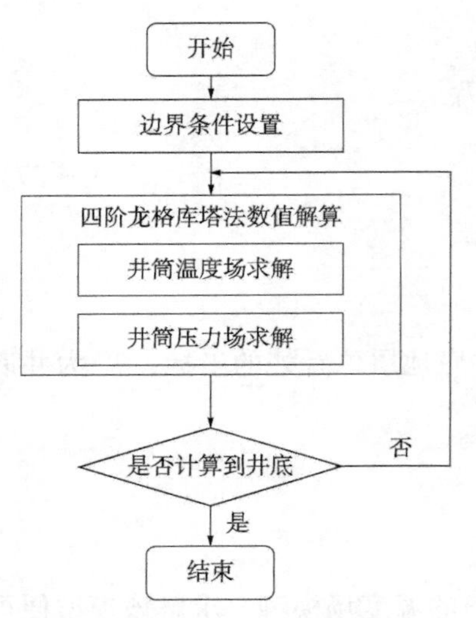

图 3-3 “三高”气井井筒温度压力场模型求解技术路线图

若未达到预计深度，再将节点的计算值作为下步计算的起点值，重复上述步骤，如此连续向前推算直到预计深度。本书井筒温度场的求解步骤为：

(1)以泥线井口为起点，选定步长，应用四阶龙格库塔法逐点向井底求解；

(2)带入井底边界条件，反向推算到泥线井口，求出井筒温度场分布；

(3)将步骤(1)和步骤(2)得出的结果按照井深绘出井筒温度场压力分布，具体流程如图 3-3 所示，采用 Fortran 语言编写了相应的计算代码。

3.3 模型验证及实例井分析

基于以上温度压力场计算模型，通过数值方法求解出井筒温度压力数据，通过与现场 7 口实例井测出的实际温度与本书理论模型计算的结果对比，从而验证模型的正确性。其他相关参数见表 3-2，具体计算结果见表 3-3。

表 3-2 井筒参数

参数名称	数 值	参数名称	数 值
管柱内径(m)	0.1003	气体常量[J/(mol·K)]	8.314
管柱外径(m)	0.1143	油管表面粗糙度(mm)	0.02
地层导热系数[W/(m·℃)]	2.06	天然气导热系数[W/(m·℃)]	0.03
地层岩石比热容[J/(kg·℃)]	837	套管导热系数[W/(m·℃)]	43.26

续表

参数名称	数　值	参数名称	数　值
地层岩石密度(kg/m^3)	2640	水泥环内径(m)	0.24448
地层温度(℃)	143.92~151.14	水泥环外径(m)	0.31115
地层深度(m)	2800~4500	水泥环导热系数[W/(m·℃)]	1.73
地温梯度(℃/100m)	3.0	天然气表观黏度(Pa·s)	2.555×10^{-5}
天然气比热[J/(kg·℃)]	2227	天然气摩尔质量(g/mol)	16
天然气密度(g/cm^3)	0.6	套管内径(m)	0.1525

表 3-3　计算结果

井号	井深(m)	产量($10^4m^3/d$)	实测值		理论方法计算值		温度误差(%)	压力误差(%)
			温度(℃)	压力(MPa)	温度(℃)	压力(MPa)		
F1	3355	50.45	96.2	35.02	95.605	35.52	0.6	1.4
F3	2884	50.64	95.3	31.72	95.005	33.02	0.3	6.7
F4	3131	60.59	99.6	33.70	100.43	36.76	0.8	5.6
F5	2815	69.68	106.2	38.70	103.39	38.07	2.6	1.6
F7H	2800	43.90	102.9	35.71	101.86	33.31	1.0	3.92
B2H	4501	3.09	37.08	7.35	34.25	7.85	7.6	6.8
A4H	3926	12.38	62.35	17.68	58.63	19.32	6.0	9.28

通过设置相同实际管柱尺寸、产气量、井底压力值等边界条件，计算出井口的压力和温度，通过表 3-3 可以看出其温度和压力与现场实测的温度压力值误差在 10%以内，得出本书建立的温度压力计算模型基本符合工程要求。

采用本书所建立的温度压力场计算模型，根据 M“三高”气田 4 口实例井现场配产参数，计算得到井筒温度压力场数据(附录 2)，绘制了温度压力分布曲线，如图 3-4 至图 3-11 所示，为本书后期实例井油管柱振动分析提供了温度压力数据。

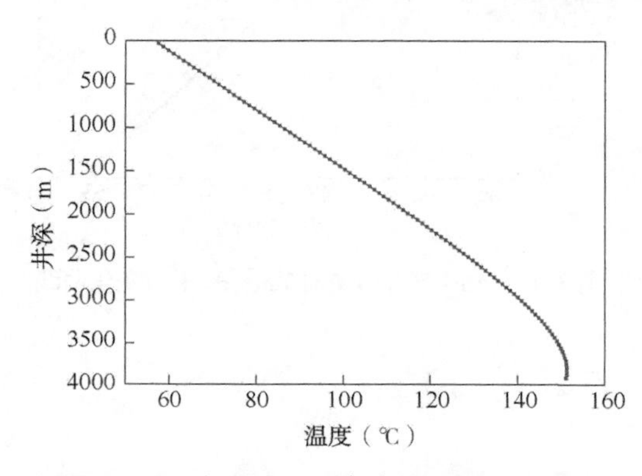

图 3-4　A3 气井($60\times10^4m^3/d$)温度变化曲线

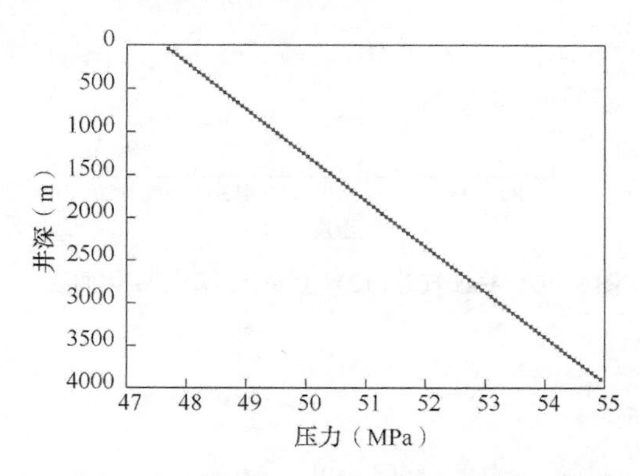

图 3-5　A3 气井($60\times10^4m^3/d$)压力变化曲线

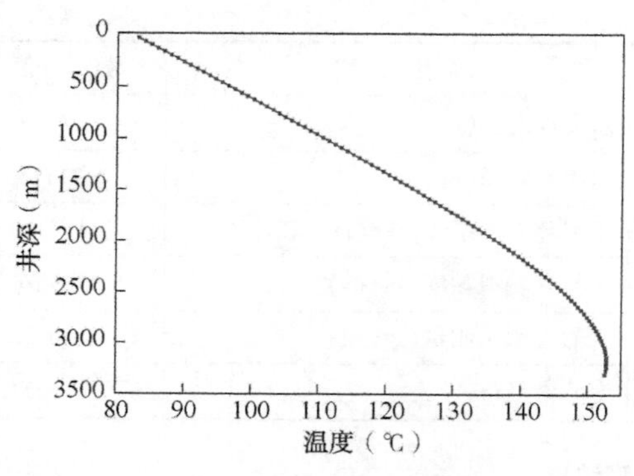

图 3-6　B5 气井($75\times10^4m^3/d$)温度变化曲线

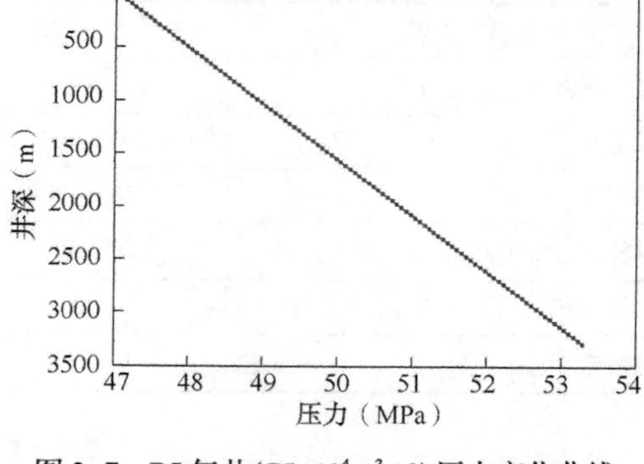

图 3-7　B5 气井($75\times10^4m^3/d$)压力变化曲线

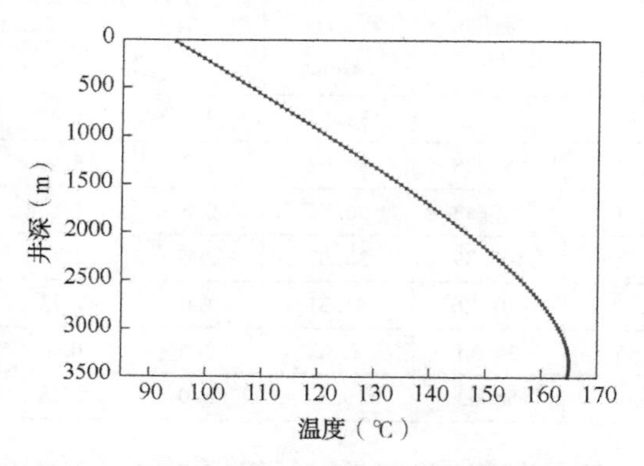

图 3-8　A1H 气井($90\times10^4m^3/d$)温度变化曲线

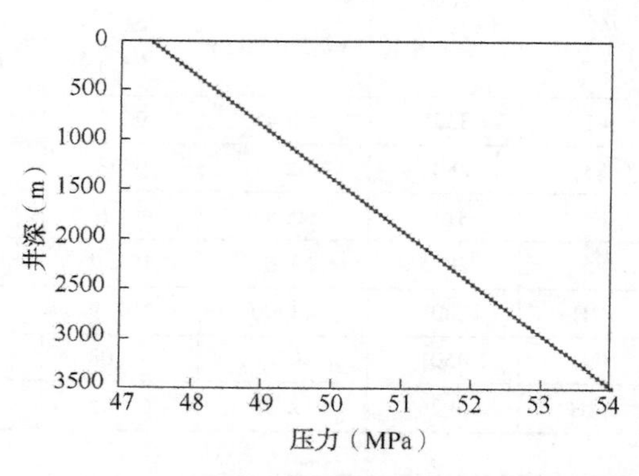

图 3-9　A1H 气井($90\times10^4m^3/d$)压力变化曲线

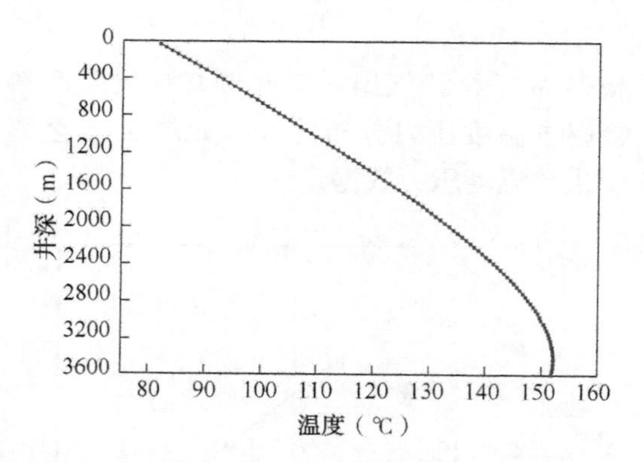

图 3-10　A6H 气井($100\times10^4m^3/d$)温度变化曲线

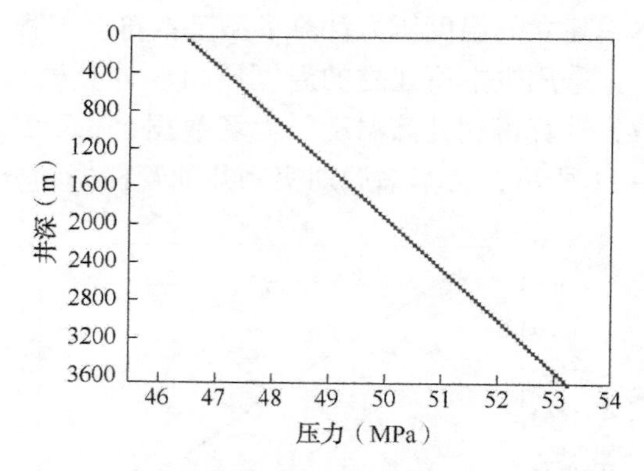

图 3-11　A6H 气井($100\times10^4m^3/d$)压力变化曲线

4 “三高”气井油管柱流致振动模型及响应特性

本章针对“三高”气井油管柱流致振动引起的失效问题，建立了油管柱流致振动模型。根据南海西部“三高”气井现场参数，设计了高产气井油管柱振动模拟试验装置，并搭建了模拟实验台架，开展了高产气井油管柱振动试验，验证了本书振动模型的正确性及有效性。在此基础上，分析了南海西部三高气井油管柱流致振动行为特性，揭示了其振动机理。

4.1 “三高”气井油管柱振动影响因素分析

4.1.1 自身因素的影响

对于高产气井，影响油管柱振动的自身因素主要包括：(1)工具的内径与管柱内径不一，高速流体通过内径发生变化的位置时，管柱局部产生涡激振动和冲击载荷；(2)目前国内的“三高”气井主要以曲井为主，特别是南海西部高温高压气井都是定向井和水平井，由于井眼轨迹的变化，引起油管柱的弯曲，内部高速流体通过井斜角变化的位置将对管柱产生冲击载荷，从而引起管柱振动。

(1)管柱横截面的变化。

油管柱主要组成部件有油管、安全阀、滑套、伸缩节、封隔器等，高产气井生产过程中，高速气体流经这些组件的变径部位时，会引起气体的流态发生变化，天然气在管柱局部的变径处产生旋涡，如图 4-1 所示为管柱截面积突然增大和突然减小而产生的旋涡。有旋涡存在的区域会产生脉冲载荷，脉冲载荷会对管柱局部持续产生冲击，致使管柱发生振动。

(2)管柱自身的弯曲。

管柱的弯曲包括管柱在水平井和定向井的造斜段中随井眼轨迹的弯曲和管柱在自重的影响下发生屈曲。当流体流过管柱的弯曲部位时，流体的流态将发生变化，同时流体也会对管柱内壁造成巨大的冲击，在流体的冲击作用下，管柱会发生变形和振动。管内高速流体冲击载荷示意图如图 4-2 所示，根据流体力学可知管内高速流体冲击载荷计算方法。

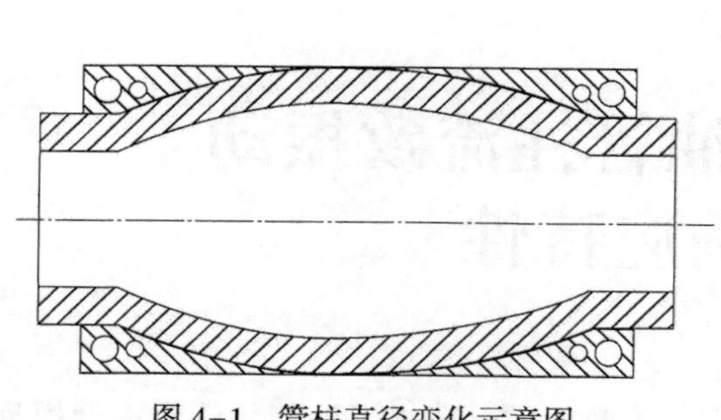

图 4-1　管柱直径变化示意图

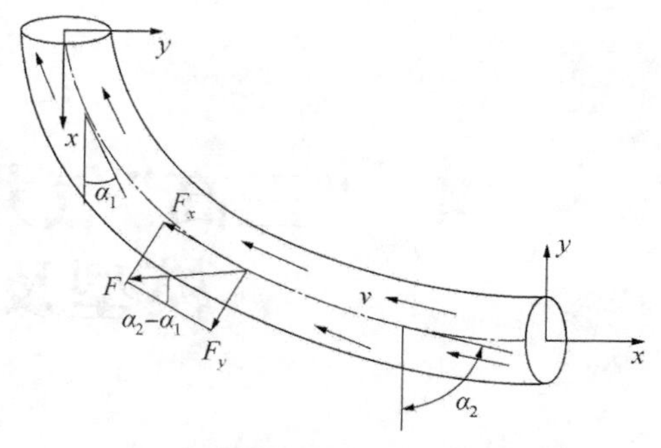

图 4-2　管内高速流体冲击载荷示意图

$$\begin{cases}F_x = -\rho_0 A_0 v^2 \cos(\alpha_2 - \alpha_1) \\ F_y = -\rho_0 A_0 v^2 \sin(\alpha_2 - \alpha_1)\end{cases} \tag{4-1}$$

式中：ρ_0 为气体密度，kg/m^3；A_0 为井筒横截面积，m^2；α_1 为上微段井斜角，(°)；α_2 为下微段井斜角，(°)；F_x 为流体冲击力 x 方向分量，N；F_y 为流体冲击力 y 方向分量，N；v 为管内流体速度，m/s。

4.1.2　外界因素的影响

油管柱振动的外界影响因素主要有：井筒温度的变化、井筒压力的变化、气体产量的变化和生产工况的变化。

(1)井筒温度、压力的变化。

气体从井底到井口，其温度和压力一直在变小，温度的变化导致管柱发生温度效应，温度高管柱会膨胀伸长，温度低管柱缩短，同时温度和压力的变化会引起管内流体流速的改变。井筒温度压力场计算方法已在第 3 章中详细介绍。

(2)产量的变化。

气井产量的变化主要影响油管柱内流体流速，气井产量不是恒定的，由于各种因素的影响产量会处于不规则的波动状态。

(3)开关井作业。

气井在生产过程中，由于工况改变，要求开启或关闭阀门元件。例如在某些井中，在开采过程中井口压力达到采气井口额定压力，需要采取关井和间隙放压的方法，防止压力超过额定压力，在这个过程中就需要频繁地开关井。开关阀门时，会发生水锤效应，使管柱局部压力升高并产生剧烈振动。

4.1.3　流体和管柱的耦合机理

管内气体在油管柱流动过程中，油气流体突然变化(阀门突然开启和管壁、管柱振动变形、上下段边界变化)会引起油管柱的受力和变形，而管柱的变形又反过来影响气体的流动形式，其相互耦合作用方式如图 4-3 所示。

从图 4-3 中可以看出，管柱系统内任意一因素发生变化，流体与管柱即发生变形和力学特征变化，这种相互影响的变化方式就做流固耦合。高压气井油管柱与气体主要的流固耦合机理包括：泊松耦合(Poisson coupling)、摩擦耦合(Friction coupling)与连接部耦合(Junction coupling)。

(1)泊松耦合。

泊松耦合指管内油气流体流动过程中，流体在管柱中流动时产生的动态压强管壁的限制，动态压强作用于管壁由此引起管柱的环向应变，此种环向应变管壁会发生轴向应变以及轴向应力的现象。泊松耦合主要产生的根源是泊松现象，其耦合过程如图 4-4 所示。泊松耦合的特点在于泊松耦合现象发生于管柱轴线方向，其产生的波动应力为沿管柱方向的轴向应力波。

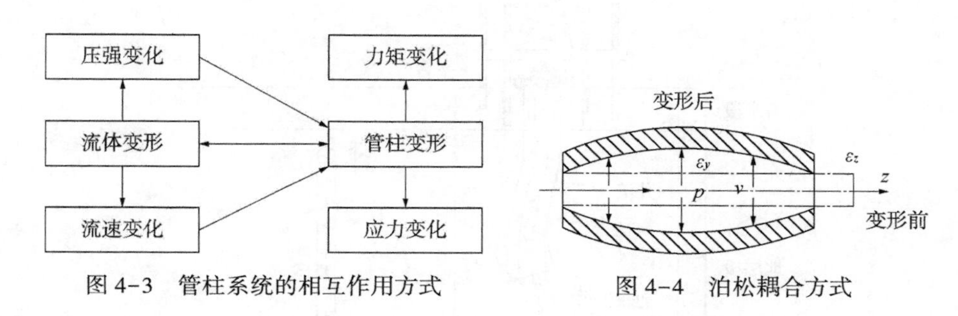

图 4-3　管柱系统的相互作用方式　　　　图 4-4　泊松耦合方式

(2)连接耦合。

连接耦合主要指管柱在弯管、岔管、收缩管等管节点单元发生变化的耦合方式。例如弯管节点，气体从油管柱一端流过节点时，必将引起管另一端轴力和弯矩的变化，而油管柱又影响气体流动过程中的流量和气体压强。通常，管柱系统的扭矩波、剪切波和弯矩波都沿管壁传播，轴向压力波沿管壁和流体传播，因此更影响管柱的变形和受力。

(3)摩擦耦合。

管柱内流体具有一定黏滞阻力，因此在管柱流体流动过程中，管壁与流体之间产生相互作用摩擦力。此类耦合方式能引起管柱的轴向变形，对于气井管柱，管壁与天然气之间摩擦系数很小。

4.2　“三高”气井油管柱非线性流致振动模型

本小节采用微元法、能量法结合哈密顿原理建立考虑管内高速流体、实际井眼轨迹、井筒温度压力、油套管接触碰撞和纵横向耦合等因素作用的油管柱非线性流致振动模型，利用有限元法离散管柱的控制方程和 Newmark-β 法迭代求解离散后的方程组，得到管柱非线性振动模型的数值求解方法，为本书后期研究奠定了模型基础。

4.2.1 “三高”气井油管柱非线性流致振动控制方程

根据实际“三高”气井油管柱的结构简化为等截面的流体输送管道。管柱内部的高温高压气体是引起管柱振动的主要因素之一，气体的作用使管柱产生纵向和横向振动，由于油管柱属于大长径比结构(指长度与直径的比值大于 1000 的管柱)，需考虑纵向和横向振动之间相互影响作用，因此，需要建立管柱的纵横向耦合非线性振动模型，以深度方向为 x 轴，水平向右为 y 轴，封隔器简化为固定端，上端油管挂简化为固定端。取管柱单元受力分析如图 4-5 所示，在建模之前，作了如下假设：

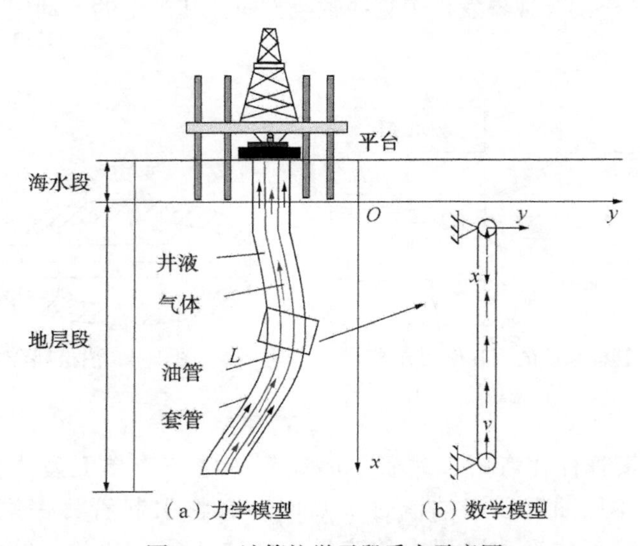

图 4-5　油管柱微元段受力示意图

(1)由于现场“三高”气井井斜角变化趋势远大于方位角变化趋势，因此，重点考虑管柱在井斜角变化平面内的横向振动，忽略方位角变化平面的横向振动，属于 2 维振动模型；

(2)将管内高速气井视为单一气体，重点考虑气体因井筒温度压力变化而引起的密度、流速的变化，忽略气体在井筒流动过程中的相态变化。

把管柱简化为均匀的 Rayleigh 梁，若考虑纵横耦合，其几何关系为[37]：

$$
\begin{cases}
\varepsilon_{xx} = \dfrac{\partial u_1}{\partial x} + \dfrac{1}{2}\left(\dfrac{\partial u_2}{\partial x}\right)^2,\ \varepsilon_{yy} = \dfrac{\partial u_2}{\partial y} \\
\varepsilon_{xy} = \dfrac{1}{2}\left(\dfrac{\partial u_2}{\partial x} + \dfrac{\partial u_1}{\partial y}\right),\ \varepsilon_{xz} = \varepsilon_{yz} = \varepsilon_{zz} = 0
\end{cases}
\tag{4-2}
$$

式中：$\varepsilon_{ij}(i,\ j=x,\ y,\ z)$为 6 个应变分量；位移$(u_1,\ u_2,\ u_3)$为与坐标系$(x,\ y,\ z)$对应的位移场函数，其表达式为

$$\begin{cases} u_1(x, y, t) = u(x, t) - y\dfrac{\partial w}{\partial x}(x, t) \\ u_2(x, t) = w(x, t), u_3(x, t) = 0 \end{cases} \tag{4-3}$$

式中：$w(x, t)$为管柱横向位移，m；$u(x, t)$为管柱的纵向位移，m；y为厚度坐标，m；t为时间，s。

将式(4-3)代入式(4-2)得

$$\begin{cases} \varepsilon_{xx} = \dfrac{\partial u}{\partial x} - y\dfrac{\partial^2 w}{\partial x^2} + \dfrac{1}{2}\left(\dfrac{\partial w}{\partial x}\right)^2 \\ \varepsilon_{yy} = \varepsilon_{xy} = 0 \end{cases} \tag{4-4}$$

管内流体速度v的水平分量和垂直分量分别为

$$v_x = v$$

$$v_y = \frac{\partial w}{\partial t} + v\frac{\partial w}{\partial x}$$

因此，管柱的总动能T为管道动能加上流体动能，表示为

$$T = \frac{1}{2}\int_0^L\left\{\rho A\left[\left(\frac{\partial u}{\partial t}\right)^2 + \left(\frac{\partial w}{\partial t}\right)^2\right] + \rho I\left(\frac{\partial^2 w}{\partial t\partial x}\right)^2 + \rho_0 A\left[\left(\frac{\partial w}{\partial t} + v\frac{\partial w}{\partial x}\right)^2 + v^2\right]\right\}\mathrm{d}x \tag{4-5}$$

管柱的总势能U为

$$U = \frac{EA}{2}\int_0^L\left[\left(\frac{\partial u}{\partial x}\right)^2 + \frac{1}{4}\left(\frac{\partial w}{\partial x}\right)^4 + \frac{\partial u}{\partial x}\left(\frac{\partial w}{\partial x}\right)^2\right]\mathrm{d}x + \frac{EI}{2}\int_0^L\left(\frac{\partial^2 w}{\partial x^2}\right)^2\mathrm{d}x \tag{4-6}$$

式中：L为管长，m；E为管柱材料的弹性模量，Pa；A为管柱的横截面积，m^2；ρ为油管柱密度，kg/m^3；EI为管柱的抗弯刚度；I为管柱材料横截面对弯曲中性轴的惯性矩，m^4。

化简得管柱动能、势能和外力做功的变分形式为

$$\delta\int_{t_1}^{t_2}T = \frac{1}{2}\int_{t_1}^{t_2}\int_0^L\left\{\begin{aligned}&\rho A\left[2\left(\frac{\partial u}{\partial t}\right)\delta\left(\frac{\partial u}{\partial t}\right) + 2\left(\frac{\partial w}{\partial t}\right)\delta\left(\frac{\partial w}{\partial t}\right)\right] + 2\rho I\left(\frac{\partial^2 w}{\partial t\partial x}\right)\delta\left(\frac{\partial^2 w}{\partial t\partial x}\right)\\ &+ \rho_0 A\left[2\left(\frac{\partial w}{\partial t} + v\frac{\partial w}{\partial x}\right)\delta\left(\frac{\partial w}{\partial t} + v\frac{\partial w}{\partial x}\right)\right]\end{aligned}\right\}\mathrm{d}x\mathrm{d}t \tag{4-7}$$

$$\delta\int_{t_1}^{t_2}U = \int_{t_1}^{t_2}\int_0^L\left\{\frac{EA}{2}\left[\begin{aligned}&2\left(\frac{\partial u}{\partial x}\right)\delta\left(\frac{\partial u}{\partial x}\right) + \left(\frac{\partial w}{\partial x}\right)^3\delta(\frac{\partial w}{\partial x}) + \\ &\left(\frac{\partial w}{\partial x}\right)^2\delta\left(\frac{\partial u}{\partial x}\right) + 2\left(\frac{\partial u}{\partial x}\right)\left(\frac{\partial w}{\partial x}\right)\delta\left(\frac{\partial w}{\partial x}\right)\end{aligned}\right] + EI\left(\frac{\partial^2 w}{\partial x^2}\right)\delta\left(\frac{\partial^2 w}{\partial x^2}\right)\right\}\mathrm{d}x\mathrm{d}t \tag{4-8}$$

把动能和势能的变分利用分部积分化简得

$$
\int_{t_1}^{t_2}\int_0^L \rho A\left[\left(\frac{\partial u}{\partial t}\right)\delta\left(\frac{\partial u}{\partial t}\right)+\left(\frac{\partial w}{\partial t}\right)\delta\left(\frac{\partial w}{\partial t}\right)\right]\mathrm{d}x\mathrm{d}t=\int_{t_1}^{t_2}\int_0^L \rho A\left(\frac{\partial u}{\partial t}\right)\mathrm{d}\delta u\mathrm{d}x
$$

$$
+\int_{t_1}^{t_2}\int_0^L \rho A\left(\frac{\partial w}{\partial t}\right)\mathrm{d}\delta w\mathrm{d}x=\int_0^L \rho A\left(\frac{\partial u}{\partial t}\right)\delta u\,|_{t_1}^{t_2}\mathrm{d}x-\int_0^L\int_{t_1}^{t_2}\rho A\left(\frac{\partial^2 u}{\partial t^2}\right)\delta u\mathrm{d}x\mathrm{d}t
$$

$$
+\int_0^L \rho A\left(\frac{\partial w}{\partial t}\right)\delta w\,|_{t_1}^{t_2}\mathrm{d}x-\int_0^L\int_{t_1}^{t_2}\rho A\left(\frac{\partial^2 w}{\partial t^2}\right)\delta w\mathrm{d}x\mathrm{d}t \tag{4-9}
$$

因为

$$
\delta u\,|_{t=t_1}=\delta u\,|_{t=t_2}=\delta w\,|_{t=t_1}=\delta w\,|_{t=t_2}=0
$$

所以式(4-9)化简得

$$
\int_{t_1}^{t_2}\int_0^L \rho A\left[\left(\frac{\partial u}{\partial t}\right)\delta\left(\frac{\partial u}{\partial t}\right)+\left(\frac{\partial u}{\partial t}\right)\delta\left(\frac{\partial w}{\partial t}\right)\right]\mathrm{d}x\mathrm{d}t=
$$

$$
-\int_{t_1}^{t_2}\int_0^L \rho A\left(\frac{\partial^2 u}{\partial t^2}\right)\delta u\mathrm{d}x\mathrm{d}t-\int_{t_1}^{t_2}\int_0^L \rho A\left(\frac{\partial^2 w}{\partial t^2}\right)\delta w\mathrm{d}x\mathrm{d}t \tag{4-10}
$$

$$
\int_{t_1}^{t_2}\int_0^L \rho I\left(\frac{\partial^2 w}{\partial t\partial x}\right)\delta\left(\frac{\partial^2 w}{\partial t\partial x}\right)\mathrm{d}x\mathrm{d}t=\int_{t_1}^{t_2}\int_0^L \rho I\left(\frac{\partial^2 w}{\partial t\partial x}\right)\mathrm{d}\delta\left(\frac{\partial w}{\partial t}\right)\mathrm{d}t=\int_{t_1}^{t_2}\rho I\left(\frac{\partial^2 w}{\partial t\partial x}\right)\delta\left(\frac{\partial w}{\partial t}\right)|_0^L\mathrm{d}t
$$

$$
-\int_{t_1}^{t_2}\int_0^L \rho I\left(\frac{\partial^3 w}{\partial t\partial^2 x}\right)\delta\left(\frac{\partial w}{\partial t}\right)\mathrm{d}x\mathrm{d}t=\int_{t_1}^{t_2}\rho I\left(\frac{\partial^2 w}{\partial t\partial x}\right)\mathrm{d}\delta w\,|_0^L-\int_{t_1}^{t_2}\int_0^L \rho I\left(\frac{\partial^3 w}{\partial t\partial^2 x}\right)\mathrm{d}x\mathrm{d}(\delta w)
$$

$$
=\rho I\left(\frac{\partial^2 w}{\partial t\partial x}\right)\delta w\,|_{t_1}^{t_2}|_0^L-\int_{t_1}^{t_2}\rho I\left(\frac{\partial^3 w}{\partial^2 t\partial x}\right)\delta w\,|_0^L\mathrm{d}t-\int_0^L \rho I\left(\frac{\partial^3 w}{\partial t\partial^2 x}\right)\delta w\,|_{t_1}^{t_2}
$$

$$
+\int_{t_1}^{t_2}\int_0^L \rho I\left(\frac{\partial^4 w}{\partial^2 t\partial^2 x}\right)\delta w\mathrm{d}x\mathrm{d}t=-\int_{t_1}^{t_2}\rho I\left(\frac{\partial^3 w}{\partial t}\right)\delta w\,|_0^L\mathrm{d}t+\int_{t_1}^{t_2}\int_0^L \rho I\left(\frac{\partial^4 w}{\partial^2 t\partial^2 x}\right)\delta w\mathrm{d}x\mathrm{d}t \tag{4-11}
$$

$$
\int_{t_1}^{t_2}\int_0^L \rho_0 A\left(\frac{\partial w}{\partial t}+v\frac{\partial w}{\partial x}\right)\delta\left(\frac{\partial w}{\partial t}+v\frac{\partial w}{\partial x}\right)\mathrm{d}x\mathrm{d}t=\int_{t_1}^{t_2}\int_0^L \rho_0 A\left(\frac{\partial w}{\partial t}+v\frac{\partial w}{\partial x}\right)\delta\left(\frac{\partial w}{\partial t}\right)\mathrm{d}x\mathrm{d}t
$$

$$
+\int_{t_1}^{t_2}\int_0^L \rho_0 A\left(\frac{\partial w}{\partial t}+v\frac{\partial w}{\partial x}\right)\delta\left(v\frac{\partial w}{\partial t}\right)\mathrm{d}x\mathrm{d}t=\int_{t_1}^{t_2}\int_0^L \rho_0 A\left(\frac{\partial w}{\partial t}+v\frac{\partial w}{\partial x}\right)\mathrm{d}\delta w\mathrm{d}x
$$

$$
+\int_{t_1}^{t_2}\int_0^L \rho_0 A\left(\frac{\partial w}{\partial t}+v\frac{\partial w}{\partial x}\right)\delta\left(v\frac{\partial w}{\partial t}\right)v\mathrm{d}\delta w\mathrm{d}t=\int_0^L \rho_0 A\left(\frac{\partial w}{\partial t}+v\frac{\partial w}{\partial x}\right)\delta w\,|_{t_1}^{t_2}\mathrm{d}x
$$

$$
-\int_{t_1}^{t_2}\int_0^L \rho_0 A\left(\frac{\partial^2 w}{\partial t^2}+v\frac{\partial^2 w}{\partial t\partial x}\right)\delta w\mathrm{d}t\mathrm{d}x+\int_{t_1}^{t_2}\rho_0 Av\left(\frac{\partial w}{\partial t}+v\frac{\partial w}{\partial x}\right)\delta w\,|_0^L\mathrm{d}t
$$

$$
-\int_{t_1}^{t_2}\int_0^L \rho_0 Av\left(\frac{\partial^2 w}{\partial t\partial x}+v\frac{\partial^2 w}{\partial x^2}\right)\delta w\mathrm{d}x\mathrm{d}t=\int_{t_1}^{t_2}\rho_0 A\left(v\frac{\partial w}{\partial t}+v^2\frac{\partial w}{\partial x}\right)\delta w\,|_0^L\mathrm{d}t
$$

$$
-\int_{t_1}^{t_2}\int_0^L \rho_0 A\left(\frac{\partial^2 w}{\partial t^2}+2v\frac{\partial^2 w}{\partial t\partial x}+v^2\frac{\partial^2 w}{\partial x^2}\right)\delta w\mathrm{d}x\mathrm{d}t \tag{4-12}
$$

$$\int_{t_1}^{t_2}\int_0^L EA\left(\frac{\partial u}{\partial x}\right)\delta\left(\frac{\partial u}{\partial x}\right)\mathrm{d}x\mathrm{d}t=\int_{t_1}^{t_2}\int_0^L EA\left(\frac{\partial u}{\partial x}\right)\mathrm{d}\delta u\mathrm{d}t$$

$$=\int_{t_1}^{t_2}EA\left(\frac{\partial u}{\partial x}\right)\delta u\mid_0^L\mathrm{d}t-\int_{t_1}^{t_2}\int_0^L EA\left(\frac{\partial^2 u}{\partial x^2}\right)\delta u\mathrm{d}x\mathrm{d}t \tag{4-13}$$

$$\frac{EA}{2}\int_{t_1}^{t_2}\int_0^L\left(\frac{\partial w}{\partial x}\right)^2\delta\left(\frac{\partial u}{\partial x}\right)\mathrm{d}x\mathrm{d}t=\frac{EA}{2}\int_{t_1}^{t_2}\int_0^L\left(\frac{\partial w}{\partial x}\right)^2\mathrm{d}\delta u\mathrm{d}t$$

$$=\frac{EA}{2}\int_{t_1}^{t_2}\left(\frac{\partial w}{\partial x}\right)^2\delta u\mid_0^L\mathrm{d}t-\frac{EA}{2}\int_{t_1}^{t_2}\int_0^L 2\frac{\partial w}{\partial x}\frac{\partial^2 w}{\partial x^2}\delta u\mathrm{d}x\mathrm{d}t \tag{4-14}$$

$$\int_{t_1}^{t_2}\int_0^L\frac{EA}{2}\left(\frac{\partial w}{\partial x}\right)^3\delta\left(\frac{\partial w}{\partial x}\right)\mathrm{d}x\mathrm{d}t=\int_{t_1}^{t_2}\int_0^L\frac{EA}{2}\left(\frac{\partial w}{\partial x}\right)^3\mathrm{d}\delta w\mathrm{d}t$$

$$=\int_{t_1}^{t_2}\frac{EA}{2}\left(\frac{\partial w}{\partial x}\right)^3\delta w\mid_0^L\mathrm{d}t-\int_{t_1}^{t_2}\int_0^L\frac{3EA}{2}\left(\frac{\partial w}{\partial x}\right)^2\frac{\partial^2 w}{\partial x^2}\delta w\mathrm{d}x\mathrm{d}t \tag{4-15}$$

$$\int_{t_1}^{t_2}\int_0^L EA\frac{\partial u}{\partial x}\frac{\partial w}{\partial x}\delta\left(\frac{\partial w}{\partial x}\right)\mathrm{d}x\mathrm{d}t=\int_{t_1}^{t_2}\int_0^L EA\frac{\partial u}{\partial x}\frac{\partial w}{\partial x}\mathrm{d}\delta w\mathrm{d}t$$

$$=\int_{t_1}^{t_2}EA\frac{\partial u}{\partial x}\frac{\partial w}{\partial x}\delta w\mid_0^L\mathrm{d}t-\int_{t_1}^{t_2}\int_0^L\left(EA\frac{\partial u}{\partial x}\frac{\partial^2 w}{\partial x^2}+EA\frac{\partial^2 u}{\partial x^2}\frac{\partial w}{\partial x}\right)\delta w\mathrm{d}x\mathrm{d}t \tag{4-16}$$

$$\int_{t_1}^{t_2}\int_0^L EI\frac{\partial^2 w}{\partial x^2}\delta\left(\frac{\partial^2 w}{\partial x^2}\right)\mathrm{d}x\mathrm{d}t=\int_{t_1}^{t_2}\int_0^L EI\frac{\partial^2 w}{\partial x^2}\mathrm{d}\delta\left(\frac{\partial w}{\partial x}\right)\mathrm{d}t=\int_{t_1}^{t_2}EI\frac{\partial^2 w}{\partial x^2}\delta\left(\frac{\partial w}{\partial x}\right)\mid_0^L\mathrm{d}t$$

$$-\int_{t_1}^{t_2}\int_0^L EI\frac{\partial^3 w}{\partial x^3}\delta\left(\frac{\partial w}{\partial x}\right)\mathrm{d}x\mathrm{d}t=\int_{t_1}^{t_2}EI\frac{\partial^2 w}{\partial x^2}\delta\left(\frac{\partial w}{\partial x}\right)\mid_0^L\mathrm{d}t-\int_{t_1}^{t_2}\int_0^L EI\frac{\partial^3 w}{\partial x^3}\mathrm{d}\delta w\mathrm{d}t \tag{4-17}$$

$$=\int_{t_1}^{t_2}EI\frac{\partial^2 w}{\partial x^2}\delta\left(\frac{\partial w}{\partial x}\right)\mid_0^L\mathrm{d}t-\int_{t_1}^{t_2}EI\frac{\partial^3 w}{\partial x^3}\delta w\mid_0^L\mathrm{d}t+\int_{t_1}^{t_2}\int_0^L EI\frac{\partial^4 w}{\partial x^4}\delta w\mathrm{d}x\mathrm{d}t$$

$$\delta W=\int_0^L[f(x,\ t)\delta u+p(x,\ t)\delta w]\,\mathrm{d}x \tag{4-18}$$

根据哈密顿(Hamilton)原理建立管柱的振动微分方程：

$$\delta\int_{t_1}^{t_2}(T-U+W)\mathrm{d}t=0 \tag{4-19}$$

把式(4-7)至式(4-18)代入式(4-19)得

$$\delta\int_{t_1}^{t_2}(T-U+W)\mathrm{d}t=\int_{t_1}^{t_2}\int_0^L\left[-\rho A\left(\frac{\partial^2 u}{\partial t^2}\right)+EA\left(\frac{\partial^2 u}{\partial x^2}\right)+EA\left(\frac{\partial w}{\partial x}\right)\frac{\partial^2 w}{\partial x^2}+f(x,\ t)\right]\delta u\mathrm{d}x\mathrm{d}t$$

$$+\int_{t_1}^{t_2}\int_0^L\left[-\rho A\left(\frac{\partial^2 w}{\partial t^2}\right)+\rho I\left(\frac{\partial^4 w}{\partial^2 t\partial^2 x}\right)-\rho_0 A\left(\frac{\partial^2 w}{\partial t^2}+2v\frac{\partial^2 w}{\partial t\partial x}+v^2\frac{\partial^2 w}{\partial x^2}\right)\right.$$

$$+\frac{3EA}{2}\left(\frac{\partial w}{\partial x}\right)^2\frac{\partial^2 w}{\partial x^2}+EA\left[\left(\frac{\partial u}{\partial x}\right)\frac{\partial^2 w}{\partial x^2}+\left(\frac{\partial^2 u}{\partial x^2}\right)\frac{\partial w}{\partial x}\right]-EI\left(\frac{\partial^4 w}{\partial x^4}\right)+$$

$$\left.p(x,\ t)\right]\delta w\mathrm{d}x\mathrm{d}t+\int_{t_1}^{t_2}\left[-\rho I\left(\frac{\partial^3 w}{\partial^2 t\partial x}\right)\mid_0^L+\rho_0 A\left(v\frac{\partial w}{\partial t}+v^2\frac{\partial w}{\partial x}\right)\mid_0^L-\frac{EA}{2}\left(\frac{\partial w}{\partial x}\right)^3\mid_0^L\right.$$

$$- EA\left(\frac{\partial u}{\partial x}\right)\left(\frac{\partial w}{\partial x}\right)\Big|_0^L + EI\left(\frac{\partial^3 w}{\partial x^3}\right)\Big|_0^L - EI\left(\frac{\partial^2 w}{\partial x^2}\right)\left(\frac{\partial w}{\partial t}\right)\Big|_0^L\Bigg]\delta w\mathrm{d}t$$

$$+ \int_{t_1}^{t_2}\left[- EA\left(\frac{\partial u}{\partial x}\right) - \frac{EA}{2}\left(\frac{\partial w}{\partial x}\right)^2\right]\delta u\mathrm{d}t \tag{4-20}$$

由式(4-20)可得管柱的纵向、横向振动微分方程。

纵向：

$$-\rho A\left(\frac{\partial^2 u}{\partial t^2}\right) + EA\left(\frac{\partial^2 u}{\partial x^2}\right) + EA\left(\frac{\partial w}{\partial x}\right)\left(\frac{\partial^2 w}{\partial x^2}\right) + f(x,\ t) = 0 \tag{4-21}$$

横向：

$$-\rho A\left(\frac{\partial^2 w}{\partial t^2}\right) + \rho I\left(\frac{\partial^4 w}{\partial^2 t\partial^2 x}\right) - \rho_0 A\left(\frac{\partial^2 w}{\partial t^2} + 2v\frac{\partial^2 w}{\partial t\partial x} + v^2\frac{\partial^2 w}{\partial x^2}\right)$$

$$+ \frac{3EA}{2}\left(\frac{\partial w}{\partial x}\right)^2\frac{\partial^2 w}{\partial x^2} + EA\left[\left(\frac{\partial u}{\partial x}\right)\frac{\partial^2 w}{\partial x^2} + \left(\frac{\partial^2 u}{\partial x^2}\right)\frac{\partial w}{\partial x}\right] - EI\left(\frac{\partial^4 w}{\partial x^4}\right) + p(x,\ t) = 0 \tag{4-22}$$

实际管柱上端为油管挂，下端为封隔器，把上下端视为固定端，初始时刻管柱为静止状态，即边界条件和初始条件为

$$\begin{cases} u(0,\ t) = 0,\ \dfrac{\partial^2 u(0,\ t)}{\partial^2 x} = 0,\ u(L,\ t) = 0,\ \dfrac{\partial^2 u(L,\ t)}{\partial^2 x} = 0 \\ w(0,\ t) = 0,\ \dfrac{\partial^2 w(0,\ t)}{\partial^2 x} = 0,\ w(L,\ t) = 0,\ \dfrac{\partial^2 w(L,\ t)}{\partial^2 w} = 0 \\ u(x,\ 0) = 0,\ \dfrac{\partial^2 u(x,\ 0)}{\partial^2 x} = 0,\ w(x,\ 0) = 0,\ \dfrac{\partial^2 w(x,\ 0)}{\partial^2 x} = 0 \end{cases} \tag{4-23}$$

由以上两个控制方程式(4-21)与式(4-22)结合边界条件式(4-23)，通过有限元法离散控制方程和 Newmark-β 法迭代求解方程组，得到管柱动力学响应。

4.2.2 “三高”气井油套管非线性接触碰撞边界

“三高”气井油管柱在外激力作用下发生横向和纵向振动，如果横向振动的位移过大，管柱的横向位移大于套管和油管之间的间隙时，管柱将于套管发生碰撞，这将导致在横向方向产生一个横向的碰撞力；纵向方向将与套管发生接触摩擦，产生阻碍纵向振动的摩擦力。摩擦力的大小取决于碰撞力的大小，因此，本节主要分析管柱与套管发生接触时碰撞力和摩擦力的计算方法。

(1)套管与油管碰撞力—变形关系。

根据弹塑性力学理论，建立油管碰撞力与形变之间的关系，其变形结构如图 4-6 所

示，R_1 为套管的半径(m)，R_2 为油管的半径(m)，p 为油管受到的碰撞力(N)。油管发生碰撞后，油管上的 A_2 点变形到了套管上的 A_1 点。

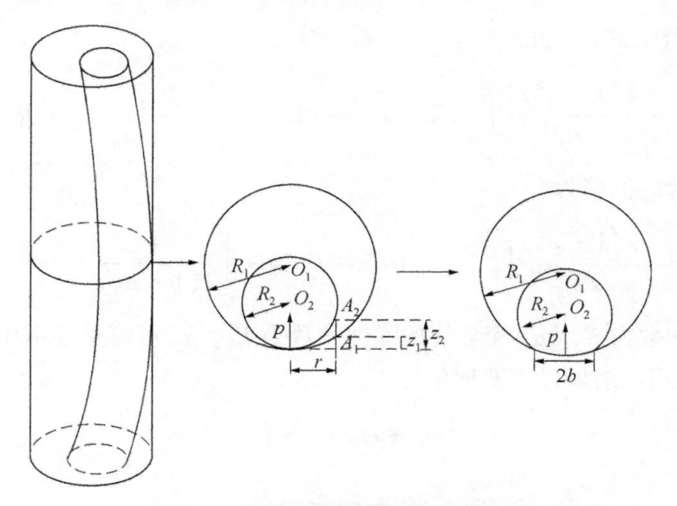

图 4-6　油管与套管接触变形示意图

由几何关系得

$$R_i^2 = (R_i - z_i)^2 + r^2 \quad (i = 1,\ 2) \tag{4-24}$$

简化得

$$z_i \approx \frac{r^2}{2R_i} \quad (i = 1,\ 2) \tag{4-25}$$

在油管受到的碰撞力 p 作用下，套管和油管发生变形，它们之间的形变为 δ，并产生了宽为 $2b$ 的接触带。令套管和油管在接触后沿轴向产生的位移分别为 ω_1 和 ω_2，由几何关系可得

$$\delta = (\omega_2 - \omega_1) + (z_2 - z_1) = (\omega_2 - \omega_1) + \left(\frac{R_1 - R_2}{2R_1R_2}\right)r^2 \tag{4-26}$$

若接触带的宽度比油管的半径小得多，则每个管柱都可以近似地当作弹性半平面来考虑，因此，可得到 ω_1 和 ω_2 的计算公式。

设接触面上的均布压力为 $q(x)$，则利用对称性可得

$$\int_{-b}^{b} q(x)\,\mathrm{d}x = p \tag{4-27}$$

根据半无限平面接触变形公式得到油管 $\mathrm{d}\omega_1$ 的计算公式：

$$\mathrm{d}\omega_1 = -\frac{2(1-\mu_1^2)}{\pi E_1}q(x)\,\mathrm{d}x\ln\frac{|r-x|}{R_1} + \frac{(1-\mu_1)}{\pi E_1}q(x)\,\mathrm{d}x$$

$$=-\frac{2(1-\mu_1^2)}{\pi E_1}\left[q(x)\ln\frac{|r-x|}{R_1}-\frac{(1-\mu_1)}{\pi E_1}q(x)\right]dx \tag{4-28}$$

把式(4-27)代入式(4-28)可得

$$\omega_1=-\frac{2(1-\mu_1^2)}{\pi E_1}\left[\int_{-b}^{b}q(x)\ln|r-x|dx-(\frac{1}{2(1-\mu_1)}-\ln R_1)p\right] \tag{4-29}$$

同理可得套管的位移为

$$\omega_2=-\frac{2(1-\mu_2^2)}{\pi E_2}\left\{\int_{-b}^{b}q(x)\ln|r-x|dx-\left[\frac{1}{2(1-\mu_2)}-\ln R_2\right]p\right\} \tag{4-30}$$

油管的弹性常数为 E_1，μ_1 和套管的弹性常数为 E_2，μ_2 可以是各不相同的。

将所得的 ω_1，ω_2 结果代入变形条件

$$\omega_2+\omega_1=\delta-\beta r^2 \tag{4-31}$$

得

$$\frac{2}{\pi}\left(\frac{1-\mu_2^2}{E_1}+\frac{1-\mu_1^2}{E_2}\right)\int_{-b}^{b}q(x)\ln|r-x|dx=\beta r^2+K \tag{4-32}$$

$$\beta=\frac{R_1-R_2}{2R_1R_2} \tag{4-33}$$

式(4-32)中的 K 表示与 r 无关的各项之和，为了消去这些项，将式(4-32)对 r 求导得：

$$\frac{2}{\pi}\left(\frac{1-\mu_1^2}{E_1}+\frac{1-\mu_2^2}{E_2}\right)\frac{d}{dr}\int_{-b}^{b}q(x)\ln|r-x|dx=2\beta r \tag{4-34}$$

式(4-34)积分中的被积分函数在 $x=r$ 处变为无限大，因此须用无界函数积分定理作如下运算：

$$\frac{d}{dr}\int_{-b}^{b}q(x)\ln|r-x|dx=\lim_{\varepsilon\to0}\frac{d}{dr}\int_{-b}^{r-\varepsilon}q(x)\ln|r-x|dx+\lim_{\varepsilon\to0}\frac{d}{dr}\int_{r-\varepsilon}^{b}q(x)\ln|r-x|dx$$
$$=\lim_{\varepsilon\to0}\left[\int_{-b}^{r-\varepsilon}\frac{q(x)dx}{r-x}+q(r-\varepsilon)\ln\varepsilon+\int_{r-\varepsilon}^{b}\frac{q(x)dx}{r-x}-q(r+\varepsilon)\ln\varepsilon\right] \tag{4-35}$$

式(4-35)的结果可以进行简化，由于

$$\lim_{\varepsilon\to0}[q(r-\varepsilon)\ln\varepsilon-q(r+\varepsilon)\ln\varepsilon]=\lim_{\varepsilon\to0}\left[\frac{q(r-\varepsilon)-q(r+\varepsilon)}{2^{\varepsilon}}2^{\varepsilon}\ln\varepsilon\right]=-q'(r)\cdot0=0 \tag{4-36}$$

所以有

$$\frac{\mathrm{d}}{\mathrm{d}r}\int_{-b}^{b}q(x)\ln|r-x|\mathrm{d}x = \lim_{\varepsilon\to 0}\int_{-b}^{r-\varepsilon}\frac{q(x)\mathrm{d}x}{r-x} + \int_{r+\varepsilon}^{b}\frac{q(x)\mathrm{d}x}{r-x} = \int_{-b}^{b}\frac{q(x)\mathrm{d}x}{r-x} \tag{4-37}$$

将式(4-37)代入式(4-34)后得：

$$\frac{2}{\pi}\left(\frac{1-\mu_1^2}{E_1}+\frac{1-\mu_2^2}{E_2}\right)\int_{-b}^{b}\frac{q(x)}{r-x}\mathrm{d}x = 2\beta r \tag{4-38}$$

可以假定 $q_{(x)}$ 是与以直径 $2b$ 所作的半圆弧的纵坐标成比例得

$$q(x) = \frac{q_{\max}}{b}\sqrt{b^2-x^2} \tag{4-39}$$

式中：$q_{\max}$ 为 $q(x)$ 的最大值(发生在接触面的中心处)。

代入式(4-40)

$$p = \int_{-b}^{b}q(x)\mathrm{d}x \tag{4-40}$$

得

$$q_{\max} = \frac{2p}{\pi b} \tag{4-41}$$

当计算

$$\int_{-b}^{b}\frac{q(x)\mathrm{d}x}{r-x} = \int_{-b}^{b}\frac{q_{\max}}{b}\frac{\sqrt{b^2-x^2}}{r-x}\mathrm{d}x \tag{4-42}$$

需先计算

$$\int_{-b}^{b}\frac{\sqrt{b^2-x^2}}{r-x}\mathrm{d}x = \sqrt{b^2-x^2}\ln\frac{2(b^2-x^2)+2\sqrt{(b^2-x^2)(b^2-r^2)}}{r-x} - \sqrt{b^2-x^2} + r\sin^{-1}\frac{x}{b} \tag{4-43}$$

于是得

$$\int_{-b}^{b}\frac{q(x)\mathrm{d}x}{r-x} = \frac{q_{\max}}{b}\lim_{\varepsilon\to 0}\left[\int_{-b}^{r-\varepsilon}\frac{\sqrt{b^2-x^2}}{r-x}\mathrm{d}x + \int_{r+\varepsilon}^{b}\frac{\sqrt{b^2-x^2}}{r-x}\mathrm{d}x\right] = \frac{\pi q_{\max}}{b}r \tag{4-44}$$

$$\left(\frac{1-\mu_1^2}{E_1}+\frac{1-\mu_2^2}{E_2}\right)\frac{2q_{\max}}{b} = 2\beta = \frac{R_1-R_2}{R_1R_2} \tag{4-45}$$

将 $q_{\max}=\frac{2p}{\pi b}$，$E_1=E_2=E$，$\mu_1=\mu_2=0.3$ 代入式(4-45)中，化简可得油管碰撞力与变形的关系式：

$$\delta = 1.82\frac{p}{E}\left[1 - \ln\left(1.522\sqrt{\frac{p}{\pi}\cdot\frac{R_1R_2}{R_2 - R_1}}\right)\right] \tag{4-46}$$

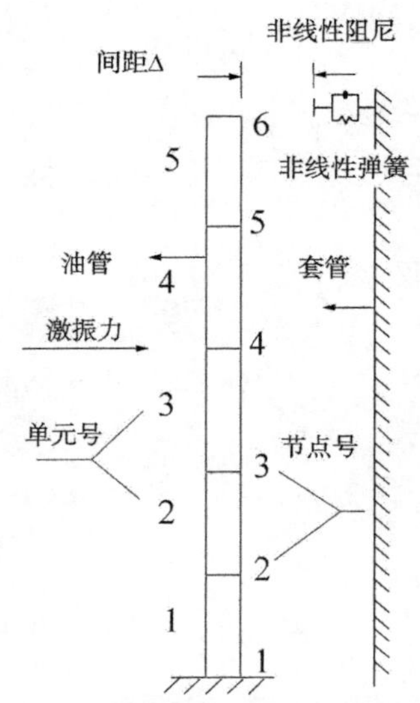

图 4-7　油管与套管碰撞示意图

(2)套管—油管碰撞力与摩擦力的计算。

套管—油管接触碰撞问题可以简化为多个节点发生接触碰撞问题，因此，先研究套管和油管某一个点接触，得到套管对油管碰撞力的计算方法，然后把计算方法应用到管柱的每个节点。

套管与油管发生碰撞后如图 4-7 所示，假设碰撞时油管受到“弹簧—阻尼器”的作用，因此，油管与套管发生碰撞，套管将给它施加一个碰撞力和碰撞阻尼力。碰撞力根据上一节的计算公式得到，阻尼力由文献可知其计算公式：

$$\delta = 1.82\frac{p}{E}\left[1 - \ln\left(1.522\sqrt{\frac{p}{\pi}\frac{R_1R_2}{R_2 - R_1}}\right)\right] \tag{4-47}$$

$$f_c = -cw'(x,\ t) \tag{4-48}$$

式中：δ 为形变，m；f_c 为碰撞阻尼力，N；c 为碰撞阻尼系数，$c=\frac{3}{2}ap$，a 为常数，对于钢材，a 取 0.2~0.3；p 为碰撞力。很明显，碰撞阻尼力也是变形的非线性函数，由此可得到“三高”气井管柱与套管发生碰撞后的作用力 f_c 计算公式：

$$f_t = -\left[p + \frac{3}{2}apw'(x,\ t)\right] \tag{4-49}$$

把上面得到的碰撞力计算方法引入“三高”气井油管柱振动模型中，在管柱每个单元两边分别设置弹簧—阻尼器，当管柱的横向位移大于套管的半径时，管柱将与套管发生碰撞，同时由横向位移得到管柱的变形，通过变形—碰撞力之间的计算公式得到管柱的碰撞力，再由管柱的横向速度得到管柱的碰撞阻尼力。同时管柱在纵向方向与套管产生摩擦力 $f_{摩擦}$，其计算公式为

$$f_{摩擦} = \mu f_t \tag{4-50}$$

式中：μ 为管柱与套管的摩擦系数，通过摩擦试验测得为 0.243(在本书的第 3 章已具体介绍)。

4.2.3　模型的求解

4.2.3.1　位移函数

本书采用线性拉格朗日函数和三次埃尔米特函数表达管柱的纵向位移 u 和横向位移场

w，其有限元离散形式为

$$\begin{cases} u = \boldsymbol{\psi}^{\mathrm{T}}\boldsymbol{d} \\ w = \boldsymbol{\varphi}^{\mathrm{T}}\boldsymbol{d} \end{cases} \tag{4-51}$$

$$\begin{cases} \boldsymbol{d}^{\mathrm{T}} = \begin{bmatrix} u_1 & w_1 & \dfrac{\mathrm{d}w_1}{\mathrm{d}x} & u_2 & w_2 & \dfrac{\mathrm{d}w_2}{\mathrm{d}x} \end{bmatrix} \\ \boldsymbol{\psi}^{\mathrm{T}} = \begin{bmatrix} 1 - \dfrac{x}{l} & 0 & 0 & \dfrac{x}{l} & 0 & 0 \end{bmatrix} \\ \boldsymbol{\varphi}^{\mathrm{T}} = [0 \quad 1 - \dfrac{3x^2}{l^2} + \dfrac{2x^3}{l^3} \quad x - \dfrac{2x^2}{l} + \dfrac{x^3}{l^2} \quad 0 \quad \dfrac{3x^2}{l^2} + \dfrac{2x^3}{l^3} \quad -\dfrac{x^2}{l} + \dfrac{x^3}{l^2}] \end{cases} \tag{4-52}$$

式中：l 为单元的长度；$\boldsymbol{d}^{\mathrm{T}}$ 为单元位移矩阵；$\boldsymbol{\psi}^{\mathrm{T}}$ 为纵向位移形函数；$\boldsymbol{\varphi}^{\mathrm{T}}$ 为横向位移形函数。

4.2.3.2 结构单元矩阵

把位移函数式(4−51)和式(4−52)代入能量泛函数，可以得到用结点位移向量表示的应变能函数 U、动能函数 T 的标准形式，即

$$\begin{cases} U = \dfrac{1}{2}\boldsymbol{d}^{\mathrm{T}}\left[\int_0^L EA\boldsymbol{\psi}'\boldsymbol{\psi}'^{\mathrm{T}}\mathrm{d}x + \int_0^L \dfrac{EA}{4}\boldsymbol{\varphi}'\boldsymbol{\varphi}'^{\mathrm{T}}\boldsymbol{w}\cdot\boldsymbol{w}^{\mathrm{T}}\boldsymbol{\varphi}'\boldsymbol{\varphi}'^{\mathrm{T}}\mathrm{d}x + \int_0^L EA\boldsymbol{\psi}'\boldsymbol{w}^{\mathrm{T}}\boldsymbol{\varphi}'\boldsymbol{\varphi}'^{\mathrm{T}}\mathrm{d}x + \int_0^L EI\boldsymbol{\varphi}''\boldsymbol{\varphi}''^{\mathrm{T}}\mathrm{d}x\right]\boldsymbol{d} \\ T = \dfrac{1}{2}\left[\begin{array}{l} \int_0^L \rho A\dot{\boldsymbol{d}}^{\mathrm{T}}\psi\,\psi^{\mathrm{T}}\dot{\boldsymbol{d}}\mathrm{d}x + \int_0^L \rho A\dot{\boldsymbol{d}}^{\mathrm{T}}\boldsymbol{\varphi}\boldsymbol{\varphi}^{\mathrm{T}}\dot{\boldsymbol{d}}\mathrm{d}x + \int_o^L \rho I\dot{\boldsymbol{d}}^{\mathrm{T}}\boldsymbol{\varphi}'\boldsymbol{\varphi}'^{\mathrm{T}}\dot{\boldsymbol{d}}\mathrm{d}x + \int_0^L \rho_0 A\dot{\boldsymbol{d}}^{\mathrm{T}}\boldsymbol{\varphi}\boldsymbol{\varphi}^{\mathrm{T}}\dot{\boldsymbol{d}}\mathrm{d}x \\ + \int_0^L 2\rho_0 AV\boldsymbol{\varphi}'w^{\mathrm{T}}\boldsymbol{\varphi}^{\mathrm{T}}\dot{\boldsymbol{d}}\mathrm{d}x + \int_0^L \rho_0 AV^2\boldsymbol{d}^{\mathrm{T}}\boldsymbol{\varphi}'\boldsymbol{\varphi}'^{\mathrm{T}}\boldsymbol{d}\mathrm{d}x \end{array}\right] \end{cases} \tag{4-53}$$

式中：$\dot{\boldsymbol{d}}^{\mathrm{T}}$ 为单元位移对时间的一阶导数。

化简得：

$$\begin{cases} U = \dfrac{1}{2}\boldsymbol{d}^{\mathrm{T}}\boldsymbol{k}\boldsymbol{d} \\ T = \dfrac{1}{2}\dot{\boldsymbol{d}}^{\mathrm{T}}\boldsymbol{m}\dot{\boldsymbol{d}} + \dfrac{1}{2}\boldsymbol{d}^{\mathrm{T}}c\dot{\boldsymbol{d}} + \dfrac{1}{2}\boldsymbol{d}^{\mathrm{T}}\boldsymbol{k}_5\boldsymbol{d} \end{cases} \tag{4-54}$$

式中单元矩阵为：

$$\begin{cases} \boldsymbol{k} = \boldsymbol{k}_1 + \boldsymbol{k}_2 + \boldsymbol{k}_3 + \boldsymbol{k}_3^{\mathrm{T}} + \boldsymbol{k}_4 \\ \boldsymbol{m} = \int_0^l \rho A\boldsymbol{\psi}\boldsymbol{\psi}^{\mathrm{T}}\mathrm{d}x + \int_0^l (\rho A\boldsymbol{\varphi}\boldsymbol{\varphi}^{\mathrm{T}} + \rho_0 A\boldsymbol{\varphi}\boldsymbol{\varphi}^{\mathrm{T}} + \rho I\boldsymbol{\varphi}'\boldsymbol{\varphi}'^{\mathrm{T}})\mathrm{d}x \\ \boldsymbol{c} = \int_0^L 2\rho_0 Av\boldsymbol{\varphi}'\boldsymbol{\varphi}^{\mathrm{T}}\mathrm{d}x \end{cases} \tag{4-55}$$

$$
\begin{cases}
\boldsymbol{k}_1 = \int_0^l EA\boldsymbol{\psi}'\boldsymbol{\psi}'^{\mathrm{T}}\mathrm{d}x \\
\boldsymbol{k}_2 = \dfrac{1}{4}\int_0^l EA\boldsymbol{\varphi}'\boldsymbol{\varphi}'^{\mathrm{T}}\boldsymbol{w}\,\boldsymbol{w}^{\mathrm{T}}\boldsymbol{\varphi}'\boldsymbol{\varphi}'^{\mathrm{T}}\mathrm{d}x \\
\boldsymbol{k}_3 = \dfrac{1}{2}\int_0^l EA\boldsymbol{\psi}'\boldsymbol{\psi}'^{\mathrm{T}}\boldsymbol{\varphi}'\boldsymbol{\varphi}'^{\mathrm{T}}\mathrm{d}x \\
\boldsymbol{k}_4 = \int_0^l EI\boldsymbol{\varphi}''\boldsymbol{\varphi}''^{\mathrm{T}}\mathrm{d}x \\
\boldsymbol{k}_5 = \int_0^L \rho_0 Av^2\boldsymbol{\varphi}'\,\boldsymbol{\varphi}'^{\mathrm{T}}\mathrm{d}x
\end{cases}
\tag{4-56}
$$

式中：$\boldsymbol{k}_1$，$\boldsymbol{k}_4$ 为通常的等应变杆单元和三次梁单元的刚度矩阵；$\boldsymbol{k}_2$，$\boldsymbol{k}_3$ 为梁单元纵横耦合刚度矩阵；$\boldsymbol{k}_5$为管内流影响作用，其元素与振动状态直接相关，即刚度矩阵是时变的。在形成这两个耦合矩阵时，本书利用前一时刻的位移向量来计算当前时刻的刚度矩阵。在本书算例中，针对每个时间步，没有进行迭代。当时间步长较小时，所得结果的精度是可以保证的。

把结构单元组装后，根据变分原理可得系统的离散形式动力学方程：

$$
\boldsymbol{M}(t)\ddot{\boldsymbol{D}} + \boldsymbol{C}(t)\dot{\boldsymbol{D}} + \boldsymbol{K}(t)\boldsymbol{D} = \boldsymbol{F}(t) \tag{4-57}
$$

式中：$\boldsymbol{M}$、$\boldsymbol{C}$、$\boldsymbol{K}$ 和 $\boldsymbol{F}$ 分别为结构的总体质量矩阵、阻尼矩阵、刚度矩阵和载荷列向量。

4.2.3.3 坐标变换

如图 4-8 所示为一整体坐标系中的管单元，它有两个端节点，管单元的长度为 l，弹性模量为 E，横截面的面积为 A，惯性矩为 I_z。

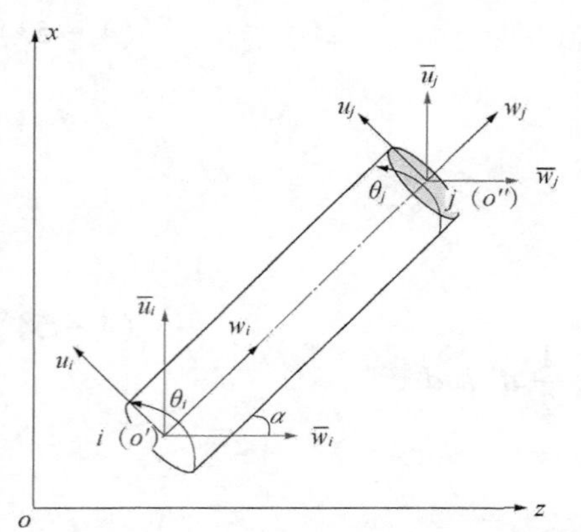

图 4-8 整体坐标系中的管单元

设局部坐标系下(Oxy)的节点位移列阵 $\boldsymbol{d}$ 为

$$
\underset{(6\times1)}{\boldsymbol{d}} = [u_1 \quad v_1 \quad \theta_1 \quad u_2 \quad v_2 \quad \theta_2]^{\mathrm{T}} \tag{4-58}
$$

整体坐标系中($O\bar{x}\bar{y}$)的节点位移列阵 $\bar{\boldsymbol{d}}$ 为

$$
\underset{(6\times1)}{\bar{\boldsymbol{d}}} = [\bar{u}_1 \quad \bar{v}_1 \quad \theta_1 \quad \bar{u}_2 \quad \bar{v}_2 \quad \theta_2]^{\mathrm{T}} \tag{4-59}
$$

注意：转角 θ_1 和 θ_2 在两个坐标系中是相同的。按照两个坐标系中的位移向量相等效的原则，可推导出以下变换关系：

$$
\begin{cases}
u_1 = \bar{u}_1\cos\alpha + \bar{v}_1\sin\alpha \quad v_1 = -\bar{u}_1\sin\alpha + \bar{v}_1\cos\alpha \\
u_2 = \bar{u}_2\cos\alpha + \bar{v}_2\sin\alpha \quad v_2 = -\bar{u}_2\sin\alpha + \bar{v}_2\cos\alpha
\end{cases}
\tag{4-60}
$$

写成矩阵形式有

$$\underset{(6\times1)}{\overline{\boldsymbol{d}}} = \underset{(6\times6)}{\boldsymbol{T}^{e}} \cdot \underset{(6\times1)}{\overline{\boldsymbol{d}}} \tag{4-61}$$

式中：$\boldsymbol{T}^{e}$ 为单元的坐标变换矩阵。

即

$$\underset{(6\times6)}{\boldsymbol{T}^{e}} = \begin{bmatrix} \cos\alpha & \sin\alpha & 0 & 0 & 0 & 0 \\ -\sin\alpha & \cos\alpha & 0 & 0 & 0 & 0 \\ 0 & 0 & 1 & 0 & 0 & 0 \\ 0 & 0 & 0 & \cos\alpha & \sin\alpha & 0 \\ 0 & 0 & 0 & -\sin\alpha & \cos\alpha & 0 \\ 0 & 0 & 0 & 0 & 0 & 1 \end{bmatrix} \tag{4-62}$$

与管单元的坐标变换类似，整体坐标系中的刚度方程为

$$\underset{(6\times6)}{\overline{\boldsymbol{K}}^{e}} \cdot \underset{(6\times1)}{\overline{\boldsymbol{d}}} = \overline{\boldsymbol{P}}^{e}_{(6\times1)} \tag{4-63}$$

其中：$\underset{(6\times6)}{\overline{\boldsymbol{K}}^{e}} = \underset{(6\times6)}{\boldsymbol{T}^{eT}} \cdot \underset{(6\times6)}{\boldsymbol{K}^{e}} \cdot \underset{(6\times6)}{\boldsymbol{T}^{e}}$，$\underset{(6\times1)}{\overline{\boldsymbol{P}}^{e}} = \underset{(6\times6)}{\boldsymbol{T}^{eT}} \underset{(6\times1)}{\boldsymbol{P}^{e}}$。

式中：$\overline{\boldsymbol{P}}^{e}_{(6\times1)}$ 为整体坐标系中的外力矩阵；$\boldsymbol{T}^{e}_{(6\times6)}$ 为单元的坐标变换矩阵；$\boldsymbol{P}^{e}_{(6\times1)}$ 为局部坐标系中的外力矩阵。

4.2.3.4 Newmark-β 求解方程

本书采用 Newmark-β 逐步积分的求解方法，避免了任何叠加的应用，能很好地适应非线性的反应分析。

首先 Newmark-β 法假定：

$$\{\dot{u}\}_{t+\Delta t} = \{\dot{u}\}_{t} + [(1-\beta)\{\ddot{u}\}_{t} + \beta\{\ddot{u}\}_{t+\Delta t}]\Delta t \tag{4-64}$$

$$\{u\}_{t+\Delta t} = \{u\}_{t} + \{\dot{u}\}\Delta t + \left[\left(\frac{1}{2}-\gamma\right)\{\ddot{u}\}_{t} + \gamma\{\ddot{u}\}_{t+\Delta t}\right]\Delta t^{2} \tag{4-65}$$

式中：β，γ 为按积分的精度和稳定性要求进行调整的参数。

当 $\beta=0.5$，$\gamma=0.25$ 时，为常平均加速度法，即假定从 t 到 $t+\Delta t$ 时刻的速度不变，取为常数 $\frac{1}{2}(\{\ddot{u}\}_{t}+\{\ddot{u}\}_{t+\Delta t})$。由式(4-64)和式(4-65)可得

$$\{\ddot{u}\}_{t+\Delta t} = \frac{1}{\gamma\Delta t^{2}}(\{u\}_{t+\Delta t} - \{u\}_{t}) - \frac{1}{\gamma\Delta t}\{\dot{u}\}_{t} - \left(\frac{1}{2\gamma}-1\right)\{\ddot{u}\}_{t} \tag{4-66}$$

$$\{\dot{u}\}_{t+\Delta t} = \frac{\beta}{\gamma\Delta t}(\{u\}_{t+\Delta t} - \{u\}_{t}) + \left(1-\frac{\beta}{\gamma}\right)\{\dot{u}\}_{t} + \left(1-\frac{\beta}{2\gamma}\right)\Delta t\{\ddot{u}\}_{t} \tag{4-67}$$

考虑 $t+\Delta t$ 时刻的振动微分方程为

$$\boldsymbol{M}\{\ddot{u}\}_{t+\Delta t} + \boldsymbol{C}\{\ddot{u}\}_{t+\Delta t} + \boldsymbol{K}\{u\}_{t+\Delta t} = \{\boldsymbol{R}\}_{t+\Delta t} \tag{4-68}$$

$$\bar{\boldsymbol{K}}\{u\}_{t+\Delta t}=\{\bar{\boldsymbol{R}}\}_{t+\Delta t} \tag{4-69}$$

$$\bar{\boldsymbol{K}}=\boldsymbol{K}+\frac{1}{\gamma\Delta t^{2}}\boldsymbol{M}+\frac{\beta}{\gamma\Delta t}\boldsymbol{C} \tag{4-70}$$

$$\begin{aligned}\{\bar{\boldsymbol{R}}\}=&\{\boldsymbol{R}\}_{t+\Delta t}+\boldsymbol{M}\left[\frac{1}{\gamma\Delta t^{2}}\{u\}_{t}+\frac{1}{\gamma\Delta t}\{\dot{u}\}_{t}+\left(\frac{1}{2\gamma}-1\right)\{\ddot{u}\}_{t}\right]\\&+[\boldsymbol{C}]\left[\frac{\beta}{\gamma\Delta t}\{u\}_{t}+\left(\frac{\beta}{\gamma}-1\right)\{\dot{u}\}_{t}+\left(\frac{\beta}{2\gamma}-1\right)\Delta t\{\ddot{u}\}_{t}\right]\end{aligned} \tag{4-71}$$

由此，Newmark-β 法的计算步骤如下。

(1)初始计算。

①形成刚度矩阵 $\boldsymbol{K}$、质量矩阵 $\boldsymbol{M}$ 和阻尼矩阵 $\boldsymbol{C}$。

②给定初始值$\{u\}_0$，$\{\dot{u}\}_0$ 和$\{\ddot{u}\}_0$。

③选择积分步长 Δt，参数 β、γ，并计算积分常数。

$$\begin{cases}\alpha_0=\dfrac{1}{\gamma\Delta t^{2}}\\ \alpha_1=\dfrac{\beta}{\gamma\Delta t}\\ \alpha_2=\dfrac{1}{\gamma\Delta t}\\ \alpha_3=\dfrac{1}{2\gamma}-1\\ \alpha_4=\dfrac{\beta}{\gamma}-1\\ \alpha_5=\dfrac{\Delta t}{2}\left(\dfrac{\beta}{\gamma}-2\right)\\ \alpha_6=\Delta t(1-\beta)\\ \alpha_7=\beta\Delta t\end{cases} \tag{4-72}$$

④形成有效刚度矩阵 $\bar{\boldsymbol{K}}=\boldsymbol{K}+\alpha_0\boldsymbol{M}+\alpha_1\boldsymbol{C}$。

(2)对每个时间步进行计算。

①计算 $t+\Delta t$ 时刻的有效荷载。

$$\begin{aligned}\{\bar{\boldsymbol{F}}\}_{t+\Delta t}=&\{\boldsymbol{F}\}_{t+\Delta t}+\{\boldsymbol{M}\}(\alpha_0\{u\}_t+\alpha_2\{\dot{u}\}_t+\alpha_3\{\ddot{u}\}_t)\\&+[\boldsymbol{C}](\alpha_1\{u\}_t+\alpha_4\{\dot{u}\}_t+\alpha_5\{\ddot{u}\}_t)\end{aligned} \tag{4-73}$$

②求解 $t+\Delta t$ 时刻的位移。

$$[\bar{\boldsymbol{K}}]\{u\}_{t+\Delta t}=\{\bar{\boldsymbol{F}}\}_{t+\Delta t} \tag{4-74}$$

③计算 $t+\Delta t$ 时刻的速度和加速度。

$$\{\dot{u}\}_{t+\Delta t} = \alpha_0(\{u\}_{t+\Delta t} - \{u\}_t) - \alpha_2\{\dot{u}\}_t - \alpha_3\{\ddot{u}\}_t$$
$$\{\ddot{u}\}_{t+\Delta t} = \{\dot{u}\}_t - \alpha_6\{\ddot{u}\}_t - \alpha_7\{\ddot{u}\}_{t+\Delta t} \quad (4-75)$$

Newmark-β 方法是一种无条件稳定的隐式积分格式，时间步长 Δt 的大小不影响解的稳定性，Δt 的选择主要根据解的精度确定，计算流程如图 4-9 所示。

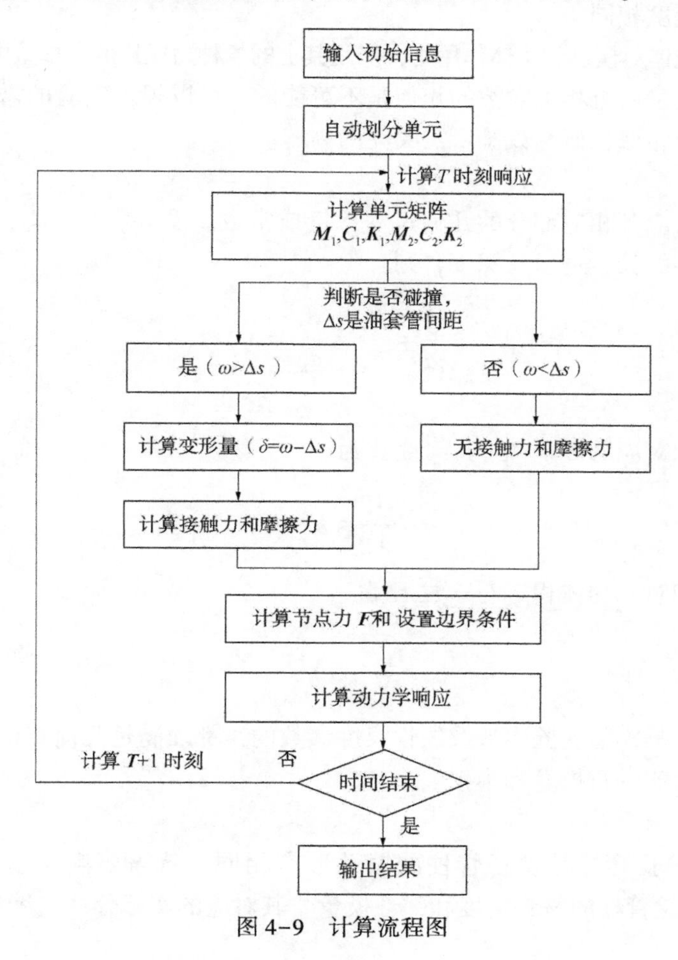

图 4-9　计算流程图

4.3　高产气井油管柱流致振动模拟试验

4.3.1　实验方案设计

本次实验的主要目的是通过设计高产深井油管柱力学实验台架，开展油管柱振动实验，验证上一章节所建立的油管柱理论模型的正确性。

4.3.1.1　实验方案设计相似理论

相似模型实验中，一般实验装置及相似模型要满足 3 个相似准则：几何相似、运动相似、动力相似。

几何相似：模型与实体之间几何形状以一定比例相似，形状与结构完全一致，只是大小不同。

运动相似：模型和实体在流体中运动，相同位置或者结构上对应的物理量具有相同比例，如速度、加速度相同。

动力相似：流体对模型和实体作用时，作用其上的各种力成比例，如重力、惯性力等。

事实上，要满足所有相关参数的相似是不可能的。可以根据实验的需要，设定一些参数相似，满足部分相似，研究试验所需关注的内容。

(1)几何相似。

实体和模型对应各相应部分的几何尺寸比例成常数。设 L_s，B_s，d_s 及 L_m，B_m，d_m 分别代表实体和模型的长、宽以及深度，则：

$$\frac{L_s}{L_m}=\frac{B_s}{B_m}=\frac{d_s}{d_m}=\lambda \tag{4-76}$$

式中：λ 为缩尺比。

实体和模型相对应的面积 A_s 与 A_m 之比为

$$\frac{A_s}{A_m}=\lambda^2 \tag{4-77}$$

实体和模型相对应的体积∇_s与∇_m之比为

$$\frac{\nabla_s}{\nabla_m}=\lambda^3 \tag{4-78}$$

简而言之，凡是模型实验中涉及线性尺度参数的，都须满足几何相似条件，实体与模型之间以线性缩尺比进行换算和模拟。

(2)运动相似。

要使得模拟实验管柱与现场管柱的振动形态相同，就需要满足运动相似，根据黄涛[166]的研究，实验管柱的材料密度和弹性模量与其对应的实际管柱应满足以下关系：

$$\frac{\dfrac{\rho_p}{\rho_m}}{\dfrac{E_p}{E_m}}=\lambda \tag{4-79}$$

式中：ρ_p 为实际管柱的密度，kg/m^3；E_p 为实际管柱的弹性模量，Pa；ρ_m 为模拟试验管柱的密度 kg/m^3；E_m 为模拟试验管柱的弹性模量，Pa；λ 为相似比。

通过状态方程计算，可以确定管内模拟流体速度：

$$\frac{p_1Q_1}{T_1}=\frac{p_2Q_2}{T_2} \tag{4-80}$$

$$v = \frac{Q_2}{24 \times 60 \times 60 \times A_0} \tag{4-81}$$

式中：p_1 和 p_2 分别为标准大气压力和井筒压力，MPa；Q_1 和 Q_2 分别为地面产量和井筒产量，m^3/d；T_1 和 T_2 分别为地面和井筒温度，K；A_0 表示井筒的横截面积 m^2；v 表示模拟流体速度，m/s。

(3)动力相似。

模型实验还需要满足弗劳德相似，即模型和实体的弗劳德数(Fr)需要相等，这样可以保证模型和实体之间重力以及惯性作用的正确相似关系。同时，物体还受到周期变化力的作用，模型和实体还需保证斯特劳哈尔数(St)相等。因此

$$\frac{v_m}{\sqrt{gL_m}} = \frac{v_S}{\sqrt{gL_s}} \tag{4-82}$$

$$\frac{v_m T_m}{L_m} = \frac{v_s T_s}{L_s} \tag{4-83}$$

式中：v_m、v_S 分别为模型和实体的特征速度，m/s；L_m、L_s 分别为模型和实体的特征线尺度，m；T_m、T_s 分别为模型和实体的周期，s。

(4)模拟实验参数。

依据南海西部 M 高温高压高产气田生产管柱作业工况参数，套管由 7in 尾管回接至井口，油管尺寸为 4½in，为了能够满足直径向方向的尺寸合理，同时由于长度方向与径向尺寸差异较大，故不采用相同比例，径向和纵向的相似比分别设置为 5.0 和 438.0。根据现场生产气井日产$(40\sim200)\times10^4 m^3$，地面温度 25℃，压力为标准大气压 0.1MPa，M 气田地层压力为 46.7MPa，地层温度为 150℃，根据状态方程和流体计算方法，折算到地层产量约为$(0.122\sim0.608)\times10^4 m^3/d$，流速为 2.683~13.34m/s。根据前面运动相似原理，将实际管柱的密度和弹性模量分别为 $\rho_p = 7850(kg/m^3)$ 和 $E_p = 210$ (GPa)代入式(4-83)得

$$\frac{E_m}{\rho_m} = \frac{1}{5}\frac{E_p}{\rho_p} = 5.35 \times 10^{-3}(GPa \cdot m^3/kg) \tag{4-84}$$

根据弹性模量和密度的比值，通过查材料手册选择 PE 管比较符合要求，其弹性模量和密度分别是 $E_m = 6.0GPa$ 和 $\rho_m = 1200kg/m^3$。

通过以上分析计算得到本模拟试验参数见表 4-1。

表 4-1 模拟试验参数

参数名称	实际参数	试验参数
油管外径 (mm)	114.3	23.0
油管内径 (mm)	100.3	20.0

续表

参数名称	实际参数	试验参数
油管长度(m)	3500	7.3
气体密度（kg/m^3）	600.0	600.0
套管外径（mm）	177.8	35.0
套管内径（mm）	152.5	30.0
油管弹性模量(GPa)	210.0	6.0
气体流速（m/s）	6.0~29.8	2.683~13.34
动力黏度（μPa·s）	11.0	11.0
油管密度（kg/m^3）	7850	1200

4.3.1.2　高产气井油管柱实验台架设计

(1)实验台架搭建方案。

通过参数设计和现场试验场地的布局，设置了水平井高产油管柱模拟装置，具体结构如图 4-10 所示，垂深 8m，直井段 1.15m，造斜段 5m，水平段 1.15m。造斜主要是通过外管井筒形成斜井眼，井斜角为 30°，油管柱模型根据封隔器固定点进行。

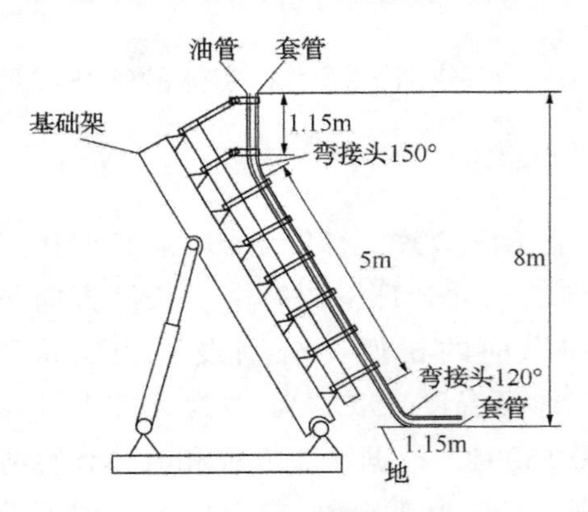

图 4-10　模拟实验台架设计图

(2)实验系统组成设计。

根据高产气井实际生产特点，实验系统主要由产气系统、管柱系统、连接系统等组成，主要包括：气源(螺杆式空压机、储气罐)、管线、电磁阀、气体流量计、管线、油管柱模型、套管模型、固定装置等。实验系统设计流程与示意图分别如图 4-11 与图 4-12 所示。

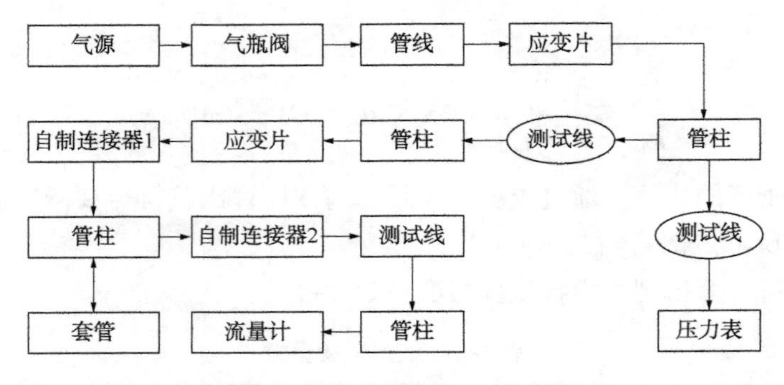

图 4-11　实验系统设计流程图

(3)实验数据采集系统设计。

为了采集油管柱的变形特征，采用应变片采集管柱不同位置处的应变特征，并用模态分析法得到不同位置处管柱变形特征。如图 4-13 所示，在油管柱四周(CF1，CF2，IL1，IL2)分别布置 8 个采集点，共计 32 个点位，每个点位上纵横向分别布置两个应变片，用于温度补偿，消除实验过程中温度、初始变形等误差。实验油管柱采集点 1 和采集点 8 距两端 0. 15m，各采集点相邻之间，间距 1. 1m。

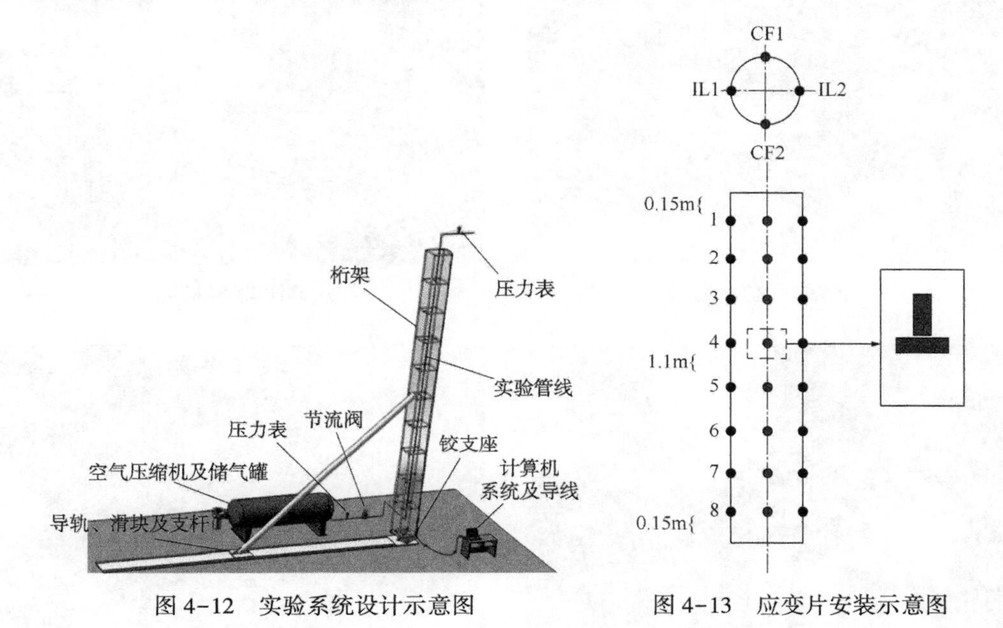

图 4-12　实验系统设计示意图　　　　图 4-13　应变片安装示意图

4. 3. 2　高产气井油管柱力学实验台架搭建

4. 3. 2. 1　实验管柱前期测试

为了确保设计的工况与管柱满足实验需求，建立高压气井油管柱力学实验装置之前，利用氮气瓶、减压阀、实验管柱建立简易实验装置，分别开展了高产油管柱单元实验测试(图 4-14)，用于检验所设计管柱振动特点以及测试传感器是否满足需求。

图 4-14　3 种管柱单元测试的测试过程

4. 3. 2. 2　实验系统主要组成装置

实验系统主要由产气系统、管柱系统、连接系统等组成，主要包括：气源(螺杆式空压机、储气罐)、管线、电磁阀、气体流量计、管线、油管柱模型、套管模型、固定装置、轴力施加装置(砝码、滑轮)等。此外，测试系统包括动态应变仪、屏蔽线等。实验系统各部分组成照片如图 4-15 所示。

（a）实验系统整体示意图

（b）螺杆式空压机与储气罐

（c）上端固定装置

（d）气体流量计与电池阀

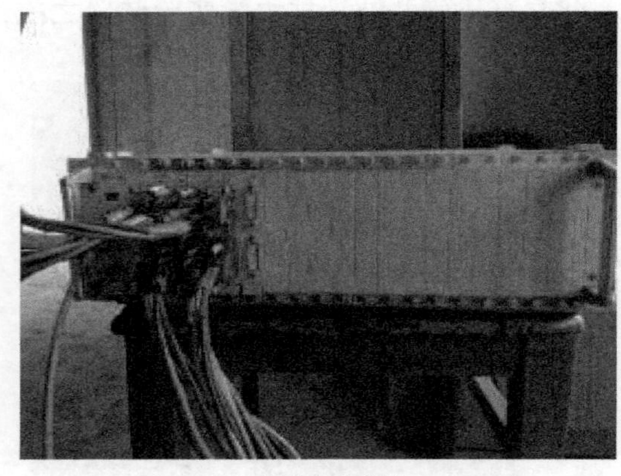

（e）动态应变仪

（f）数据采集线

图 4-15　实验系统各部分组成图

4.3.3 实验数据处理方法

4.3.3.1 预张力影响的消除

预张力也会周期性地振动进而影响实验数据，因此必须消除预张力带来的影响。CF方向的振动呈对称性，预张力产生的应变也是相等，因此，CF方向振动产生的弯曲应变为

$$\varepsilon_{VIV-CF} = \frac{\varepsilon_{CF1} - \varepsilon_{CF2}}{2} \tag{4-85}$$

式中：ε_{VIV-CF}为CF方向产生的弯曲应变；ε_{CF1}为CF1方向产生的弯曲应变；ε_{CF2}为CF2方向产生的弯曲应变。

稳定的时间段内，可认为振动产生的弯曲应变时间历程均值为零，则可假设：

$$\overline{\varepsilon_{VIV-IL}} = 0 \tag{4-86}$$

式中：$\overline{\varepsilon_{VIV-IL}}$为振动产生的弯曲应变时间历程均值。

由式(4-85)与式(4-86)得到：

$$\varepsilon_0 + \varepsilon_{VIV-IL} = \frac{\overline{\varepsilon_{IL1} - \varepsilon_{IL2}}}{2} \tag{4-87}$$

$$\overline{\varepsilon_0} = \frac{\overline{\varepsilon_{IL1} - \varepsilon_{IL2}}}{2} \tag{4-88}$$

式中：ε_0 为横向振动产生的弯曲应变；$\overline{\varepsilon_0}$为横向振动产生的弯曲应变均值。

因此IL方向振动产生的弯曲应变为

$$\varepsilon_{VIV-IL} = \frac{\varepsilon_{IL1} - \varepsilon_{IL2}}{2} - \frac{\overline{\varepsilon_{IL1} - \varepsilon_{IL2}}}{2} \tag{4-89}$$

4.3.3.2 实验数据处理的模态分析法

假设管柱作小变形运动，一定时间为完井管柱柱轴线在流向上的位移可表示为

$$w(t, z) = \sum_{i=1}^{N} P_i(t)\phi_i(z), \ z \in [0, l] \tag{4-90}$$

式中：t为时间，s；z为管柱轴向坐标；l为管柱长度，m；$w(t, z)$为轴线上的位移，m；$\phi_i(z)$为模态振型；$P_i(t)$为模态权重。

管柱轴线流向的曲率k为

$$k = \frac{d^2 w}{dz^2} = \sum_{i=1}^{N} p_i(t)\phi''_i(z) \tag{4-91}$$

管柱可简化为简支梁，其振型可表示为

$$\phi_i(z) = \sin\frac{i\pi}{l}z \tag{4-92}$$

式中：i 为振型阶数。

将位移的模态振型代入式(4-91)，则曲率可化为

$$k = \sum_{i=1}^{N} P_i(t)\theta_i(z) = -\sum_{i=1}^{N} P_i(t)\left(\frac{i\pi}{l}\right)^2\theta_i(z) \tag{4-93}$$

式中：$\theta_i(z)$ 为模态振型。

曲率与应变有如下关系：

$$k(t,\ z) = \frac{\varepsilon(t,\ z)}{R} \tag{4-94}$$

式中：$\varepsilon(t,\ z)$ 为管柱流向表面应变；R 为管柱半径，m。

结合式(4-92)和式(4-94)，可以得到：

$$\varepsilon(t,\ z) = kR = -\sum_{i=1}^{N} R\left(\frac{i\pi}{l}\right)^2 P_i(t)\phi_i(z) = \sum_{i=1}^{N} P_i(t)\theta_i(z) = \sum_{i=1}^{N} e_1(t)\phi_i(z) \tag{4-95}$$

式中：$e_1(t)$ 为模态权重。

$$\theta_i(z) = -R\left(\frac{i\pi}{l}\right)^2\phi_i(z) \tag{4-96}$$

$$e_1(t) = -R\left(\frac{i\pi}{l}\right)^2 P_i(t) \tag{4-97}$$

沿长度方向坐标为 $Z_m(m=1,\ 2,\ 3,\ \cdots,\ m)$，测量得到的信号表示为

$$C_m(t) = \varepsilon(t,\ Z_m) + \eta_m(t) \tag{4-98}$$

式中：$C_m(t)$ 为测量信号；$\varepsilon(t,\ Z_m)$ 为应变信号；$\eta_m(t)$ 为噪声信号。

假设固有振型为正弦函数，并假设使用 N 阶模态进行分析可以满足要求，则

$$C_m(t) = \sum_{i=1}^{N} e_i(t)\phi_i(z) + \eta_m(t) \tag{4-99}$$

首先，第 i 阶模态振型在 M 个测试点出的展开式为

$$\boldsymbol{\phi}_i = [\phi_i(z_1),\ \phi_i(z_1),\ \cdots,\ \phi_i(z_M)]^{\mathrm{T}} \tag{4-100}$$

则 N 阶模态在 M 个测试点展开得到 $M\times N$ 的矩阵为

$$\boldsymbol{\phi} = [\phi_1,\ \phi_1,\ \cdots,\ \phi_N] \tag{4-101}$$

测量信号、噪声信号以及模态权重的矩阵如下：

$$\boldsymbol{c}(t)=[c_1(t),\ c_2(t),\ \cdots,\ c_M(t)]^{\mathrm{T}} \tag{4-102}$$

$$\boldsymbol{\eta}(t)=[\boldsymbol{\eta}_1(t),\ \boldsymbol{\eta}_2(t),\ \cdots,\ \boldsymbol{\eta}_M(t)]^{\mathrm{T}} \tag{4-103}$$

$$\boldsymbol{e}(t)=[e_1(t),\ e_2(t),\ \cdots,\ e_N(t)]^{\mathrm{T}} \tag{4-104}$$

式(4-99)可以写成:

$$c(t)=\phi e(t)+\eta(t) \tag{4-105}$$

对于式(4-105)来说，仅当测量点数等于参与计算模态数时，即 $M=N$ 时有精确解，不考虑噪声误差的情况下，解为

$$\hat{e}(t)=\phi^{-1}\varepsilon(t) \tag{4-106}$$

式中：$\hat{e}(t)$为求解得到的位移权重。

由于噪声的影响，$\hat{e}(t)$与真实解 $e(t)$之间有一定的偏差。当参与计算的模态数小于测量点数时，此时式(4-106)不成立，需要用最小二乘法求解，可以得到

$$\hat{e}(t)=(\phi^{\mathrm{T}}\phi)^{-1}\phi^{\mathrm{T}}\varepsilon(t)=H\varepsilon(t) \tag{4-107}$$

式中：

$H=(\phi^{\mathrm{T}}\phi)^{-1}\phi^{\mathrm{T}}$，由式(4-107)得到$\hat{e}(t)$后，则管柱位移 $w(t,\ z)$可由式(4-105)和式(4-106)求得。

4.3.3.3　频率分析法

振动发生时，管柱会在横向及流向同时发生周期性的振动，可用傅里叶级数表示为

$$f(t)=\sum_{n=0}^{\infty}A_{\mathrm{n}}\sin(nt+\theta) \tag{4-108}$$

式中：A_{n} 为振幅；n 为角频；t 为某一时刻；θ 为初相角。

由于振动过程中，振动频率是不随时间变化的周期函数，因此，信号原始波形可分解为正弦波或者余弦波，等间隔取样后，连续信号即为 N 个离散的点，此时可将级数表示为

$$f(t)=\frac{A_0}{2}+\sum_{n=1}^{N/2-1}\left(A_{\mathrm{n}}\cos\frac{2\pi nt}{N}+B_{\mathrm{n}}\sin\frac{2\pi nt}{N}\right)+\frac{A_{N/2}}{2}\cos\frac{2\pi(N/2)t}{N} \tag{4-109}$$

式中：A_0，A_{k}，B_{k}，$A_{N/2}$分别为常数；N 为某个时刻对应连续信号的序号。

对式(4-109)求解，拟合的频率序号 n 最高即为 $N/2$，这个频率称为 Nyquist 频率。综上所述，通过对采集的信号进行快速傅里叶变换(Fast Fourier Transform)，可获得对应的张力响应幅值与响应频率。

4.3.3.4　实验数据处理流程

整个实验数据处理流程如图 4-16 所示。

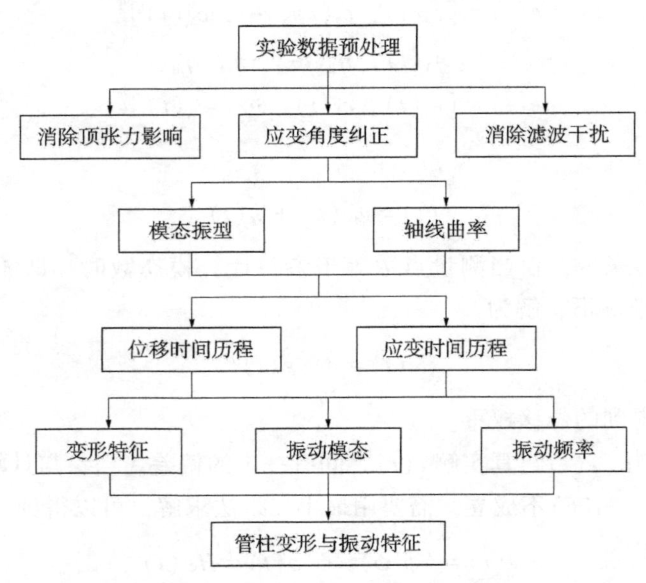

图 4-16　实验数据分析流程图

4.4　“三高”气井油管柱非线性流致振动模型验证

4.4.1　单管的纵横向耦合振动模型验证

基于以上理论，采用 FORTRAN 编译器编写计算代码，通过分析简支梁的纵横向动力学响应[37]（图 4-17），采用 ANSYS 商业软件验证模型的正确性，模型的基本计算参数见表 4-2。

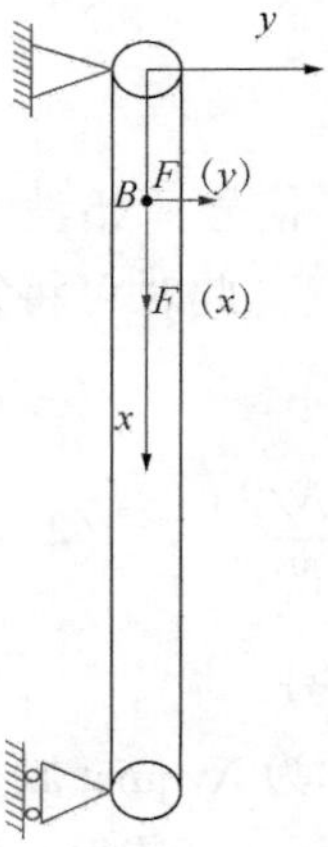

图 4-17　简支梁计算模型的示意图

如图 4-18 所示分别表示采用本书计算方法和 ANSYS 软件计算得到的管柱纵向和横向振动位移时程曲线。由图 4-18 可知，两种计算方法分析得到的结果吻合度很好，验证了单管的纵横向耦合计算模型的有效性（未考虑油套管接触碰撞因素）。

4.4.2　管柱非线性接触碰撞模型验证

本书采用文献[51]相同参数（表 4-3），具体结构如图 4-19 所示，以计算管柱的碰撞力，与文献的实验结果和文献模型计算结果对比验证本书双重非线性碰撞模型的正确性和有效性。文献模型与本书模型的区别主要体现在文献只考虑接触碰撞非线性影响，而本书模型考虑了纵横向耦合和接触碰撞双重非线性影响。

表 4-2 计算模型参数[37]

参数		数值
几何模型和材料	长度	3.0m
	外径	0.1m
	内径	0.05m
	材料密度	$7850\mathrm{kg\cdot m^{-3}}$
	弹性模量	210GPa
	流体密度	$750\mathrm{kg\cdot m^{-3}}$
横向荷载	$F_\omega \sin(2\pi f_\omega t)$	$f_\omega=6$ Hz, $F_\omega=20$ kN
纵向荷载	$F_u \sin(2\pi f_u t)$	$f_u=15$ Hz, $F_u=200$ kN
单元数		120

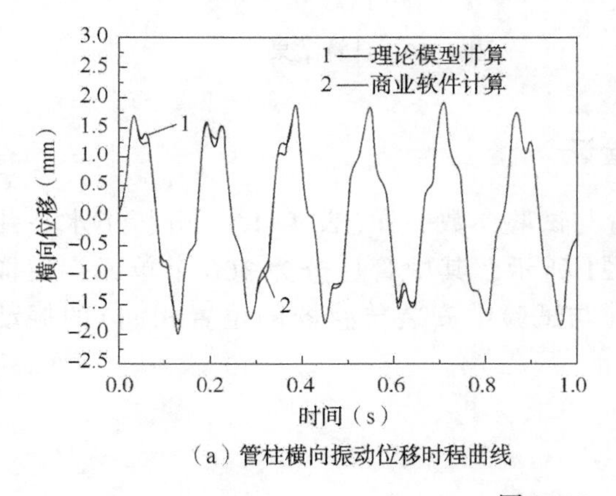

（a）管柱横向振动位移时程曲线

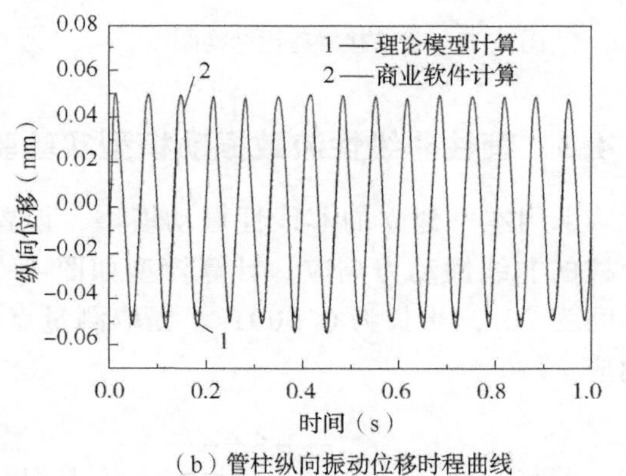

（b）管柱纵向振动位移时程曲线

图 4-18 计算结果

表 4-3 计算模型参数

参数	数值	参数	数值
管长(m)	0.9906	计算时间(s)	0.06
管柱内径(mm)	9.525	时间步长(s)	0.0001
管柱外径(mm)	15.375	划分单元数	16
外激力幅值(N)	2.95	油管密度($\mathrm{kg/m^3}$)	7850
频率f(Hz)	84	流体密度($\mathrm{kg/m^3}$)	750
间隙(mm)	0.127		

如图 4-20 所示给出了单非线性模型、双非线性模型和实验结果的接触力时程响应曲线。从图 4-20 中可以看出，本书提出的双重非线性模型计算结果在振幅和变化规律上都比文献中的单非线性模型计算结果更接近实验结果。双重非线性模型比单非线性模型更能反映系统的高频响应特性，其结果验证了本书双重非线性模型的正确性和高效性。

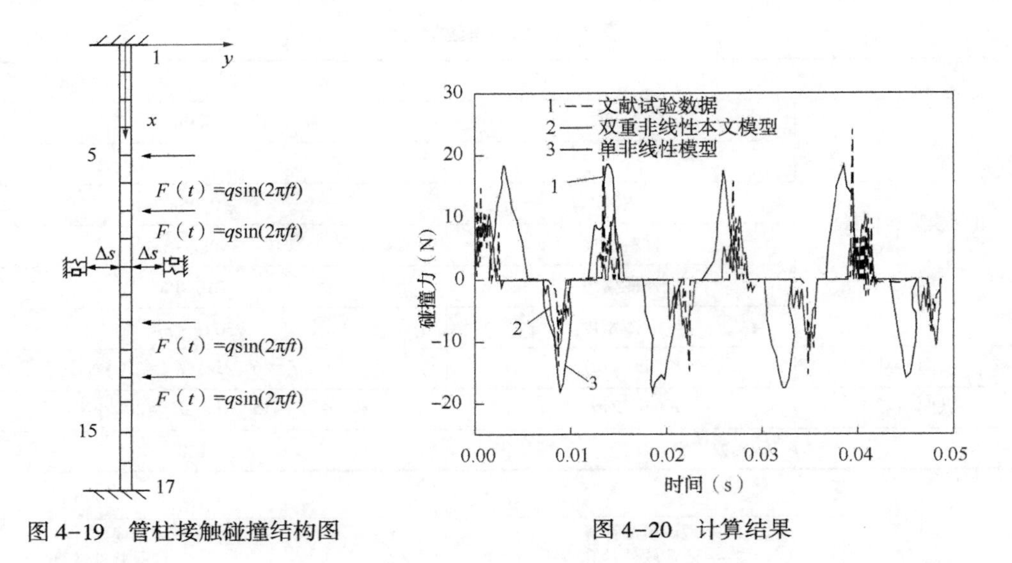

图 4-19　管柱接触碰撞结构图　　　　图 4-20　计算结果

4.4.3　管柱非线性流致振动模型实验验证

采用本书建立的非线性振动模型，设置与试验参数一样(表 4-1)，分析了水平井管柱的非线性动力响应。计算模型如图 4-21 所示，其中管柱分为 300 个单元，模拟时间为 70s，步长为 0.0001s，提取测量点(与试验中安装传感器的位置相同)的振动响应。

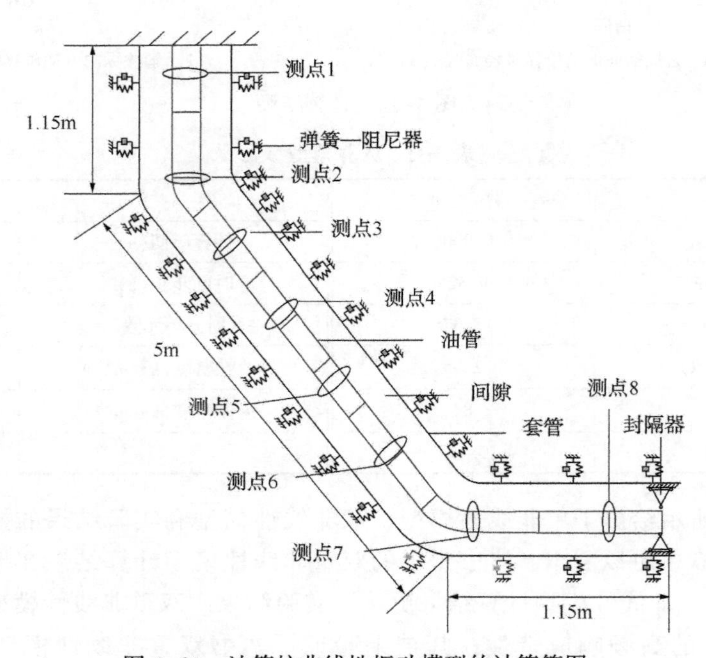

图 4-21　油管柱非线性振动模型的计算简图

如图 4-22 所示可知通过双非线性振动模型计算和试验测量所得到管柱横向振动幅值基本一致，两种方法都表明位移响应存在 50s 的瞬态响应，其中试验结果的高频分量相对较多，主要是由于实验环境因素的干扰。由图 4-23 可知，非线性振动模型计算的幅频响应与实验测量结果基本一致，最大响应频率约为 1.5Hz，管柱在 0~2.0Hz 的振动能量较大。通过管柱不同测点的时域分析和频域分析，验证了本书所建立的非线性振动模型的正确性，为现场管柱设计提供了有效的分析工具。

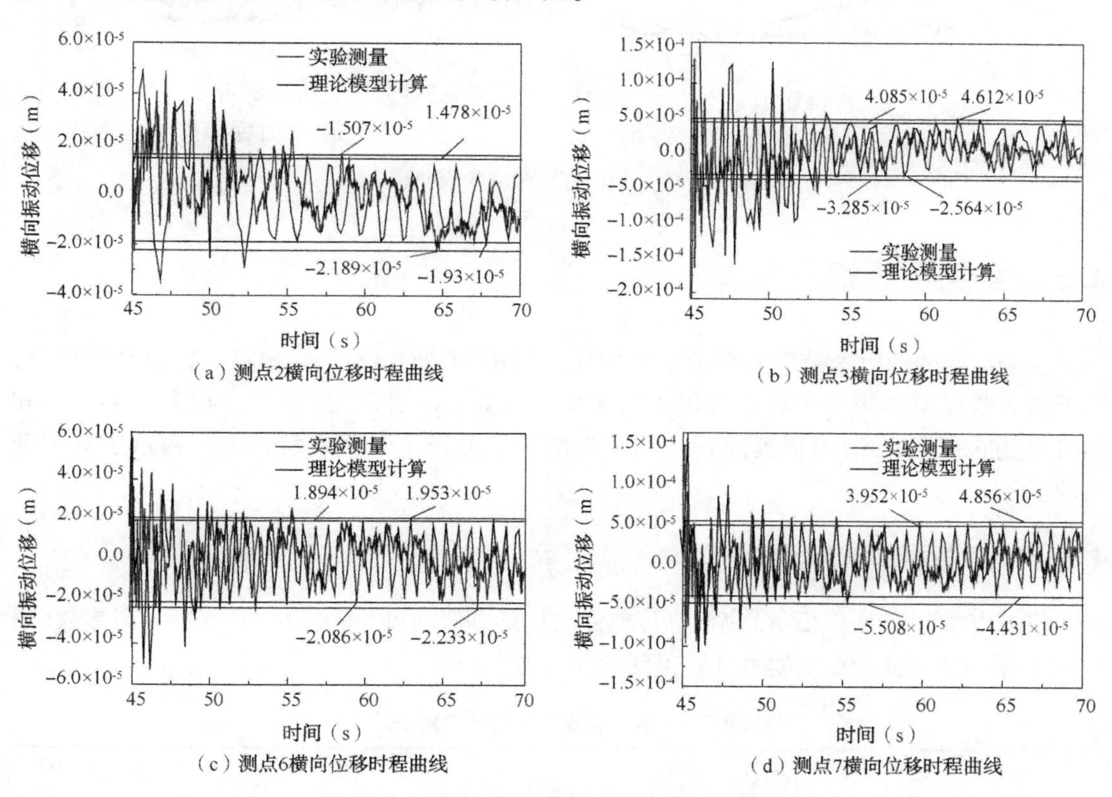

（a）测点2横向位移时程曲线

（b）测点3横向位移时程曲线

（c）测点6横向位移时程曲线

（d）测点7横向位移时程曲线

图 4-22　管柱不同位置的横向位移时程曲线

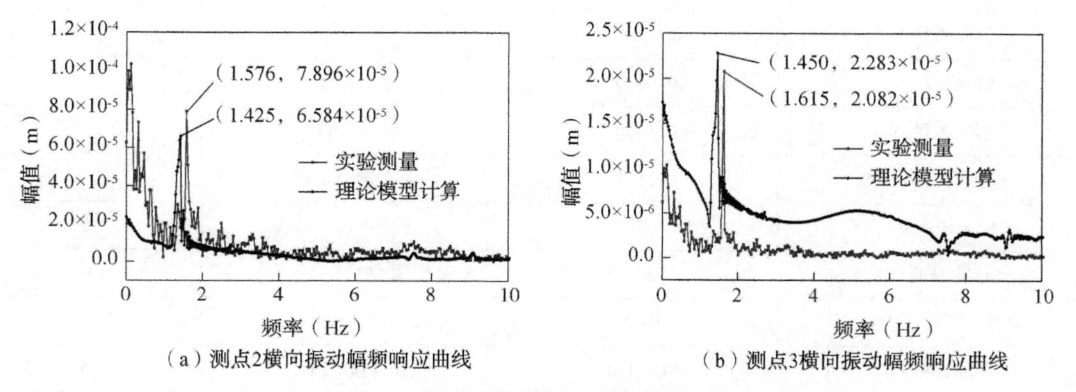

（a）测点2横向振动幅频响应曲线

（b）测点3横向振动幅频响应曲线

图 4-23　管柱横向振动幅频响应曲线

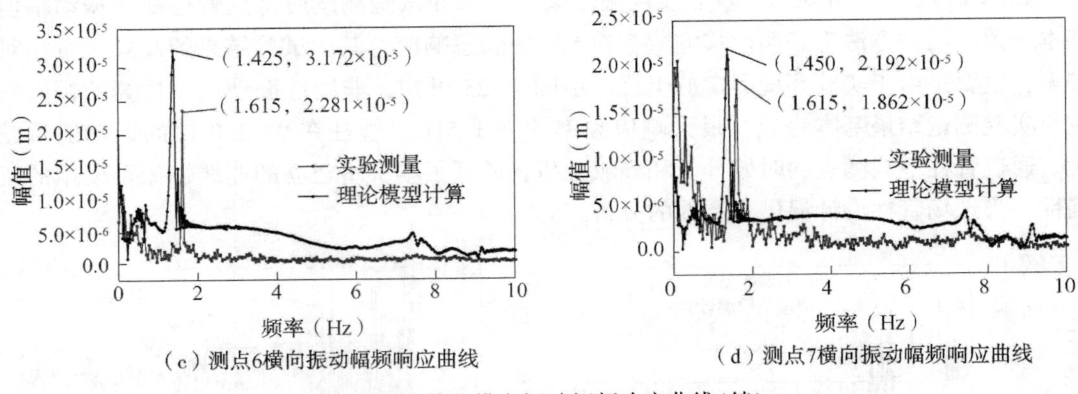

（c）测点6横向振动幅频响应曲线　（d）测点7横向振动幅频响应曲线

图 4-23　管柱横向振动幅频响应曲线(续)

4.5　实例井分析

基于前面的动力学模型及数值求解方法，采用 FORTRAN 软件编写了数值计算代码，借助南海西部 M 高温高压高产气田 4 口实例井参数(A3 井和 B5 井为定向井、A1H 井和 A6H 井为水平井)，计算得到油管柱动力学响应，分析了其振动特性，并揭示了其振动机理。

4.5.1　南海西部 A3 定向井

根据南海西部 M 气田 A3 高温高压气井具体的井眼轨迹(图 4-24)及现场配产参数(表 4-4)，采用所建立的振动模型计算得到管柱动力学响应。

表 4-4　南海西部 A3 气井计算参数

参　数	数　值	参　数	数　值
管长(m)	3900	时间步长(s)	0.001
管柱内径(m)	0.06985	划分单元数	1000
管柱外径(m)	0.0889	单元长度	3.9
套管内径(m)	0.1658	摩擦系数	0.243
套管外径(m)	0.1778	油管密度(kg/m³)	7850
产量(10⁴m³/d)	60	流体密度(kg/m³)	275
计算时间(s)	50	井斜角(°)	0~43.44
生产封隔器位置(m)	3600	中部封隔器位置(m)	3900
油管材料	13Cr-L80	抗拉强度(MPa)	665

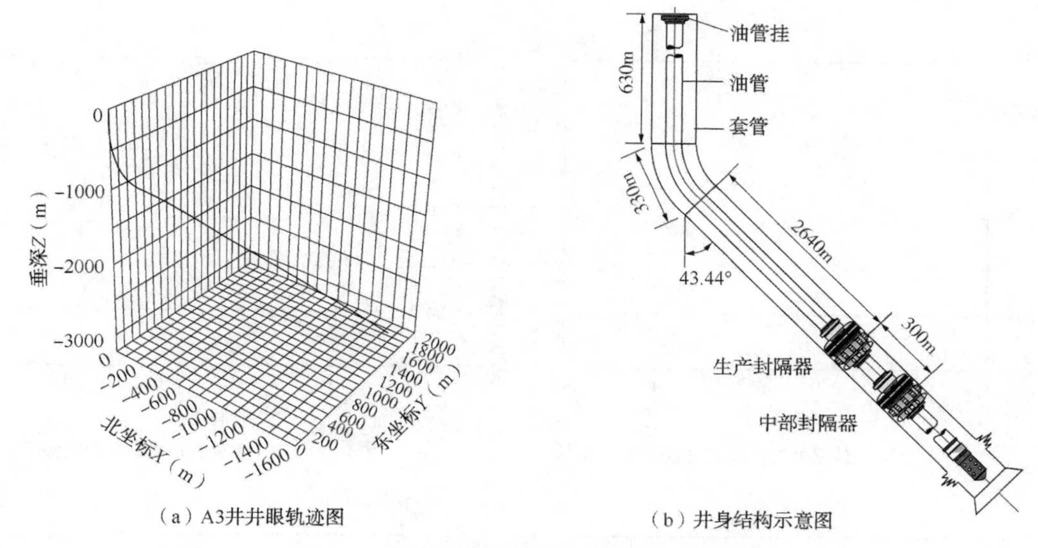

（a）A3井井眼轨迹图　　（b）井身结构示意图

图 4-24　A3 井管柱的井眼轨迹及井身结构

A3 气井为定向井，直井段约为 630m，造斜段约为 330m，稳斜段以井斜角为 43.44°一直延伸到 3900m 位置。坐标以竖直向下和水平向右为正方向，管柱上端为油管挂，模型计算时视为固定端，生产封隔器位于井深为 3600m 处，中部封隔器位于油管 3900m 处，计算分析时设置为固定端，项目组主要分析中部封隔器以上管柱的振动响应，计算模型中的管长为 3900m。管柱从上往下划分 1000 节点，每个节点左右设置弹簧阻尼器，视为油管—套管的接触碰撞边界条件，管柱振动外激励包括流体流过弯曲段产生的冲击力、流体流速变化和管柱自身的重力等。通过模型的计算分析，分别取井深 780m（1/5 油管位置处，其他实例井所取位置相同）、1560m（2/5 油管位置处）、2340m（3/5 油管位置处）、3120m（4/5 油管位置处）和 3861m（底部油管）位置处管柱的动力学响应（位移、应力和轴力），揭示管柱振动响应机理，得到管柱的振动特性，如图 4-25 所示。

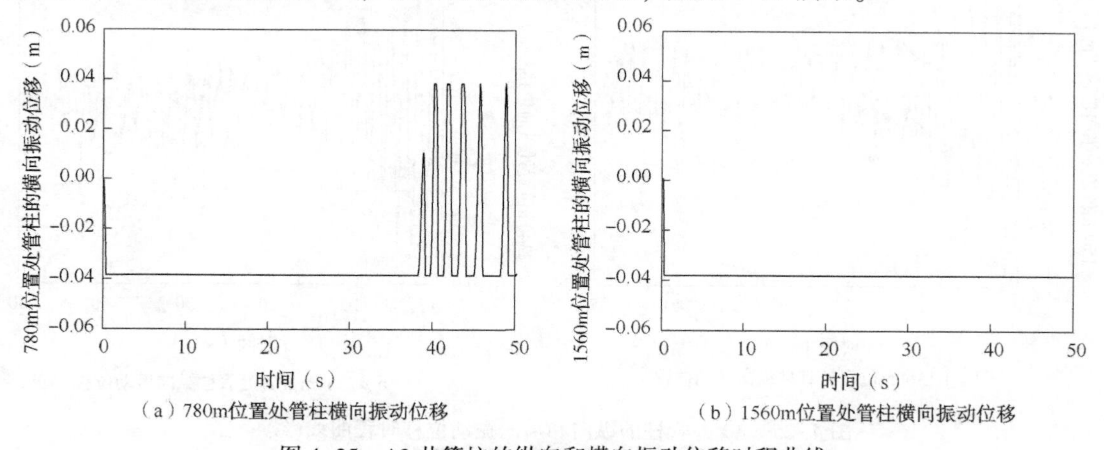

（a）780m位置处管柱横向振动位移　　（b）1560m位置处管柱横向振动位移

图 4-25　A3 井管柱的纵向和横向振动位移时程曲线

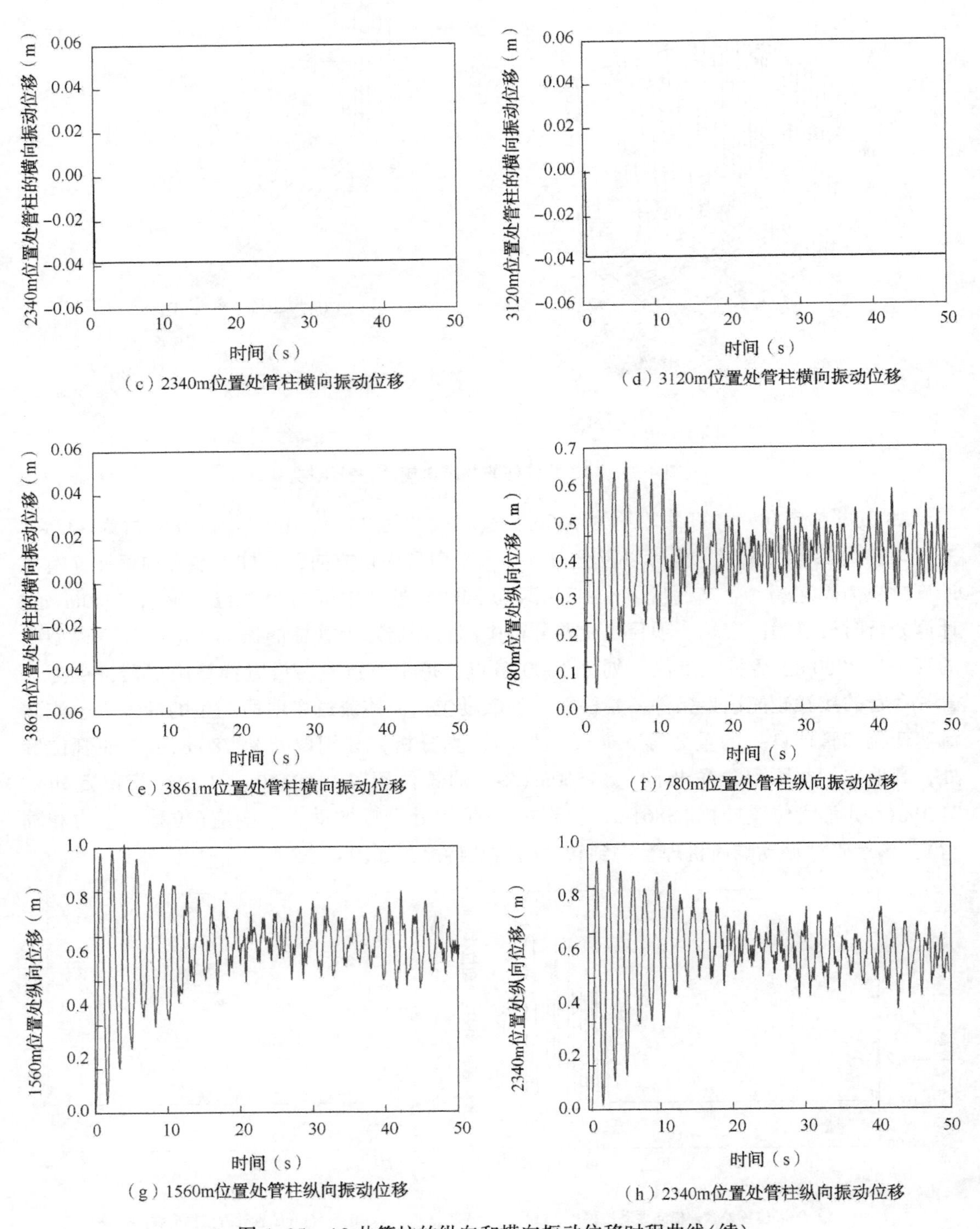

图 4-25　A3 井管柱的纵向和横向振动位移时程曲线(续)

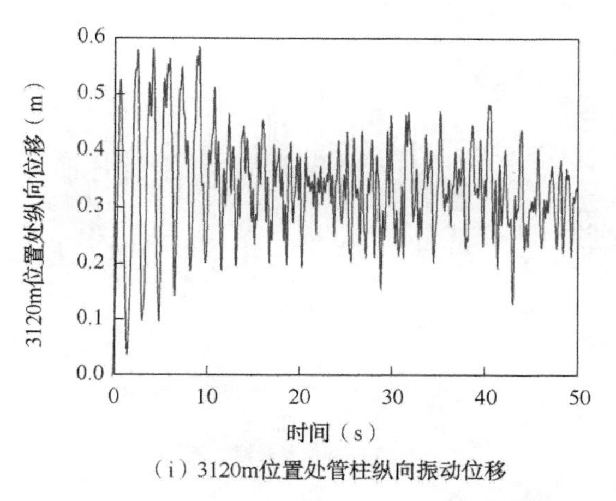

（i）3120m位置处管柱纵向振动位移

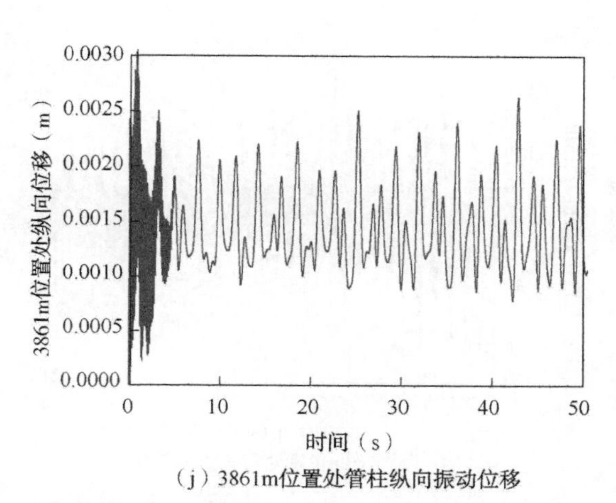

（j）3861m位置处管柱纵向振动位移

图 4-25　A3 井管柱的纵向和横向振动位移时程曲线(续)

如图 4-25(a)至图 4-25(e)表示管柱不同位置处的横向振动位移，由于有套管的约束，管柱的横向位移在-0.02575~0.02575m 变动(油套管间距)，由图可知，管柱在大约 20s 时间里未发生振动，存在能量传播的过程，稳斜段管柱起始时间躺于套管壁上，管柱直井段靠造斜点位置振动较为剧烈[图 4-25(a)]，而其他位置横向振动并不明显[图 4-25(b)至图 4-25(d)]，位于中部封隔器附近管柱没有横向发生[图 4-25(e)]。如图 4-25(f)至图 4-25(j)表示管柱不同位置处的纵向振动位移，发现不同位置处管柱的纵向振动都存在一段瞬态振动，且生产封隔器以上管柱的瞬态振动时间段明显长于两封隔器之间管柱的瞬态振动时间，由此可知管柱的瞬态时间是由于受管柱自身重力的影响。管柱瞬态振动位移幅值最大出现在中部位置[图 4-25(g)]，但其稳态振动位移幅值最大出现在中下部位置[图 4-25(i)]，通过中下部位置处管柱的横向位移发现其侧躺于套管壁上，故此位置管柱易发生摩擦磨损失效，且在项目组后面针对磨损问题分析得到了相同的结论。中下部位置两封隔器之间管柱的振动位移幅值明显小于其他位置，故管柱危险位置不会出现在两封隔器之间。

管柱主要受到重力和流体冲击力的作用，使管柱在轴向方向产生较大的交变应力，同时管柱的横向振动也产生弯曲应力，最终形成总的轴向应力。通过模型计算得到管柱的轴向交变应力时程曲线如图 4-26 所示。由图 4-26 可知，管柱在上端位置处于拉伸状态，其应力幅值达到 250MPa，根据材料的抗拉强度，管柱不发生破坏，因此，在开展管柱强度校核时，重点考虑管柱上端位置是否会发生拉伸破坏；管柱的中下部位置既有拉应力也有压应力，且振动频率较大，重点分析这部分管柱的疲劳寿命。以上结论将有效指导本书后期开展管柱疲劳损伤研究和管柱安全校核分析。

如图 4-27 所示表示管柱不同位置的轴力时程曲线。由图 4-27 可知，在自身重力和流体冲击力的作用下，管柱上部处于拉伸状态，其不易发生屈曲变形；在井深 1950m 位置处管柱既受到轴向拉力也受到轴向压力的作用；在井深 2730m 位置以下管柱主要受到轴向压

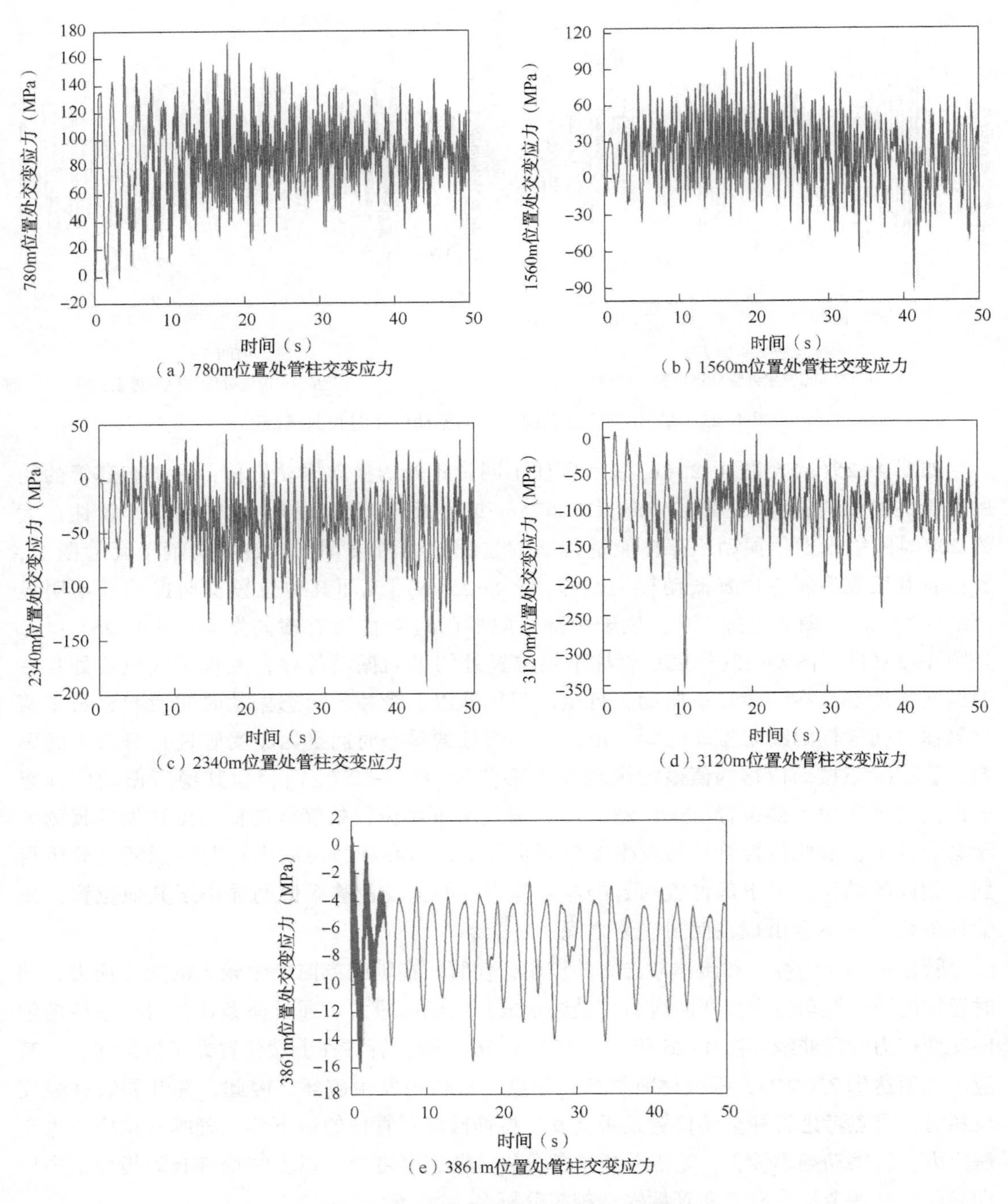

（a）780m位置处管柱交变应力

（b）1560m位置处管柱交变应力

（c）2340m位置处管柱交变应力

（d）3120m位置处管柱交变应力

（e）3861m位置处管柱交变应力

图 4-26　A3 井管柱的轴向应力时程曲线

力的作用，易发生屈曲变形破坏，结果有效指导本书后续屈曲分析和油套管摩擦磨损分析。

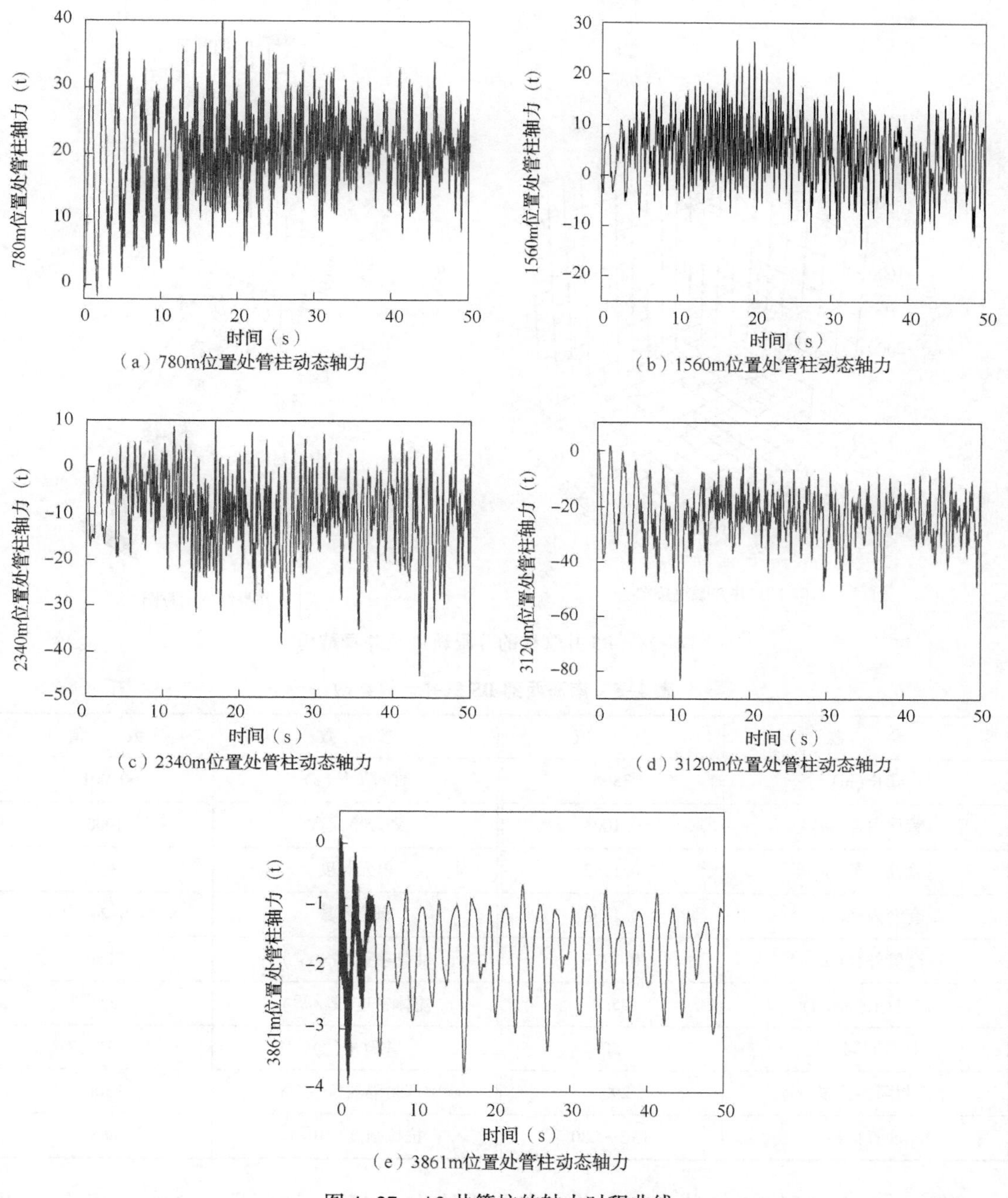

（a）780m位置处管柱动态轴力

（b）1560m位置处管柱动态轴力

（c）2340m位置处管柱动态轴力

（d）3120m位置处管柱动态轴力

（e）3861m位置处管柱动态轴力

图 4-27　A3 井管柱的轴力时程曲线

4.5.2　南海西部 B5 定向井

采用南海西部 M 气田 B5 高温高压气井具体的井眼轨迹(图 4-28)及现场目前配产参数(表 4-5)，采用建立的振动模型计算得到管柱动力学响应。

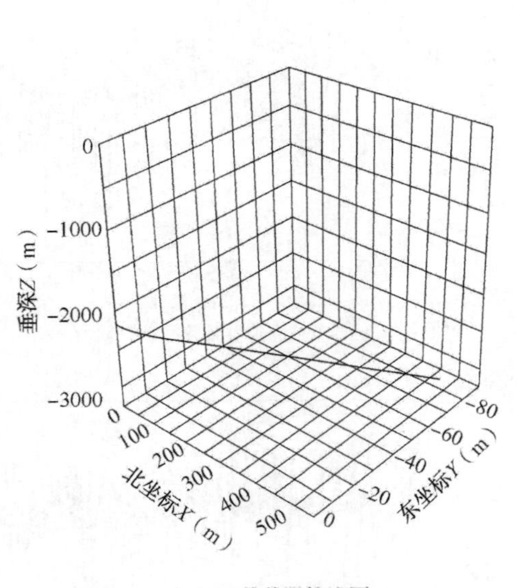

(a) B5井井眼轨迹图

油管挂
油管
套管
2100m
300m
900m
26.37°
生产封隔器
中部封隔器

(b) 井身结构示意图

图 4-28 B5 井管柱的井眼轨迹及井身结构

表 4-5 南海西部 B5 气井计算参数

参 数	数 值	参 数	数 值
管长(m)	3300	时间步长(s)	0.001
管柱内径(m)	0.1003	划分单元数	1000
管柱外径(m)	0.1143	单元长度	3.3
套管内径(m)	0.1658	摩擦系数	0.243
套管外径(m)	0.1778	油管密度(kg/m^3)	7850
产量($10^4m^3/d$)	75.0	流体密度(kg/m^3)	275
计算时间(s)	50	井斜角(°)	0~26.37
生产封隔器位置(m)	2937	中部封隔器位置(m)	3300
油管材料	13Cr-L80	抗拉强度(MPa)	665

东方 13-2 气田 B5 气井为定向井，直井段约为 2100m，造斜段为 230m，稳斜段以 26.37°延伸到封隔器位置，生产封隔器位于井深为 3300m 处，中部封隔器位于油管 2937m 处，管柱从上往下划分 1000 节点。通过模型的计算分析，分别取井深 660m、1320m、1980m、2640m 和 3267m 位置处管柱的动力学响应(位移、应力和轴力)，揭示管柱振动响应机理，得到管柱的振动响应规律，如图 4-29 所示。

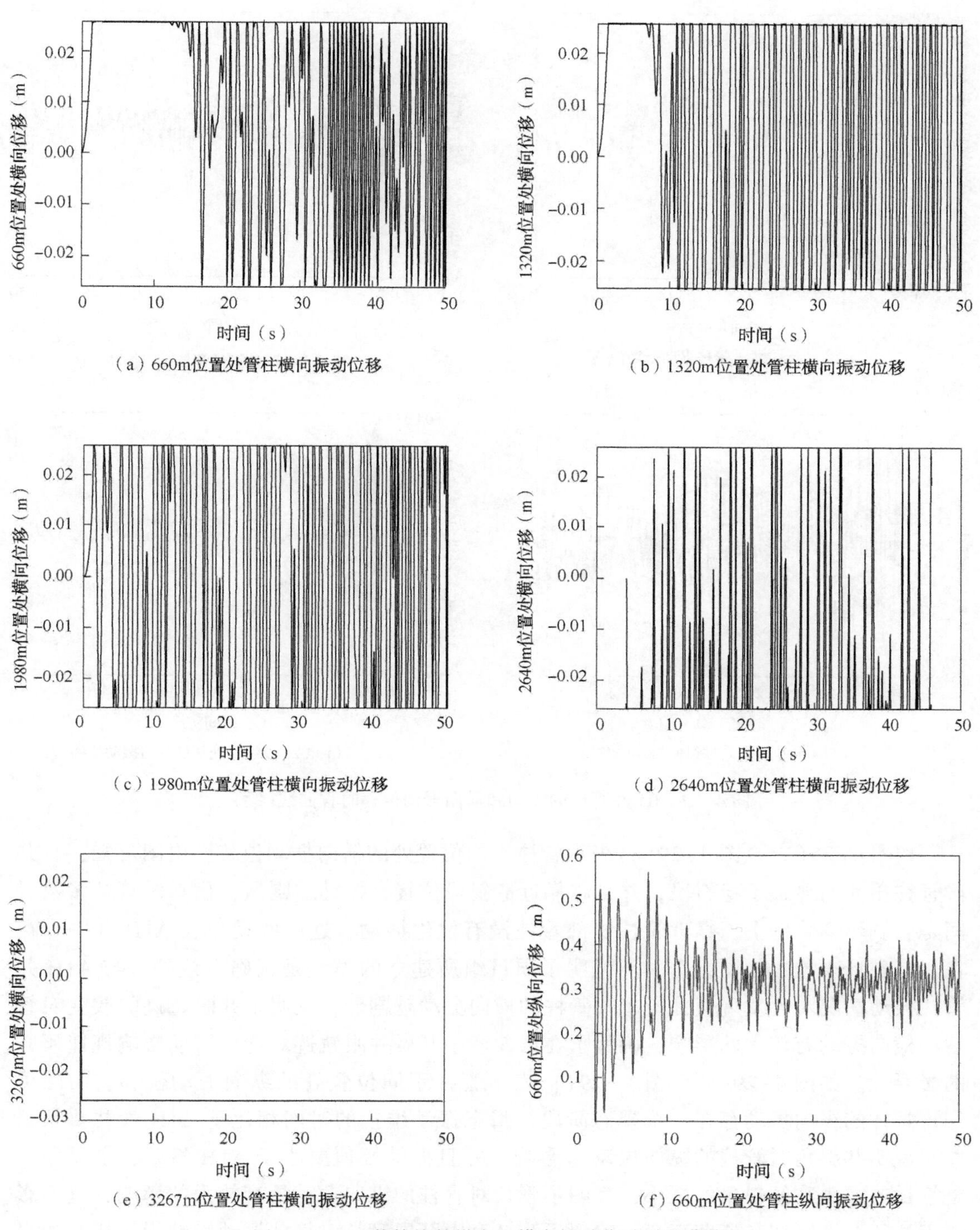

（a）660m位置处管柱横向振动位移

（b）1320m位置处管柱横向振动位移

（c）1980m位置处管柱横向振动位移

（d）2640m位置处管柱横向振动位移

（e）3267m位置处管柱横向振动位移

（f）660m位置处管柱纵向振动位移

图 4-29　B5 井管柱的纵向和横向振动位移时程曲线

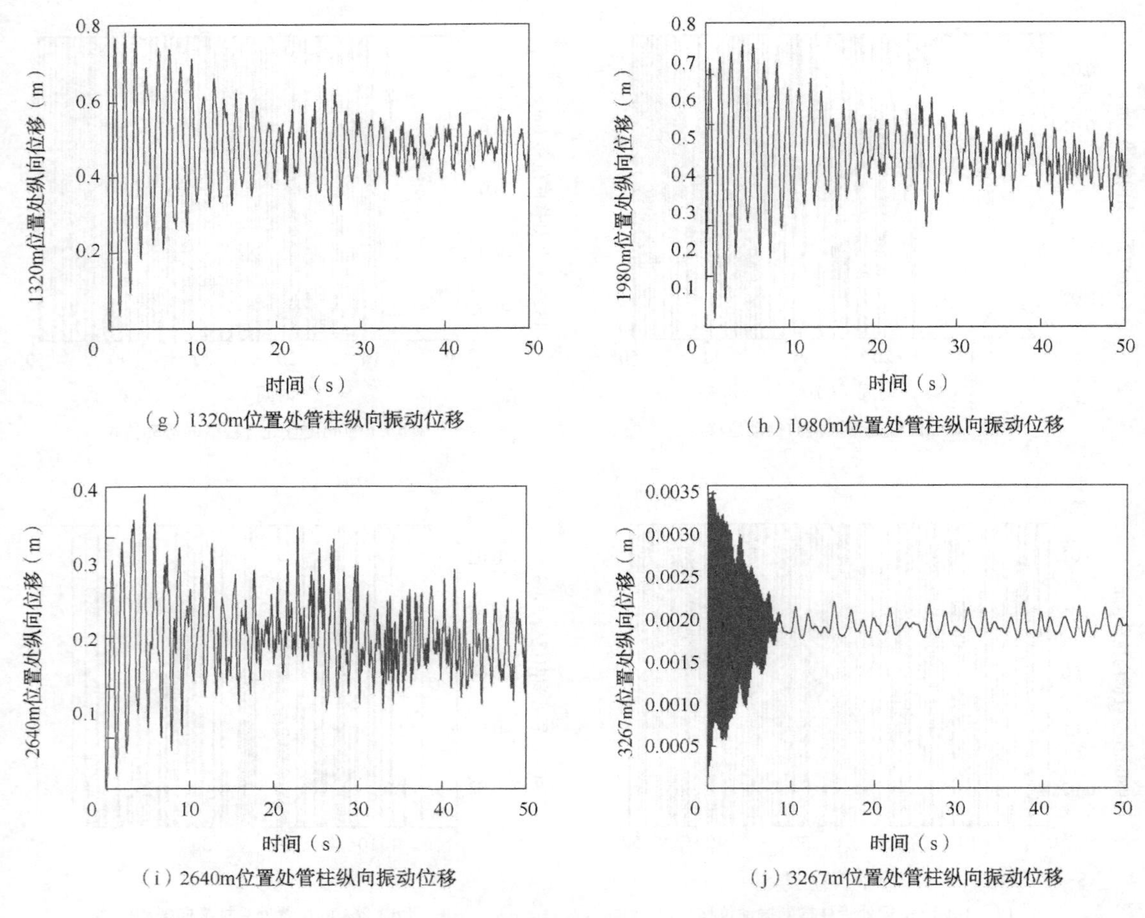

（g）1320m位置处管柱纵向振动位移

（h）1980m位置处管柱纵向振动位移

（i）2640m位置处管柱纵向振动位移

（j）3267m位置处管柱纵向振动位移

图 4-29　B5 井管柱的纵向和横向振动位移时程曲线(续)

如图 4-29(a)至图 4-29(e)表示管柱不同位置处的横向振动位移，由图可知，直井段管柱振动明显强于稳斜段，并且越靠近造斜段位置，振动越剧烈，稳斜段管柱多数时间是斜躺于套管壁上，靠近管柱底部管柱没有发生振动，这一些现象在 A1H 井中也存在，与现场现象也相同，进一步说明了项目组所建立的模型是正确有效的。与 A1H 井管柱振动情况对比发现直井段越长管柱的横向振动越剧烈，说明了井眼轨迹的改变对管柱的横向振动有较大的影响，确保了在第 5 章中开展井眼轨迹对管柱振动影响规律研究的必要性。如图 4-29(f)至图 4-29(j)表示管柱不同位置处的纵向振动位移，由图可知，管柱的纵向振动存在一个瞬态阶段，瞬态振动维持的时间相比于 A1H 气井要长一些，说明井斜角对管柱的纵向振动有影响，并且振动幅值要小于 A1H 气井，主要原因是管长的减小和倾斜角的减小，表明了管长对管柱的纵向振动具有较大的影响，进而影响管柱的摩擦磨损和疲劳寿命，确保了第 7 章中开展管长对管柱振动影响规律研究的必要性。

如图 4-30 所示为管柱的轴向交变应力。由图 4-30 可知，管柱上端处于拉伸状态，下部处于压缩状态，在开展管柱强度校核时，重点考虑管柱上端位置的抗拉安全系数；管柱的中下部位置既有拉应力也有压应力，且应力幅值也出现这些位置，重点分析这部分管柱的疲劳寿命，同时为第 4 章管柱的疲劳寿命预测提供了交变载荷数据。

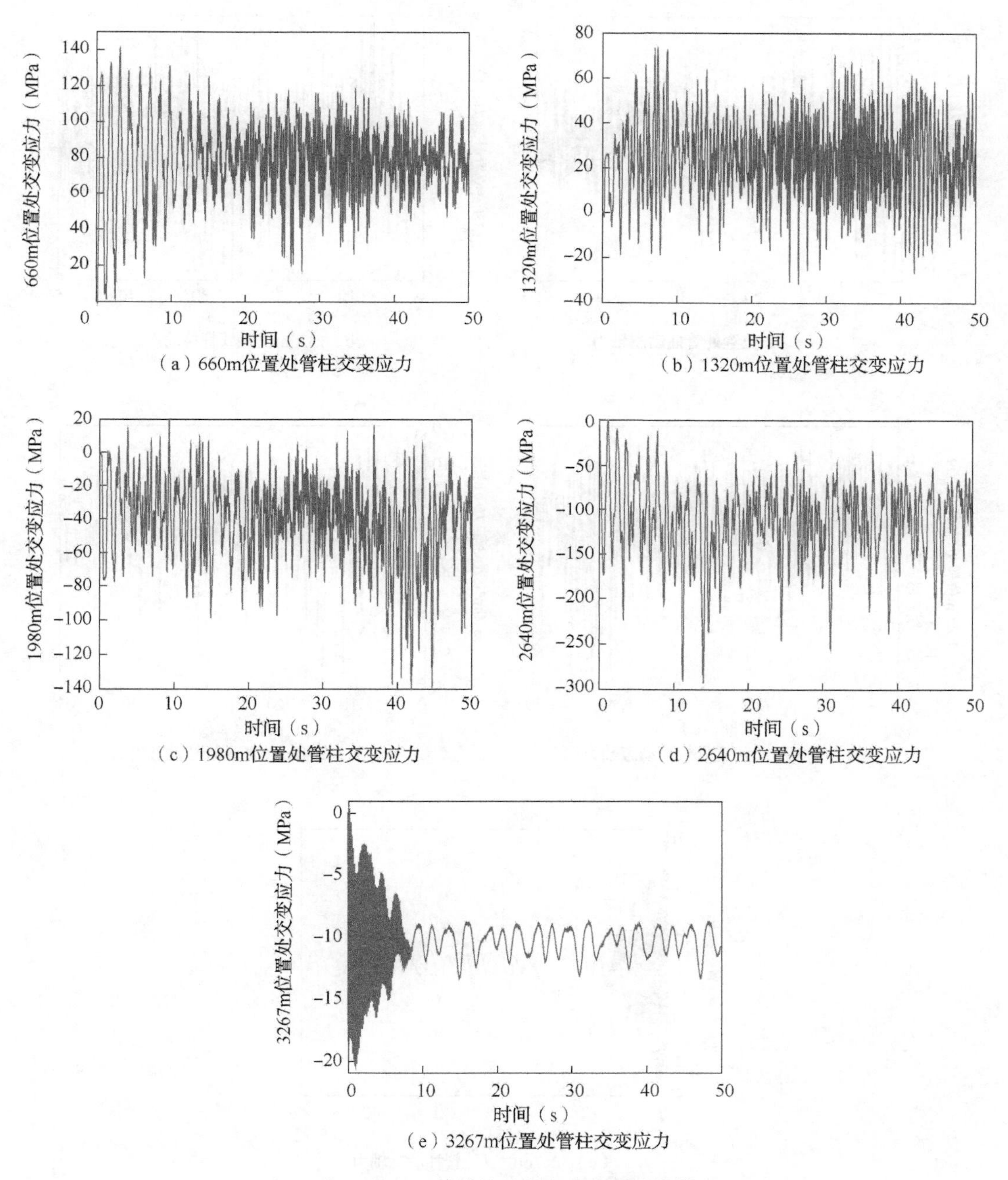

（a）660m位置处管柱交变应力

（b）1320m位置处管柱交变应力

（c）1980m位置处管柱交变应力

（d）2640m位置处管柱交变应力

（e）3267m位置处管柱交变应力

图 4-30　B5 井管柱的轴向应力时程曲线

如图 4-31 所示为管柱不同位置的轴力时程曲线。由图 4-31 可知，管柱上部处于拉伸状态，其不易发生屈曲变形，在中下部管柱主要受到轴向压力的作用，易发生屈曲变形破坏，为后面开展管柱稳定性分析和油套管摩擦磨损分析提供了数据基础，也为本书后面研究指明了方向。

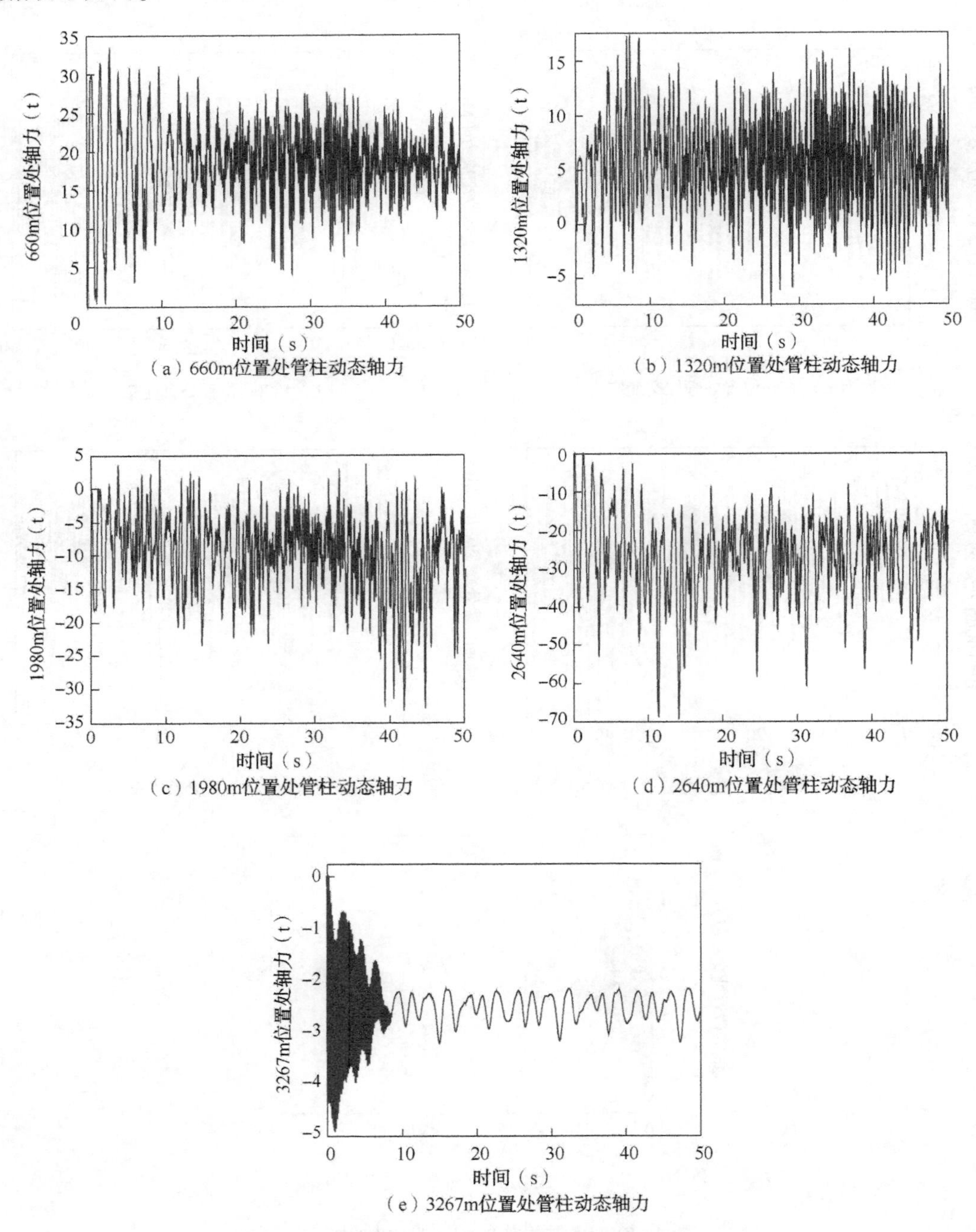

（a）660m位置处管柱动态轴力

（b）1320m位置处管柱动态轴力

（c）1980m位置处管柱动态轴力

（d）2640m位置处管柱动态轴力

（e）3267m位置处管柱动态轴力

图 4-31　B5 井管柱的轴力时程曲线

4.5.3 南海西部 A1H 水平井

采用南海西部 M 高温高压气田 A1H 气井具体的井眼轨迹(图 4-32)及参数(表 4-6)，采用所建立的振动模型计算得到管柱动力学响应。

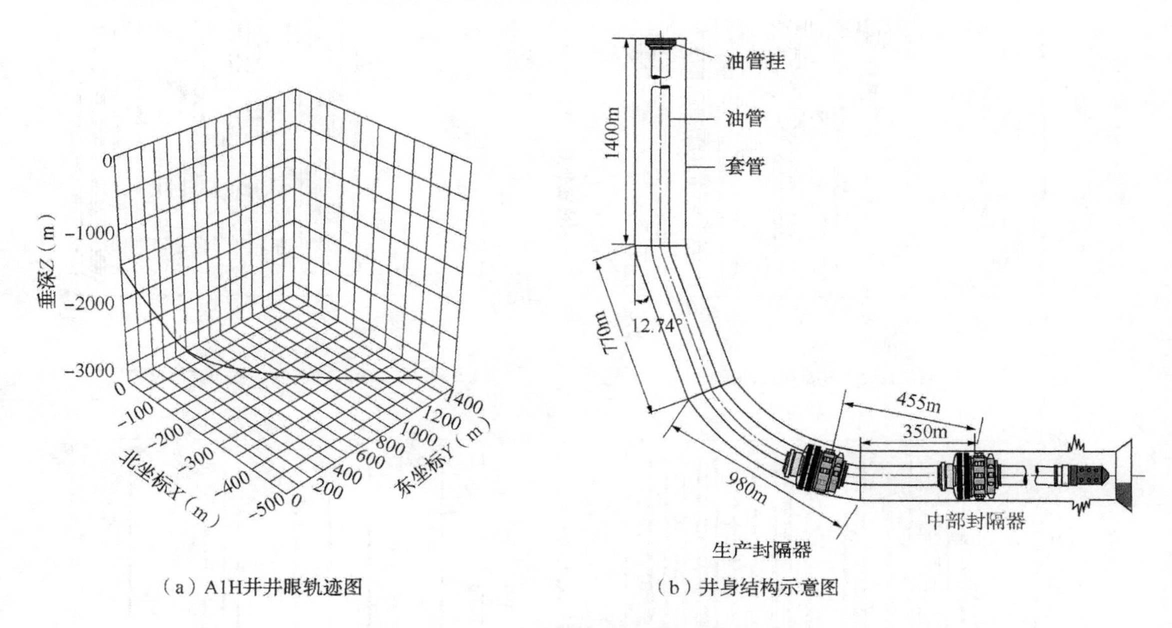

(a) A1H井井眼轨迹图　　(b) 井身结构示意图

图 4-32　A1H 井管柱的井眼轨迹及井身结构

表 4-6　南海西部 A1H 气井计算参数

参　数	数　值	参　数	数　值
管长(m)	3500	时间步长(s)	0.001
管柱内径(m)	0.1003	划分单元数	1000
管柱外径(m)	0.1143	单元长度	3.5
套管内径(m)	0.1778	摩擦系数	0.243
套管外径(m)	0.1658	油管密度(kg/m^3)	7850
产量($10^4m^3/d$)	90	流体密度(kg/m^3)	275
计算时间(s)	50	井斜角(°)	0~90
生产封隔器位置(m)	3045	中部封隔器位置(m)	3500
油管材料	13Cr-L80	抗拉强度(MPa)	665

东方 13-2 气田 A1H 气井为水平井，直井段约为 1400m，上部造斜段约有 120m，稳斜段以井斜角为 12.74°延伸到 2170m 的位置，再次造斜到 3500m 封隔器位置。坐标以竖直向下和水平向右为正方向，管柱上端为油管挂，模型计算时视为固定端，生产封隔器位于

井深为3045m处，中部封隔器位于油管3500m处，计算分析时设置为固定端。通过模型的计算分析，分别取井深为700m、1400m、2100m、2800m和3465m位置处管柱的动力学响应（位移、应力、轴力），揭示管柱振动响应机理，得到管柱的振动特性规律如图4-33所示。

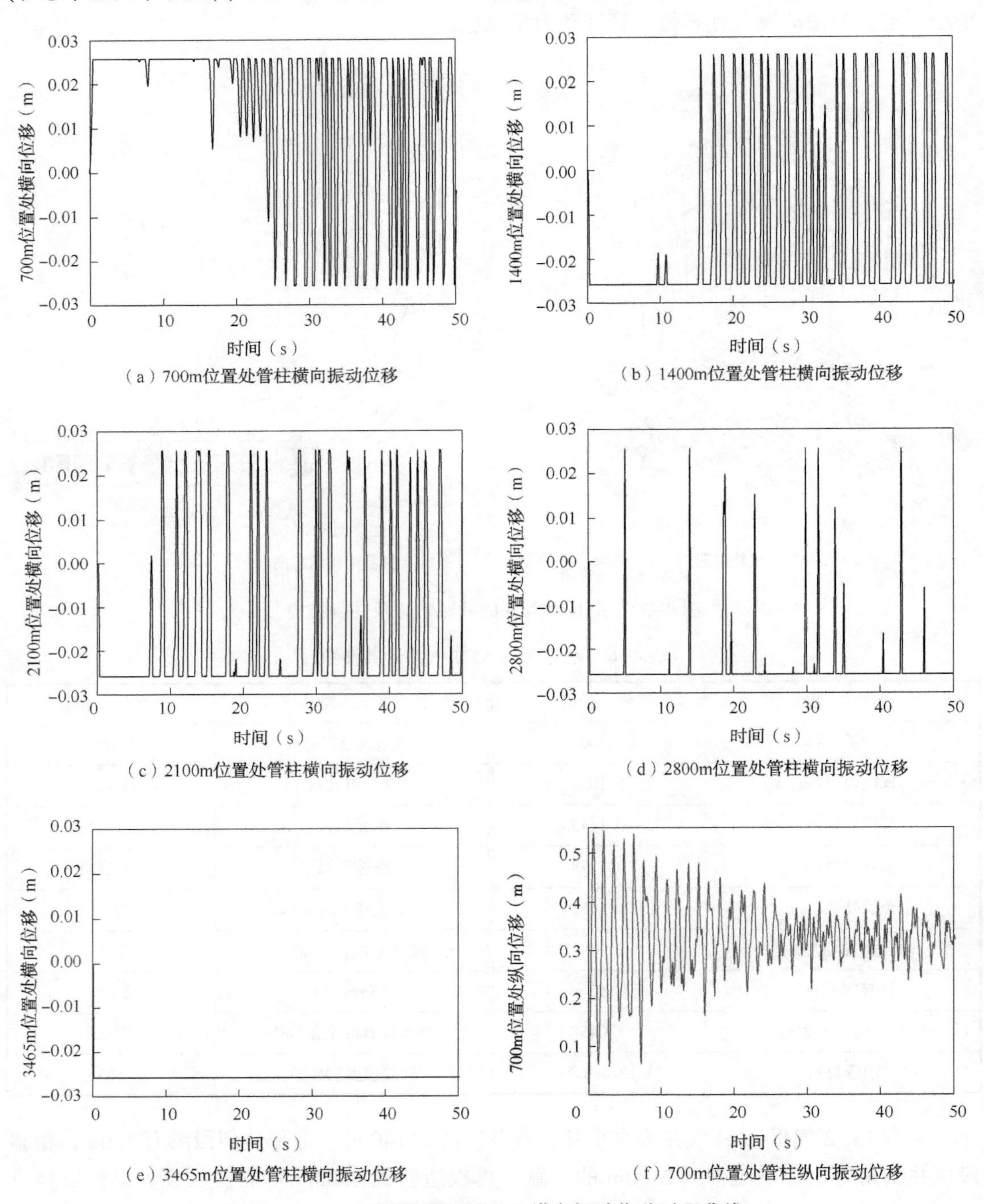

图4-33 A1H井管柱的纵向和横向振动位移时程曲线

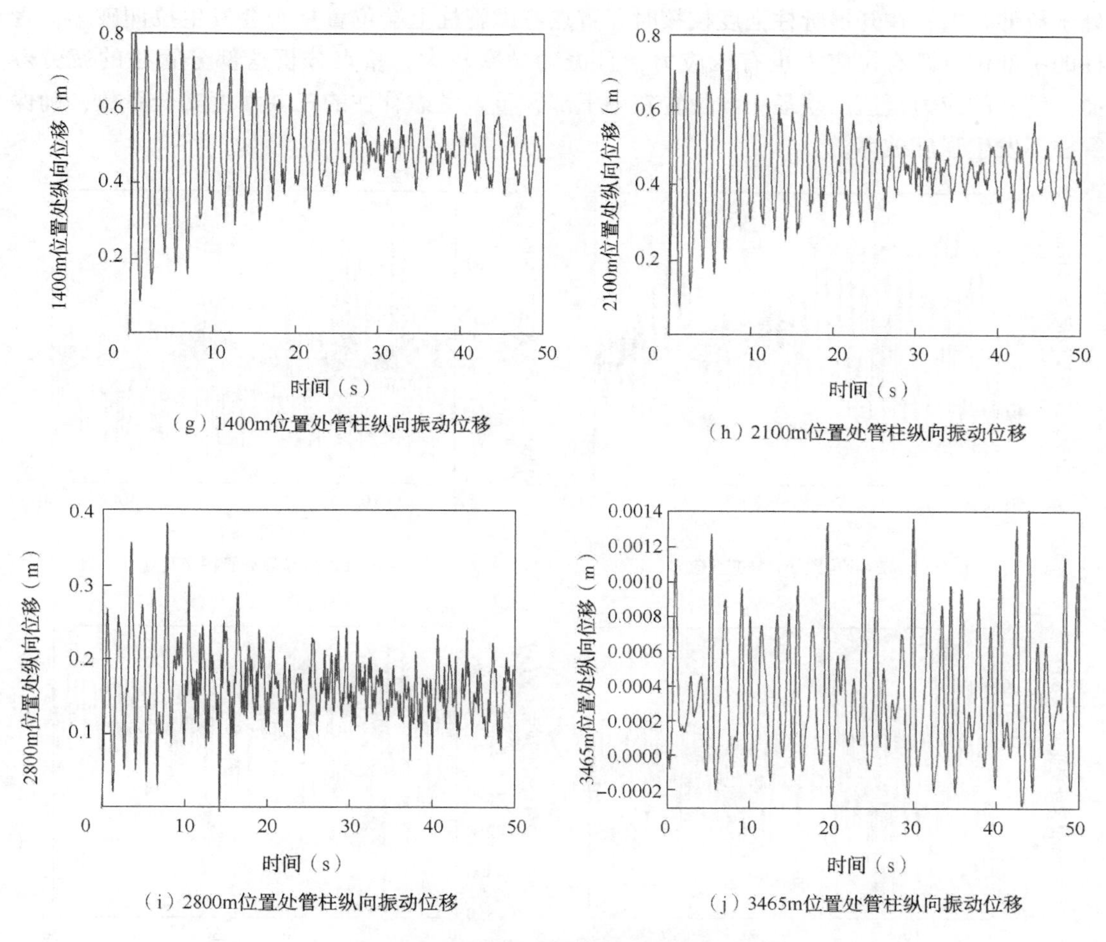

（g）1400m位置处管柱纵向振动位移

（h）2100m位置处管柱纵向振动位移

（i）2800m位置处管柱纵向振动位移

（j）3465m位置处管柱纵向振动位移

图 4-33　A1H 井管柱的纵向和横向振动位移时程曲线(续)

如图 4-33(a)至图 4-33(e)所示为管柱不同位置处的横向振动位移，由图可知，上部直井段管柱起初与套管上面接触[图 4-33(a)]，靠近上部造斜点的直井段管柱横向振动较为明显，但振动剧烈程度相对于定向井(B5 气井)明显更小，越往下的管柱横向振动越不明显，其主要原因是下部管柱在重力的作用下已发生屈曲变形(后续稳定性分析中也可发现)，阻碍了管柱的横向振动。井深 3465m 位置处于生产封隔器和中部封隔器之间，由于封隔器为固定端，管柱未发生振动，紧靠在套管壁上，因此，这部分管柱建议不作为重点考虑对象。如图 4-33(f)至图 4-33(j)所示为管柱不同位置处的纵向振动位移，发现水平段管柱也存在瞬态振动阶段，并且瞬态振动时间比定向井较长，管柱纵向振动幅值最大位置处于中下部，其幅值比定向井小很多，说明井型的不同管柱的振动状态也不同，此发现指明了第 7 章开展不同井型管柱的振动规律研究的必要性。

如图 4-34 所示为管柱不同位置处的轴向交变应力。由图 4-34 可知，管柱在上端位置处于拉伸状态，在开展管柱强度校核时，重点考虑管柱上端位置是否会发生拉伸破坏；管柱的中部位置既有拉应力也有压应力，且振动频率较大，重点分析这部分管柱的疲劳寿命；管柱的应力幅值出现最大的位置在中下部，重点考虑管柱的三轴强度安全系数，确保管柱不发生强度破坏。

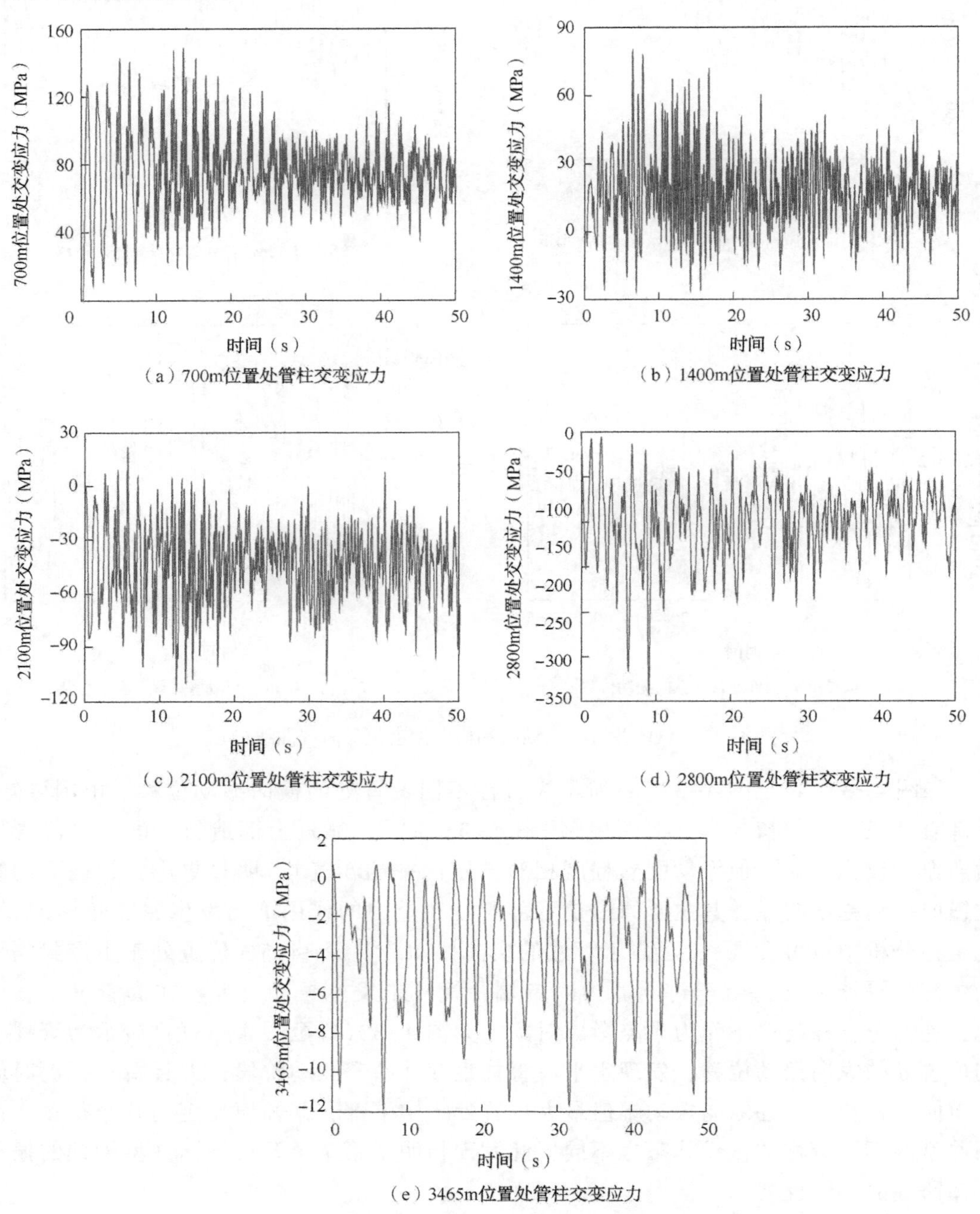

（a）700m位置处管柱交变应力

（b）1400m位置处管柱交变应力

（c）2100m位置处管柱交变应力

（d）2800m位置处管柱交变应力

（e）3465m位置处管柱交变应力

图 4-34　A1H 井管柱的轴向应力时程曲线

如图 4-35 所示为管柱不同位置的轴力时程曲线。由图 4-35 可知，在自身重力和流体冲击力的作用下，管柱上部处于拉伸状态，其不易发生屈曲变形；在井深 2100m 位置处管柱即受到轴向拉力也受到轴向压力的作用，可知管柱的中和点出现在中下部位置；在井深 2800m 位置处管柱主要受到轴向压力的作用，管柱易发生屈曲变形；同时中下部位置管柱的纵向位移幅值最大，将增加油套管的摩擦磨损，引起管柱的失效，结果为本书后续关于油套管摩擦磨损研究奠定了理论和数据基础。

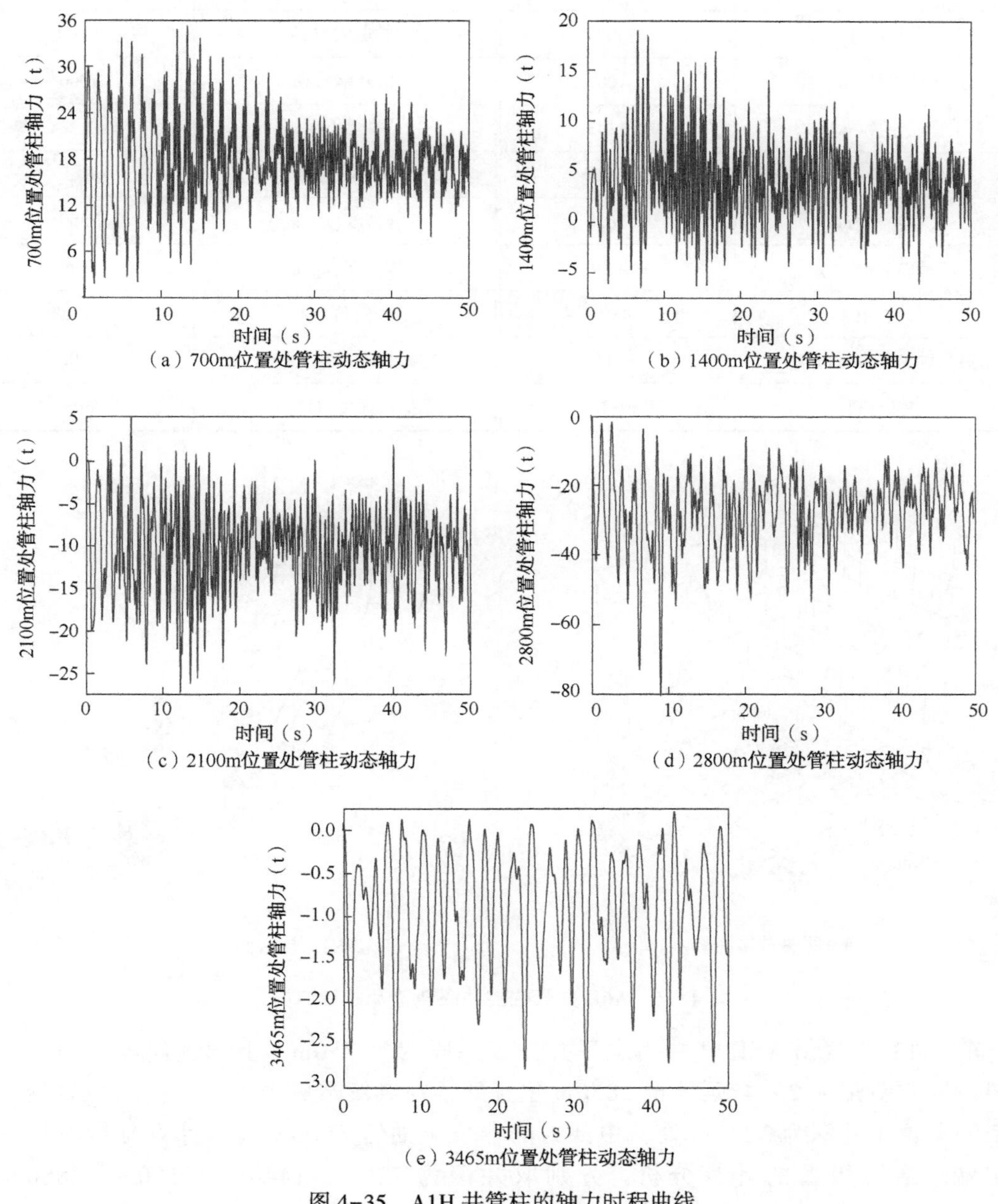

（a）700m位置处管柱动态轴力

（b）1400m位置处管柱动态轴力

（c）2100m位置处管柱动态轴力

（d）2800m位置处管柱动态轴力

（e）3465m位置处管柱动态轴力

图 4-35　A1H 井管柱的轴力时程曲线

4.5.4 南海西部 A6H 水平井

采用南海西部 M 高温高压气田 A6H 气井具体的井眼轨迹(图 4-36)及参数(表 4-7)，采用所建立的振动模型计算得到管柱动力学响应。

表 4-7 南海西部 A6H 气井计算参数

参 数	数 值	参 数	数 值
管长(m)	3600	时间步长(s)	0.001
管柱内径(m)	0.1003	划分单元数	1000
管柱外径(m)	0.1143	单元长度	3.6
套管内径(m)	0.17786	摩擦系数	0.3
套管外径(m)	0.1658	油管密度(kg/m^3)	7850
产量($10^4m^3/d$)	100.0	流体密度(kg/m^3)	275
计算时间(s)	50	井斜角(°)	0~77.37
生产封隔器位置(m)	3240	中部封隔器位置(m)	3600
油管材料	13cr-L80	抗拉强度(MPa)	665

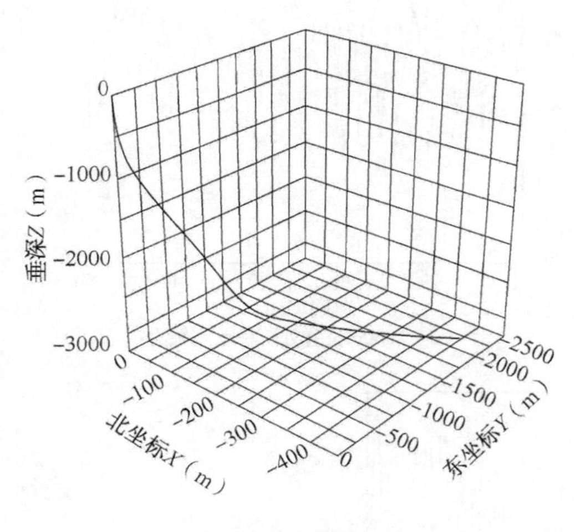

(a) A6H井井眼轨迹图

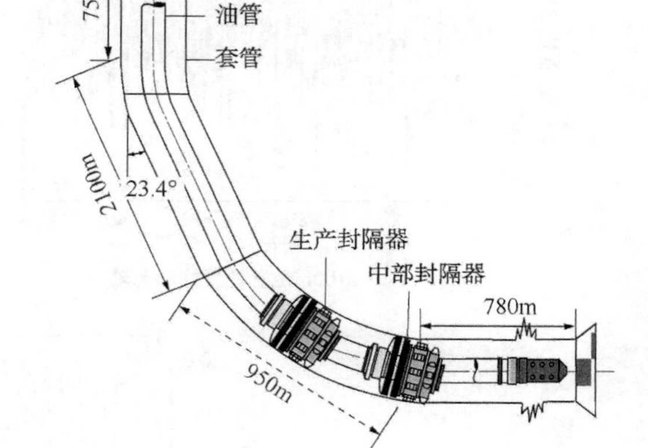

(b) 井身结构示意图

图 4-36 A6H 井管柱的井眼轨迹及井身结构

东方 13-2 气田 A6H 气井为水平井，直井段约为 750m，上部造斜段约为 120m，稳斜段以井斜角为 23.4°延伸至 2850m 位置处，在继续造斜至中部封隔器位置处，生产封隔器位于井深为 3240m 处，中部封隔器位于油管 3600m 处，计算分析时设置为固定端。通过模型的计算分析，分别取井深为 720m、1440m、2160m、2880m 和

3564m 位置处管柱的动力学响应(位移、应力、轴力)，揭示管柱振动响应机理，如图 4-37 所示。

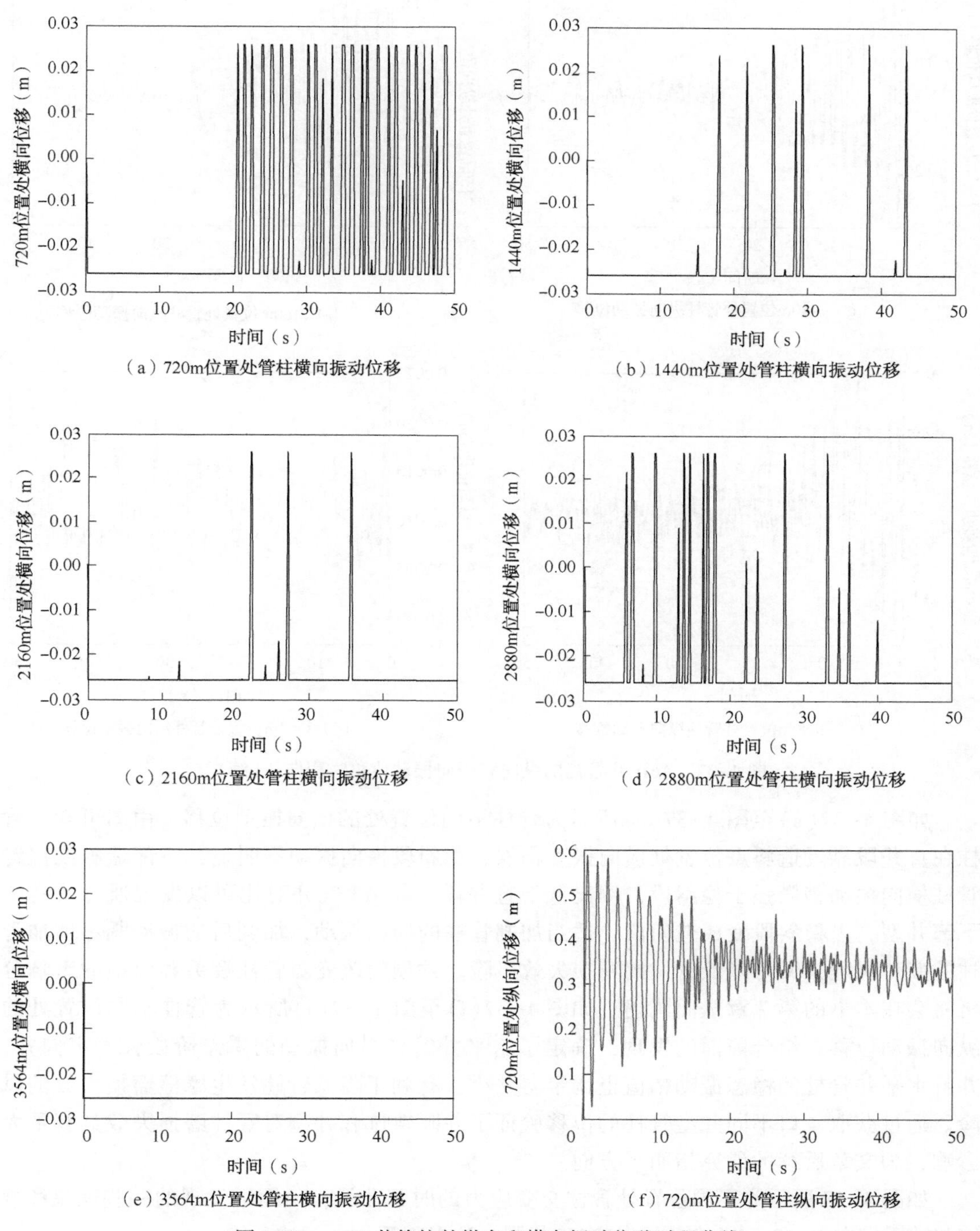

（a）720m位置处管柱横向振动位移

（b）1440m位置处管柱横向振动位移

（c）2160m位置处管柱横向振动位移

（d）2880m位置处管柱横向振动位移

（e）3564m位置处管柱横向振动位移

（f）720m位置处管柱纵向振动位移

图 4-37　A6H 井管柱的纵向和横向振动位移时程曲线

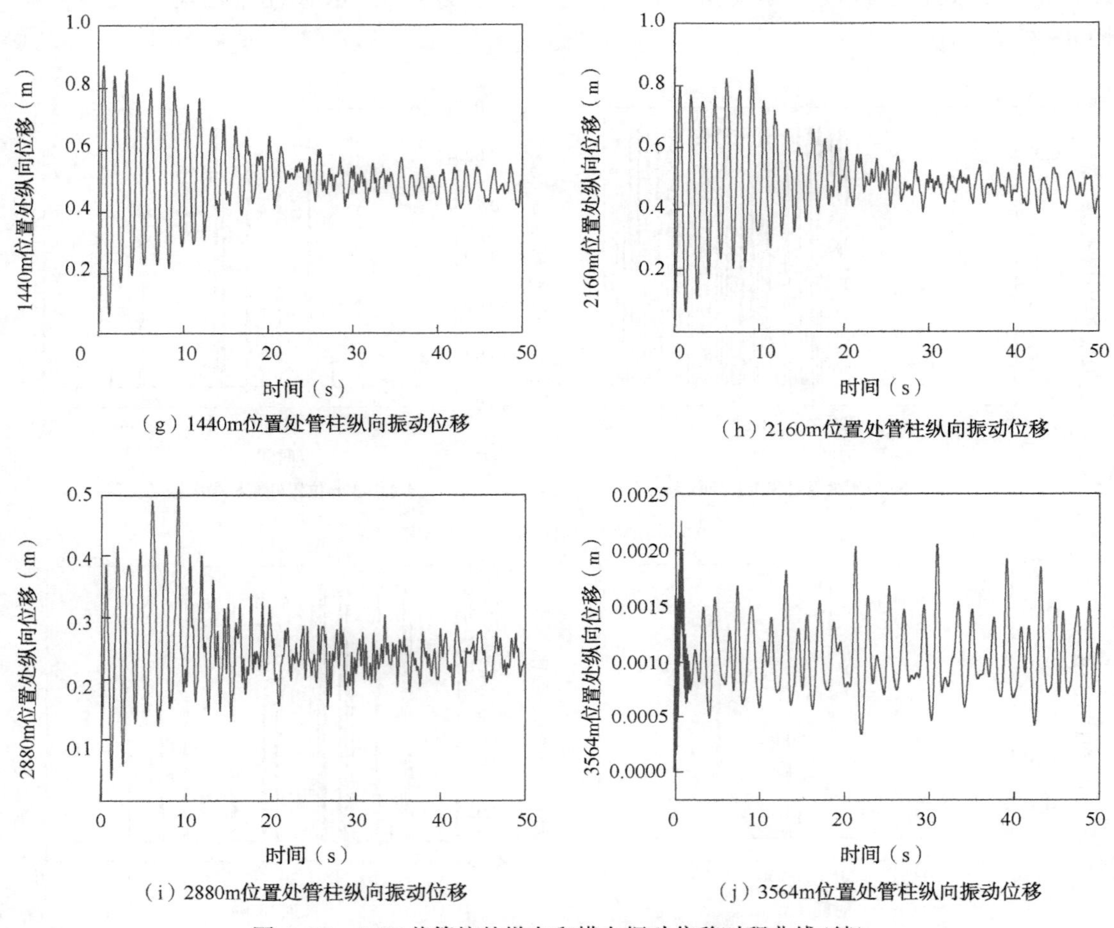

（g）1440m位置处管柱纵向振动位移

（h）2160m位置处管柱纵向振动位移

（i）2880m位置处管柱纵向振动位移

（j）3564m位置处管柱纵向振动位移

图 4-37　A6H 井管柱的纵向和横向振动位移时程曲线(续)

如图 4-37(a)至图 4-37(e)所示为管柱不同位置处的横向振动位移，由图可知，管柱在直井段靠近造斜点位置处横向振动剧烈，稳斜段横向振动不明显，下部造斜段位置管柱横向振动稍微强于稳斜段，明显低于直井段。与 A3 气井对比可以发现通过改变中下部井型，由稳斜段变成造斜段，适当加剧管柱的横向振动，加剧后的振动既不增加管柱的疲劳风险，又可降低管柱的摩损失效风险。井型的改变对管柱疲劳和磨损的影响分析将会在本书的第 7 章全面阐述。如图 4-37(f)至图 4-37(j)所示为管柱不同位置处的纵向振动位移，结合前面的发现，确定了水平井管柱纵向振动的瞬态阶段长于定向井，并且水平井管柱的稳态振动幅值也比定向井小，有利于降低管柱发生摩擦磨损失效的风险。通过获取 4 口不同井型管柱的位移验证了井眼轨迹和井型对管柱磨损失效具有重大影响，为文章后续的研究指明了方向。

如图 4-38 所示为不同位置处管柱交变应力的时程曲线，由图中发现的一些现象和规律与前面定向井 A3、B5 和水平井 A1H 相同，这里就不一一阐述。

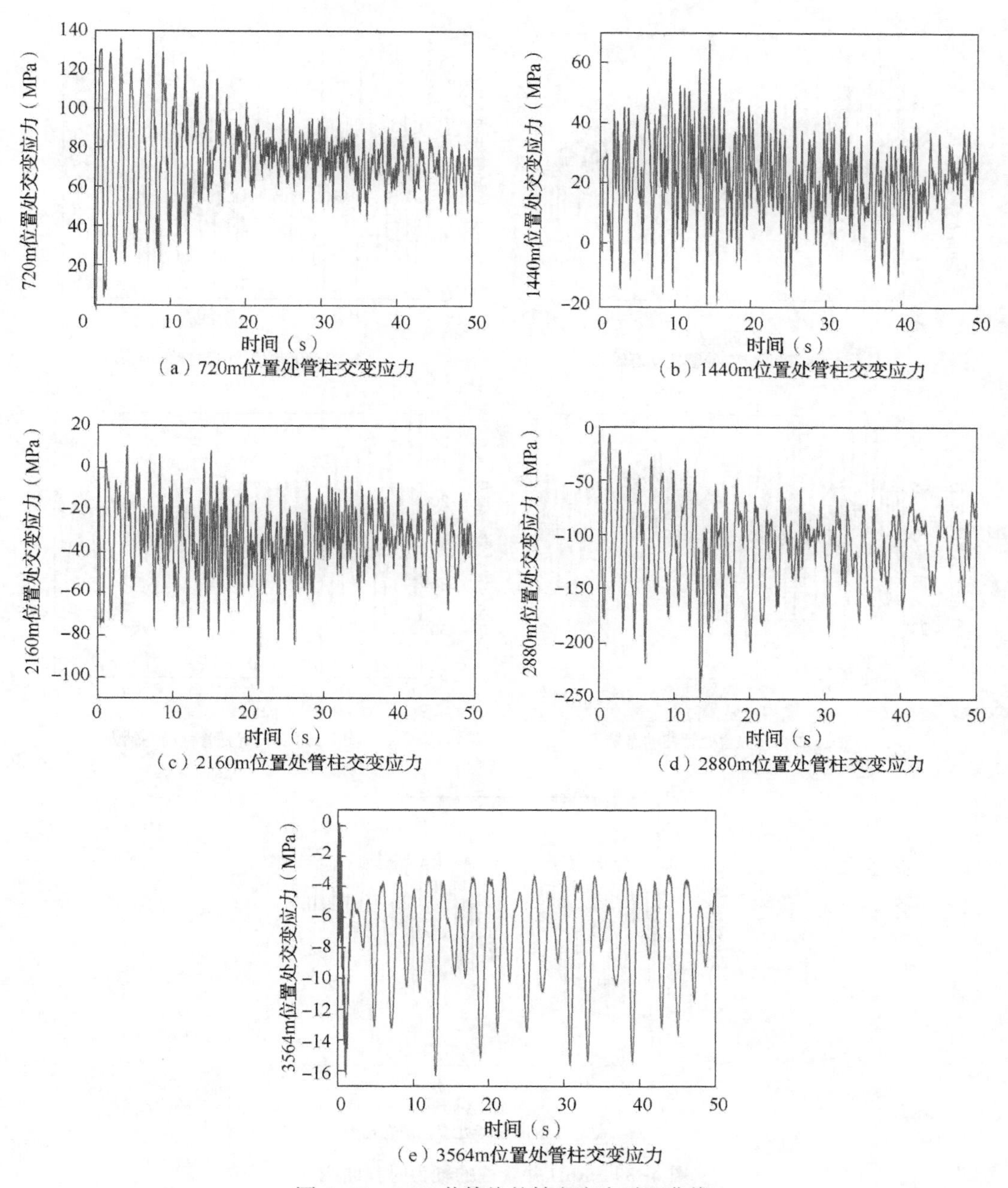

（a）720m位置处管柱交变应力

（b）1440m位置处管柱交变应力

（c）2160m位置处管柱交变应力

（d）2880m位置处管柱交变应力

（e）3564m位置处管柱交变应力

图 4-38　A6H 井管柱的轴向应力时程曲线

如图 4-39 所示为管柱不同位置的轴力时程曲线，由图可知，在自身重力和流体冲击力的作用下，管柱上部处于拉伸状态，下部管柱处于压缩状态，管柱最大的轴向压力约为 60t[图 4-39(d)]，而 A1H 气井最大的轴向压力约为 80t[图 4-35(d)]，但长度确小于 A6H 气井，其主要原因是 A1H 气井的直井段过长和稳斜段的井斜角过小，因此可以通过改变井眼轨迹降低管柱的轴向压力，降低屈曲风险，减小管柱摩擦磨损。

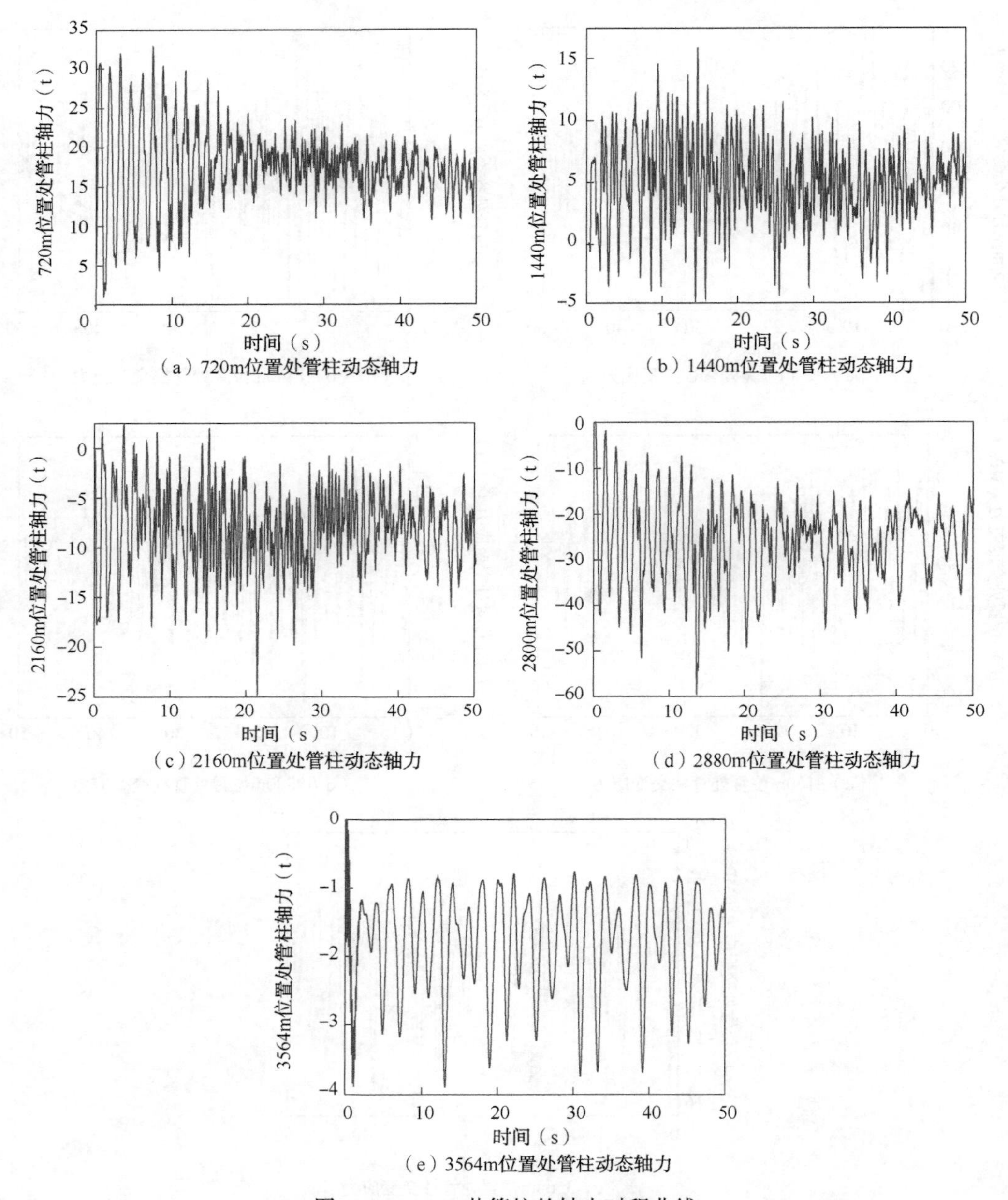

（a）720m位置处管柱动态轴力

（b）1440m位置处管柱动态轴力

（c）2160m位置处管柱动态轴力

（d）2880m位置处管柱动态轴力

（e）3564m位置处管柱动态轴力

图 4-39　A6H 井管柱的轴力时程曲线

5 “三高”气井油管柱摩擦磨损分析方法及失效机理

高温高压高产气井以定向井和水平井为主，油管柱在生产过程中发生纵横向耦合流致振动，导致横向方向与套管发生接触碰撞，纵向方向与套管发生摩擦磨损。磨损后油管的抗挤强度大大降低，若不对此加以重视，将直接导致油管损毁，发生井下事故，更严重的是导致气井的报废。因此，本书针对“三高”气井油管柱振动引起的油套管摩擦磨损失效问题，提出不同井段油管柱屈曲临界载荷计算方法和油套管接触载荷计算方法；建立“三高”气井油管柱摩擦磨损量计算模型，根据南海西部“三高”气井现场生产工况参数，开展油套管摩擦磨损单元试验研究，确定实际工况下的油套管摩擦副关键参数，并分析接触载荷、完井液密度、振动频率和磨损时间等参数对油管套摩擦磨损的影响规律；最终分析4口实例井管柱的磨损失效特性。

5.1 “三高”气井油套管磨损失效分析

5.1.1 油套管摩擦磨损类型

在高温高压高产油气管柱生产过程中，受到复杂的井下工况影响，油管与套管的磨损机理是几种机理共同作用，而不仅仅是单一的机理作用。油管与套管之间的磨损机理可分为磨粒、黏着、疲劳、腐蚀等机理。这些磨损机理既能单独存在也可以同时存在，随着工况的变化还会互相转化。当润滑膜没有完全起到隔离作用，油管与套管表面直接接触在一起产生研磨时，主要发生的是磨粒磨损和黏着磨损；当油管与套管接触表面受到交变载荷作用，产生疲劳裂纹，裂纹由法线方向逐渐发展至与表面平行方向，致使表层脱落，这时疲劳磨损为主要磨损类型。

5.1.1.1 磨粒磨损

较硬的表面或嵌入软表面的较硬固相颗粒与另一表面接触摩擦，产生切削作用的现象叫作磨粒磨损。磨粒磨损可分为两体磨粒磨损和三体磨粒磨损。

（1）两体磨粒磨损。

仅由一对摩擦副参与的摩擦，较硬的表面粗糙凸起对较软表面产生的磨粒磨损称为两体磨料磨损。由于摩擦副的两种材料表面硬度不同，相对较硬的表面凸起直接对较软的表面进行微观的切削，引起较软表面材料的脱落，所以磨损产物一般为宽片段的切屑。

（2）三体磨粒磨损。

外界硬质固相颗粒移动于一对摩擦副接触表面之间，发生的磨损被称为三体磨粒磨损。三体磨损主要是外界较硬的固相颗粒进入摩擦副之间，硬质固相颗粒与金属表面产生极高的接触应力引起的，主要是微观的切削，切屑大部分是细长的磨粒。三体磨粒磨损产生的原因是完井液中的硬质固相颗粒受到油管与套管间的接触力挤压，颗粒受到极高的接触应力被嵌入油套管中，随着油管振动被带动，在油套管表面产生犁沟。硬质固相颗粒的犁耕作用产生的犁沟不会直接脱落切屑，但是会加重黏着磨损和腐蚀磨损的程度。

磨粒磨损的主要机理有微观切削、挤压剥落、疲劳破坏。微观切削是接触力将钻杆表面凸起或硬质颗粒压入套管表面，而摩擦副相对移动时的犁沟作用使表面被切削，产生槽状磨痕；挤压剥落是指在极大的接触应力作用下，在油套管产生压痕并使其触面脱落基础片状的碎屑。

5.1.1.2 黏着磨损

当油管与套管接触力逐渐增大到一定程度时，摩擦副接触表面的凸起或磨粒磨损产生的犁沟互相接触，因产生极高的接触应力而发生黏着效应，当两接触面相对移动时，黏着效应产生的黏着节点发生剪切断裂，被剪切掉的材料形成切屑，这一类磨损统称为黏着磨损。黏着磨损的发生与油套管表面接触应力和套管振动频率有关。当接触应力极大时，套管表面的弹塑性形变必然引起温度升高，而随着油管振动的增快，温度也会升高，两者接触点瞬间产生高温，在这种情况下，表面润滑膜破裂，接触峰点产生黏着节点，随着油管振动，节点又被破坏。这种黏着—破坏—再黏着的循环就是黏着磨损的机理。油管的振动对黏着磨损的影响还体现在接触面之间的润滑膜形成方面。

5.1.1.3 疲劳磨损

油管柱振动时与套管产生周期性的接触应力，油管表面出现微裂纹，在周期性接触力不断作用下，裂纹逐渐扩展，当裂纹扩展到一定程度，在摩擦产生的剪切力作用下生成剥落切屑，接触面形成凹坑，所以被称为接触疲劳磨损。

油套管接触面的疲劳磨损机理可以总结为：套管表面硬质凸起或介质中的硬质颗粒滑过油管表面时，油管表面接触点受到极大接触应力发生塑性变形，在油管周期性载荷的作用下，表面金相组织产生大量错位，当剪切力作用累积时，表面金属出现错位累积，继而出现裂纹，在周期接触力作用下裂纹不断扩展，直至表面最终产生剥落切屑。

引起疲劳磨损的因素很多，经过大量实验可以总结为三个方面：油套管接触力是最直接的影响因素，它的大小和性质决定了裂纹产生的大小和速率；油套管的材料性能(摩擦副的情况)是决定接触疲劳寿命的重要因素；完井液的润滑性能和化学作用也对提高抗疲劳磨损能力十分有效。

5.1.1.4 腐蚀磨损

油管柱生产过程中，在上述几种磨损类型发生的同时，油管还受到天然气和完井液的化学作用引起腐蚀磨损。油套管表面开始摩擦时，油管表面受化学作用生成腐蚀层，随着其振动过程腐蚀层不断地被磨掉，又很快地形成新的腐蚀层，这个不断循环的过程就是腐蚀磨损。南海西部高温高压高产气井完井液的腐蚀性不强，发生腐蚀磨损的概率较小，不作为本书的研究内容。

5.1.2 油套管磨损影响因素分析

影响气井井下油套管磨损的主要原因是油管柱在一定压力下与套管内壁的滑动接触造成磨损。影响套管磨损的因素很多，通过对国内外资料的查阅总结出以下 4 个主要影响因素：油管与套管接触力、油管与套管材料、完井液类型、油套管相对滑移行程。

5.1.2.1 油套管接触力对井下油管柱磨损的影响

油管与套管接触力的大小是影响油套管磨损速率的首要因素，接触力越大，套管的磨损程度越严重。查阅国内外研究资料发现，磨粒磨损主要发生在低压力下，黏着磨损主要发生在高压力下。研究表明，影响油管和套管接触力的因素主要有井眼轨迹、产量等。

根据井眼轨迹的不同，油管与套管接触力既可以产生在管柱受拉伸载荷的井段，也可以产生在管柱承受压缩载荷的井段。位于中性点以上管柱，影响其接触力的主要因素是井斜角和其自身的重力，井斜角过大有可能导致管柱与套管发生局部接触，形成严重的局部磨损，因此，在管柱优化设计时，井斜角的大小是一项重要指标。位于中性点以下管柱，存在部分管柱发生屈曲变形，导致油套管的接触力发生大幅度变化，油套管的磨损程度也越严重。

5.1.2.2 油套管材料对井下油管柱磨损的影响

气井生产过程中油管接头和本体都会与套管壁接触，产生摩擦。经大量磨损实验的研究表明，任何两种材料接触时发生相对运动都会产生磨损，磨损程度与它们的硬度相关。两种材料的硬度都较高时，两者的硬度差值与磨损量成正比；而在两者材质都较软的情况下，两者的硬度差值与磨损量成反比。如果油管接头表面硬化带较为粗糙，则油管非常容易被磨损。对油管接头硬化带进行抛光处理，可以有效地预防油管的严重磨损。在完井过程中使用不同尺寸的生产管柱其磨损程度也不相同，不同尺寸油管造成的磨损量与同一尺寸油管造成的磨损量相差近一倍。刚度也是影响油套管磨损的因素之一，在井眼轨迹狗腿度较大的地方，刚度越大的油管越容易与套管产生较大的侧向接触力，造成更严重的磨损。

5.1.2.3 完井液对井下油管柱磨损的影响

完井液的主要作用有两方面：一方面是套管与油管之间形成润滑膜，能够起到减小油套管摩擦副之间摩擦系数的作用；另一方面是调配不同密度的完井液能够平衡油管内外压力，防止油管内外压差过大引起的挤扁或胀裂。井下温度、接触压力都会影响到完井液的润滑效果。不同的完井液对油套管磨损影响很大，通常情况下完井液能有效地降低油管与套管的磨损量。但是在一些超深井中为了平衡油管内外压差，完井液中加入重晶石增大密度，一定程度上会增加套管的磨损量。对于油套管磨损的影响，不同类型的完井液是不同的，Russell 等[72]对 5 种不同类型的完井液进行了大量的实验，测试结果可知，在其他条件不变，只改变完井液类型情况下，清水中套管壁厚减少 46%，磨损程度最严重；在水基完井液中，套管壁厚只减少 28%，磨损程度比清水中的小一些。由于油管和套管表面之间形成具有保护作用的润滑膜，油基完井液与水基完井液相比润滑作用更加明显，所以使套管磨损减少。因此，使用油基完井液能有效减轻油管柱与套管磨损程度。并且加入适量润滑剂也可降低油管柱与套管在完井液中的摩擦系数，减少油套管的磨损。

5.2 “三高”气井油管柱临界屈曲荷载计算模型

现“三高”气井以定向井和水平井为主，由于油管柱在井口处以油管挂固定，井底以封隔器坐封，在重力的影响下，导致油管柱中下部发生屈曲变形和油套管接触碰撞，并且油管柱在内部高速流体的作用下发生纵横向耦合振动，迫使油套管发生摩擦磨损，引起管柱的失效破坏。因此，开展了三高气井油管柱屈曲行 为研究，找到了不同井段管柱发生屈曲变形的临界载荷计算方法，确定了油套管接触载荷计算方法，为开展油套管摩擦磨损研究奠定了载荷分析基础。

5.2.1 直井段管柱屈曲临界荷载计算模型

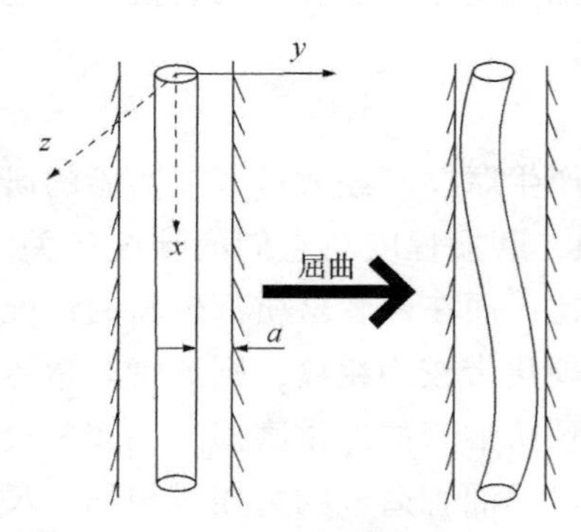

图 5-1　直井段管柱屈曲变形图

直井段管柱受到管柱自身重力作用，将会发生屈曲变形，如图 5-1 所示。本书采用能量法建立直井段管柱的屈曲分析模型，得到管柱发生屈曲变形的临界荷载，以竖直向下为 x 轴，水平向右为 y 轴，z 轴满足右手定则。且假设管柱与套管发生接触，其横向位移满足以下关系：

$$\omega = a\sin\left(\frac{\pi x}{l}\right) \tag{5-1}$$

式中：ω 为管柱发生屈曲的横向位移，m；a 为油管与套管之间的间隙，m；l 为油管的长度，m。

根据能量原理，在任意微小的侧向挠动下，管柱处于临界状态，管柱的能量变化为 0，即

$$\Delta U = \Delta T \tag{5-2}$$

式中：ΔU 为势能变化；ΔT 为动能变化。

当管柱发生屈曲变形，其势能变化主要由弯曲变形产生，动能的变化主要由重力和轴向力产生，具体的推导如下：

$$
\begin{cases}
\Delta U = \dfrac{1}{2}EI\displaystyle\int_0^l \left(\dfrac{d^2\omega}{dx^2}\right)^2 dx = \dfrac{1}{2}EI\int_0^l \left(\dfrac{\pi}{l}\right)^4 a^2 \sin^2\left(\dfrac{\pi x}{l}\right) dx \\
\Delta T = \dfrac{F}{2}\displaystyle\int_0^l \left(\dfrac{d\omega}{dx}\right)^2 dx + \dfrac{q_e}{2}\int_0^l x\left(\dfrac{d\omega}{dx}\right)^2 dx = \dfrac{F}{2}\int_0^l \left(\dfrac{\pi}{l}\right)^2 a^2 \cos^2\left(\dfrac{\pi x}{l}\right) dx \\
+ \dfrac{q_e}{2}\displaystyle\int_0^l x\left(\dfrac{\pi}{l}\right)^2 a^2 \cos^2\left(\dfrac{\pi x}{l}\right) dx
\end{cases}
\tag{5-3}
$$

式中：F 为管柱的轴向力，N；q_e 为微元段管柱的重力，N；E 为管柱的弹性模量，Pa；I 为管柱的极惯性矩，m^4。

由三角函数的变换和分布积分原理可得

$$
\begin{cases}
\displaystyle\int_0^l \sin^2\left(\dfrac{\pi x}{l}\right) dx = \int_0^l \dfrac{1-\cos\left(\dfrac{2\pi x}{l}\right)}{2} dx = \dfrac{l}{2} \\
\displaystyle\int_0^l \cos^2\left(\dfrac{\pi x}{l}\right) dx = \int_0^l \dfrac{1+\cos\left(\dfrac{2\pi x}{l}\right)}{2} dx = \dfrac{l}{2} \\
\displaystyle\int_0^l x\cos^2\left(\dfrac{\pi x}{l}\right) dx = \int_0^l x\dfrac{1+\cos\left(\dfrac{2\pi x}{l}\right)}{2} dx = \int_0^l \dfrac{x}{2} dx + \int_0^l \dfrac{x}{2}\cos\left(\dfrac{2\pi x}{l}\right) dx = \dfrac{l^2}{4}
\end{cases}
\tag{5-4}
$$

把式(5-4)代入式(5-3)，化简可得

$$
\begin{cases}
\Delta U = \dfrac{1}{2}EI\left(\dfrac{\pi}{l}\right)^4 a^2 \cdot \left(\dfrac{l}{2}\right) \\
\Delta T = \dfrac{F}{2}\left(\dfrac{\pi}{l}\right)^2 a^2 \cdot \left(\dfrac{l}{2}\right) + \dfrac{q_e}{2}\left(\dfrac{\pi}{l}\right)^2 a^2 \cdot \left(\dfrac{l^2}{4}\right)
\end{cases}
\tag{5-5}
$$

$$
\begin{cases}
\dfrac{1}{2}EI\left(\dfrac{\pi}{l}\right)^4 a^2 \cdot \left(\dfrac{l}{2}\right) = \dfrac{F}{2}\left(\dfrac{\pi}{l}\right)^2 a^2 \cdot \left(\dfrac{l}{2}\right) + \dfrac{q_e}{2}\left(\dfrac{\pi}{l}\right)^2 a^2 \cdot \left(\dfrac{l^2}{4}\right) \\
EI\dfrac{\pi^2}{l^2} = F + \dfrac{1}{2}q_e l
\end{cases}
\tag{5-6}
$$

由此，可得到管柱临界弯曲荷载 F_{cr} 为

$$
F_{cr} = EI\frac{\pi^2}{l^2} - \frac{1}{2}q_e l \tag{5-7}
$$

管柱发生屈曲时，可能弯曲成多个正弦半波的形式，取 n 为半波个数，l_e 为半波波长，则式(5-7)变为

$$
F_{cr} = EI\frac{\pi^2}{(nl_e)^2} - \frac{1}{2}q_e n l_e \tag{5-8}
$$

临界荷载 F_{cr} 与 n 的个数有关，则最小临界屈曲荷载由式(5-9)求得

$$\frac{\partial F_{cr}}{\partial n}=0 \tag{5-9}$$

$$(nl_e)^3=-\frac{4EI\pi^2}{q_e} \tag{5-10}$$

将式(5-10)代入式(5-8)中有：

$$F_{cr}=\left(\frac{27EIq_e^2\pi^2}{16}\right)^{\frac{1}{3}}\approx 2.55\ (EIq_e^2)^{\frac{1}{3}} \tag{5-11}$$

式(5-11)的结果与 J Wu 推导的结果一致。对于螺旋屈曲临界载荷公式，也可以通过能量法原理推导出来，如式(5-12)所示：

$$F_{cr}=5.55(EIq_e^2)^{\frac{1}{3}} \tag{5-12}$$

根据陈康[167]所建立的管柱屈曲状态下的接触方程可得直井段单位长度管柱发生屈曲变形后与套管的接触载荷计算公式：

$$N=\frac{aF^2}{4EI} \tag{5-13}$$

5.2.2 造斜段管柱屈曲临界荷载计算模型

本节针对造斜段管柱稳定性开展相关的研究。如图 5-2(a)所示，假设所研究段井眼为平面圆弧曲线，相应管柱长(弧长)为 l，α_1 为该段井眼上端的井斜角，α_2 为下端的井斜角，q_e 为管柱单位长度上的重力(kN/m)，建立整体坐标系 xyz，x 轴沿该段井眼底端的切向，y 轴沿该段井眼底端的法向，z 轴服从右手定则。为了方便分析问题，在管柱任一截面形心建立局部坐标系 $OUVW$。

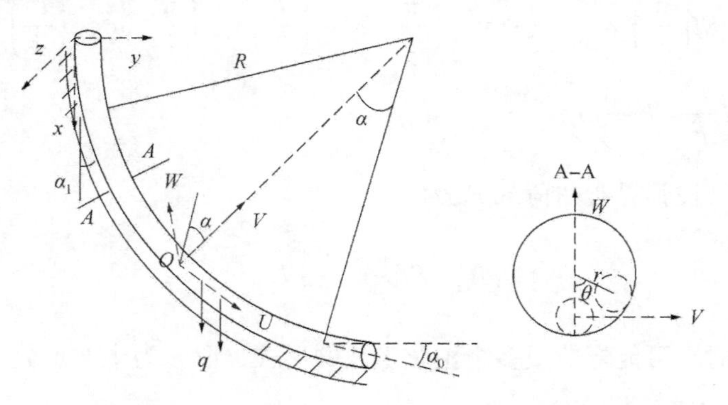

（a）研究段结构及坐标系建立　　（b）局部坐标系（截面形心）

图 5-2　造斜段管柱结构示意图

管柱达到临界状态时，在微小的侧向挠动作用下，将产生微小的侧向位移。由于自重的存在，可假设发生微小的侧移后，管柱仍然与井壁接触。因此管柱任意截面的位移在局部坐标系中可表示为

$$\begin{cases} u=u(\theta,\ s) \\ v=r(1-\cos\theta) \\ \omega=r\sin\theta \end{cases} \tag{5-14}$$

式中：r 为管柱截面形心至井眼轴心的径向距离，m；u 为沿 U 方向的位移，m；v 为沿 V 方向的位移，m；ω 为沿 W 方向的位移，m；θ 为管柱在 V-W 平面内的偏转角，rad。

单位长度管柱的重力在局部坐标系中可表示为

$$\begin{cases} q_u=q_e\sin\alpha \\ q_v=-q_e\cos\alpha \end{cases} \tag{5-15}$$

式中：q_u 为微元段管柱在 u 方向的重力分量，N；q_v 为微元段管柱在 v 方向的重力分量，N；α 为管柱的井斜角，rad。

假设管柱发生屈曲变形后呈现多个半波形，由此偏转角 θ 表示为

$$\theta=\theta_0\sin\frac{n\pi s}{l},\ n=1,\ 2,\ 3,\ \cdots \tag{5-16}$$

式中：θ_0 为系数，它是个微量；n 为正弦半波数，且为待定量。

根据能量原理，管柱发生微小的侧向挠动下，处于临界状态时，其动能和势能也满足式(5-2)，其中包括管柱3个方向上的弯曲势能变化和由管柱自重、管柱与套管的摩擦力引起的动能变化，具体推导如下：

$$\begin{cases} \Delta U=\Delta U_1+\Delta U_2+\Delta U_3=\dfrac{1}{2}EI\displaystyle\int_0^l\left[\left(\frac{d^2u}{ds^2}\right)^2+\left(\frac{d^2v}{ds^2}\right)^2+\left(\frac{d^2\omega}{ds^2}\right)^2\right]ds \\ \Delta T=\Delta T_1+\Delta T_2+\Delta T_3=\displaystyle\int_0^l q_u\left\{\int_0^l\left[\frac{1}{2}\left(\frac{dv}{ds}\right)^2+\frac{1}{2}\left(\frac{d\omega}{ds}\right)^2+rk(1-\cos\theta)\right]ds\right\}ds \\ -q_v\displaystyle\int_0^l r(1-\cos\theta)ds+(F-f)\int_0^l\left[\frac{1}{2}\left(\frac{dv}{ds}\right)^2+\frac{1}{2}\left(\frac{d\omega}{ds}\right)^2+rk(1-\cos\theta)\right]ds \end{cases} \tag{5-17}$$

式中：f 为油管—套管之间的摩擦力，N；q_u，q_v 分别为微元段管柱在 U 方向与 V 方向的重力分量，N；k 为造斜段管柱的曲率。

$$\begin{cases} \Delta U=\dfrac{1}{2}EI\displaystyle\int_0^l\left\{\left[k^2-2kr\frac{d^2\cos\theta}{ds^2}+r^2\left(\frac{d^2\cos\theta}{ds^2}\right)^2\right]+r^2\left[\left(\frac{d^2\theta}{ds^2}\right)^2+\left(\frac{d\theta}{ds}\right)^4\right]\right\}ds \\ \Delta T=\displaystyle\int_0^l q_u\left\{\int_0^l\left[\frac{1}{2}r^2\left(\frac{d\theta}{ds}\right)^2+rk(1-\cos\theta)\right]ds\right\}ds-q_v\int_0^l r(1-\cos\theta)ds \\ +(F-f)\displaystyle\int_0^l\left[\frac{1}{2}r^2\left(\frac{d\theta}{ds}\right)^2+rk(1-\cos\theta)\right]ds \end{cases} \tag{5-18}$$

由于 θ 是微量，满足下面变形公式：

$$\begin{cases}1-\cos\theta=2\sin^2\left(\dfrac{\theta}{2}\right)=\dfrac{\theta^2}{2}\\ \dfrac{d^2\cos\theta}{ds^2}=\dfrac{d^2\left(1-2\sin^2\dfrac{\theta}{2}\right)}{ds^2}=\dfrac{d^2\left(1-\dfrac{\theta^2}{2}\right)}{ds^2}=-\dfrac{d^2\theta^2}{2ds^2}=-\left[\left(\dfrac{d\theta}{ds}\right)^2+\theta\dfrac{d^2\theta}{ds^2}\right]\end{cases}\tag{5-19}$$

根据积分性质，可得

$$\begin{cases}\int_0^l\sin^2\left(\dfrac{kn\pi s}{l}\right)ds=\int_0^l\dfrac{1-\cos\left(\dfrac{2kn\pi s}{l}\right)}{2}ds=\dfrac{l}{2},\ k=1,\ 2,\ 3,\ \cdots\\ \int_0^l\cos^2\left(\dfrac{kn\pi s}{l}\right)ds=\int_0^l\dfrac{1+\cos\left(\dfrac{2kn\pi s}{l}\right)}{2}ds=\dfrac{l}{2},\ k=1,\ 2,\ 3,\ \cdots\\ \int_0^l\cos^4\left(\dfrac{n\pi s}{l}\right)ds=\int_0^l\left(\dfrac{1+\cos\left(\dfrac{2n\pi s}{l}\right)}{2}\right)^2ds=\dfrac{l}{4}+\dfrac{l}{8}=\dfrac{3l}{8}\\ \int_0^l\left[\cos^4\left(\dfrac{n\pi s}{l}\right)+\sin^4\left(\dfrac{n\pi s}{l}\right)\right]ds=\int_0^l\left[\dfrac{1+\cos\left(\dfrac{2n\pi s}{l}\right)}{2}\right]^2+\left[\dfrac{1-\cos\left(\dfrac{2n\pi s}{l}\right)}{2}\right]^2dx=\dfrac{l}{2}\\ \int_0^l\left[\cos^2\left(\dfrac{n\pi s}{l}\right)\sin^2\left(\dfrac{n\pi s}{l}\right)\right]ds=\dfrac{1}{4}\int_0^l\left[\sin^2\left(\dfrac{2n\pi s}{l}\right)\right]ds=\dfrac{1}{8}l\end{cases}\tag{5-20}$$

把式(5−19)和式(5−20)代入式(5−18)可得管柱每部分势能和每部分外力做功的表达式为

$$\frac{1}{2}EI\int_0^l\left[k^2-2kr\frac{d^2\cos\theta}{ds^2}+\left(\frac{d^2\cos\theta}{ds^2}\right)^2\right]ds=$$

$$\frac{1}{2}EI\int_0^l\left\{k^2+2kr\left[\left(\frac{d\theta}{ds}\right)^2+\theta\frac{d^2\theta}{ds^2}\right]+r^2\left[\left(\frac{d\theta}{ds}\right)^2+\theta\frac{d^2\theta}{ds^2}\right]^2\right\}=$$

$$\frac{1}{2}EI\int_0^l\left\{\begin{aligned}&k^2+2kr\left[\left(\frac{\theta_0n\pi}{l}\right)^2\cos^2\frac{n\pi s}{l}-\left(\frac{\theta_0n\pi}{l}\right)^2\sin^2\frac{n\pi s}{l}\right]\\&+r^2\left[\left(\frac{\theta_0n\pi}{l}\right)^2\cos^2\frac{n\pi s}{l}-\left(\frac{\theta_0n\pi}{l}\right)^2\sin^2\frac{n\pi s}{l}\right]^2\end{aligned}\right\}=\frac{1}{2}EI\left[k^2l+r^2\left(\frac{\theta_0n\pi}{l}\right)^4\frac{l}{4}\right]\tag{5-21a}$$

$$\frac{1}{2}EI\int_0^l\left\{r^2\left[\left(\frac{\mathrm{d}^2\theta}{\mathrm{d}s^2}\right)^2+\left(\frac{\mathrm{d}\theta}{\mathrm{d}s}\right)^4\right]\right\}\mathrm{d}s=\frac{1}{2}EI\int_0^l\left\{r^2\left[\theta_0^2\left(\frac{n\pi}{l}\right)^4\sin^2\frac{n\pi s}{l}+\left(\frac{\theta_0 n\pi}{l}\right)^4\cos^4\frac{n\pi s}{l}\right]\right\}\mathrm{d}s$$
$$=\frac{1}{2}EIr^2\left[\theta_0^2\left(\frac{n\pi}{l}\right)^4\frac{l}{2}+\left(\frac{\theta_0 n\pi}{l}\right)^4\frac{3l}{8}\right]$$

(5-21b)

$$\int_0^l q_u\left\{\int_0^s\left[\frac{1}{2}r^2\left(\frac{\mathrm{d}\theta}{\mathrm{d}s}\right)^2+rk(1-\cos\theta)\right]\mathrm{d}s\right\}\mathrm{d}s=\int_0^l q_e\cos\alpha\left\{\int_0^s\left[\frac{1}{2}r^2\left(\frac{\mathrm{d}\theta}{\mathrm{d}s}\right)^2+rk\frac{\theta^2}{2}\right]\mathrm{d}s\right\}\mathrm{d}s$$
$$=\int_0^l q_e\cos\alpha\left\{\int_0^s\left[\frac{1}{2}r^2\left(\frac{\theta_0 n\pi}{l}\right)^2\cos^2\frac{n\pi s}{l}+\frac{rk\theta_0^2}{2}\sin^2\frac{n\pi s}{l}\right]\mathrm{d}s\right\}\mathrm{d}s$$
$$=\frac{q_e\cos\alpha r^2\theta_0^2 n^2\pi^2}{8}+\frac{q_e\cos\alpha rk\theta_0^2 l^2}{8}$$

(5-21c)

$$q_v\int_0^l r(1-\cos\theta)\,\mathrm{d}s=q_e r\sin\alpha\int_0^l\sin^2\frac{\theta}{2}\mathrm{d}s=q_e r\sin\alpha\int_0^l\frac{\theta^2}{2}\mathrm{d}s=\frac{q_e r\theta_0^2\sin\alpha l}{4}\quad(5\text{-}21\text{d})$$

$$(F-f)\int_0^l\left[\frac{1}{2}r^2\left(\frac{\mathrm{d}\theta}{\mathrm{d}s}\right)^2+rk(1-\cos\theta)\right]\mathrm{d}s=(F-f)\int_0^l\left[\frac{1}{2}r^2\left(\frac{\mathrm{d}\theta}{\mathrm{d}s}\right)^2+rk\frac{\theta^2}{2}\right]\mathrm{d}s$$
$$=(F-f)\int_0^l\left[\frac{1}{2}r^2\left(\frac{\theta_0 n\pi}{l}\right)^2\cos^2\frac{n\pi s}{l}+\frac{rk\theta_0^2}{2}\sin^2\frac{n\pi s}{l}\right]\mathrm{d}s=(F-f)\left(\frac{r^2\theta_0^2 n^2\pi^2}{4l}+\frac{rk\theta_0^2 l}{4}\right)$$

(5-21e)

把式(5-21a)至式(5-21e)代入式(5-2)可得管柱的临界荷载计算公式，具体推导如下：

$$\frac{1}{2}EI\left[k^2l+r^2\left(\frac{\theta_0 n\pi}{l}\right)^4\frac{l}{4}\right]+\frac{1}{2}EIr^2\left[\theta_0^2\left(\frac{n\pi}{l}\right)^4\frac{l}{2}+\left(\frac{\theta_0 n\pi}{l}\right)^4\frac{3l}{8}\right]=$$
$$(F-f)\left(\frac{r^2\theta_0^2n^2\pi^2}{4l}+\frac{rk\theta_0^2 l}{4}\right)+\frac{q_e\cos\alpha r^2\theta_0^2n^2\pi^2}{8}+\frac{q_e\cos\alpha rk\theta_0^2l^2}{8}-\frac{q_e r\theta_0^2\sin\alpha l}{4}\quad(5\text{-}22)$$

由于实际工况中造斜段管柱很长，导致管柱的曲率很小，并且系数 θ_0 是个微量，因此高阶项忽略不计，式(5-22)化简得

$$\frac{EIr^2n^4\pi^4}{2l^3}=(F-f)\left(\frac{r^2n^2\pi^2}{2l}+\frac{rkl}{2}\right)+\frac{q_e\cos\alpha r^2n^2\pi^2}{4}+\frac{q_e rkl^2\cos\alpha}{4}-\frac{q_e rl\sin\alpha}{2}\quad(5\text{-}23)$$

再化简可得临界荷载计算公式：

$$F_{cr}=\frac{2EIrn^4\pi^4+2l^4q_e\sin\alpha-n^2\pi^2l^3rq_e\cos\alpha-kl^5q_e\cos\alpha}{2n^2\pi^2l^2r+2kl^4}+f\quad(5\text{-}24)$$

由式(5-24)可见，造斜段管柱屈曲临界载荷 F_{cr} 与管柱屈曲时的波形数有关。当 n 达

到某一值时，F_{cr}的值最小(即为管柱的屈曲临界载荷)。为了得到使F_{cr}为最小值时的n值，将F_{cr}看成是n的连续函数，即n的定义域扩展为正实数。根据最小势能原理，$\partial F_{cr}/\partial n=0$，可得

$$n=\frac{l}{\pi}\sqrt{-\frac{k}{r}+\sqrt{\left(\frac{k}{r}\right)^2+\frac{q_e\sin\alpha}{EIr}}} \tag{5-25}$$

将式(5-25)代入式(5-24)，化简得造斜段管柱屈曲临界荷载计算公式：

$$F_{cr}=\frac{2EIk}{r}+2EI\sqrt{\left(\frac{k}{r}\right)^2+\frac{q_e\sin\alpha}{EIr}}-\frac{q_e l\cos\alpha}{2}+f \tag{5-26}$$

由式(5-26)可知，造斜段管柱的临界屈曲荷载与管柱的长度、井斜角、浮重、曲率和摩擦力有关。

根据陈康[167]所建立的管柱屈曲状态下的接触方程可得造斜段管柱发生屈曲变形后与套管的单位长度接触载荷计算公式[式(5-27)]与管柱未发生屈曲变形时接触载荷[式(5-28)]。

$$\begin{cases}N=-\dfrac{16\pi^4EIr}{p^4}+\dfrac{4\pi^2r}{p^2}\left(F+\dfrac{EI}{R^2}\right)\\\left(\dfrac{\pi}{p}\right)^2=\dfrac{1}{2rR}\left(1+\sqrt{1+\dfrac{rR^2q_e\sin\alpha}{2EI}}-\dfrac{r}{2R}\right)\end{cases} \tag{5-27}$$

$$N=\frac{F}{R}+q_e\sin\alpha \tag{5-28}$$

式中：R为管柱造斜段曲率半径，m。

5.2.3 稳斜段管柱屈曲临界荷载计算模型

在斜直井眼中由于受到重力的作用，管柱将紧贴下井壁，如图5-3所示，管柱若发生失稳有两种可能：(1)在铅垂平面内可能向上翘曲；(2)管柱在侧向(垂直于铅垂面)屈曲。由于井壁的影响，管柱发生第二种失稳的临界荷载明显低于发生第一种失稳的临界荷载，因此，本书仅讨论第二种情况。

如图5-3(a)所示，q_e为管柱单位长度上的重力，设井斜角为α，则有：

$$\begin{cases}q_x=q_e\cos\alpha\\q_y=-q_e\sin\alpha\end{cases} \tag{5-29}$$

管柱达到临界状态时，在微小的侧向挠动作用下将产生微小的侧向位移。由于自重的存在，可假设发生微小的侧移后，管柱仍然与井壁接触，因此，管柱任意截面的位移为

$$\begin{cases}\upsilon=r(1-\cos\theta)\\\omega=r\sin\theta\end{cases} \tag{5-30}$$

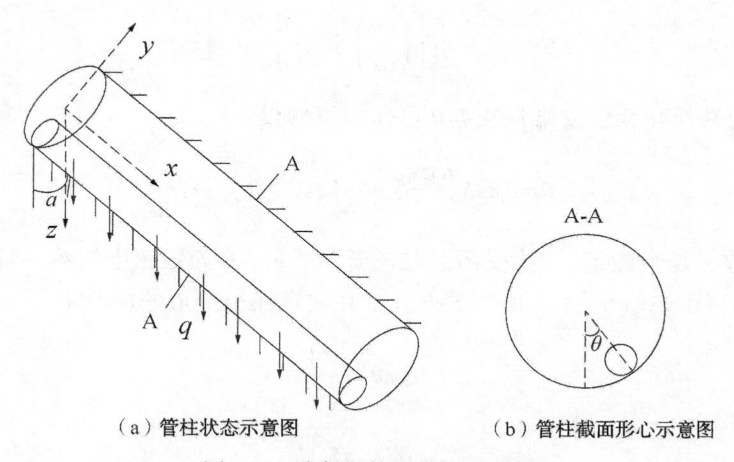

（a）管柱状态示意图　　（b）管柱截面形心示意图

图 5-3　稳斜段管柱结构示意图

式中：r 为管柱截面形心至井眼轴心的径向距离，m；υ 为管柱任一截面形心在 y 方向的位移，m；ω 为管柱任一截面形心在 z 方向的位移，m。

根据能量原理，在临界状态下受压管柱的总势能增量应为零，即

$$\Delta U=\Delta T \tag{5-31}$$

其中

$$\Delta T=\frac{(F-f)}{2}\int_0^l\left[\left(\frac{\mathrm{d}\upsilon}{\mathrm{d}x}\right)^2+\left(\frac{\mathrm{d}\omega}{\mathrm{d}x}\right)^2\right]\mathrm{d}x+\frac{q_x}{2}\int_0^l x\left[\left(\frac{\mathrm{d}\upsilon}{\mathrm{d}x}\right)^2+\left(\frac{\mathrm{d}\omega}{\mathrm{d}x}\right)^2\right]\mathrm{d}x-q_y\int_0^l\upsilon\mathrm{d}x \tag{5-32}$$

$$\Delta U=\frac{EI}{2}\int_0^l\left[\left(\frac{\mathrm{d}^2\upsilon}{\mathrm{d}x^2}\right)^2+\left(\frac{\mathrm{d}^2\omega}{\mathrm{d}x^2}\right)^2\right]\mathrm{d}x \tag{5-33}$$

由式(5-30)得

$$\begin{cases}\dfrac{\mathrm{d}\upsilon}{\mathrm{d}x}=r\sin\theta\dfrac{\mathrm{d}\theta}{\mathrm{d}x}\\[2ex]\dfrac{\mathrm{d}^2\upsilon}{\mathrm{d}x^2}=r\cos\theta\left(\dfrac{\mathrm{d}\theta}{\mathrm{d}x}\right)^2+r\sin\theta\dfrac{\mathrm{d}^2\theta}{\mathrm{d}x^2}\end{cases} \tag{5-34}$$

$$\begin{cases}\dfrac{\mathrm{d}\omega}{\mathrm{d}x}=r\cos\theta\dfrac{\mathrm{d}\theta}{\mathrm{d}x}\\[2ex]\dfrac{\mathrm{d}^2\omega}{\mathrm{d}x^2}=-r\sin\theta\left(\dfrac{\mathrm{d}\theta}{\mathrm{d}x}\right)^2+r\cos\theta\dfrac{\mathrm{d}^2\theta}{\mathrm{d}x^2}\end{cases} \tag{5-35}$$

把式(5-34)与式(5-35)代入式(5-32)与式(5-33)，整理后可得：

$$\Delta T=\frac{(F-f)}{2}\int_0^l r^2\left(\frac{\mathrm{d}\theta}{\mathrm{d}x}\right)^2\mathrm{d}x+\frac{q_x}{2}\int_0^l xr^2\left(\frac{\mathrm{d}\theta}{\mathrm{d}x}\right)^2\mathrm{d}x-q_y\int_0^l\upsilon\mathrm{d}x \tag{5-36}$$

$$\Delta U = \frac{EIr^2}{2}\int_0^l \left[\left(\frac{\mathrm{d}\theta}{\mathrm{d}x}\right)^4 + \left(\frac{\mathrm{d}^2\theta}{\mathrm{d}x^2}\right)^2\right]\mathrm{d}x \tag{5-37}$$

可把管柱两端简化为铰支端约束，θ 可作如下假设：

$$\theta = \theta_0 \sin\frac{n\pi x}{l},\ n=1,\ 2,\ 3,\ \cdots \tag{5-38}$$

式中：θ_0 为系数，是个微量；l 为受压管柱的长度，m；n 为正弦半波数，且为待定量。

把式(5-38)代入式(5-36)和式(5-37)，并注意在小变形的情况下

$$(1-\cos\theta) \approx \frac{1}{2}\theta^2$$

整理可得

$$\Delta T = \frac{r^2\theta_0{}^2 l}{4}\left(\frac{n\pi}{l}\right)^2\left[(F-f)+\frac{q_x l}{2}\right]-\frac{1}{4}q_y l r\theta_0{}^2 \tag{5-39}$$

$$\Delta U = \frac{EIr^2\theta_0{}^2 l}{4}\left(\frac{n\pi}{l}\right)^4\left(1+\frac{3}{4}\theta_0{}^2\right) \approx \frac{EIr^2\theta_0{}^2 l}{4}\left(\frac{n\pi}{l}\right)^4 \tag{5-40}$$

把式(5-39)和式(5-40)代入式(5-32)，整理可得

$$F_{\mathrm{cr}} = A\left(n^2+\frac{B}{n^2}\right)-\frac{q_{\mathrm{e}} l\cos\alpha}{2}+f,\ n=1,\ 2,\ 3,\ \cdots \tag{5-41}$$

其中

$$A = \frac{\pi^2 EI}{l^2}$$

$$B = \frac{q_{\mathrm{e}} l^4 \sin\alpha}{\pi^4 EIr}$$

由式(5-41)可见，稳斜段管柱屈曲临界载荷 F_{cr} 与管柱屈曲时的波形数有关。当 n 达到某一值时，F_{cr} 的值最小(即为管柱的屈曲临界载荷)。为了得到使 F_{cr} 为最小值时的 n 值，将 F_{cr} 看成是 n 的连续函数，即 n 的定义域扩展为正实数。根据最小势能原理，$\partial F_{\mathrm{cr}}/\partial n=0$，可得：

$$\begin{cases}\dfrac{\partial F_{\mathrm{cr}}}{\partial n} = A\left(2n-2\dfrac{B}{n^3}\right)=0 \\ n=\sqrt[4]{B}\end{cases} \tag{5-42}$$

将式(5-42)代入式(5-41)，化简得稳斜段管柱屈曲临界荷载计算公式：

$$F_{\mathrm{cr}} = 2A\sqrt{B}-\frac{q_{\mathrm{e}} l\cos\alpha}{2}+f \tag{5-43}$$

由式(5-43)可知，稳斜段管柱的临界屈曲荷载与管柱的长度、井斜角、浮重和摩擦力有关。

根据陈康[167]所建立的管柱屈曲状态下的接触方程可得稳斜段管柱发生屈曲变形后与套管的单位长度接触载荷计算公式[式(5-44)]与管柱未发生屈曲变形时接触载荷[式(5-45)]。

$$N=\frac{rF^2}{4EI}+q_e\sin\alpha \tag{5-44}$$

$$N=q_e\sin\alpha \tag{5-45}$$

5.2.4 水平段管柱屈曲临界荷载计算模型

水平段管柱主要受到管柱自身的重力和磨擦力的作用，当管柱受到的轴力过大时将会引起屈曲变形，如图 5-4 所示。

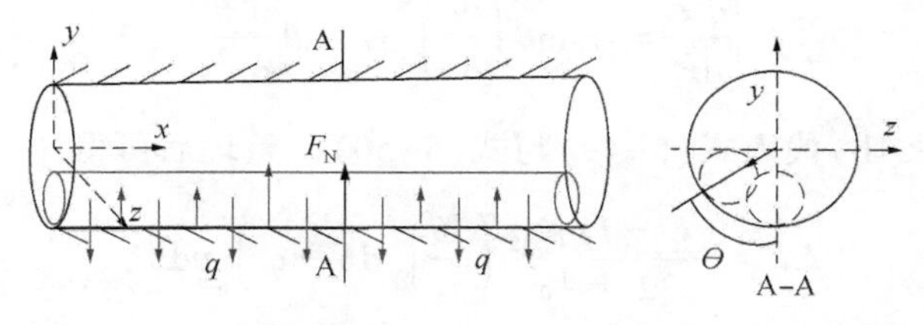

（a）管柱状态示意图　　（b）管柱截面心形示意图

图 5-4　水平段管柱屈曲变形图

本书采用能量法建立直井段管柱的屈曲分析模型，得到管柱发生屈曲变形的临界荷载，以水平向右为 x 轴，竖直向上为 y 轴，z 坐标满足右手定则(图 5-4)，假设管柱仅靠在套管壁，q_e 为管柱单位长度上的重力，则有：

$$\begin{cases} q_x=0 \\ q_y=-q_e \end{cases} \tag{5-46}$$

管柱达到临界状态时，在微小的侧向挠动作用下将产生微小的侧向位移。由于自重的存在，可假设发生微小的侧移后，管柱仍然与井壁接触，因此，管柱任意截面的位移为

$$\begin{cases} \upsilon=r(1-\cos\theta) \\ \omega=r\sin\theta \end{cases} \tag{5-47}$$

式中：r 为管柱截面形心至井眼轴心的径向距离，m；υ 为管柱任一截面形心在 y 方向的位移，m；ω 为管柱任一截面形心在 z 方向的位移，m。

根据能量原理，在临界状态下受压管柱的总势能增量应为零，即

$$\Delta U=\Delta T \tag{5-48}$$

其中

$$\Delta T = \frac{(F-f)}{2}\int_0^l \left[\left(\frac{\mathrm{d}v}{\mathrm{d}x}\right)^2 + \left(\frac{\mathrm{d}\omega}{\mathrm{d}x}\right)^2\right]\mathrm{d}x - q_y\int_0^l v\mathrm{d}x \tag{5-49}$$

$$\Delta U = \frac{EI}{2}\int_0^l \left[\left(\frac{\mathrm{d}^2 v}{\mathrm{d}x^2}\right)^2 + \left(\frac{\mathrm{d}^2\omega}{\mathrm{d}x^2}\right)^2\right]\mathrm{d}x \tag{5-50}$$

由式(5-47)得

$$\begin{cases}\dfrac{\mathrm{d}v}{\mathrm{d}x} = r\sin\theta\dfrac{\mathrm{d}\theta}{\mathrm{d}x}\\[2mm] \dfrac{\mathrm{d}^2 v}{\mathrm{d}x^2} = r\cos\theta\left(\dfrac{\mathrm{d}\theta}{\mathrm{d}x}\right)^2 + r\sin\theta\dfrac{\mathrm{d}^2\theta}{\mathrm{d}x^2}\end{cases} \tag{5-51a}$$

$$\begin{cases}\dfrac{\mathrm{d}\omega}{\mathrm{d}x} = r\cos\theta\dfrac{\mathrm{d}\theta}{\mathrm{d}x}\\[2mm] \dfrac{\mathrm{d}^2\omega}{\mathrm{d}x^2} = -r\sin\theta\left(\dfrac{\mathrm{d}\theta}{\mathrm{d}x}\right)^2 + r\cos\theta\dfrac{\mathrm{d}^2\theta}{\mathrm{d}x^2}\end{cases} \tag{5-51b}$$

把式(5-51a)与式(5-51b)代入式(5-49)与式(5-50)，整理后可得

$$\Delta T = \frac{(F-f)}{2}\int_0^l r^2\left(\frac{\mathrm{d}\theta}{\mathrm{d}x}\right)^2\mathrm{d}x - q_y\int_0^l v\mathrm{d}x \tag{5-52}$$

$$\Delta U = \frac{EIr^2}{2}\int_0^l \left[\left(\frac{\mathrm{d}\theta}{\mathrm{d}x}\right)^4 + \left(\frac{\mathrm{d}^2\theta}{\mathrm{d}x^2}\right)^2\right]\mathrm{d}x \tag{5-53}$$

可把管柱两端简化为铰支端约束，θ 可作如下假设：

$$\theta = \theta_0\sin\frac{n\pi x}{l},\ n=1,\ 2,\ 3,\ \cdots \tag{5-54}$$

式中：θ_0 为系数，是个微量；l 为受压管柱的长度，m；n 为正弦半波数，且为待定量。

把式(5-54)代入式(5-52)和式(5-53)，并注意在小变形的情况下

$$(1-\cos\theta) \approx \frac{1}{2}\theta^2$$

整理可得

$$\Delta T = \frac{r^2\theta_0^2 l}{4}\left(\frac{n\pi}{l}\right)^2(F-f) - \frac{1}{4}q_y l r\theta_0^2 \tag{5-55}$$

$$\Delta U = \frac{EIr^2\theta_0^2 l}{4}\left(\frac{n\pi}{l}\right)^4\left(1+\frac{3}{4}\theta_0^2\right) \approx \frac{EIr^2\theta_0{}^2 l}{4}\left(\frac{n\pi}{l}\right)^4 \tag{5-56}$$

把式(5-55)和式(5-56)代入式(5-32)，整理可得

$$F_{\mathrm{cr}} = A\left(n^2 + \frac{B}{n^2}\right) + f,\ n=1,\ 2,\ 3,\ \cdots \tag{5-57}$$

其中

$$A=\frac{\pi^2 EI}{l^2}$$

$$B=\frac{q_e l^4}{\pi^4 EIr}$$

由式(5-57)可见，稳斜段管柱屈曲临界载荷 F_{cr} 与管柱屈曲时的波形数有关。当 n 达到某一值时，F_{cr} 的值最小(即为管柱的屈曲临界载荷)。为了得到使 F_{cr} 为最小值时的 n 值，将 F_{cr} 看成是 n 的连续函数，即 n 的定义域扩展为正实数。根据最小势能原理，$\partial F_{cr}/\partial n=0$，可得

$$\begin{cases}\dfrac{\partial F_{cr}}{\partial n}=A\left(2n-2\dfrac{B}{n^3}\right)=0\\ n=\sqrt[4]{B}\end{cases}\tag{5-58}$$

将式(5-58)代入式(5-57)，化简得稳斜段管柱屈曲临界荷载计算公式：

$$F_{cr}=2\sqrt{\frac{EIq_e}{r}}+f\tag{5-59}$$

根据学者陈康[167]所建立的管柱屈曲状态下的接触方程可得水平段管柱发生屈曲变形后与套管的单位长度接触载荷计算公式[式(5-60)]与管柱未发生屈曲变形时接触载荷[式(5-61)]。

$$N=\frac{rF^2}{4EI}+q_e\tag{5-60}$$

$$N=q_e\tag{5-61}$$

5.3 “三高”气井油套管磨损量计算模型

在前面研究的基础上，发现油套管接触摩擦磨损是管柱主要失效形式之一。本节在前面建立的管柱流致振动模型而得到的接触载荷和滑移距离的基础上，采用能量法建立了油套管摩擦磨损量计算模型；基于现场实例井参数，开展了油套管摩擦副相关参数测定，并探讨了不同参数对油套管摩擦磨损的影响分析，为管柱的安全优化设计奠定了理论基础。

5.3.1 三高气井油套管摩擦磨损量计算模型

本书建立的摩擦磨损计算模型基于的是 Fleisher 运用能量传递理论得出的能量磨损公式，通过不同工况下磨损单位体积和消耗的能量比来预测磨损量。针对生产过程的实

际工况，White 在 Fleisher 的磨损计算模型基础上得出了较为准确的磨损—效率模型，即油管柱与套管接触部分因磨损减少的体积与接触面上的摩擦能成正比，结合实际工况中的油套管接触力和滑移行程，可以计算出生产过程中套管磨损掉的体积，并由此求出磨损的深度。

油管与套管相对运动所消耗的总的摩擦功 W 为

$$W=\mu NL_h \tag{5-62}$$

式中：μ 为滑动摩擦系数；N 为油管与套管内壁的接触力，N；L_h 为油套管相对滑移总位移，m。

磨损油管体积所用的能量 U 为

$$U=VH_b \tag{5-63}$$

式中：V 为磨损体积，m^3；H_b 为油管材料布氏硬度，Pa。

油套管摩擦磨损油管体积所用能量与摩擦功之比 η，其值与油套管的材料和完井液的润滑效果有关：

$$\eta=\frac{U}{W}=\frac{VH_b}{\mu NL_h} \tag{5-64}$$

由式(5-64)可得油套管磨损体积计算方法为

$$V=\frac{\eta}{H_b}\mu NL_h \tag{5-65}$$

式中：η/H_b 为磨损效率，Pa^{-1}。

油套管摩擦磨损量计算模型中含有 4 个参变量，其中 L_h 由前面第 2 章建立的振动模型求解得到，N 由前面小节建立的接触压力计算方法得到，而 μ，η/H_b 与油套管材料和完井液类型有关。本书通过选用现场实际工况材料和完井液开展了油套管摩擦磨损单元试验确定，具体下节介绍。

5.3.2 油套管摩擦磨损单元试验

为了确定油套管摩擦磨损计算模型中与材料和摩擦副有关的参数，本节采用现场原始油套管材料和完井液开展油套管接触磨损试验，确定摩擦系数和磨损效率。

5.3.2.1 试验目的

采用南海西部 M 高温高压气井现场管柱(13Cr-L80)和套管材料(13Cr-L80)，通过测出油套管之间的摩擦系数和磨损效率，为管柱摩擦磨损量计算方法提供参数基础。

5.3.2.2 试验仪器

采用西南石油大学机电工程学院自主购买的由美国布鲁克(BRUKE)公司生产的 UMT-TriboLab 摩擦磨损试验机(图 5-5)进行单元摩擦实验，其基本参数见表 5-1。为精确记录摩擦磨损量，实验采用超声波清洗仪结合丙酮及无水乙醇清洗表面污垢(图5-6)和电子天平(图5-7，精度0.0001g)测量实验前后试件的重量。

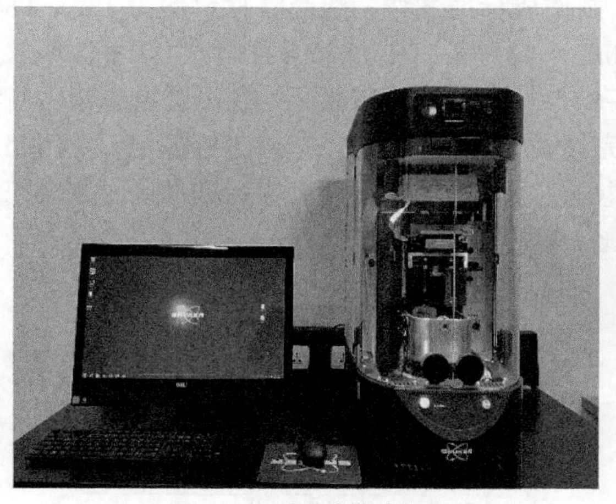

(a) UMT摩擦磨损试验机

(b) 高速往复模块

图5-5　UMT摩擦磨损试验机及其高速往复模块

表5-1　UMT-TriboLab摩擦磨损试验机参数

类　型	说　明
基本参数	(1)载荷范围：0~2000N； (2)设定温度范围：0~150℃； (3)转速范围：0.1~2000r/min； (4)往复频率：0~60Hz
主要功能	(1)材料摩擦及润滑性能测试，实现信号原位检测，包括载荷力、扭矩、摩擦力、摩擦系数、结合强度、显微硬度、表面粗糙度、磨损量等； (2)测试功能采用模块化设计，可实现多重检验标准； (3)模拟销—盘和球碗等摩擦工况，进行线性往复、旋转运动模式

图5-6　超声波清洗仪

图5-7　电子天平

5.3.2.3 油管试块和套管试块参数

根据南海西部 M 高温高压高产气井现场使用油管(外径 114.3mm、内径 100.3mm)和套管(外径 177.8mm、内径 165.8mm)加工制作成标准试样，油套管材料均为 13Cr-L80。根据摩擦试验仪器的要求，套管加工为 30mm×43.3mm×6.09mm 的圆弧体，油管加工为 16.6mm×6.35mm×7.69mm 的圆弧体(图 5-8)。试件加工保留原始油管套管接触面，使实验试件摩擦副与真实工况一致(图 5-9)。完成试件加工后对每个试件进行标记，使用超声波清洗仪去除试件表面污渍，并烘干使用电子天平称重，以保障磨损数据准确。测量记录油管、套管试件重量用于与试验后重量对比，得出磨损量。

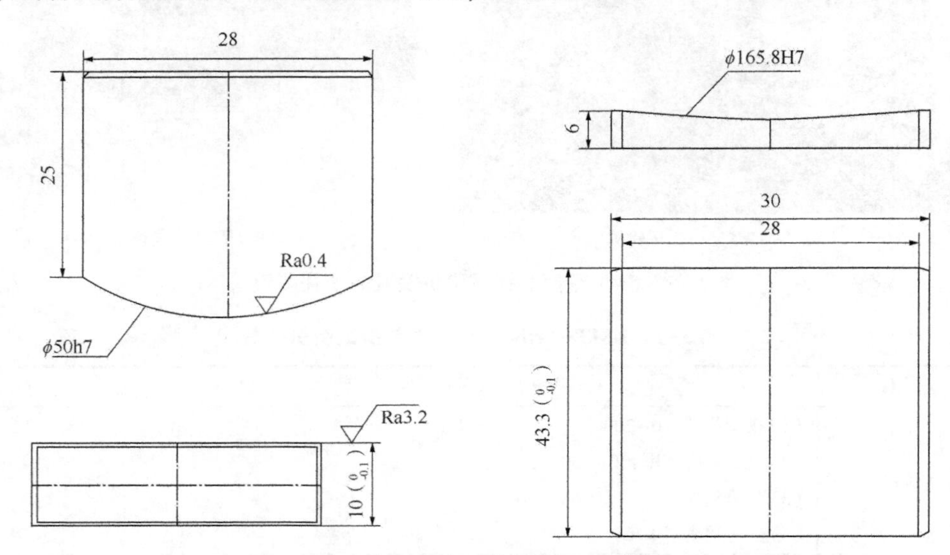

图 5-8 油管和套管试件设计图(单位：mm)

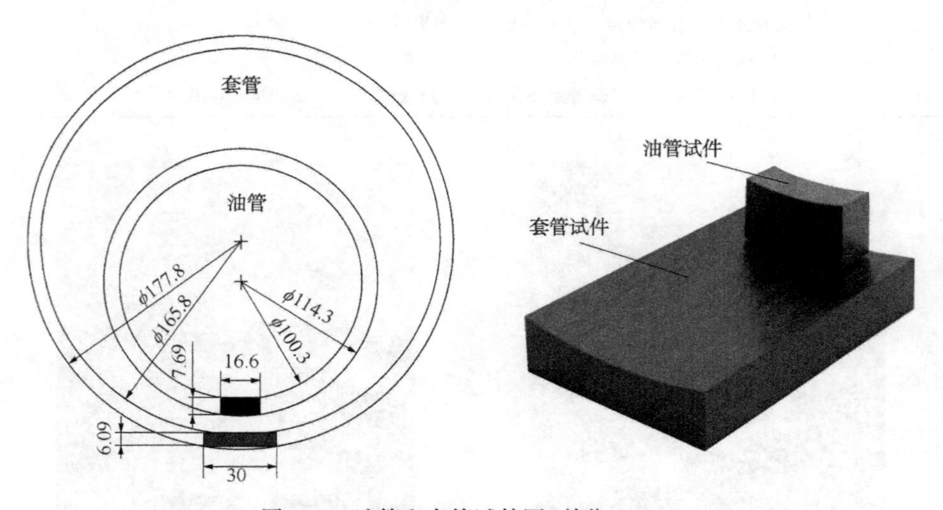

图 5-9 油管和套管试件图(单位：mm)

5.3.2.4 试验过程及结果

本实验的目的是为了测量油套管磨损量计算模型中的材料参数(磨损效率和摩擦系数)，通过文献[168]可知，摩擦副的材料参数与载荷没有关系，因此，设计了3种载荷作用下油套管的磨损效率和摩擦系数的测量(每种载荷测试三次求平均值)，其中完井液是现场使用的原样(成分为焦磷酸，密度为1.4g/mm^3)，具体试验参数见表5-2。

表5-2 试验工况设计表

载荷(N)	频率(Hz)	时间(s)	完井液密度(g/mm^3)	往复长度(mm)	平均摩擦系数	平均磨损效率
150	1.5	20	1.4	10	待测	待测
200	1.5	20	1.4	10	待测	待测
250	1.5	20	1.4	10	待测	待测

每种载荷下进行3次试验，再求其平均值，共开展3种载荷作用下的试验研究，具体操作过程如图5-10所示。

(a) 磨损试验机

(b) 磨损试验过程

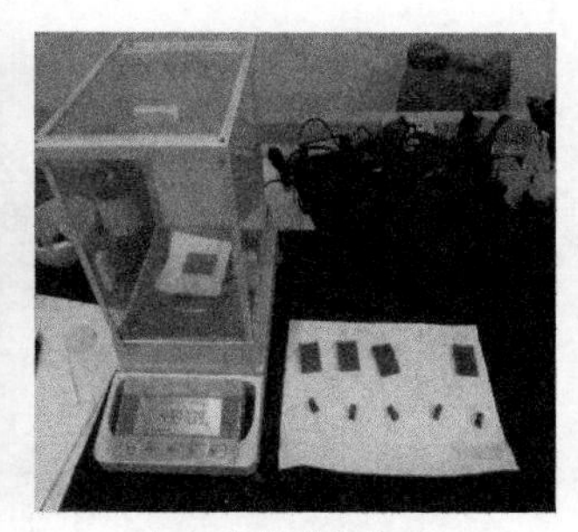

(c) 套管试件称重

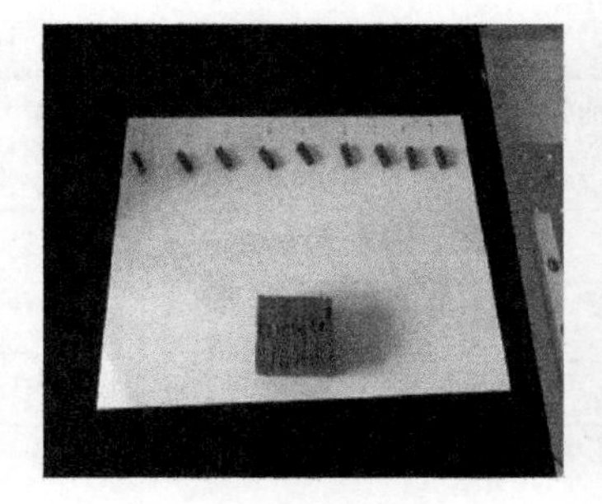

(d) 完井液配制试件标记

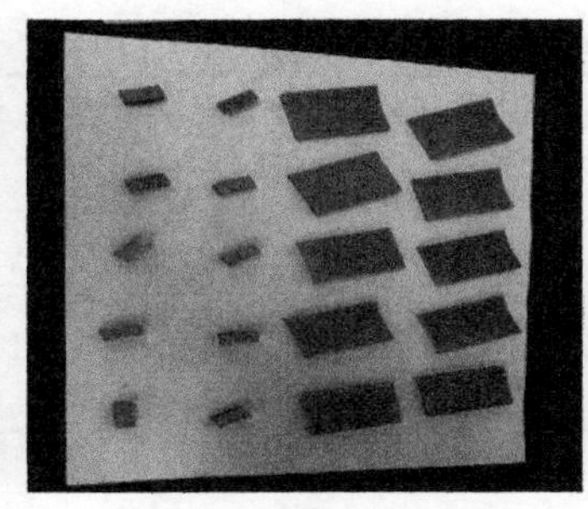

(e) 油套管磨损试件

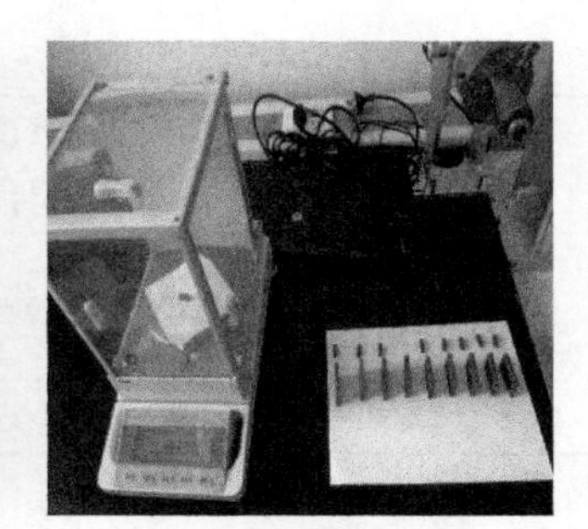

(f) 油管试件称重

图5-10 摩擦磨损试验过程图

通过白光干涉仪测得磨损前后油套管的表面微观形貌的变化如图5-11所示。

开展了9组试验，实验结果见表5-3，其中磨损效率的计算公式如下：

$$\frac{\eta}{H_b}=\frac{V}{W}=\frac{\Delta m}{\rho W}=\frac{\Delta m}{\rho fs} \tag{5-66}$$

式中：Δm 为称重得出的磨损减少的质量，kg；ρ 为油管材料密度，kg/m^3；W 为实验测得的摩擦功，J；f 为摩擦力，N；s 为滑移行程，m。

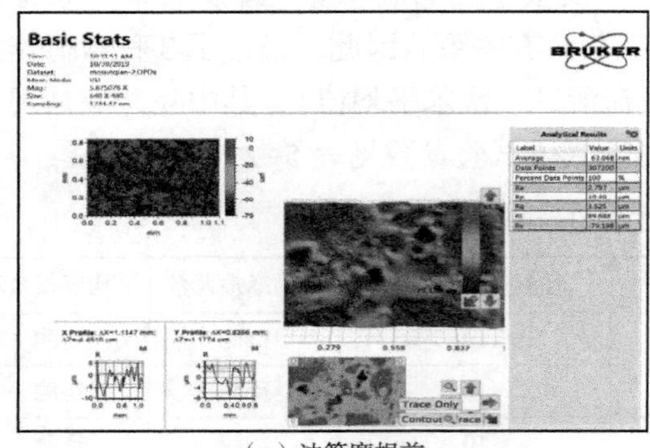

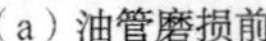
（a）油管磨损前

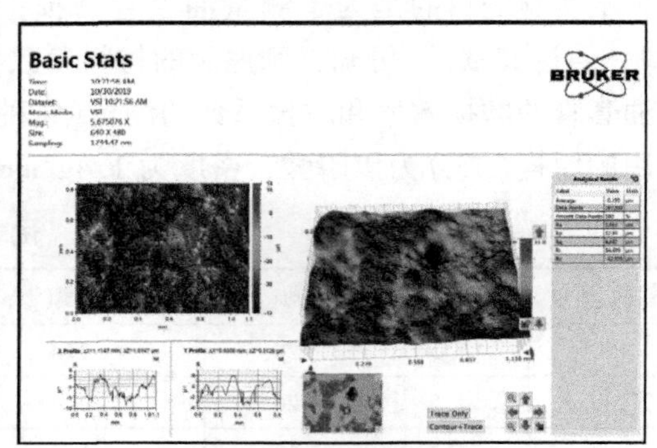

（b）油管磨损后

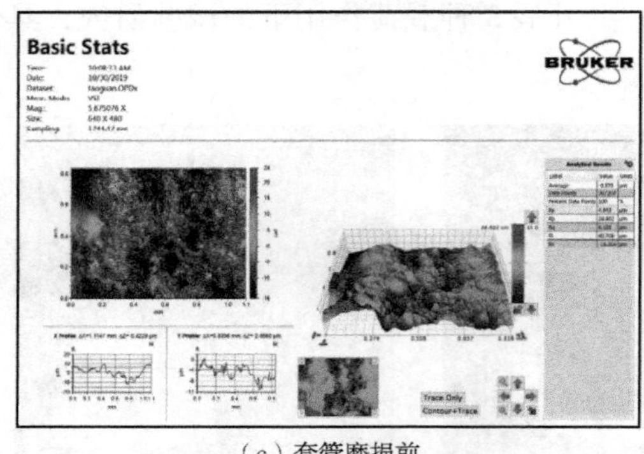

（c）套管磨损前

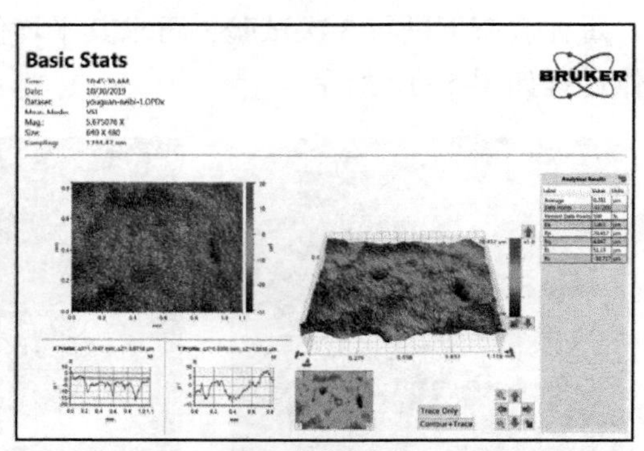

（d）套管磨损后

图 5-11　油套管磨损前后表面微观形貌

表 5-3　试验结果

载荷（N）	频率（Hz）	时间（s）	完井液密度（g/mm^3）	往复长度（mm）	平均摩擦系数	磨损量（g）	油管材料密度（g/cm^3）	摩擦功（J）	平均磨损效率
150	1.5	20	1.4	10	0.246	0.0018	7.85	1297.53	1.79×10^{-13}
200	1.5	20	1.4	10	0.241	0.0025	7.85	1735.20	1.86×10^{-13}
250	1.5	20	1.4	10	0.243	0.0032	7.85	2219.4	1.83×10^{-13}

5.3.3　油套管摩擦磨损参数影响规律试验分析

为了有效控制油套管摩擦磨损量，便于现场管柱优化设计，采用试验方法结合控制变量法探究了接触载荷、摩擦频率、摩擦时间、完井液密度(润滑效果)和接触长度因素对油套管磨损量、摩擦系数和磨损效率的影响规律，揭示了油套管摩擦磨损机理，为现场管柱的优化设计提供了理论基础。

5.3.3.1　接触载荷对油套管摩擦磨损的影响

采用现场油套管材料参数，做成如图 5-8 所示标准试样，设置 50N、100N、150N、

200N、250N 五个载荷变量，保证频率为 1.8Hz、磨损时间为 20min、完井液密度为 1.4g/cm^3 和循环摩擦长度为 10mm 等参数不变，探究接触载荷对油套管摩擦磨损影响规律，每组变量做 3 次，并求平均值得到实验数据。

如图 5-12 所示为油套管磨损量、磨损系数和磨损效率随接触载荷变化而发生变化的曲线。由图 5-13 可知，油套管磨损量随接触载荷的增加呈线性增加，而油套管摩擦系数和磨损效率不随着载荷变化而发生变化，从而验证了所建立的摩擦磨损计算模型的正确性。

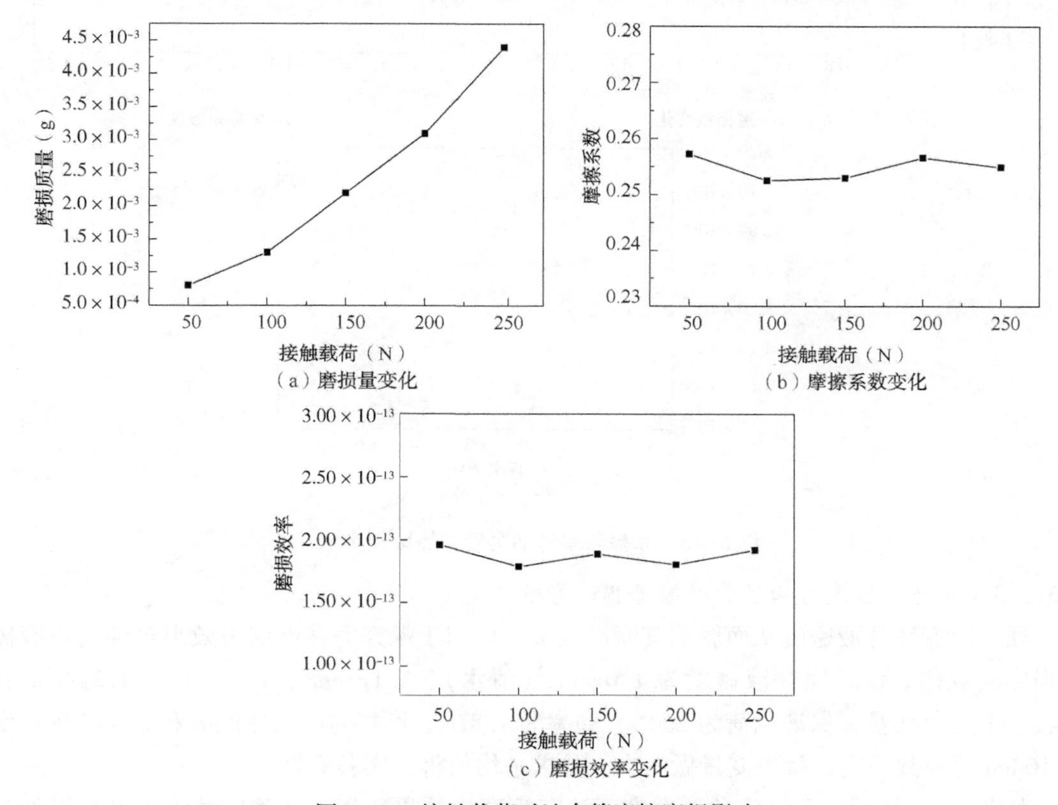

（a）磨损量变化

（b）摩擦系数变化

（c）磨损效率变化

图 5-12 接触载荷对油套管摩擦磨损影响

5.3.3.2 摩擦频率对油套管摩擦磨损的影响

设置 0.6Hz、0.9Hz、1.2Hz、1.5Hz 和 1.8Hz 五个摩擦频率变量，保证载荷为 200N、磨损时间为 20min、完井液密度为 1.4g/cm^3 和循环摩擦长度为 10mm 等参数不变，探究摩擦频率对油套管磨损的影响分析，每组变量做 3 次，并求平均值得到实验数据。

油套管摩擦频率的改变进一步影响其滑移行程和同一位置的接触概率，如图 5-13 所示，可知油套管的磨损量随接触频率的增加而增加，却不是呈线性变化，其主要原因是频率的增加影响了摩擦副的磨损类型，由磨粒磨损快速变化到黏着磨损，并且可以发现频率位于 1.0~1.6Hz 油套管的磨损量变化不大，因此，可有效控制管柱的振动频率处于此区间范围；由图 5-13(b)和图 5-13(c)可知，油套管摩擦系数和磨损效率不随着频率的变化而变化，符合现场的认识和前面研究发现的结果。

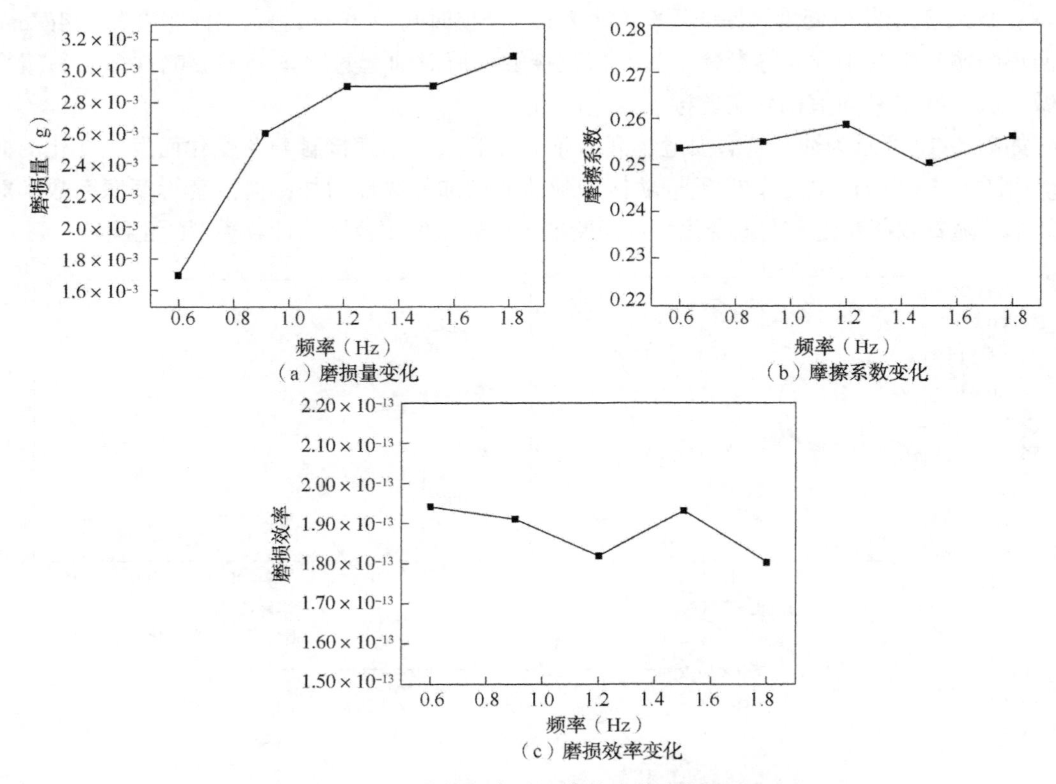

（a）磨损量变化

（b）摩擦系数变化

（c）磨损效率变化

图 5-13　摩擦频率对油套管摩擦磨损影响

5.3.3.3　完井液密度对油套管摩擦磨损的影响

通过改变完井液密度从而影响其润滑效果，可用于探究完井液润滑效果对油套管摩擦磨损影响规律。设置完井液密度为 1.0g/cm^3(清水)、1.1g/cm^3、1.2g/cm^3、1.3g/cm^{3}和 1.4g/cm^{3}五个变量，保证载荷为 200N、频率为 1.8Hz、磨损时间为 20min 和循环摩擦长度为 10mm 等参数不变，每组变量做 3 次，并求平均值得到实验数据。

如图 5-14 所示为不同完井液密度下油套管磨损结果数据，随着完井液密度的增加有效抑制了油套管的磨损，降低了油套管的磨损量、摩擦系数和磨损效率，其最主要原因是随着完井液密度的增加，增加了油套管摩擦副之间的润滑效果。因此，现场可以通过增加完井液的润滑效果起到保护油套不发生磨损失效的作用。

5.3.3.4　磨损时间对油套管摩擦磨损的影响

设置磨损时间为 20min、30min、40min、50min 和 60min 五个变量，保证载荷为 200N、摩擦频率为 1.8Hz、完井液密度为 1.4g/cm^{3}和循环摩擦长度为 10mm 等参数不变，探究磨损时间对油套管摩擦磨损的影响规律，每组变量做 3 次，并求平均值得到实验数据。

通过图 5-15 中曲线的变化情况发现，油套管磨损量随着磨损时间的变化而增加，但不是呈线性变化，其主要原因是磨损时间的增加导致滑移行程的增加，同时增加了同一位置的磨损概率，使其磨损机理发生变化，本质原因与磨损频率的影响机理相同。因此，有效控制油套管的接触时间，即减少管柱的横向振动幅值，有利于减低油套管发生摩擦磨损失效概率。

5.3.3.5 接触长度对油套管摩擦磨损的影响

设置试验单次往复接触长度为2mm、4mm、6mm、8mm和10mm五个变量，保证载荷为200N、摩擦频率为1.8Hz、完井液密度为1.4g/cm^{3}和磨损时间为20min等参数不变，探究接触长度对油套管摩擦磨损的影响规律，每组变量做3次，并求平均值得到实验数据。

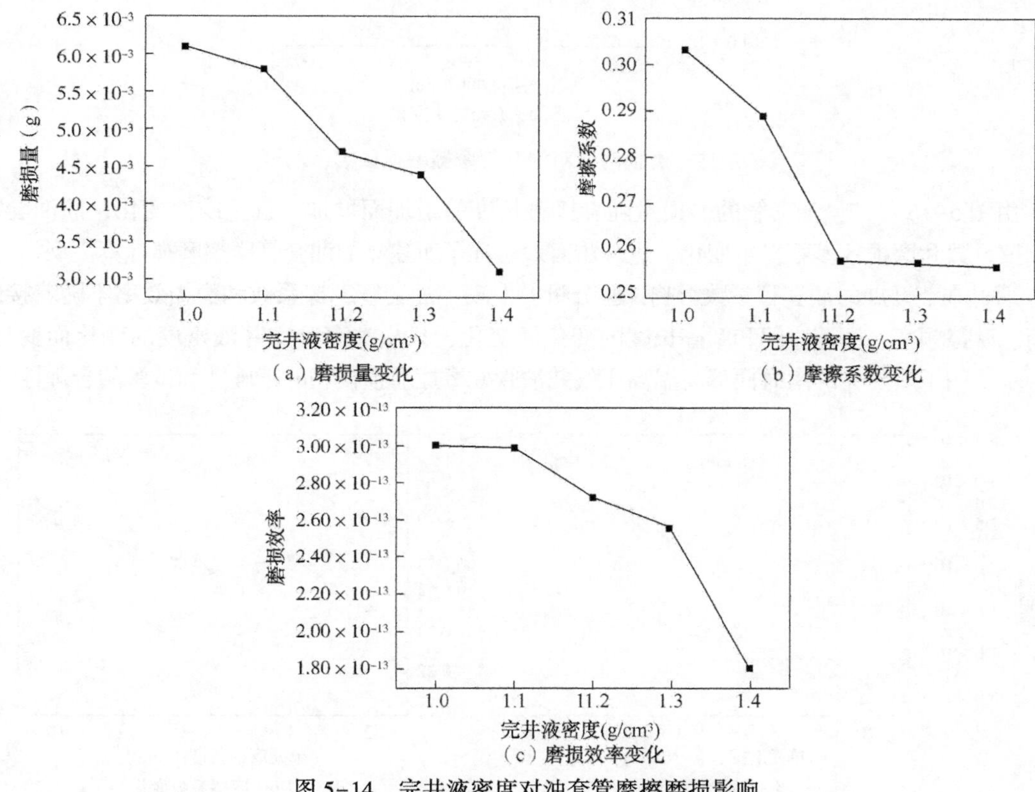

（a）磨损量变化　（b）摩擦系数变化

（c）磨损效率变化

图5-14　完井液密度对油套管摩擦磨损影响

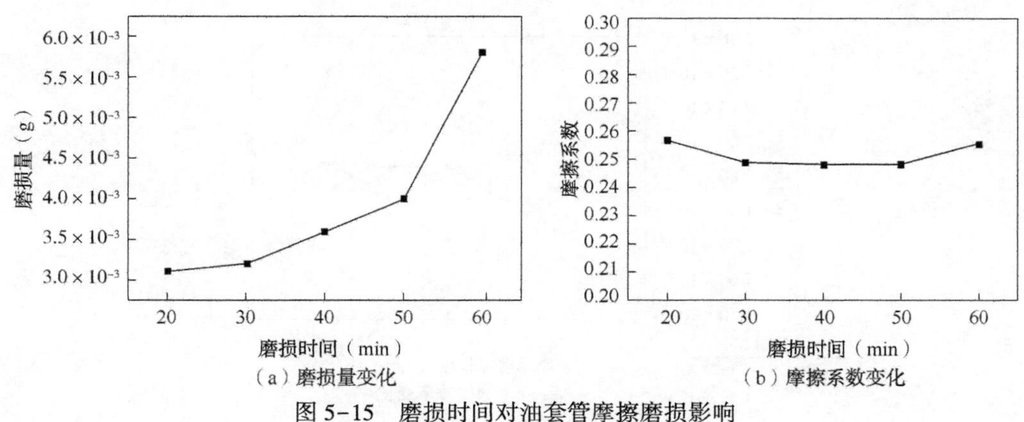

（a）磨损量变化　（b）摩擦系数变化

图5-15　磨损时间对油套管摩擦磨损影响

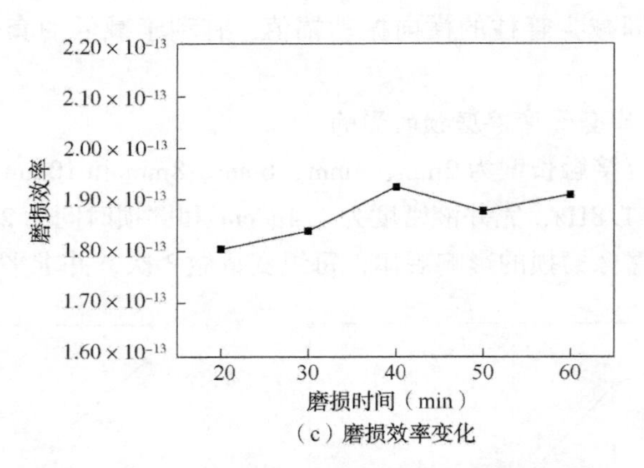

（c）磨损效率变化

图 5-15 磨损时间对油套管摩擦磨损影响(续)

由图 5-16 可知，油套管的磨损量随着接触长度的增加而增加，且呈线性变化，而油套管的摩擦系数和磨损效率不发生变化，进一步有效验证了所建立的油套管摩擦磨损计算模型。

通过本节开展的油套管参数影响试验分析，发现，油套管摩擦系数和磨损效率不随着接触载荷、摩擦频率、摩擦时间和摩擦长度的变化而变化，只与油套管完井液密度的变化而变化，进一步说明了所建立的南海西部高温高压气井油管柱摩擦磨损模型的正确性和试验的合理性。

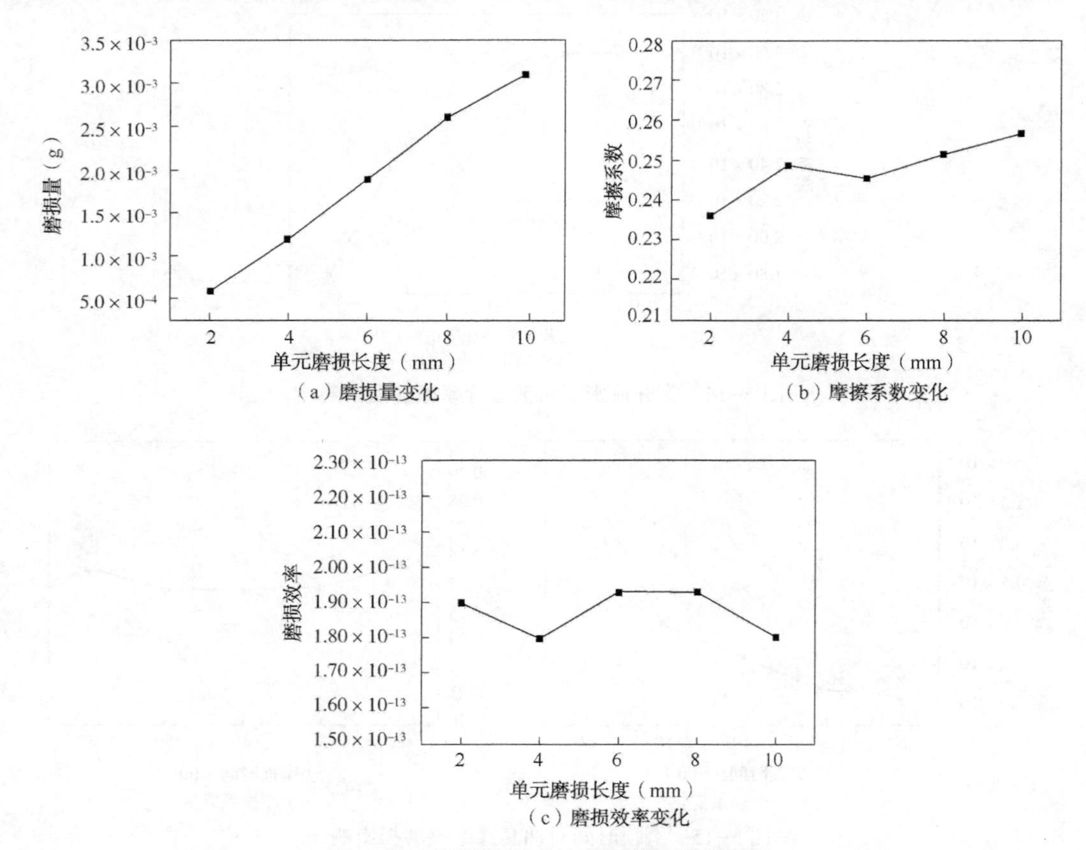

（c）磨损效率变化

图 5-16 接触长度对油套管摩擦磨损影响

5.4 “三高”气井油管柱剩余强度计算及安全校核方法

油管柱外壁磨损一般为不均匀磨损，根据文献的调研发现大部分为月牙形磨损。由于月牙形磨损部分油管壁较薄，易形成应力集中及附加弯矩，抗内外压强度低于设计强度，当油管内外压差过大，可能造成油管变形或损毁。尤其是定向井和水平井油管由于井眼轨迹影响易受到非均匀交变应力，其井筒安全性进一步被减弱，很容易造成井下事故。因此，在磨损模型预测磨损深度的基础上，应对油管剩余强度进行分析计算，评价井筒安全性，避免井下事故发生。在“三高”气井磨损油管剩余强度研究方面，鉴于油管的损坏形式主要是挤毁和胀裂，所以本节针对油管剩余抗外压强度、油管剩余抗内压强度进行了深入分析，同时给出了“三高”气井管柱强度校核方法。

5.4.1 油套管摩擦磨损深度计算

由于井下油管磨损大部分是发生在振动过程中，套管内壁和油管外壁接触造成磨损，磨损的横截面为月牙形，所以被称为月牙形磨损。在知道套管内径和油管外径的条件下，由几何方法可以根据磨损体积计算出油管磨损深度，进而确定磨损油管的剩余强度，对套管安全性进行评价。

如图 5-17 所示，最大圆是套管的外壁，中间圆为套管的内壁，内层最小圆为油管的外壁，套管磨损截面可以看成是两个圆相交所形成的月牙形，月牙形磨损截面的圆周半径和油管的截面半径几乎是相同的。油管外壁与套管内壁的交点为 A(x_1, y_1)，B(x_2, y_2)。油管外壁横截面形成的圆的方程为

$$x^2+(y+h)^2=r^2 \tag{5-67}$$

式中：h 为套管中心点与磨损时油管中心点之间的距离，m；r 为油管外壁半径，m。

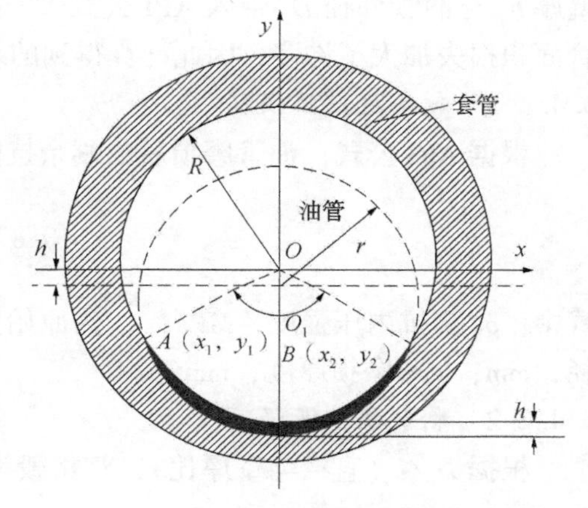

图 5-17　油套管磨损示意图

套管内壁横截面圆方程为

$$x^2+y^2=R^2 \tag{5-68}$$

式中：R 为套管内壁半径，m。

由式(5-67)与式(5-68)得到磨损处油管外壁截面圆与套管内壁截面圆的交点横坐标为

$$x_1=-\sqrt{R_1^2-\frac{(r^2-R_1^2-h^2)^2}{4h^2}} \quad x_2=\sqrt{R_1^2-\frac{(r^2-R_1^2-h^2)^2}{4h^2}}$$

从而解得磨损处月牙形横截面的面积 S 为

$$S=\int_{x_1}^{x_2}\left(\sqrt{r^2-x^2}-\sqrt{R_1^2-x^2}+h_z\right)\mathrm{d}x$$
$$=x_2\left(\sqrt{r^2-x_2^2}-\sqrt{R_1^2-x_2^2}\right)-R_1^2\arcsin\frac{x_2}{R_1}+r^2\arcsin\frac{x_2}{r}+2hx_2 \tag{5-69}$$

月牙形横截面的面积还可表示为

$$S=\frac{\mathrm{d}V}{\mathrm{d}l}=\frac{\eta}{H_\mathrm{b}}\mu N_\mathrm{L}L_\mathrm{h} \tag{5-70}$$

式中：N_L 为油管与套管内壁的线接触力，N/m。

将式(5-69)代入式(5-70)，求得 h，磨损深度 Δh 即为

$$\Delta h=h+r-R \tag{5-71}$$

5.4.2 油管剩余强度计算方法

准确计算出磨损油管的剩余强度是实现井下安全评估的基础，目前用于分析磨损油管剩余强度的方法主要包括：最小壁厚法、偏也圆筒法。主要采用最小壁厚法分析磨损油管的剩余强度。

最小壁厚法是假设油管外壁被均匀地磨掉了厚度为 h 的一层(图 5-18)，然后将剩余壁厚 h_s 与油管外径 D_c 带入 API 公式[169]中求取磨损其的剩余强度。由于最小壁厚法使油管面积损失加大了许多，因此计算得到的剩余强度往往偏小，结论较保守。

5.4.2.1 剩余抗内压强度

根据 API 公式，油管磨损后的剩余抗内压强度为

$$p_\mathrm{bo}=0.875\left[\frac{2\sigma_\mathrm{s}(h_0-h)}{D_\mathrm{c}}\right] \tag{5-72}$$

式中：p_bo为抗内压强度，MPa；h_0 为原始壁厚，mm；σ_s 为屈服强度，MPa；D_c 为管柱外径，mm；h 为磨损厚度，mm。

5.4.2.2 剩余抗挤毁强度

根据 $D_\mathrm{c}/h_\mathrm{s}$(直径与壁厚比)，将挤毁类型分为屈服强度挤毁、塑性挤毁、塑弹性挤毁及弹性挤毁类型 4 种。

(1) 当 $D_\mathrm{c}/h_\mathrm{s}\leqslant(D_\mathrm{c}/h_\mathrm{s})_\mathrm{YP}$，即屈服强度挤毁时：

$$p_\mathrm{co}=2\sigma_\mathrm{s}\frac{D_\mathrm{c}/h_\mathrm{s}-1}{(D_\mathrm{c}/h_\mathrm{s})^2} \tag{5-73}$$

$$(D_\mathrm{c}/h_\mathrm{s})_\mathrm{YP}=\frac{\sqrt{(A-2)^2+8\left(B+\dfrac{6.894757C}{\sigma_\mathrm{s}}\right)}+(A-2)}{2\left(B+\dfrac{6.894757C}{\sigma_\mathrm{s}}\right)} \tag{5-74}$$

其中

$$A=2.8762+1.54885\times10^{-4}\sigma_s+4.4806\times10^{-7}\sigma_s^2-1.621\times10^{-10}\sigma_s^3$$

$$B=0.026233+7.34\times10^{-5}\sigma_s$$

$$C=-465.93+4.4741\sigma_s-2.205\times10^{-4}\sigma_s^2+1.1285\times10^{-7}\sigma_s^3$$

（2）当$(D_c/h_s)_{YP}\leqslant D_c/h_s\leqslant(D_c/h_s)_{PT}$，即塑性挤毁时：

$$p_{co}=\sigma_s\left(\frac{A}{D_c/h_s}-B\right)-6.894757C \tag{5-75}$$

$$\begin{cases}(D_c/h_s)_{PT}=\dfrac{\sigma_s(A-F)}{6.894757C+\sigma_sB-G}\\[2ex] F=\dfrac{3.237\times10^5\left(\dfrac{3B/A}{2+B/A}\right)^3}{\sigma_s\left(\dfrac{3B/A}{2+B/A}-\dfrac{B}{A}\right)\left(1-\dfrac{3B/A}{2+B/A}\right)^2}\\[2ex] G=\dfrac{FB}{A}\end{cases} \tag{5-76}$$

（3）当$(D_c/h_s)_{PT}\leqslant D_c/h_s\leqslant(D_c/h_s)_{TE}$，即塑弹性挤毁时：

$$p_{co}=\sigma_s\left(\frac{F}{D_c/h_s}-G\right) \tag{5-77}$$

其中

$$(D_c/h_s)_{TE}=\frac{2+B/A}{3B/A}$$

（4）当$D_c/h_s\geqslant(D_c/h_s)_{TE}$，即弹性挤毁时：

$$p_{co}=\frac{323.7088\times10^6}{(D_c/h_s)(D_c/h_s-1)^2} \tag{5-78}$$

式中：p_{co}为管柱抗外挤毁强度，kPa；σ_s为管柱最小屈服强度，kPa；$(D_c/h_s)_{YP}$为屈服挤毁与塑性挤毁分界点；$(D_c/h_s)_{PT}$为塑性挤毁与塑弹性挤毁分界点；$(D_c/h_s)_{TE}$为塑弹性挤毁与弹性挤毁分界点。

5.4.3 三高气井油管柱安全校核方法

5.4.3.1 管柱屈曲变形分析

针对管柱屈曲变形问题，在5.2小节中建立了考虑管柱自身重力、油套管接触摩擦力和井眼轨迹等因素作用的管柱屈曲临界载荷计算方法，用于分析不同井段管柱的屈曲变形行为，具体计算方法如下：

$$
F_{cr}=\begin{cases}
5.55\left(EIq_e^2\right)^{\frac{1}{3}} & 直井段 \\
\dfrac{2EIk}{r}+2EI\sqrt{\left(\dfrac{k}{r}\right)^2+\dfrac{q_e\sin\alpha}{EIr}}-\dfrac{q_e l\cos\alpha}{2}+f & 造斜段 \\
2\dfrac{\pi^2 EI}{l^2}\sqrt{\dfrac{q_e l^4\sin\alpha}{\pi^4 EIr}}-\dfrac{q_e l\cos\alpha}{2}+f & 稳斜段 \\
2\sqrt{\dfrac{EIq_e}{r}}+f & 水平段
\end{cases} \tag{5-79}
$$

式中：r 为管柱截面形心至井眼轴心的径向距离，m；α 为倾斜角，rad；k 为造斜段管柱的曲率；q_e 为微元段管柱的重力，N；E 为管柱的弹性模量；I 为管柱的极惯性矩；l 为微元段油管的长度或弧长，m；f 为油套管摩擦力，N。

根据第 2 章节所建立的油管柱非线性振动模型可以求得每个微段截面上的轴向载荷 F_a，定义管柱稳定性安全系数为 n_1，其计算方法如下：

$$
n_1=\frac{F_{cr}}{F_a} \tag{5-80}
$$

如果管柱某一微段满足 $n_1>1$，则表示这一位置处的管柱未发生屈曲变形，n_1 的值越大管柱越不容易发生屈曲变形，也就更加安全。如果管柱某一微段满足 $n_1\leqslant 1$，则表示这一位置处的管柱会发生屈曲变形。

5.4.3.2 安全系数法校核管柱强度

高温高压高产油管柱强度安全性问题是现场设计人员的一项重要考核指标，管柱在高温高压的条件下发生非线性振动，使得其应力情况复杂。管柱上任意一点处包括以下几种应力：内外压作用所产生的径向应力 σ_r、切向应力 σ_θ 和轴向应力 σ'_z；管柱纵向振动过程中产生的轴向拉、压应力 σ_F；管柱横向振动过程中产生的轴向附加弯曲应力 σ_M。由此可知管柱受到的应力变化复杂，同时存在 3 个方向，故需采用第四强度理论（Mises 应力）计算管柱安全系数 n_2，进行管柱强度校核，其具体的计算方法如下。

(1) 内外压作用下的径向应力、切向应力和轴向应力。

根据弹性力学厚壁圆筒理论[170]可知管柱在受到内外压作用下 3 个方向的应力计算方法为

$$
\begin{cases}
\sigma_\theta=\dfrac{p_i R_i^2-p_o R_o^2}{R_o^2-R_i^2}+\dfrac{(p_i-p_o)R_i^2 R_o^2}{R_o^2-R_i^2}\dfrac{1}{r^2} \\
\sigma_r=\dfrac{p_i R_i^2-p_o R_o^2}{R_o^2-R_i^2}-\dfrac{(p_i-p_o)R_i^2 R_o^2}{R_o^2-R_i^2}\dfrac{1}{r^2} \\
\sigma'_z=\dfrac{p_i R_i^2-p_o R_o^2}{R_o^2-R_i^2}
\end{cases} \tag{5-81}
$$

式中：p_i，p_o 分别为管柱受到的内压和外压，MPa；R_i，R_o 分别为管柱的内半径和外半径，m；r 为计算截面的半径，m。

由式(5-81)可知管柱受到3个方向的应力与内外压和径向位置 r 有关，对于管柱的强度校核问题，关心的是最大应力，而管柱最大应力发生在 r 最小的位置，即管内壁处($r=R_i$)，将其代入式(5-81)可得由内外压产生的3个方向最大应力计算公式为

$$\begin{cases}\sigma_\theta=\dfrac{p_i(R_i^2+R_o^2)-2p_oR_o^2}{R_o^2-R_i^2}\\ \sigma_r=-p_i\\ \sigma'_z=\dfrac{p_iR_i^2-p_oR_o^2}{R_o^2-R_i^2}\end{cases}\tag{5-82}$$

(2) 管柱纵向振动产生的轴向应力。

管柱在管内高速流体作用下发生非线性振动，其中由管柱自身重力、高速流体冲击等载荷产生了轴向拉、压应力，其值可以通过第2章动力学模型直接求解得到：

$$\sigma_F=\frac{F}{S}=\frac{F}{\pi(R_o-R_i)}\tag{5-83}$$

式中：F 为管柱每个截面受到的轴向力(轴向力为正管柱受拉，为负管柱受压)。

(3) 管柱横向振动产生的弯曲应力。

根据第2章所建立的动力学模型可计算得到每个截面管柱的弯矩，根据材料力学原理可得管柱的弯曲应力，具体的计算公如下：

$$\sigma_M=\frac{Mr}{I}=\frac{4Mr}{\pi(R_o^4-R_i^4)}\tag{5-84}$$

式中：M 为管柱每个截面受到的弯矩(弯矩为正管柱受拉，为负管柱受压)。

由此可知管柱受到的总轴向应力 σ_z 包含三部分。根据第四强度理论，可计算得到管柱的相当应力(Mises 应力)σ_{rd}，管柱材料的屈服极限 σ_s 与其比值为管柱的强度安全系数 n_2，以此校核管柱是否满足强度要求，具体计算公式如下：

$$\sigma_z=\sigma'_z+\sigma_F+\sigma_M\tag{5-85}$$

$$\sigma_{rd}=\frac{1}{\sqrt{2}}[(\sigma_z-\sigma_r)^2+(\sigma_z-\sigma_\theta)^2+(\sigma_\theta-\sigma_r)^2]^{\frac{1}{2}}\tag{5-86}$$

$$n_2=\frac{\sigma_s}{\sigma_{rd}}\tag{5-87}$$

5.4.3.3 三轴应力强度校核方法

三轴应力状态下的强度是指管柱在三轴应力作用下抗外挤、抗内压和抗拉的能力，其

与管柱三轴应力的大小和管柱本身的屈服强度有关。直接使用 API 强度是不符合现场要求，因为 API 强度是在单轴应力作用下得到的，因此，需找到三轴应力作用下管柱强度与 API 强度之间的关系，进而为管柱的强度校核提供更加精确的公式。基于 Von-Mises 屈服准则[170]和 API 强度与内外压力和轴向应力之间的关系，可得计算公式为

$$\begin{cases} p_{ca}=p_{co}\left\{\left[1-\dfrac{3}{4}\left(\dfrac{\sigma_z+p_i}{\sigma_y}\right)^2\right]^{0.5}-\dfrac{\sigma_z+p_i}{2\sigma_y}\right\} & n_3=\dfrac{p_{ca}}{p'_{ca}} \\ p_{ba}=p_{bo}\left\{\dfrac{R_i^2}{(3R_o^4+R_i^4)^{0.5}}\dfrac{\sigma_z+p_o}{\sigma_y}+\left[1-\dfrac{3R_o^4}{3R_o^4+R_i^4}\left(\dfrac{\sigma_z+p_o}{\sigma_y}\right)^2\right]^{0.5}\right\} & n_4=\dfrac{p_{ba}}{p'_{ba}} \\ T_a=\pi(p_iR_i^2-p_oR_o^2)+\left[T_o^2-3\pi^2(p_i-p_o)^2R_o^4\right]^{0.5} & n_5=\dfrac{T_a}{T'_a} \end{cases} \tag{5-88}$$

式中：p_{co}，p_{bo}，T_a 分别为管柱抗外挤、抗内压和抗拉的 API 强度，MPa；p_{ca}，p_{ba}，T_a 分别为三轴应力作用下的管柱抗外挤、抗内压和抗拉强度，MPa；p'_{ca}，p'_{ba}，T'_a 分别为管柱受到的抗外挤、抗内压和抗拉强度，MPa；n_3，n_4，n_5 分别为管柱抗外挤、抗内压和抗拉安全系数；σ_y 为管柱的屈服强度，MPa。

5.5 实例井分析

基于前面所建立的油套管摩擦磨损分析模型和安全校核方法，采用 FORTRAN 软件编写了数值分析代码，借助南海西部 4 口实例井参数(与第 4 章相同)，计算得到管柱摩擦磨损量数据和安全系数。在此基础上，分析了管柱的屈曲变形、摩擦磨损和强度安全校核等特性，并揭示了“三高”气井完井管柱屈曲、磨损和强度等失效机理。

5.5.1 南海西部 A3 定向井

采用南海西部 A3 气井现场目前配产参数(表 4-4)，在第 4 章管柱动力学的分析基础上，借助本章建立的屈曲临界载荷计算方法、摩擦磨损量计算方法和安全校核方法进一步开展管柱稳定性、摩擦磨损和强度校核等特性分析，具体分析过程如下。

如图 5-18 所示为管柱屈曲临界载荷、管柱最大轴向力和稳定性安全系数随井深变化曲线。由图 5-18(a)可知直径段管柱发生屈曲变形的临界载荷最小，造斜段管柱的临界载荷变化很明显，主要是临界载荷与井斜角和摩擦力有关。由图 5-18(b)可知管柱的中性点位置在中下部位，管柱上端受拉，下部受压，其下部所受压力远大于上端拉力，通过参数计算管柱的自重约为 72t，下端最大压力约达到重力的 1.5 倍，其主要原因是管柱受温度、压力和振动的影响，由此表明分析管柱的屈曲变形时需考虑管柱温度、压力和振动等因素。如图 5-18(c)所示为管柱稳定性安全系数，其定义为管柱临界屈曲载荷与管柱受到最大压力的比值，如果管柱受拉和比值大于 10，项目组就规定其等于 10；稳定性安全系数一旦小于 1，管柱就发生屈曲变形。由图 5-18(c)可知管柱在 1750m 至生产封隔器之间都

发生屈曲变形，位于管柱的中下部，进一步验证了此段位置管柱最容易发生失效事故，指明了现场安装扶正器的目标位置，同时为第 7 章开展扶正器个数及安装位置对管柱振动失效规律的研究指明了方向。

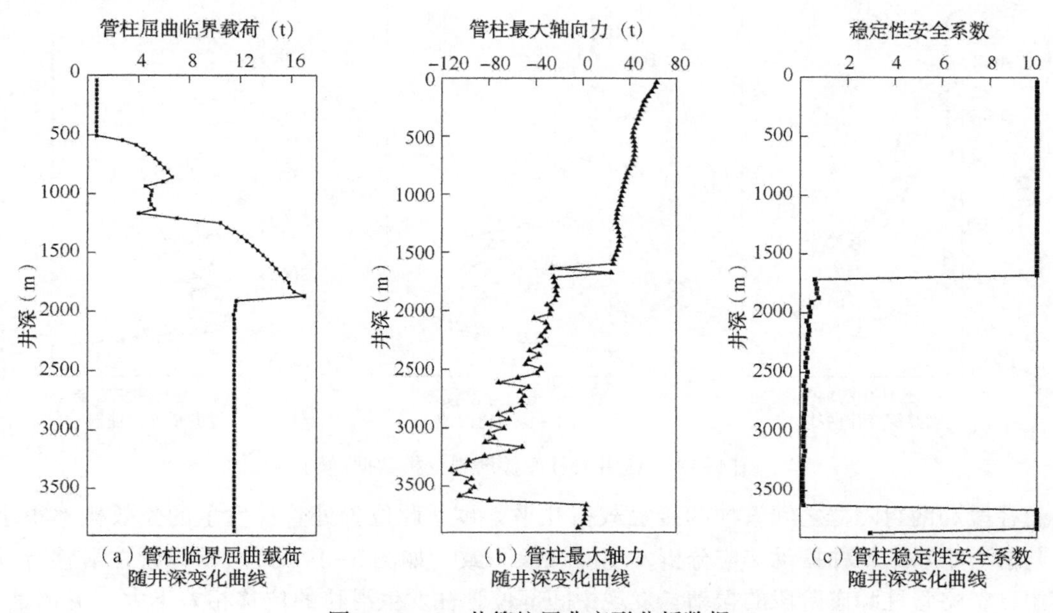

（a）管柱临界屈曲载荷随井深变化曲线 （b）管柱最大轴力随井深变化曲线 （c）管柱稳定性安全系数随井深变化曲线

图 5-18 A3 井管柱屈曲变形分析数据

如图 5-19 所示为管柱摩擦磨损计算结果图，其中包括管柱接触载荷、滑移行程、年磨损量、年磨损深度、年磨损率和磨损寿命随井深方向的分布曲线。由图 5-19(a)可知下部管柱靠近生产封隔器位置处受到的接触载荷最大，导致此处管柱易发生摩擦磨损失效，

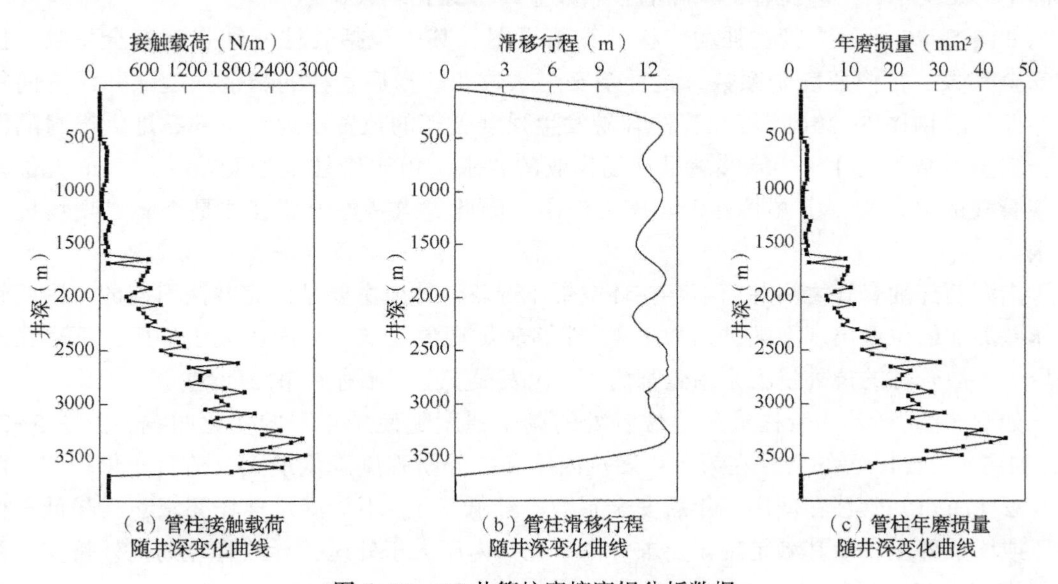

（a）管柱接触载荷随井深变化曲线 （b）管柱滑移行程随井深变化曲线 （c）管柱年磨损量随井深变化曲线

图 5-19 A3 井管柱摩擦磨损分析数据

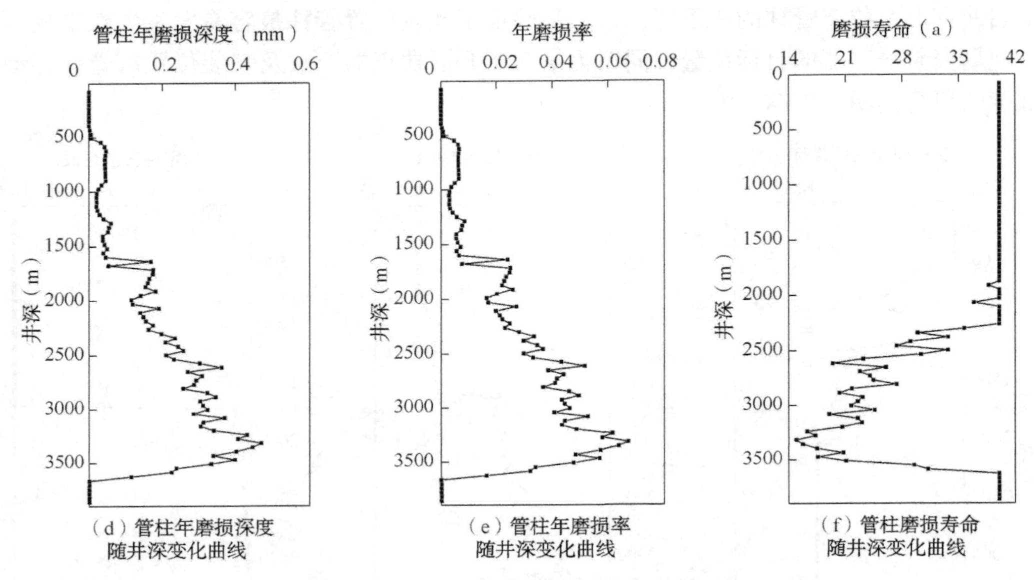

（d）管柱年磨损深度随井深变化曲线

（e）管柱年磨损率随井深变化曲线

（f）管柱磨损寿命随井深变化曲线

图 5-19　A3 井管柱摩擦磨损分析数据(续)

而直径段和两封隔器之间管柱的接触载荷几乎为零，此位置处管柱发生的失效概率很小，这与前面第 4 章管柱振动响应分析发现的现象一致。如图 5-19(b)所示为管柱滑移行程，其中已忽略管柱瞬态阶段的振动，发现中间部位管柱发生滑移的位移相差不大，但还是中下部管柱滑移位移最大，这与前面第 4 章对管柱纵向振动发现的现象一致。

由图 5-19(c)可知管柱最大磨损量出现在中下部，与上部管柱存在几倍之差，再次验证了管柱发生磨损失效的位置在中下部，与现场调研结果一致。由图 5-19(f)可知管柱在目前生产工况下，一直工作约 7 年管柱将发生摩擦穿孔现象。

如图 5-20 所示为管柱强度校核计算结果图，其中包括管柱三轴强度安全系数、抗拉安全系数、抗内压安全系数、抗外挤安全系数和磨损后管柱的剩余强度随井深方向的分布曲线。由图 5-20(a)可知管柱容易发生强度破坏的位置出现在下部靠近生产封隔器处，安全系数约为 1.8，能够满足现场作业的要求。由于管柱上端受拉，拉力最大位置出现管柱的最上端，下端管柱受到压力作用，因此重点考虑上端管柱是否满足现场抗拉要求。

南海西部油套管之间井筒不存在环空带压现象，外压主要是由完井液引起的，因此管柱压差最大的位置出现上端，约为 2.4，能够满足现象要求；且内压大于外压，不存在外挤压力，故管柱的抗外挤安全系数都为 10(代表很安全，不存在事故问题)。

如图 5-21 所示为管柱最危险位置处的剩余强度随使用年限的变化曲线。由图 5-21(a)和图 5-21(b)可知管柱在第一年后抗内压和抗外挤强度降低最大，随后变化均匀。由图 5-21(c)可知管柱在使用三年后安全系数已经低于 1，不能满足现场要求，需降低管柱内压或增加外压，使其满足现场要求。由于此井内压大于外压，导致管柱的抗外挤安全系数都为 10，满足现场要求。

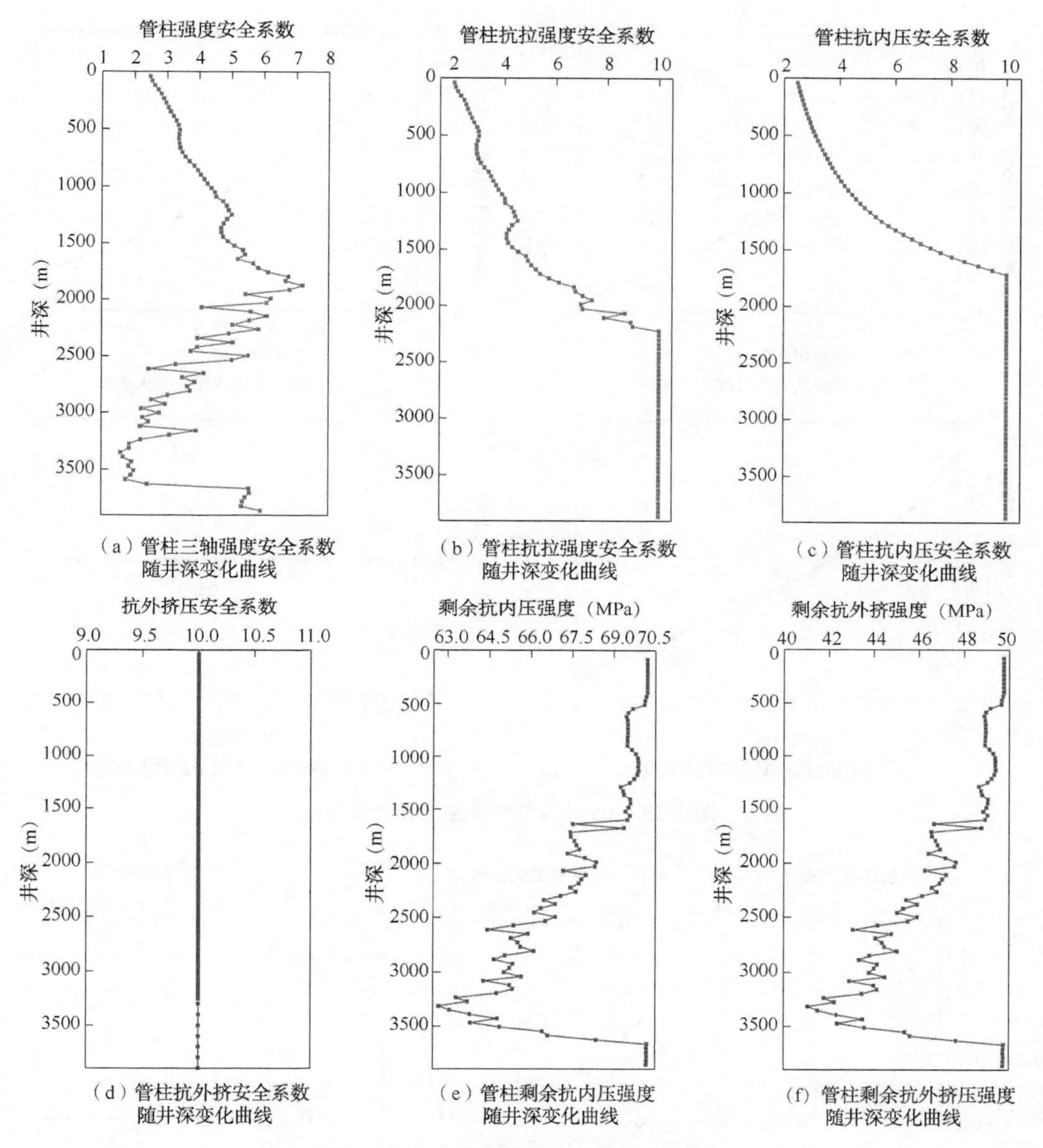

图 5-20 A3 井管柱安全校核分析数据

5.5.2 南海西部 B5 定向井

采用南海西部 B5 气井现场目前配产参数(表 4-5)，分析方法和 A3 气井一样，得到管柱稳定性、摩擦磨损和强度校核等分析数据，揭示了南海西部东方 13-2 气田定向井完井管柱振动特性，为现场定向井管柱的安全设计奠定了理论基础。

如图 5-22 所示为管柱屈曲变形分析数据。由图 5-22(a)可知管柱在造斜段的临界屈曲载荷明显大于稳斜段和直径段，相比于定向井 A3 可知，由于 B5 气井稳斜段的倾斜角为

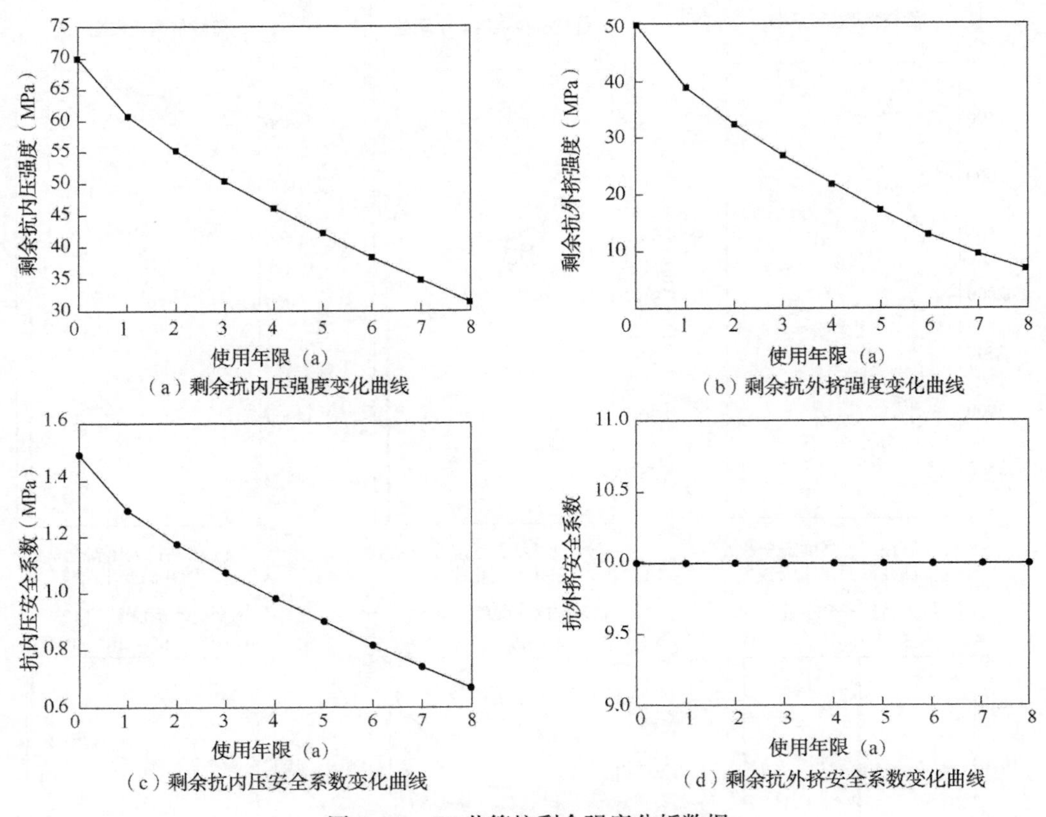

（a）剩余抗内压强度变化曲线

（b）剩余抗外挤强度变化曲线

（c）剩余抗内压安全系数变化曲线

（d）剩余抗外挤安全系数变化曲线

图 5-21　B5 井管柱剩余强度分析数据

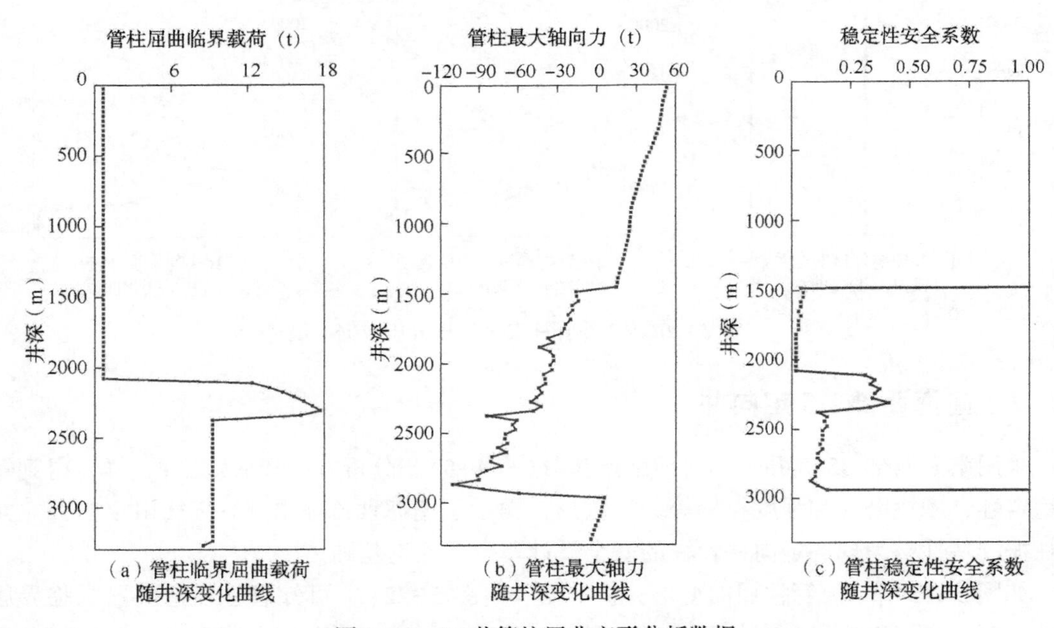

（a）管柱临界屈曲载荷随井深变化曲线

（b）管柱最大轴力随井深变化曲线

（c）管柱稳定性安全系数随井深变化曲线

图 5-22　B5 井管柱屈曲变形分析数据

26.37°，A3 气井稳斜段的倾斜角为 43.44°，导致 B5 气井稳斜段的临界屈曲载荷远小于 A3 气井，表明倾斜角越大临界屈曲载荷也越大，管柱越不容易发生屈曲变形。由图 5-22(b)可知管柱最大压力约为 110t，与 A3 气井最大压力相差不大，但 B5 气井管柱(3300m)长度远小于 A3 气井(3900m)，导致两个最大压力相差不大的主要原因是 B5 定向井的直径段过长和稳斜段倾斜角过小，导致管柱重力沿轴向方向的分力过大，现象表明管柱的轴力主要受其重力的影响，直径段长度和稳斜段倾斜角对管柱屈曲变形影响很大，进而影响管柱的摩擦磨损，再次揭示了井眼轨迹是影响管柱失效的重要因素之一。如图 5-22(c)所示为管柱稳定性安全系数随井深变化曲线，如果其值小于 1 表明此段管柱发生屈曲变形，由于 B5 气井的直径段管柱过长，导致管柱受压部分基本上发生了屈曲变形。

由图 5-23(a)可知管柱最大接触载荷约出现在 2400m 的位置处，处于造斜段位置，与 A3 井出现最大接触载荷位置不相同，其主要原因是 B5 气井直径段长，而造斜段却很短，之后又是稳斜段，导致在造斜段位置产生一个应力集中位置，油套管接触载荷过大，因此，此种井眼轨迹的设计对管柱带来了较大的失效破坏风险。由图 5-23(b)可知管柱滑移行程相差不大，在接触载荷最大位置其行程相对较小，这一现象很符合对现场的认识。由图 5-23(c)可知在接触载荷最大位置处的年磨损量最大，表明油套管接触载荷是管柱磨损的主要影响因素之一。由图 5-23(d)、图 5-23(e)和图 5-23(f)可知 B5 气井完井管柱在这种生产工况和产量下一直使用最多能够使用约 7 年，管柱将发生摩擦穿孔现象。

如图 5-24 所示为管柱安全校核分析数据。由图 5-24(a)可知管柱在约为 2800m 位置处强度安全系数出现最小值，约为 1.34，勉强能够满足现场设计要求，处于弱风险区，其他位置处管柱都能够满足管柱的强度要求，再次表明 B5 气井井眼轨迹的设计不安全，容

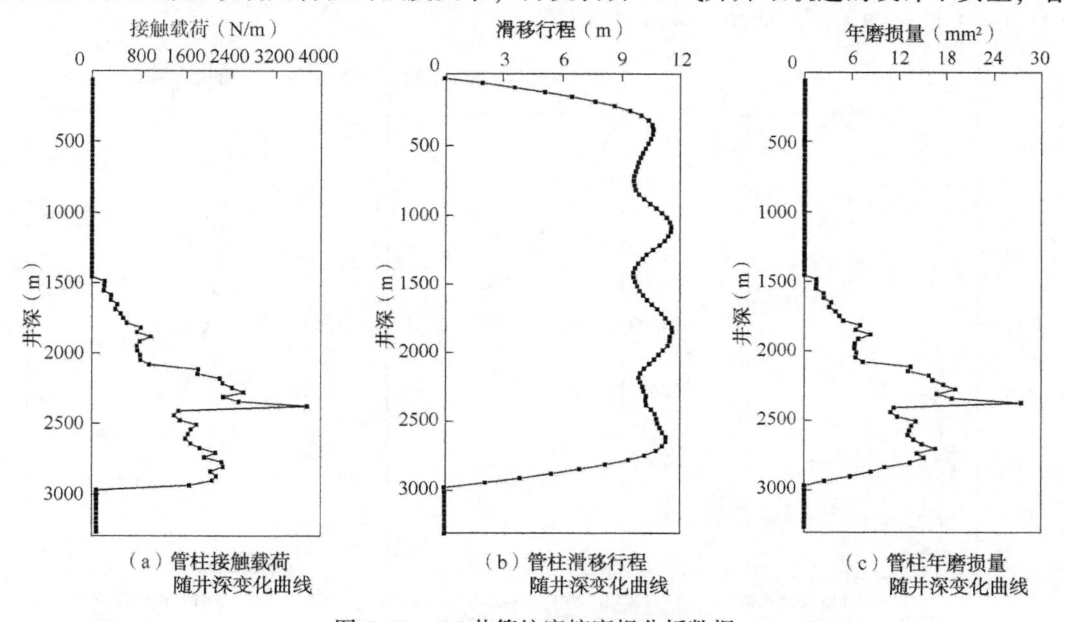

（a）管柱接触载荷随井深变化曲线　（b）管柱滑移行程随井深变化曲线　（c）管柱年磨损量随井深变化曲线

图 5-23　B5 井管柱摩擦磨损分析数据

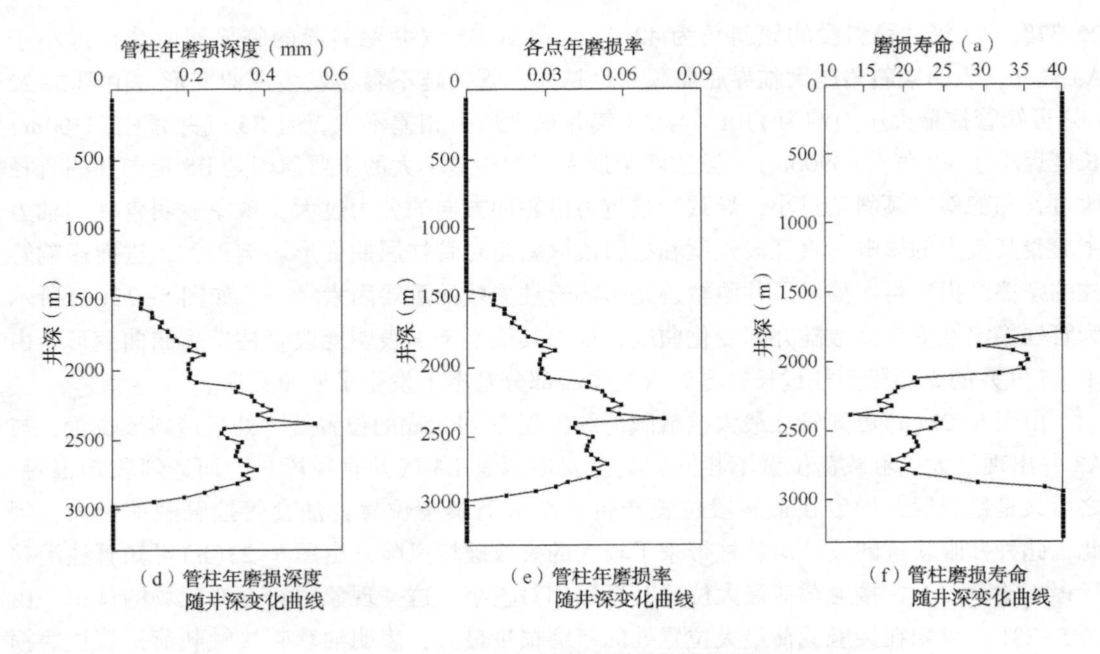

（d）管柱年磨损深度随井深变化曲线

（e）管柱年磨损率随井深变化曲线

（f）管柱磨损寿命随井深变化曲线

图 5-23　B5 井管柱摩擦磨损分析数据(续)

易引起管柱失效。通过分析管柱抗拉强度安全系数、抗内压安全系数和抗外挤安全系数，发现都能够满足现场要求，系数最低位置主要发生在上端管柱。如图 5-24(e)和图 5-24(f)所示为管柱使用一年后，其剩余抗内压强度和剩余抗外挤强度，由图可知，管柱剩余强度的大小与管柱磨损量直接相关，磨损程度最大位置就是剩余强度最小位置，此数据有利于现场人员对管柱在役期间的安全性评价。

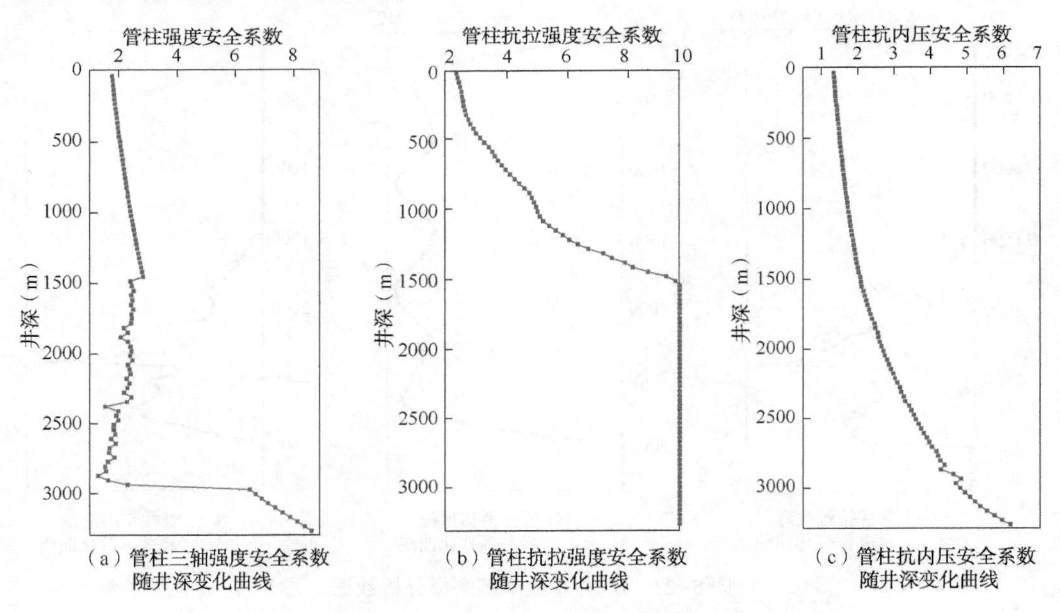

（a）管柱三轴强度安全系数随井深变化曲线

（b）管柱抗拉强度安全系数随井深变化曲线

（c）管柱抗内压安全系数随井深变化曲线

图 5-24　B5 井管柱安全校核分析数据

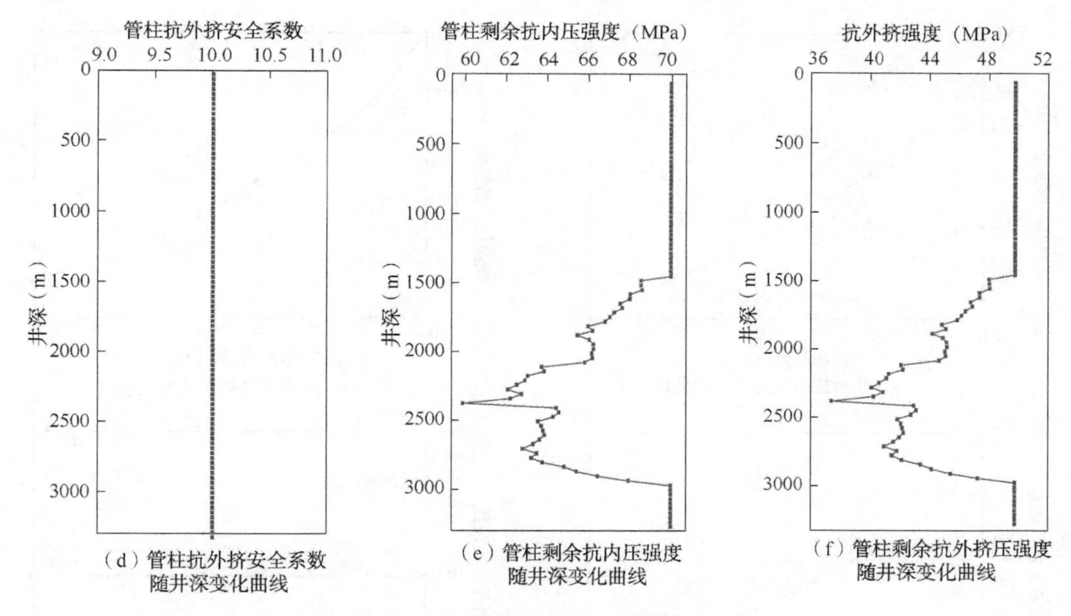

（d）管柱抗外挤安全系数随井深变化曲线　（e）管柱剩余抗内压强度随井深变化曲线　（f）管柱剩余抗外挤压强度随井深变化曲线

图 5-24　B5 井管柱安全校核分析数据(续)

如图 5-25 所示为管柱剩余强度和安全系数随使用年限的变形曲线。由图 5-25(a)和图 5-25(b)可知管柱剩余抗内压和抗外挤强度变化趋势和 A3 气井相同，这一数据主要指导现场工作人员每年对管柱抗内压和抗外挤性能进行评估，进而调整作业工况及参数，以保证管柱不发生强度失效问题。

5.5.3　南海西部 A1H 水平井

采用南海西部 A1H 水平井现场目前配产参数(表 4-6)，分析方法和 A3 气井一样，得到管柱稳定性、摩擦磨损和强度校核等分析数据，揭示了南海西部东方 13-2 气田水平井完井管柱振动特性，指导现场作业确保完井管柱在要求使用年限中的安全性，为后期水平井完井管柱的安全设计奠定了理论基础。

如图 5-26(a)所示为管柱屈曲临界载荷随井深变化曲线，由图可知水平井管柱屈曲临界载荷在造斜段位置出现最大，其数值明显大于定向井，有利于保护管柱不发生屈曲变形。由图 5-26(b)可知管柱的最大压力出现下部位置靠近生产封隔器，A1H 井管柱总长为 3500m，B5 气井管长为 3300m，但 A1H 气井管柱受到的最大压力值约为 92t，最大拉力约为 51t，明显小于 B5 气井定向井管柱受到的压力和拉力，这一现象表明水平井很大程度缓解了管柱受自身重力的影响，降低了管柱屈曲变形的概率，提高了管柱的使用寿命，同时在确保相同使用寿命情况下，可以有效提高其产量。如图 5-26(c)所示为管柱稳定性安全系数随井深变化曲线，同样发现中下部管柱发生了不同程度屈曲变形，再一次指明了扶正器的有效安装位置。

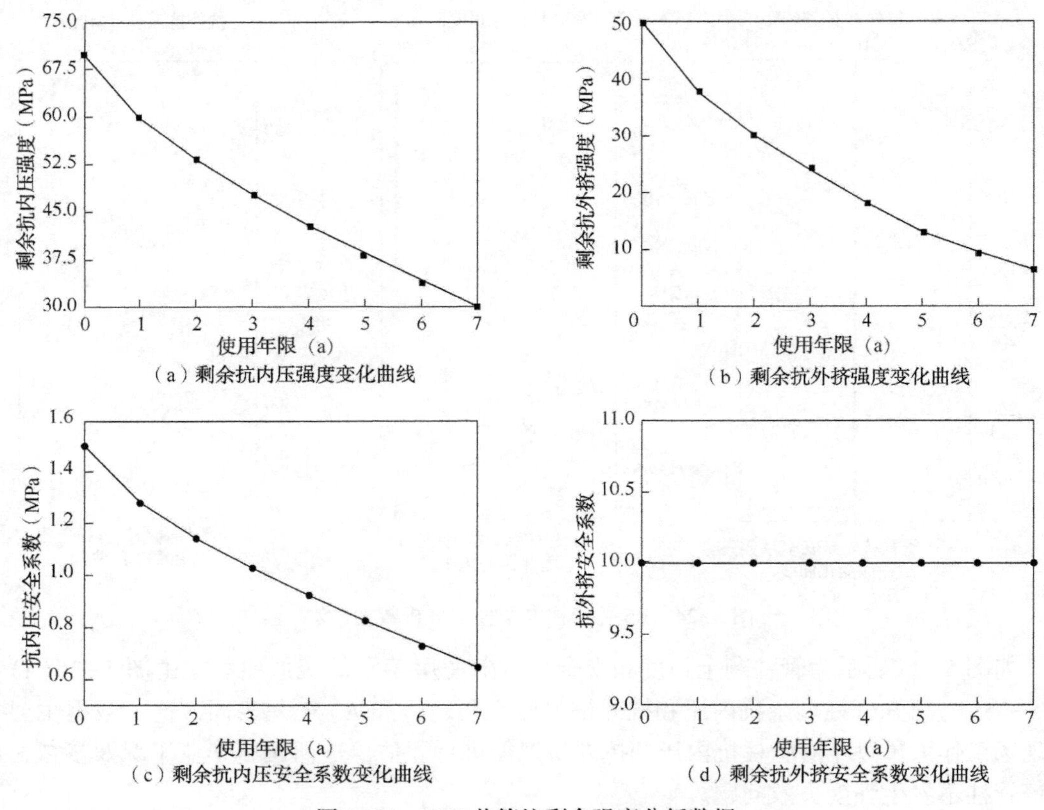

（a）剩余抗内压强度变化曲线

（b）剩余抗外挤强度变化曲线

（c）剩余抗内压安全系数变化曲线

（d）剩余抗外挤安全系数变化曲线

图 5-25　A1H 井管柱剩余强度分析数据

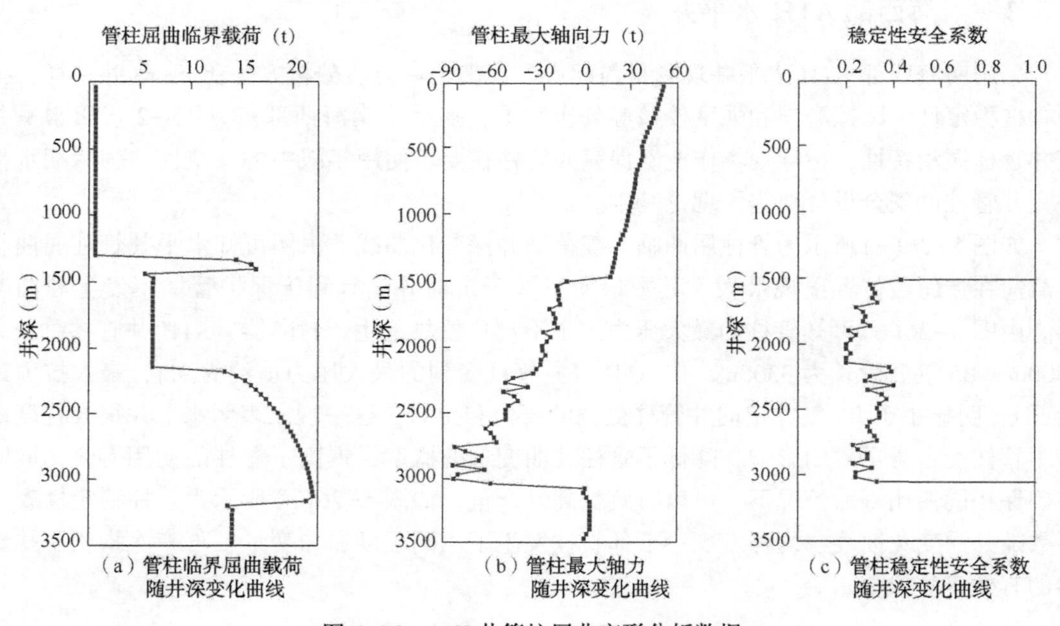

（a）管柱临界屈曲载荷随井深变化曲线

（b）管柱最大轴力随井深变化曲线

（c）管柱稳定性安全系数随井深变化曲线

图 5-26　A1H 井管柱屈曲变形分析数据

由图 5-27(a)可知油套管最大接触载荷出现在 2600m 的位置，其数值与 B5 定向井相差不大，但未出现突变现象。由管柱滑移行程变化曲线图 5-27(b)可知，水平井每个位置滑移行程变化不大，但其数值小于定向井，再次确定了第 4 章发现的水平井纵向振动小于定向井纵向振动的正确性。图 5-27(c)和 5-27(d)为管柱磨损量和磨损深度随井深变化曲线，发现管柱磨损最大位置出现滑移行程最大位置，且数值明显小于定向井 B5。通过图 5-27(e)和图 5-27(f)发现管柱容易发生磨损失效的位置为中下部，其他气井中也表明了这一现象，同时发现水平井管柱使用年限高于定向井管柱，这将为现场气井的设计提供理论基础。

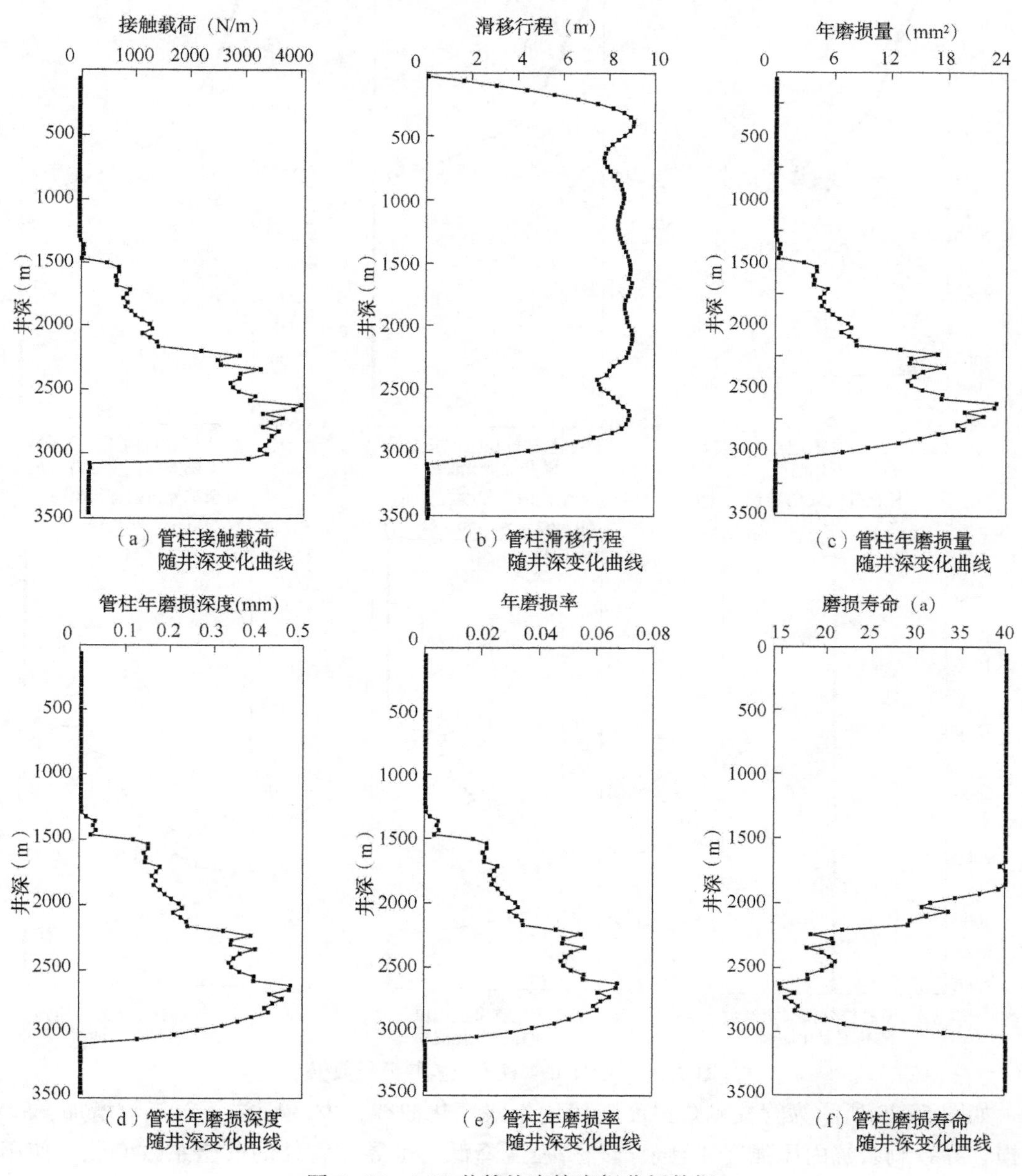

（a）管柱接触载荷随井深变化曲线
（b）管柱滑移行程随井深变化曲线
（c）管柱年磨损量随井深变化曲线
（d）管柱年磨损深度随井深变化曲线
（e）管柱年磨损率随井深变化曲线
（f）管柱磨损寿命随井深变化曲线

图 5-27　A1H 井管柱摩擦磨损分析数据

如图 5-28 所示为管柱安全校核分析数据，包括管柱强度安全系数、抗拉安全系数、抗内压安全系数、抗外挤安全系数和剩余强度随井深的变化曲线。由图 5-28(a)可知水平井管柱强度安全系数明显高于定向井管柱，安全系数最小值出现在约 2900m 位置处，其数值为 1.94，明显满足现场设计要求。通过分析管柱的其他安全系数发现都能够达到现场设计的要求，也不会存在发生强度失效问题，且安全性能也明显强于定向井管柱。

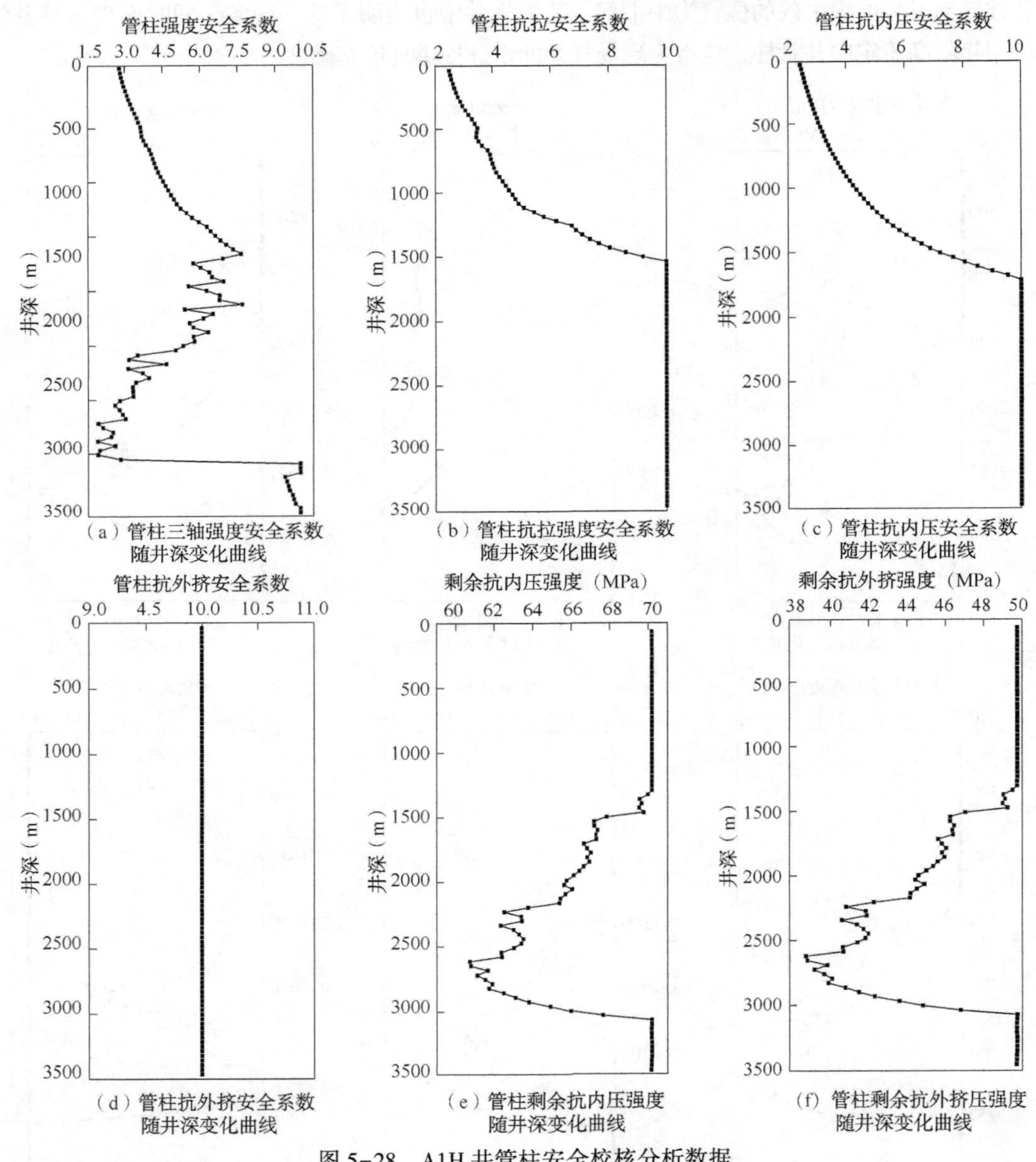

图 5-28　A1H 井管柱安全校核分析数据

如图 5-29 所示为管柱剩余强度随使用年限变化曲线，发现管柱随着年限增加，管壁磨损，导致剩余抗内压强度和剩余抗外挤强度降低，也导致管柱的安全系数变化，使用 4

年后就无法满足现场要求，这一现象表明使用静力学分析只能作为初步设计校核，对管柱使用过程中的安全性无法评价，而的研究对一个动态使用过程进行分析，指导现场生产过程中安全作业方式，保证完井管柱能够满足设计时的使用年限，为后期井下管柱的安全监测研究奠定前期理论分析手段。

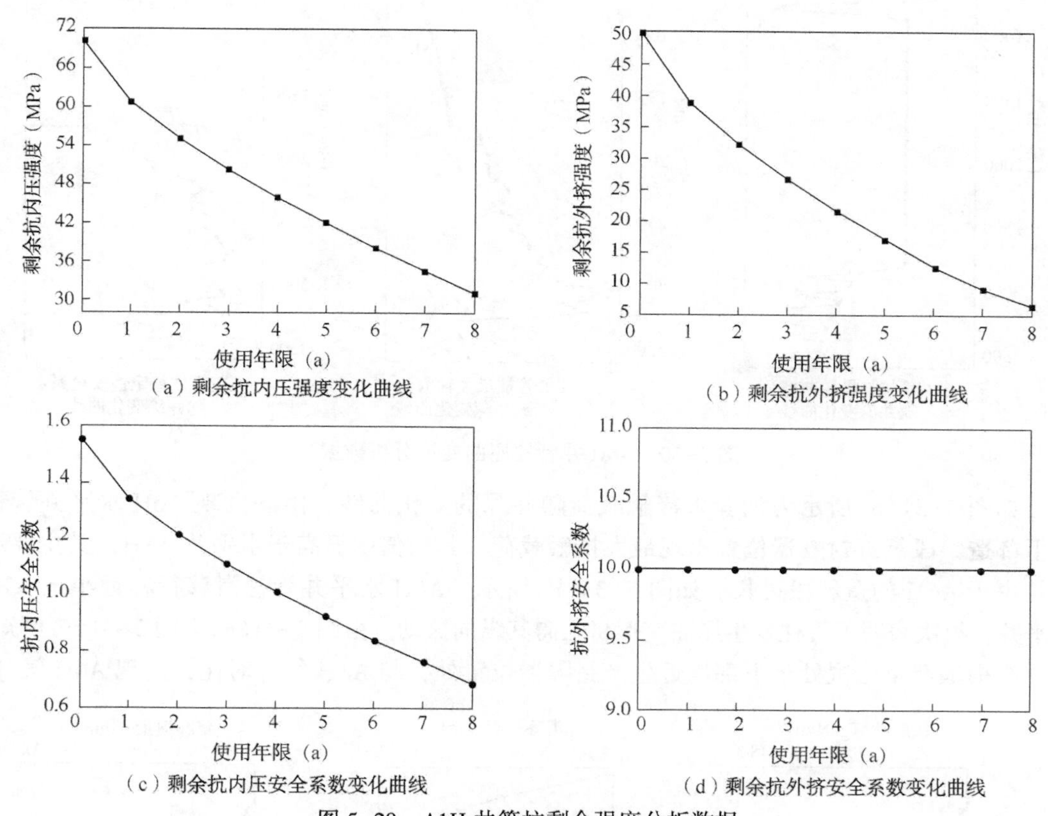

（a）剩余抗内压强度变化曲线

（b）剩余抗外挤强度变化曲线

（c）剩余抗内压安全系数变化曲线

（d）剩余抗外挤安全系数变化曲线

图 5-29 A1H 井管柱剩余强度分析数据

5.5.4 南海西部 A6H 水平井

采用南海西部 A6H 水平井现场参数(表 4-7)，分析方法和 A1H 气井一样，得到管柱稳定性、摩擦磨损和强度校核等分析数据，进一步揭示了南海西部东方 13-2 气田水平井完井管柱振动特性，具体分析如图 5-30 所示。

如图 5-30(a)所示为管柱的屈曲临界载荷随井深的变化曲线，其展现的特征与前面 3 口实例井相同。如图 5-30(b)所示为管柱最大轴力随井深的变化曲线，与 A1H 水平井对比发现造斜段过长将导致管柱中和点和最大轴向压力位置下移，并且增大了最大压力的数值，再次确定了影响管柱轴向力的主要因素是自身重力。由图 5-30(c)发现管柱发生屈曲变形最严重的位置不出现轴向压力最大位置处，出现在中下部位置，约为 2700m 位置，与 A1H 水平井相比，由于稳斜段长度的增加，导致管柱发生屈曲变形更加明显，表明合理设计气井井眼轨迹将对完井管柱起到重要的保护作用。

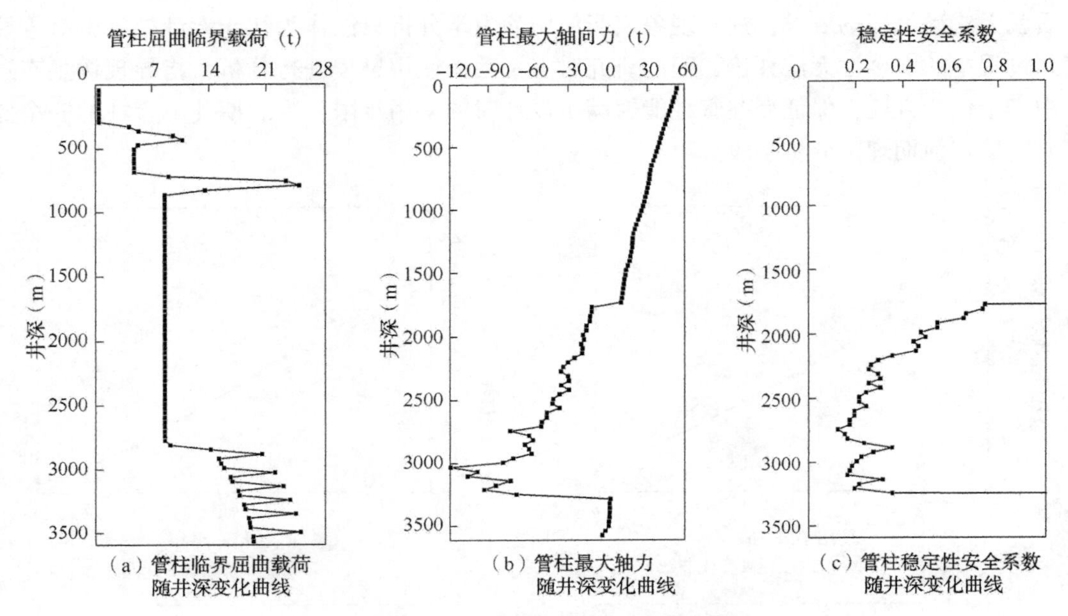

（a）管柱临界屈曲载荷随井深变化曲线　（b）管柱最大轴力随井深变化曲线　（c）管柱稳定性安全系数随井深变化曲线

图 5-30　A6H 井管柱屈曲变形分析数据

如图 5-31(a)所示为油套管接触载荷随井深的变化曲线，由图发现 A6H 水平井管柱在下部造斜段靠近封隔器位置出现最大接触载荷，其数值明显高于水平井 A1H，其主要原因是由于 A6H 的造斜段过长。如图 5-31(b)所示，A6H 水平井管柱滑移行程远小于 A1H 水平井，再次表明了管柱发生屈曲变形将阻碍其纵向振动。由图 5-31(c)至图 5-31(f)可知，管柱磨损最严重位置处于下部靠近生产封隔器位置处，与 A1H 气井对比，发现 A6H 气井

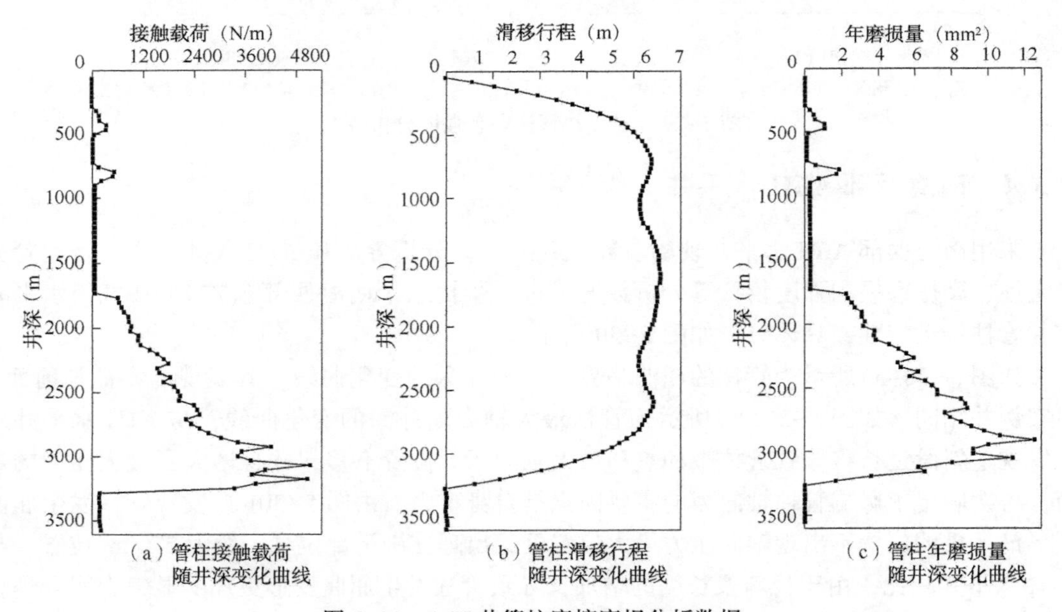

（a）管柱接触载荷随井深变化曲线　（b）管柱滑移行程随井深变化曲线　（c）管柱年磨损量随井深变化曲线

图 5-31　A6H 井管柱摩擦磨损分析数据

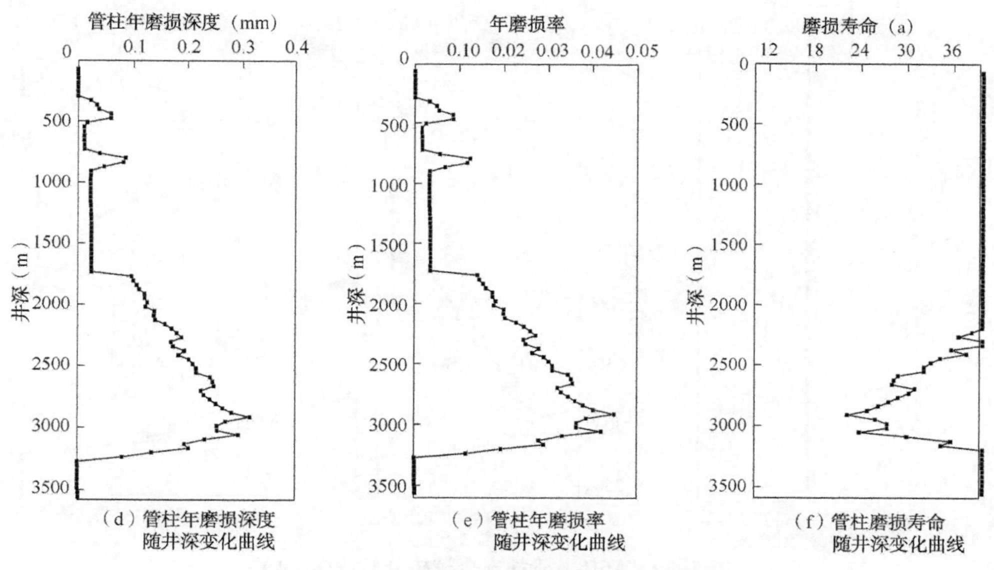

（d）管柱年磨损深度随井深变化曲线　（e）管柱年磨损率随井深变化曲线　（f）管柱磨损寿命随井深变化曲线

图 5-31　A6H 井管柱摩擦磨损分析数据(续)

完井管柱虽然接触载荷大于 A1H 气井，但其滑移行程明显减小，导致 A6H 气井完井管柱的磨损小于 A6H 气井，磨损寿命也明显高于 A6H 气井，以目前 A6H 气井作业工况和生产参数，管柱一直连续作业能够有效使用约 12 年。

如图 5-32 所示为管柱安全校核分析数据。通过对比图 5-32(a)和图 5-28(a)可知 A6H 水平井管柱强度安全系数明显低于 A1H 水平井管柱，安全系数最小值出现在约 3000m 位置处，其数值为 1.26。通过分析管柱的其他安全系数发现都能够达到现场设计的要求，不会存在发生强度失效问题，但安全性能低于 A1H 定向井管柱。

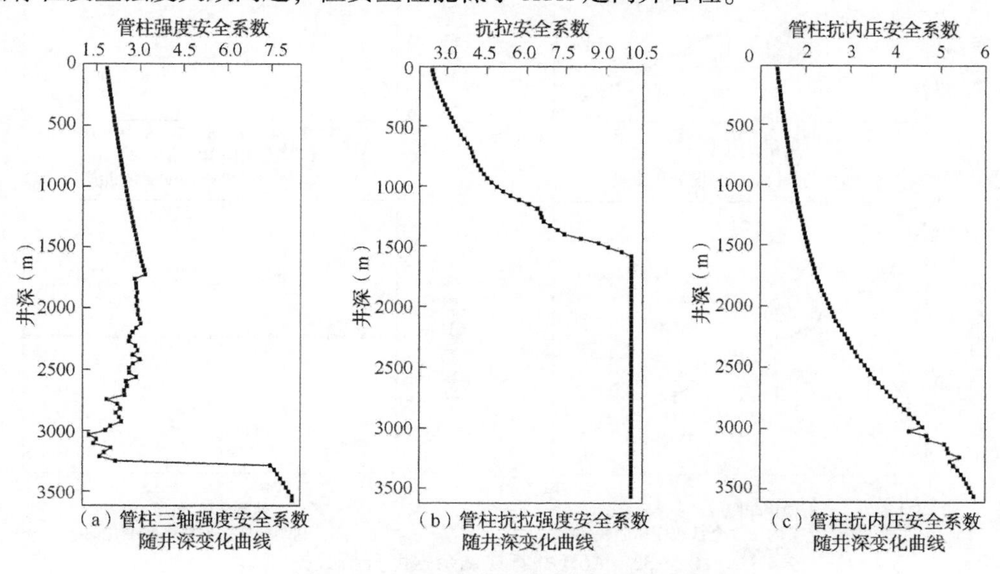

（a）管柱三轴强度安全系数随井深变化曲线　（b）管柱抗拉强度安全系数随井深变化曲线　（c）管柱抗内压安全系数随井深变化曲线

图 5-32　A6H 井管柱安全校核分析数据

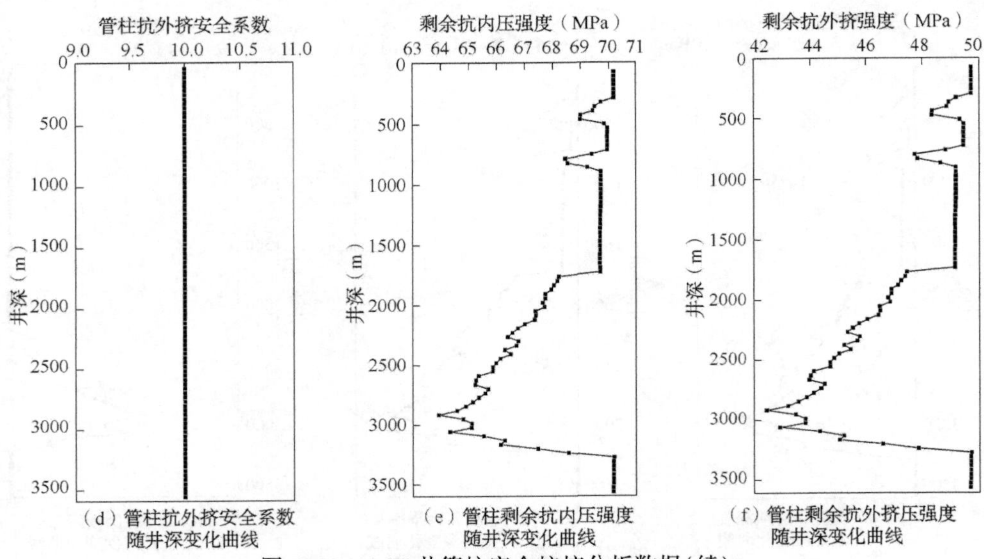

（d）管柱抗外挤安全系数随井深变化曲线　（e）管柱剩余抗内压强度随井深变化曲线　（f）管柱剩余抗外挤压强度随井深变化曲线

图 5-32　A6H 井管柱安全校核分析数据(续)

如图 5-33 所示为管柱剩余强度随年限变化曲线，发现管柱随着年限增加，管壁磨损，导致剩余抗内压和剩余抗外挤强度降低，也导致管柱的安全系数变化，使用 7 年后管柱抗内压强度就无法满足现场要求，需对作业方式进行调整以降低管柱的内外压差，使其抗内压强度达到现场要求。

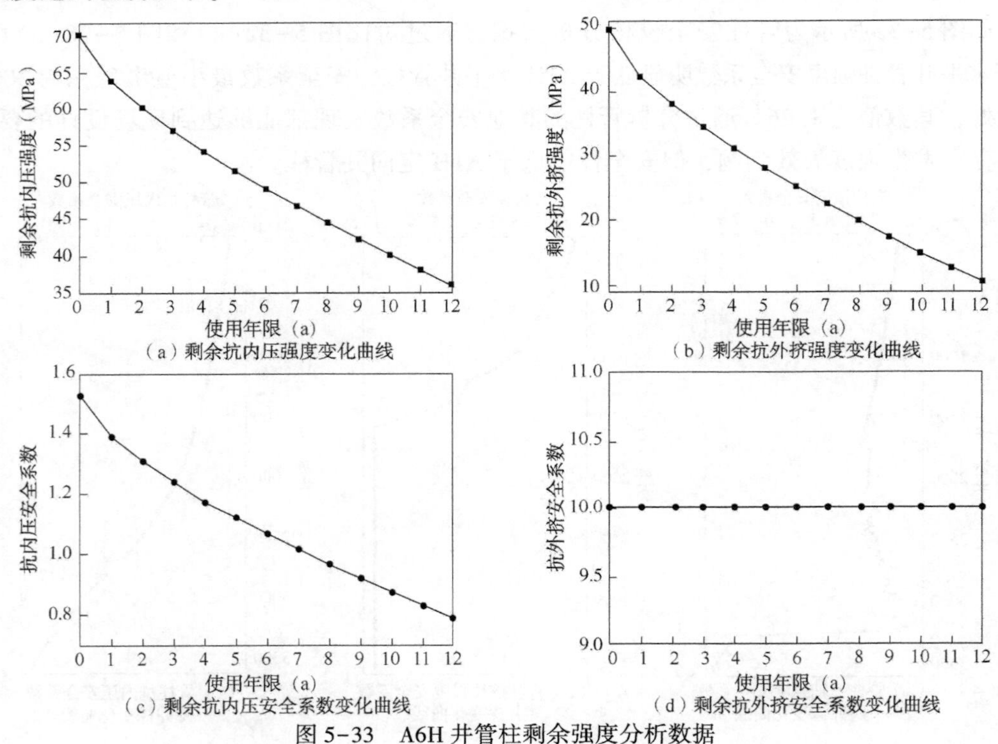

（a）剩余抗内压强度变化曲线　（b）剩余抗外挤强度变化曲线

（c）剩余抗内压安全系数变化曲线　（d）剩余抗外挤安全系数变化曲线

图 5-33　A6H 井管柱剩余强度分析数据

6 “三高”气井油管柱疲劳分析方法及损伤机理

油管柱是油气生产的核心装备，由于天然气或石油在管内高速流动，将诱发其振动，出现交变应力作用，易导致油管柱的疲劳断裂。在生产过程中，只要有一根油管断裂，将导致整个气井无法继续生产，甚至引发较严重的油管损坏事故而导致该井报废。因此，本章在前面理论建模的基础上，结合管柱振动响应和管材 S-N 曲线，引入 Miner 线性累积损伤理论，形成“三高”气井油管柱疲劳寿命预测方法。开展疲劳试验测得油管柱材料 13Cr-L80 的 S-N 曲线，并考虑试件表面质量、加载类型、应力集中、加工尺寸的影响后进行了修正，确定了疲劳寿命预测方法，最终分析了现场 4 口实例井管柱的疲劳特性，揭示了管柱疲劳损伤机理，为管柱的安全设计奠定了理论基础。

6.1 疲劳概述

6.1.1 疲劳定义

当材料或结构受到多次重复变化的载荷作用后，应力值虽然始终没有超过材料的强度极限，甚至比弹性极限还低的情况下仍可能发生破坏，这种在交变载荷重复作用下材料或结构的破坏现象就叫作疲劳破坏。

疲劳断裂是材料或构件在交变应力反复作用下发生的断裂。所谓交变应力是指应力的大小、方向或大小和方向同时都随时间做周期性改变的应力。这种改变可以是规律性的也可以是不完全规律性的。

6.1.2 疲劳破坏的过程

钢结构构件和其连接在很多次重复加载与卸载作用下，在其强度还低于钢材抗拉强度甚至低于钢材屈服点的情况下突然断裂，称为疲劳破坏。由于疲劳破坏是突然产生的，属于脆性破坏范畴，事先无警告，因此危害性较大。在对承受重复荷载的钢结构设计中，应注意疲劳的影响。

承受反复荷载作用的结构，在荷载水平远低于正常失效荷载时有可能发生疲劳失效。如果疲劳失效是由裂纹扩展引起的，则失效过程可分为三个阶段。

（1）初始阶段：裂纹引发。

（2）发展阶段：裂纹扩展。

（3）失效阶段：瞬断阶段。

对于一般的钢结构，实际上只有后两个阶段，因为在钢材的生产和制造等过程中，不可避免地在结构的某些部位存在着局部微小缺陷，这些缺陷本身就起着类似于微裂纹的作用，故也可称其为“类裂纹”。当循环荷载作用时，在这些部位的截面上应力分布不均，引起应力集中现象，在高峰应力处将首先出现微观裂纹。同样，有严重应力集中的部位，如截面几何形状突然改变处，由于存在高峰应力，又经过多次重复作用的影响，故即使在该处没有存在缺陷，也会产生微观裂纹，形成裂纹源。

随着应力循环次数的增加，裂纹大体上以同心圆的方式从表面的裂源向内部逐渐扩展，扩展十分缓慢。当构件应力较小时，扩展区所占范围较大；而当构件应力很大时，扩展区就比较小。由于疲劳裂纹两边的表面在循环应力的作用下，时而分开时而压紧，起到了研磨的作用，因此扩展区的表面光滑，而且是越近裂源越光滑。当裂纹源发展成为宏观裂纹时，削弱了构件的有效面积。

当截面有小面积小到难以承受荷载时，在偶尔振动或冲击下，即发生突然拉断。结构在焊接过程中，最易在焊缝及其热影响区产生微观裂纹，同时也易存在夹渣、孔洞等缺陷构件在气割、剪切、矫直和冲孔等加工过程中常使构件表面损伤而形成局部缺陷。这些都易促使受力后产生应力集中，出现应力高峰，加之焊接和加工过程中形成的残余应力的影响等，均促使构件及其连接的疲劳强度大为降低。因此，影响钢结构疲劳强度的另一重要因素是构件和连接中应力集中大小和残余应力情况，也就是构件和连接的构造形式和加工情况。

6.1.3 疲劳破坏特点

疲劳破坏与静荷载作用下的破坏截然不同，它具有下列特点。

（1）疲劳断裂表现为低应力下的破断。疲劳失效在远低于材料的静载极限强度甚至远低于材料屈服强度时发生。

（2）疲劳破坏宏观上无塑性变形，因此与静荷载作用下的破坏相比，具有更大的危险性，但是对于金属材料，疲劳本质上属于韧性断裂。

（3）疲劳是与时间有关的一种失效方式，具有多阶段性疲劳失效的过程就是累积损伤的过程。由交变荷载作用引起的损伤是随着荷载次数逐次增加的。

（4）与单向静载断裂相比，疲劳失效对材料的微观组织和材料的缺陷更加敏感，这是因为疲劳有极大的选择性，几乎总是在机件材料表面的缺陷处发生。

（5）疲劳失效受载荷历程影响。

（6）疲劳破坏发生在高局部应力的截面，而不是在具有最大应力的截面。

（7）疲劳破坏时，构件没有明显的塑性变形，即使是塑性材料，也呈脆性断裂，其在没有明显预兆的情况下突然发生，从而造成严重事故。

（8）疲劳破坏在断口处明显的分为两个区：一个是扩展区，一个是拉断区。由于裂纹两端是应力集中的区域，一般处于双向或三向拉伸应力状态，不易发生塑性变形，所以拉断区可以是脆性的颗粒断口，也可以是带有一定韧性的断口。

6.2 “三高”气井油管柱疲劳寿命预测模型

6.2.1 管柱振动疲劳载荷

为了研究方便，人们将造成疲劳破坏的重复变化的载荷称为疲劳载荷，并按其幅值在循环过程中的变化规律，分为确定的疲劳载荷和随机的疲劳载荷两种。确定的疲劳载荷能够用准确的载荷曲线表示，其载荷幅值是稳定且确定的，可分为恒幅疲劳载荷[图 6-1(a)]及变幅疲劳载荷[图 6-1(b)]；如果幅值是随机变化的，其称为随机疲劳载荷[图 6-1(c)]。

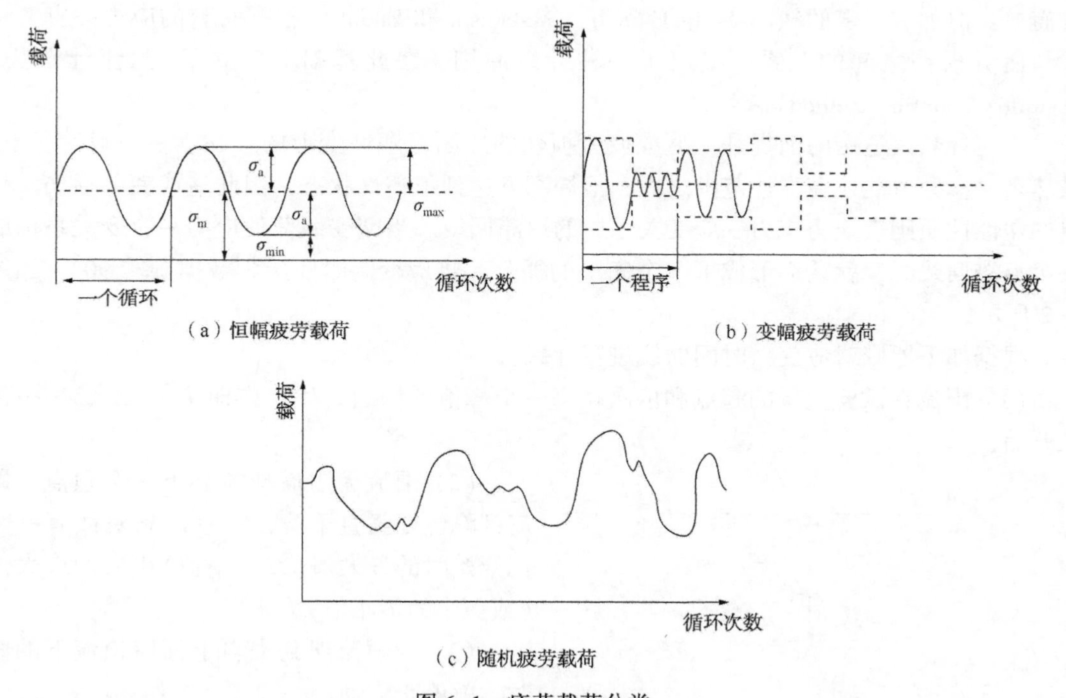

(a) 恒幅疲劳载荷

(b) 变幅疲劳载荷

(c) 随机疲劳载荷

图 6-1 疲劳载荷分类

在图 6-1(a)所示恒幅疲劳载荷作用下，结构的应力会随时间相应发生交替变化，这种随时间交替变化的应力就称为交变应力。下面介绍几个有关的定义。

应力范围：$\Delta\sigma=\sigma_{max}-\sigma_{min}$

应力幅值：$\sigma_a=\Delta\sigma/2$

平均应力：$\sigma_m=\sigma_{min}+\sigma_a=\sigma_{max}-\sigma_a$

应力比：$R=\sigma_{min}/\sigma_{max}$

当 $R=-1$ 时，为对称循环；$R=0$ 时，为脉动循环。

针对“三高”气井油管柱振动疲劳失效问题，建立其寿命预测模型，基于前面的振动模型及响应可知，现场管柱振动出现的交变载荷属于随机疲劳载荷。因此，疲劳载荷需通过第 4 章所建立的油管柱非线性振动模型求解得到，采用雨流法统计疲劳载荷的应力幅值、平均应力等相关参数，为疲劳预测模型提供交变载荷基础。

6.2.2 雨流计数法

管柱疲劳损伤的程度主要与应力循环时变动范围，即应力范围的大小及其作用次数有关。因此，为了计算管柱的疲劳损伤，需要在计算得到的交变应力时程曲线中将对管柱造成疲劳损伤的那些应力循环识别出来，并确定应力幅值的大小，从而掌握应力范围的分布规律，即应力范围的大小与作用次数之间的关系。

对疲劳载荷的计数有很多方法，如峰值计数法、跨均值峰值计数法等。这些计数法比较简单，但都有一定的缺陷[171]。1968 年，Matsuishi 和 Endo[172] 根据材料的应力—应变特性与疲劳损伤之间的关系，提出了一种计数原则，在此基础上建立了“雨流计数法”(rainflow counting method)。

雨流计数法适用的前提是，造成疲劳损伤的原因是塑性变形的存在。在一般情况下，虽然名义应力可能还在弹性范围之内，但局部已达到了塑性状态，因此造成疲劳损伤。材料的塑性性质则表现为应力—应变关系中的迟滞回线。当交变载荷使应力—应变关系构成一个迟滞回线时，就认为形成了一个完整的循环。将应变—时间历程数据旋转 90°，如图 6-2 所示，

根据如下原则对应变—时间曲线进行计数：

(1) 雨流在试验记录的起点和依次在每一个峰值的内边开始，亦即从 1，2，3……顶点开始；

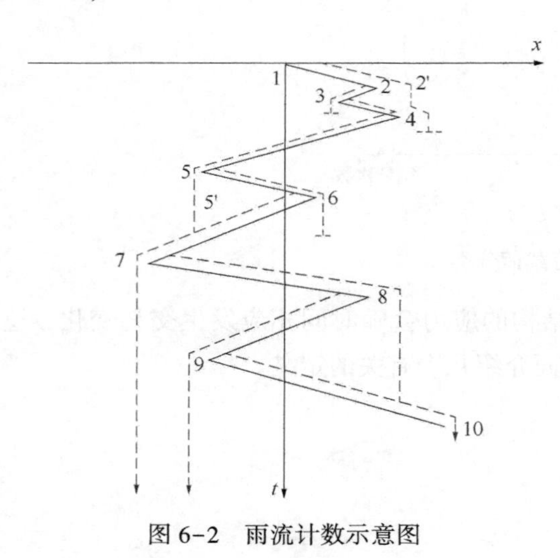

图 6-2 雨流计数示意图

(2) 雨流无阻碍地流到下一个顶点，即流到峰值处竖直下滴，一直流到对面有一个比开始时的最大值(或最小值)更大的最大值(或更小的最小值)为止；

(3) 当雨流遇到来自上面屋顶流下的雨时，就停止流动，并构成一个循环；

(4) 根据雨滴流动的起点和终点，画出各个循环，将所有循环逐一取出来，并记录其峰谷值；

(5) 每一雨流的水平长度可以作为该循环的幅值。

应用三峰谷计数原则编写雨流计数法程序，这一方法使得计数条件大为简化，而且

还免除了第二阶段计数，当处理长而复杂的应力时间历程时，其效果尤为显著。其实现过程如下所示。

(1) 对于任意一个应力时间历程曲线，首先判断曲线中峰、谷总数的奇偶性。若为偶数，则去掉曲线中最后一个峰(或谷)，使历程的首尾都是谷值(或峰值)，并且使首尾都等于他们之中最小的谷值(或最高的峰值)。对一个长的样本记录，对原时间历程的这种改造所造成的影响可以忽略不计，最后一两个峰谷值的取舍影响不大。

(2) 将(1)中形成的新的历程从最高峰处截断，首尾相连重新组合成一个新的历程图，现在的历程为以最高峰开始，最高峰结束。

(3) 按照三峰谷计数原则对(2)中新形成的历程计数，即从头开始寻找三峰谷波形，当满足$|X_i-X_{i+1}| \leqslant |X_{i+1}-X_{i+2}|$时，则计出一个全循环$X_i-X_{i+1}-X_{i+2}$。

采用 FORTRAN 编译软件编制了的雨流计数法程序，并结合第 4 章所建立的非线性振动模型求解的交变载荷时间历程数据，便可识别出应力循环，并计算出应力范围和平均应力值。

6.2.3 管材的 *S-N* 曲线

疲劳分析中管柱的疲劳寿命常用 $S-N$ 曲线来表示，其中 S 表示交变应力的应力范围，N 是结构在交变应力范围为 S 的恒幅交变应力作用下，达到疲劳破坏所需的应力循环次数。

在 $S-N$ 曲线中，N 必须明确地定义为疲劳寿命的某一统计特征值。$S-N$ 曲线通常是通过成组试验的方法得到的，即选取若干不同的应力范围水平，在每一应力范围水平下各用一组试件做试验；然后，对各组试验数据进行统计，得到疲劳寿命的中值及其统计特征值；最后，用曲线拟合各中值疲劳寿命数据点，得到了 $S-N$ 曲线。

通过对疲劳试验数据的长期研究发现，在双对数坐标系中，$S-N$ 曲线常常是直线。根据这一现象，为便于分析和使用，通常把 $S-N$ 曲线的表达式写成：

$$NS^m=A \tag{6-1}$$

式中：m 和 A 为两个材料参数。

对式(6-1)等号两边取对数，得

$$\lg N=\lg A-m\lg S \tag{6-2}$$

疲劳试验通常是在试件承受中等应力范围水平的情况下进行的，由此得到用式(6-1)或式(6-2)表示的 $S-N$ 曲线也仅适用于疲劳寿命大致在$10^4\sim10^6$ 次循环的中等寿命区。以往在疲劳分析中根据恒幅载荷疲劳试验的结果认为，当应力范围水平降到某一临界值以后，结构可经历无穷多次应力循环而不发生破坏，此临界值称为疲劳极限或持久极限。但是，疲劳极限仅在结构承受恒幅载荷时才会发生，对于承受随机载荷作用的船舶与海洋工程结构，情况将有所不同。鉴于这一情况，需要对结构承受低应力范围水平的高寿命区的 $S-N$ 曲线做适当的处理。在船舶及海洋工程结构疲劳可靠性分析中，根据少量试验结果及实际经验常采用以下三种近似的处理方法。

(1) 将中等寿命区的 S-N 曲线外延到高寿命区，如图 6-3(a)所示，这样的 S-N 曲线称为是单直线形式的。

(2) 高寿命区的 S-N 曲线用一水平直线表示，如图 6-3(b)所示，这样的 S-N 曲线称为是疲劳极限形式的。

(3) 高寿命区的 S-N 曲线用一斜率为 $m'(m'>m)$ 的直线表示，这样，S-N 曲线就由两段直线所组成，如图 6-3(c)所示。

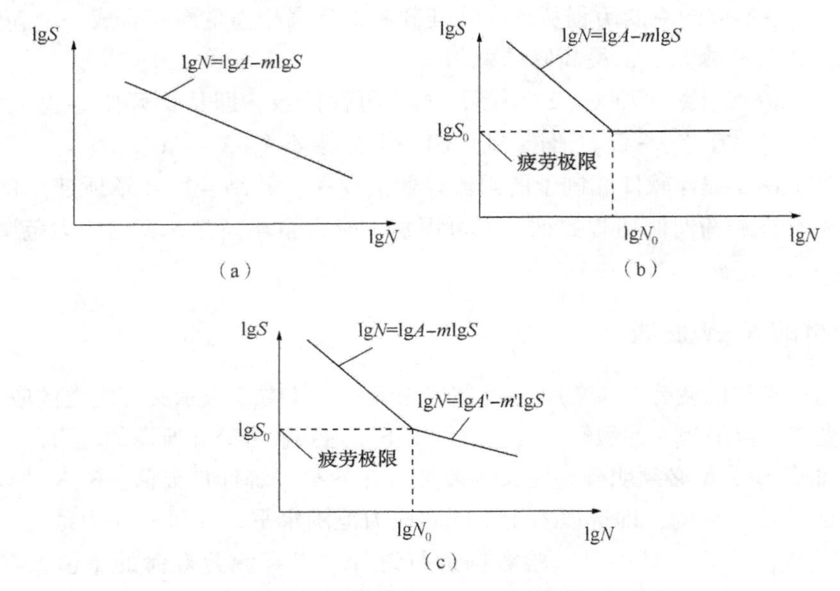

图 6-3　高寿命区 S-N 表示方法

采用试验方法测定了南海西部 M 高温高压气田现场管材的 S-N 曲线，为管柱的疲劳寿命预测模型提供了材料参数值，具体介绍见本章的 6.3 小节。

6.2.4　疲劳寿命预测模型

采用 Miner 疲劳累积损伤理论[117]对油管柱进行疲劳寿命分析，其原理是油管柱在多级恒幅交变应力作用下发生疲劳损伤时，其总损伤量是各级应力循环下的疲劳损伤分量之和。疲劳寿命分析步骤如下。

(1) 计算某循环载荷单独作用情况下对管柱总寿命的损伤程度。

在管柱的使用期 T 内，已知交变应力幅值分别为 σ_1，σ_2，σ_3……相应的作用次数为 n_1，n_2，n_3……从 S-N 疲劳设计曲线中确定引起疲劳破坏的相应的循环次数分别为 N_1，N_2，N_3……于是某循环载荷单独作用时，其对疲劳总寿命的损伤程度分别为 n_1/N_1，n_2/N_2，n_3/N_3……根据线性累积损伤理论，认为各种交变载荷作用过程中构件中的各级损伤程度可以叠加。

(2) 计算累积损伤度。

$$D = \frac{n_1}{N_1} + \frac{n_2}{N_2} + \frac{n_3}{N_3} + \cdots = \sum_{i=1} \frac{n_i}{N_i} \tag{6-3}$$

Miner 理论认为，当管柱发生疲劳破坏时，累计损伤度应该等于 1，即 $D=1$。

（3）计算疲劳寿命。

$$L_{\text{life}} = \frac{1}{D} \tag{6-4}$$

式中：L_{life} 为使用寿命，年；D 为管柱得累积损伤度。

最终得到高产气井油管柱疲劳寿命分析流程图如图 6-4 所示。由油管柱疲劳寿命分析方法可知，计算疲劳寿命需要用到管材的 $S-N$ 曲线。因此，接下来开展疲劳试验来测定管材的 $S-N$ 曲线。

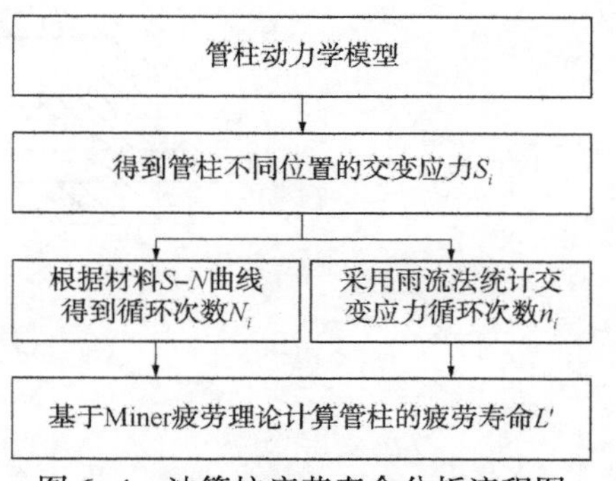

图 6-4 油管柱疲劳寿命分析流程图

6.3 管柱材料(13Cr-L80) $S-N$ 曲线试验测定

上一节建立了油管柱疲劳寿命预测模型，其中需要管柱材料的疲劳曲线（$S-N$ 曲线）计算方法，因此，选取南海西部 M 高温高压高产气井现场实际管柱材料，开展材料的疲劳曲线试验测定，得到了管柱材料疲劳曲线的计算方法。

6.3.1 管材 13Cr-L80 疲劳曲线试验测定

6.3.1.1 实验目的

测定管柱材料 13Cr-L80 的疲劳寿命曲线 $S-N$。

6.3.1.2 试验设备

疲劳试验采用 PQ-6 型纯弯曲疲劳试验机，如图 6-5 所示，试验机转速为 2825r/min，应力比 $R=-1$。加载应力级别的确定需要根据拉伸实验结果和疲劳试验方法进行取值。

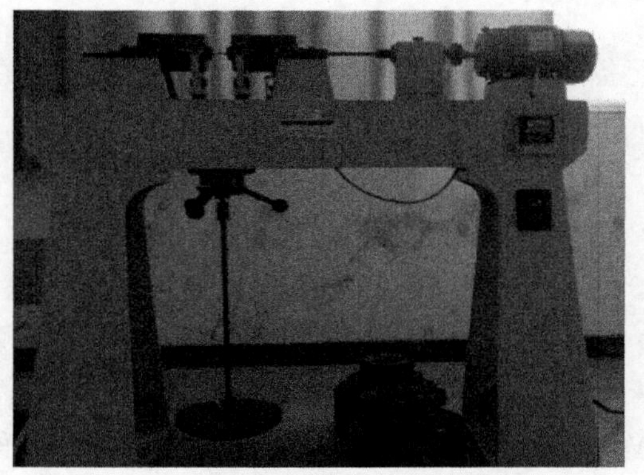

图 6-5 PQ-6 型纯弯曲疲劳试验机

根据图 6-6 可以计算得到疲劳试样承受恒定弯矩作用，在试验进行中，疲劳试样由夹头连接了电动机，带动疲劳试样旋转。针对疲劳试样试验段上的点，在电动机转动一周内，其应力变化历程为正弦波形式，从而产生了交变应力。采用砝码加载，F_1 和 F_2 相等，为所加载力的一半；力臂由试验机夹头所决定，L_1 与 L_2 相等。对于每件疲劳试样，在给定应力水平下，试验一直进行到试样断裂或超过10^7，并记录断裂时电动机的旋转次数，即为疲劳试样的循环次数。

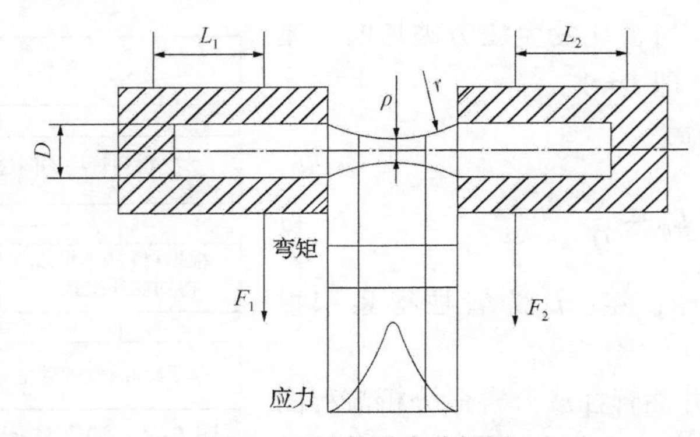

图 6-6 试件受力分析图

疲劳试样试验时，试验段的应力为

$$\sigma=\frac{M}{W}=\frac{32FL}{\pi d^3} \tag{6-5}$$

可以计算得到需要加载的力：

$$F=\frac{\pi\sigma d^3}{3200} \tag{6-6}$$

式中：σ 为试件加载的弯曲应力，MPa。

PQ-6 型旋转弯曲疲劳试验机的拉力与弯曲应力的关系是

$$F=\frac{\pi\sigma_{弯} d^3}{3200} \tag{6-7}$$

式中：M 为疲劳试验段承受的弯矩，N · mm；W 为圆柱试样的抗弯断面系数，mm^3；F 为传递的力，即 F_1 和 F_2，N；L 为力臂长度，即 L_1 与 L_2，mm；d 为试样试验段直径，mm，在计算中只取最小截面处直径即可。

PQ-6 型旋转弯曲疲劳试验机加载砝码所配备的拉杆等重量为 120N，故在给定应力由式(6-3)计算出 F 后，则加载砝码的重量为($2F-120$)N。

6.3.1.3 *疲劳试验方法*

测定 $S-N$ 曲线要分两部分完成：有限疲劳寿命区和疲劳极限区。

本次试验均依照国家标准 GB/T 4337—2015《金属材料疲劳试验旋转弯曲方法》方法进行，在室温下进行试验。疲劳试验方法有成组法、单点实验法、升降法(阶梯法)和小样本量的中值试验法等。选用了小样本量的中值试验法，它结合了成组法和升降法的综合优点，可用作确定具有 50%可靠度和最小样本容量的 $S-N$ 曲线的准则。这种方法需要至少 14 个试样，8 个试样用于确定有限疲劳寿命区域，6 个试样用于找出疲劳极限，如图 6-7 所示。

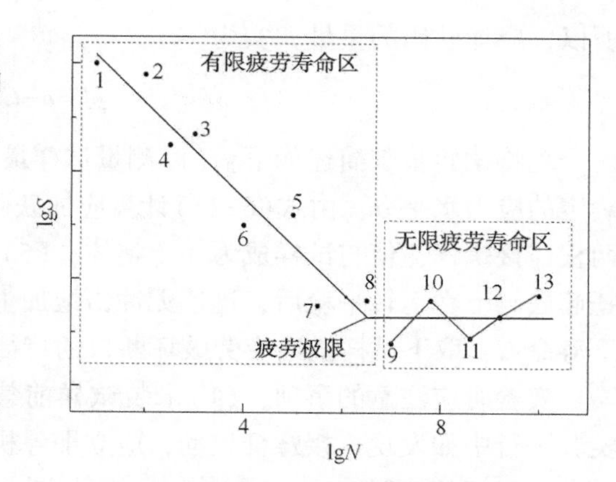

图 6-7　小样本量的中值试验法求解的 S–N 曲线

在本次疲劳试验中需要考虑以下因素：疲劳试验随机性较大、应力幅值要据厂家和试验情况进行再次调节，需要更多的试样，故作了以下调节。

（1）有限疲劳寿命区。

每个应力幅值下测定 3 个试样，备用 3 根，测定 4～5 组。应力幅值初步设定：B1——$0.4\sigma_b$；B2——$0.5\sigma_b$；B3——$0.6\sigma_b$；B4——$0.7\sigma_b$；B5——$0.8\sigma_b$（σ_b 为试件强度极限值，MPa）。

推荐的试验顺序按如图 6-7 所示进行，图中数据点旁边的数字表示试样的试验顺序。根据试验结果大致预测疲劳极限的范围，并对应力幅值进行调整。高应力区应力幅值间隔应该取得大一些，低应力区应力幅值间隔应取得小一些。

注意：试验过程中若发现试件断裂的位置不在最小截面处，或疲劳试件上有明显的缺陷或中途停试等情况，试验数据异常，则该数据无效，应重新做试验测定数据。

试样的最小直径为 $d_{\min}$，最小截面边缘上一点的最大和最小应力为

$$\sigma_{\max}=\frac{Md_{\min}}{2I},\ \sigma_{\max}=\frac{Md_{\min}}{-2I} \tag{6-8}$$

以 $M=\frac{1}{2}pa$ 和 $I=\frac{\pi d_{\min}}{64}$ 代入式(6-5)，得最小直径截面上的最大弯曲正应力为

$$\sigma=\frac{\frac{1}{2}pad_{\min}}{2\frac{\pi d_{\min}^4}{64}}=\frac{p}{\frac{\pi d_{\min}^3}{16a}} \tag{6-9}$$

式中：p 为应施加的载荷；a 为试验机的尺寸。

令

$$K=\frac{\pi d_{\min}^3}{16a}$$

则式(6-9)可改写成：

$$p=K\sigma \tag{6-10}$$

式中：K 为加载乘数。

K 可根据试验机的尺寸 a 和试样的最小直径 $d_{\min}$ 事先算出，并制成表格。在试样的应力 σ 确定后，便可计算出应施加的载荷 p。载荷中包括套筒、砝码盘和加力架的重量 G，

所以，应加砝码的重量 p' 实为

$$p'=p-G=K\sigma-G \tag{6-11}$$

现将试验步骤简述如下：(1)测量试样最小直径 d_{min}；(2)计算或查出 K 值；(3)根据确定的应力水平 σ，由式(6-11)计算应加砝码的重量 p'；(4)将试样安装于套筒上，拧紧两根连接螺杆，使与试样成为一个整体；(5)连接挠性连轴节；(6)加上砝码；(7)开机前托起砝码，在运转平稳后，迅速无冲击地加上砝码，并将计数器调零；(8)试样断裂或记下寿命 N，取下试样描绘疲劳破坏断口的特征。

实验时应注意的事项：(1)未装试样前禁止启动试验机，以免挠性连轴节甩出；(2)实验进行中如发现连接螺杆松动，应立即停机重新安装。

(2) 疲劳极限区。

采用6个试样的升降法来测试疲劳极限。这里两级应力幅值相差控制在10MPa左右。这里测定时应力幅值控制不好容易浪费较多试件，为保证较为准确的测定，备用6根试样，共12根试样。阶梯法中，由试样断裂和越出(试件加载次数超过 10^7 还未发生断裂的情况)的两两组成一对，共3对，再求解其平均值，结果即为材料的疲劳极限：

$$\sigma_r=\frac{1}{3}\left[\frac{(\sigma_4+\sigma_{10})}{2}+\frac{(\sigma_{11}+\sigma_{12})}{2}+\frac{(\sigma_{13}+\sigma_{14})}{2}\right] \tag{6-12}$$

6.3.1.4 试样准备

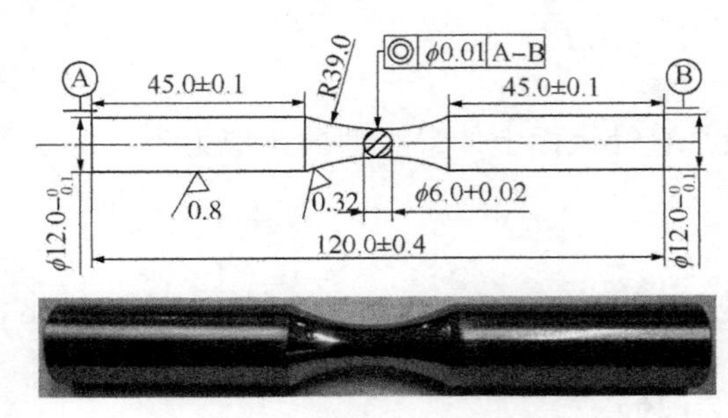

图6-8 疲劳试件的基本尺寸

根据GB/T 4337—2015《金属材料疲劳试验旋转弯曲方法》对材料的疲劳毛坯试样进行加工，并通过磨削、抛光等工艺精加工成标准疲劳试样。需要注意试样加工前不允许对试样进行校直，加工后的试样表面不允许存在裂纹及擦伤等损伤，过渡部分必须圆滑。疲劳试样加工图及实物图如图6-8所示，根据所采用的试验方法，共准备疲劳试样27个。

6.3.1.5 试验数据处理

(1) 有限疲劳寿命区试验数据结果。

在 $S-N$ 试验中，对于疲劳寿命试验数据的有限疲劳区域，常采用最小二乘法来生成与数据最佳拟合的一条直线。对于疲劳数据的统计分析，这种生成最佳拟合直线的方法是可行的，因为在应力幅值与疲劳交变循环次数的双对数特性图上，这些疲劳数据可以表示为一条直线。假设在给定应力幅水平下，疲劳寿命遵循对数正态分布，并且记录寿命的方差在整个实验范围内为常数，在统计学中，这种对于所有应力水平都具有恒方差的假设，被定义为同方差性假设。具体的试验过程如图6-9所示，所得的试验数据结果见表6-1。

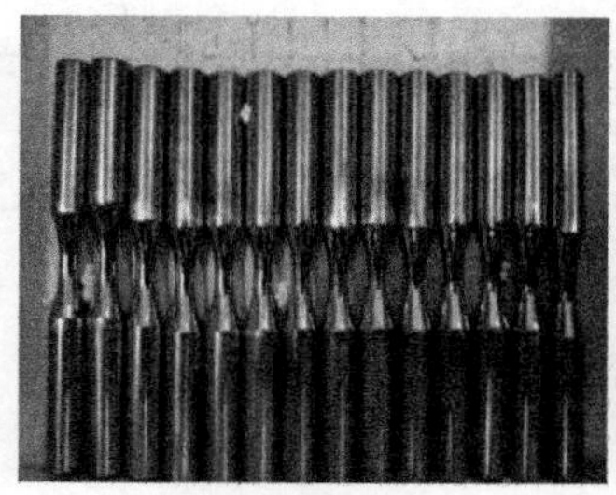
（a）疲劳试件

（b）试件安装

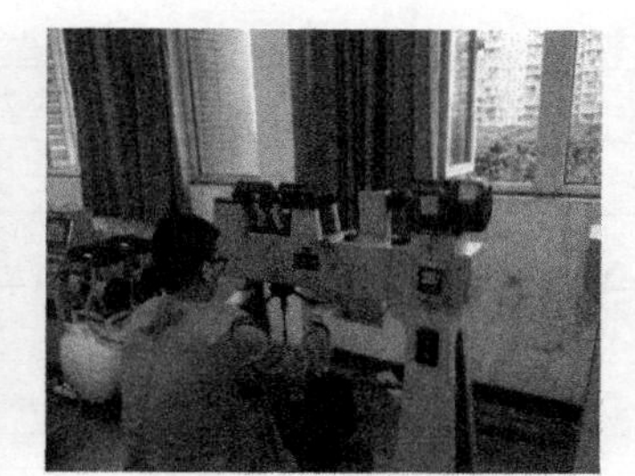
（c）增加砝码

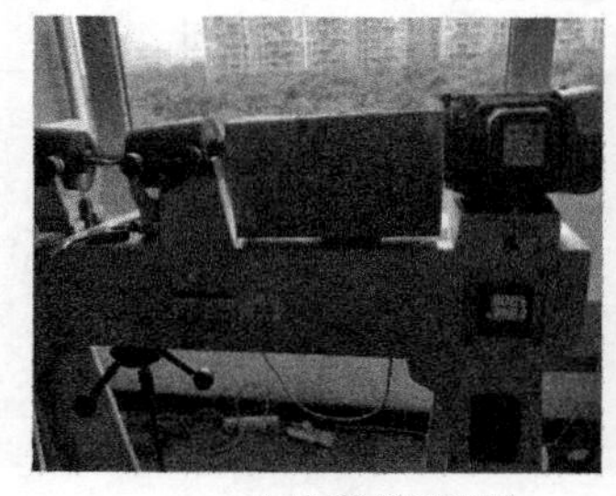
（d）数据记录器

（e）疲劳试件断裂

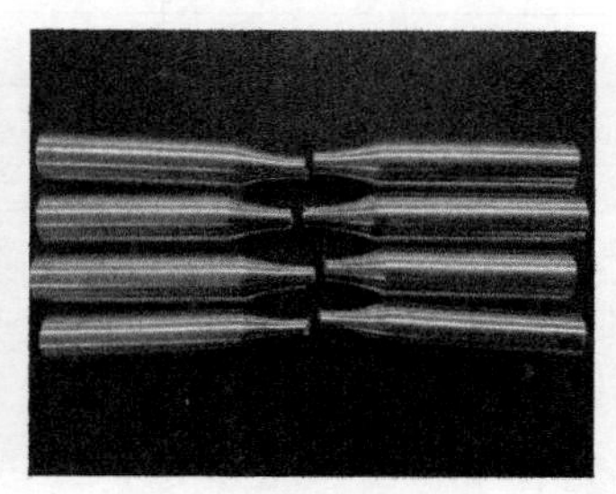
（f）断裂后试件

图 6-9　疲劳试验过程图

表 6-1　疲劳试验结果

应力 S(MPa)	循环次数 N(次)	应力的对数形式(lg$S$)	循环次数的对数形式(lg$N$)
585	14611	4. 16	2. 77
535	42749	4. 63	2. 73
485	79520	4. 90	2. 68
435	258661	5. 41	2. 63
425	289239	5. 46	2. 62
415	540381	5. 73	2. 61
405	6190293	6. 79	2. 60
385	10407116	7. 02	2. 58

根据上面数据可以将管材的疲劳曲线拟合得到，并且得到其计算公式，如图 6-10 所示。表 6-2 为疲劳极限区试验数据，表 6-2 中的应力等级可以计算出材料的疲劳极限 σ_r 为：

$$\sigma_r = \frac{1}{9} \times (2\times425+4\times405+3\times385) = 402.78(\text{MPa}) \tag{6-13}$$

表 6-2　疲劳极限区试验数据

试 验 顺 序	应力等级(MPa)	循环次数(次)	试 验 结 果
1	385	10654984	中止
2	405	10343146	中止

续表

试验顺序	应力等级(MPa)	循环次数(次)	试验结果
3	425	323889	失效
4	405	10153919	中止
5	425	307439	失效
6	405	3245607	失效
7	385	10438520	中止
8	405	1018500	失效
9	385	10248537	中止

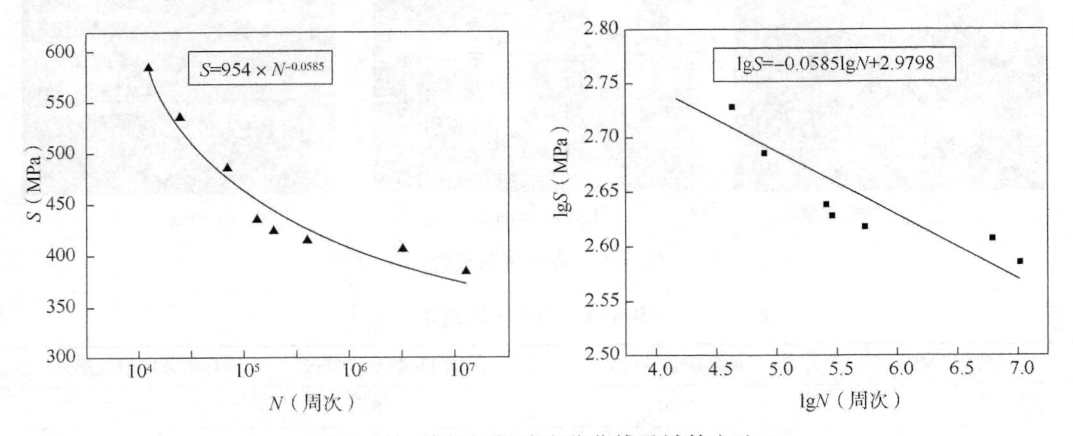

图 6-10　管材材料的疲劳曲线及计算方法

6.3.2　管材 13Cr-L80 疲劳曲线修正

上一节得到的管柱材料疲劳曲线是在理想状态下测得的，针对实际工况下的疲劳曲线还需修正，基于文献资料[173]考虑了加载类型、表面粗糙度、应力集中效应等因素的影响，修正了管材的 S-N 曲线，具体修正系数如下。

6.3.2.1　加载类型修正系数 C_L

在实际工况中管柱受到的是纵向和横向耦合的作用，而实验中的试件只受到纯弯曲的作用，因此，需要对试验测得的疲劳曲线进行修正，其修正可依据表 6-3。通过表 6-3 可知加载类型修正系数为 $C_L = 0.7$。

表 6-3　加载类型修正系数参考表

加载类型	C_L	备注
纯轴向载荷	0.9	
轴向载荷(略微弯曲)	0.7	
弯曲	10	

续表

加载类型	C_L	备注
扭转	0.58	用于钢
扭转	0.8	用于铸铁

6.3.2.2 试样尺寸修正系数 C_D

试样尺寸对疲劳强度的影响，可以用库戈尔(Kuguel)1961年提出的临界容积理论来解释。具体判断依据如下：

$$\begin{cases} C_D = 1.0, & d<8 \\ C_D = 1.189d^{-0.097}, & 8<d<250 \end{cases} \tag{6-14}$$

式中：d 为零件的直径，mm。

由于本实验开展的试件尺寸直径为6mm，属于小尺寸试验，因此，其尺寸修正系数为1.0。

6.3.2.3 应力集中修正系数 K_f

Neuber将表面粗糙度，也就是机械加工留下的表面沟壑理解成表面连续相邻的微小裂纹，引入了表面粗糙度参数如 Ra，提出了考虑表面粗糙度影响下的应力集中系数公式：

$$K_f = 1+2\sqrt{\lambda Ra/\rho} = 1+2\sqrt{Ra/\rho} \tag{6-15}$$

式中：Ra 为表面粗糙度；ρ 为微裂纹底部的曲率半径；λ 为微裂纹的间距与深度的比值，对于实际工况中的 λ 值很难测量，因此在进行计算分析时，通常取值为1。由式(6-15)可得：表面粗糙度越大，理论应力集中系数越大，试样的疲劳极限越小。

测得油管表面粗糙度 $Ra=6.625\mu m$(图6-11)，当考虑表面粗糙度对理论应力集中系数的影响时，可得理论应力集中系数 $K_f=1.0261$。

6.3.2.4 表面质量修正系数 C_S

由于管柱疲劳裂纹主要在管柱的自由表面上萌生，所以需要考虑试件的表面质量对裂纹产生的影响。

由图6-11的表面粗糙度测试结果 $Ra=6.625\mu m$，查文献[173]可知表面质量修正系数可取 $C_S=0.82$。

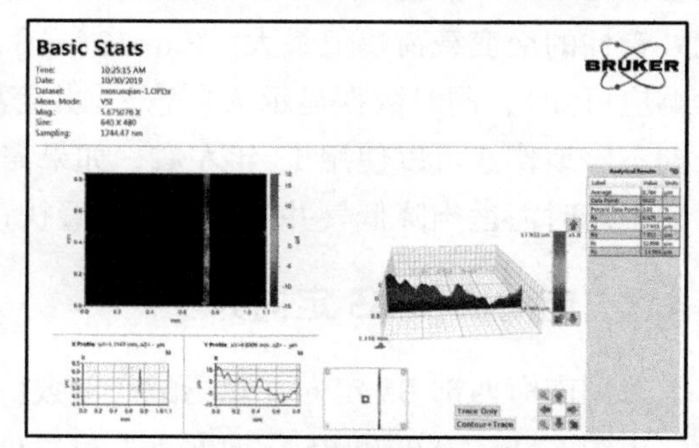

图6-11 表面粗糙度测试结果

综合考虑表面粗糙度、缺口效应、加载类型、可靠性系数、表面质量系数和尺寸系数之后，修正公式为：

$$S_e = \frac{S_{be} C_L C_S C_D}{K_f} = 0.56 S_{be} \tag{6-16}$$

式中：S_{be} 为标准 $S-N$ 曲线的应力，MPa；S_e 为修正后 $S-N$ 曲线的应力，MPa。

最终得到管材13Cr-L80修正后的 $S-N$

曲线，如图 6-12 所示。

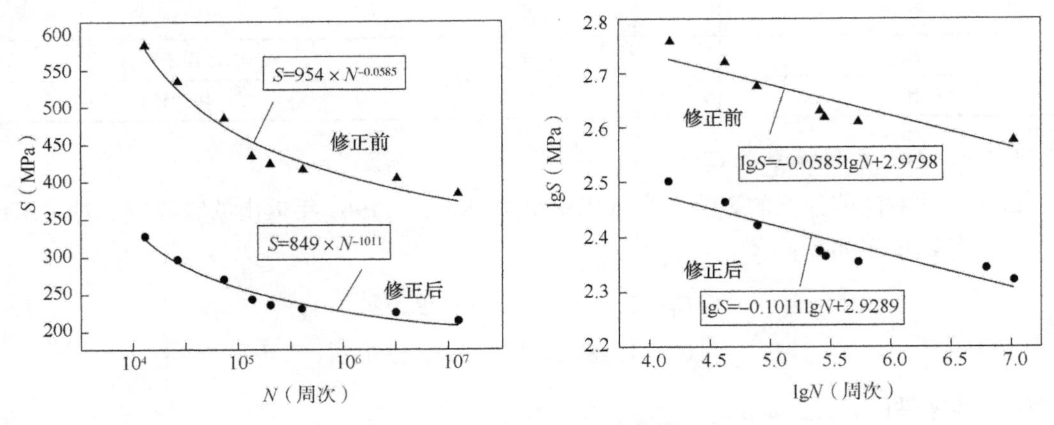

图 6-12 管柱材料疲劳曲线

6.4 实例井分析

在第 4 章建立的管柱动力学模型和本章建立的疲劳预测模型基础上，采用 FORTRAN 软件编写了疲劳寿命预测数值计算代码，借助南海西部“三高”气田 4 口实例井参数，计算得到管柱的疲劳年损伤率和疲劳寿命，评价现场管柱的疲劳安全性能。

6.4.1 南海西部 A3 定向井

采用南海西部 A3 定向井现场配产参数(表 4-4)，在第 4 章管柱动力学的分析基础上，借助本章建立的疲劳寿命预测模型，计算得到管柱的年损伤率和疲劳寿命。

如图 6-13 所示为 A3 气井管柱最大应力、疲劳年损伤率和疲劳寿命随井深变化曲线，由于管柱某些位置处交变应力幅值较小，未达到疲劳极限应力，管柱将发生疲劳损伤，故其寿命较大，为了读者阅读方便，定义管柱寿命超过 40 年就认定为 40 年。由图 6-13 可知管柱的中下部位置处最容易出现疲劳失效，其主要原因是此处管柱发生屈曲变形，导致此处管柱的交变载荷幅值最大[图 6-13(a)]，并且存在拉压应力交替作用(在第 4 章动力学响应可知)，同时数据显示 A3 气井完井管柱在现场目前设计的作业工况和生产参数下，长期不停地作业可以使用 13 年左右，如果需要达到现场气藏要求的使用年限(15~20 年)，后期生产时需适当降低气井的产量或设置扶正器降低管柱的振动。

6.4.2 南海西部 B5 定向井

采用南海西部 B5 定向井现场配产参数(表 4-5)，计算得到管柱的年损伤率和疲劳寿命。由图 6-14(a)可知 B5 定向井下部位置处管柱的交变应力幅值最大，且大于 A3 气井，虽然 B5 气井井深小于 A3 气井，但其直井段长度原大于 A3 气井，以及稳斜段的井斜角小于 A3 气井，导致下部管柱受到的压应力大于 A3 定向井。但图中数据显示 B5 定向井管柱能够使用的寿命约为 14 年，比 A3 气井的寿命较长一些，主要原因是 B5 定向井井斜角变化范围很小，导致管内高速气井的冲击载荷较小以及管柱的振动频率较小，使其寿命大于 A3 气井。结果表明影响完井管柱疲劳寿命的主要因素包括其振动幅值和频率，需提高现场完井管柱的疲劳寿命需降低其振动幅值，或降低其振动频率，同时表明了井眼轨迹是影响管柱损伤特性的主要因素之一。

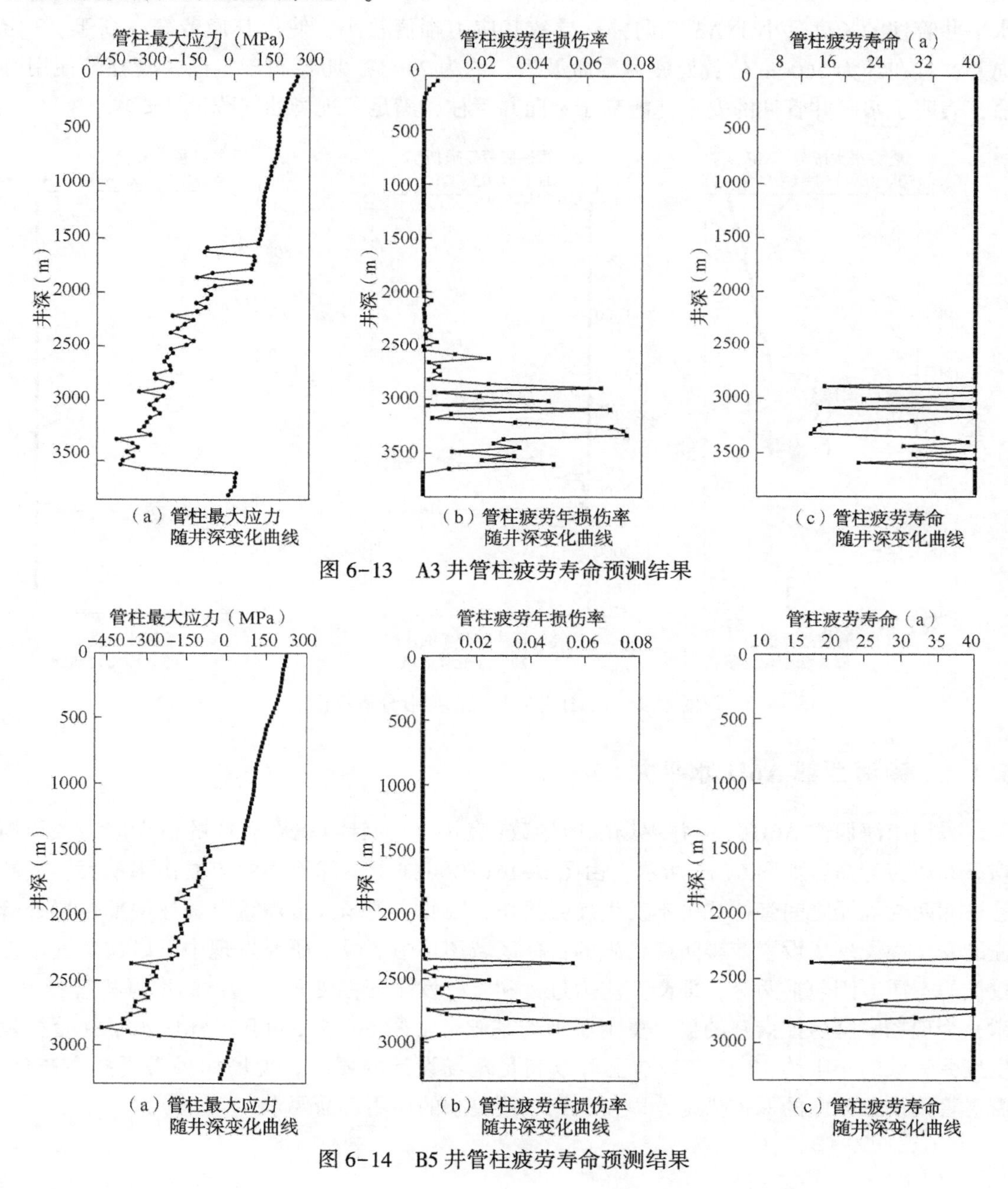

（a）管柱最大应力随井深变化曲线　（b）管柱疲劳年损伤率随井深变化曲线　（c）管柱疲劳寿命随井深变化曲线

图 6-13　A3 井管柱疲劳寿命预测结果

（a）管柱最大应力随井深变化曲线　（b）管柱疲劳年损伤率随井深变化曲线　（c）管柱疲劳寿命随井深变化曲线

图 6-14　B5 井管柱疲劳寿命预测结果

6.4.3 南海西部 A1H 水平井

前面分析了定向井管柱的疲劳寿命，本小节将以典型水平井 A1H 气井，采用现场参数(表 4-6)，分析了水平井管柱的疲劳寿命。

如图 6-15 所示 A1H 水平井管柱最大应力、疲劳年损伤率和疲劳寿命随井深变化曲线。由图 6-15(a)可知 A1H 水平井管柱最大压应力小于 A3 定向井，其主要原因为 A1H 水平井管柱的长度远小于 A3 定向井，导致其应力幅值较小，使得其疲劳寿命高于 A3 定向井，且在约为 2600m 位置处疲劳寿命最短，约为 24 年，明显高于定向井管柱的使用寿命，表明了水平井管柱的安全性能高于定向井管柱，满足了现场油气藏设计要求。

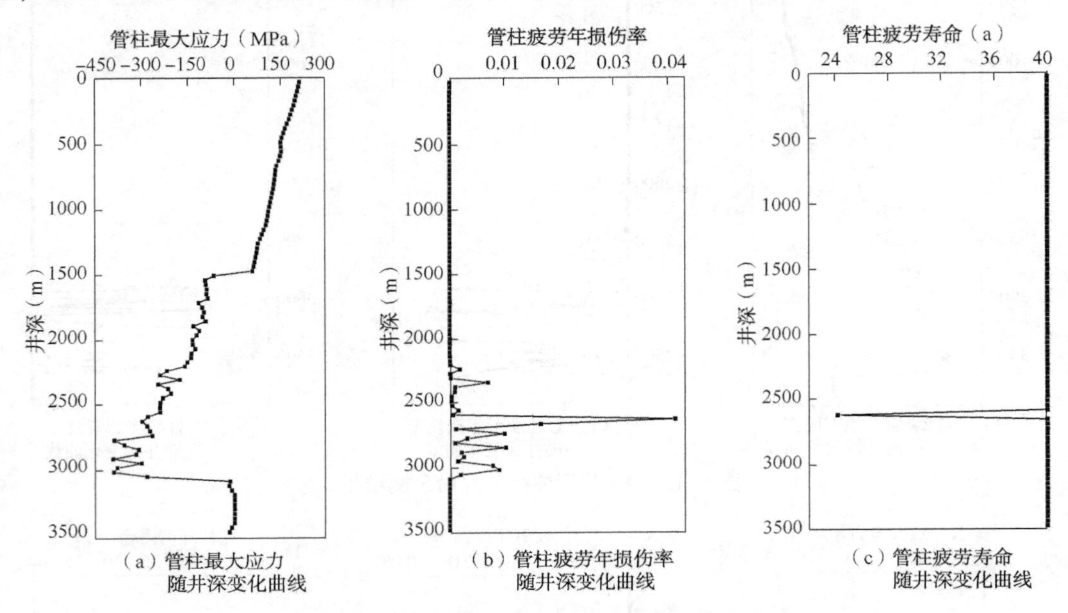

图 6-15 A1H 井管柱屈曲变形分析数据

6.4.4 南海西部 A6H 水平井

采用南海西部 A6H 定向井现场配产参数(表 4-7)，计算得到管柱的最大应力、年损伤率和疲劳寿命，如图 6-16 所示。由图 6-16(b)可知中下部管柱的年损伤率最大，上端管柱和两封隔器之间管柱几乎不发生疲劳损伤，因此，现场人员需重点关注中部位置处管柱的安全性。现场设置减震防震措施的目标区域还是中下段，研究发现中下段位置安全性较低的本质原因包括两个，即交变应力过大和管柱发生屈曲变形，具体的影响机理见第 5 章，为现场安全防控措施的提出奠定了理论基础。由图 6-16(c)可知 A6H 水平井管柱发生疲劳失效的年限约 17 年，基本上可以满足现场设计的要求。现场如果需要提高产量，需对管柱设置相应的保护措施，以便达到气藏要求的使用寿命要求。

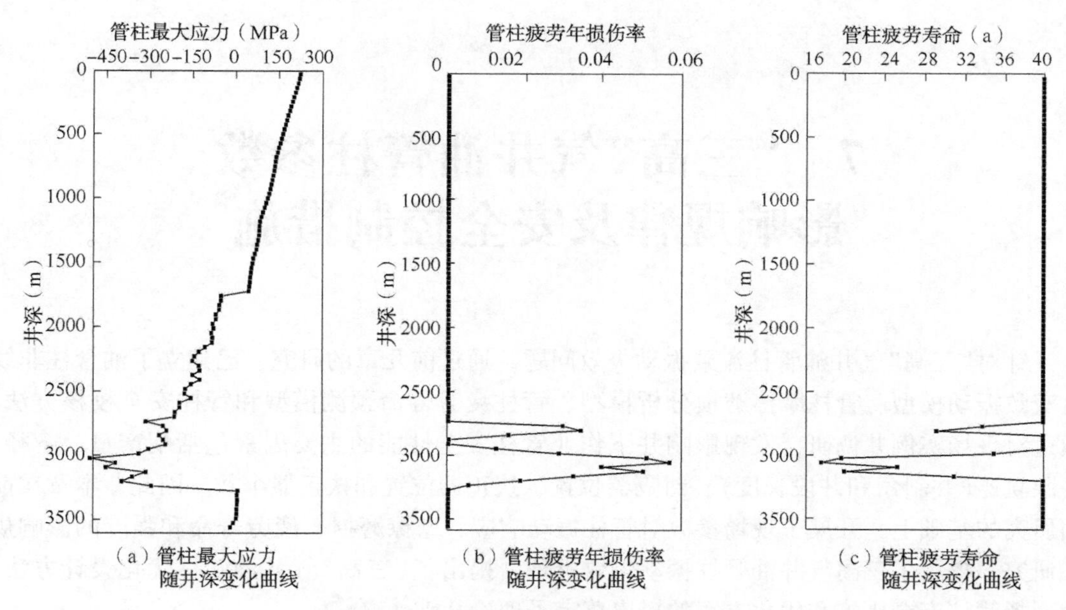

图 6-16　A6H 井管柱屈曲变形分析数据

7 “三高”气井油管柱参数影响规律及安全控制措施

针对“三高”气井油管柱流致振动失效问题，通过前几章的研究，已建立了油管柱非线性流致振动模型、管柱摩擦磨损分析模型、管柱疲劳寿命预测模型和管柱安全校核方法。通过对现场实例井调研，发现影响井下作业管柱安全性能的主要因素包括配产量、管径、井眼轨迹(井斜角和井段长度)、封隔器位置、扶正器位置和扶正器个数。因此，本章在前面研究的基础上，开展了现场参数对管柱振动响应、摩擦磨损、疲劳寿命和强度的影响规律研究，揭示了三高气井油管柱振动失效机理，提出了“三高”气井油管柱优化设计方法，为现场管柱安全措施和优化方案的提出奠定了理论基础。

7.1 产量对油管柱振动失效的影响

引起“三高”气井油管柱振动的主要原因包括内部高速流体的诱发作用。而产量直接决定管内流体速度，同时产量也是现场最为重要的一项指标，现场设计人员都希望能够在不对管柱等其他设备产生损坏影响下产量最大化。南海西部 M“三高”气田配产数据最大为 $160\times10^4m^3/d$。

因此，本章选择了现场两口典型实例井(A3 定向井和 A1H 水平井)，通过设置产量为 $30\times10^4m^3/d$、$60\times10^4m^3/d$、$90\times10^4m^3/d$、$120\times10^4m^3/d$ 和 $160\times10^4m^3/d$ 计算得到了油管柱的振动响应、摩擦磨损、疲劳寿命和安全系数等数据，分析了产量对管柱安全性能的影响规律，揭示了定向井和水平井油管柱的振动、摩擦磨损、疲劳和强度失效机理，提出了南海西部“三高”气井现场配产优化设计方法，为现场管柱的安全设计及作业方式奠定了理论基础，具体计算分析如下。

7.1.1 产量对油管柱振动响应的影响

7.1.1.1 南海西部 M“三高”气田 A3 气井

根据南海西部 M“三高”气田 A3 气井具体的井眼轨迹(图 7-1)及现场配产参数(表 7-1)，采用所建立的振动模型计算得到了油管柱动力学响应。

南海西部 M“三高”气田 A3 气井为定向井，直井段约为 630m，造斜段约为 330m，稳斜段以井斜角为 43.44°一直延伸到 3900m 位置，生产封隔器位于 3666m 位置，中部封隔器位于 3900m 位置。特选取 A3 气井油管柱 1/5、2/5、3/5、4/5 位置处的振动响应数据，分析了产量对定向井管柱振动响应的影响规律。

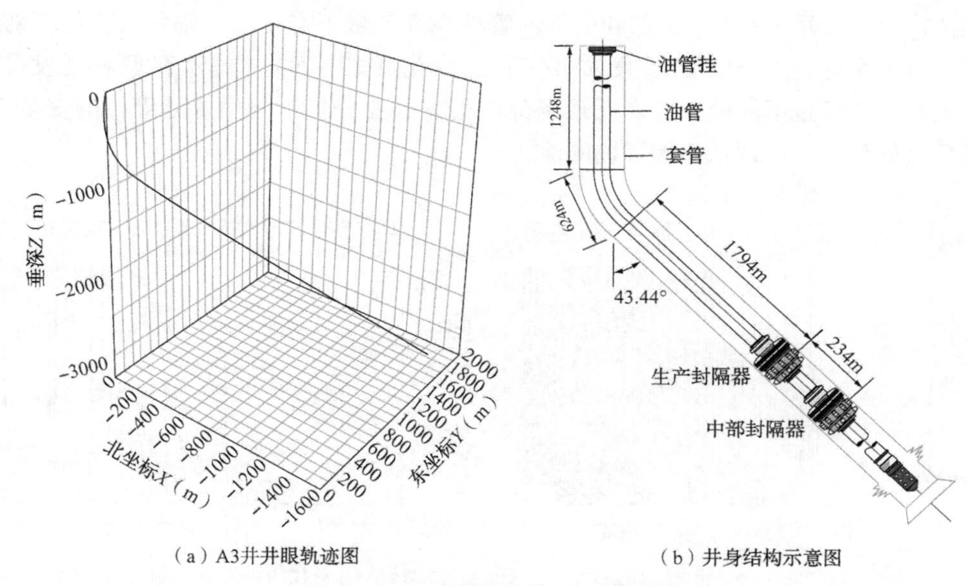

(a)A3井井眼轨迹图　　(b)井身结构示意图

图 7-1　管柱的井眼轨迹及井身结构

表 7-1　南海西部 M“三高”气田 A3 气井计算参数

参　数	数　值	参　数	数　值
管长(m)	3900	时间步长(s)	0.001
管柱内径(m)	0.1003	划分单元数	1000
管柱外径(m)	0.1143	单元长度	3.9
套管内径(m)	0.1658	摩擦系数	0.243
套管外径(m)	0.1778	油管密度(kg/m^3)	7850
产量($10^4m^3/d$)	60	流体密度(kg/m^3)	750
计算时间(s)	50	井斜角(°)	0~43.44
生产封隔器位置(m)	3666	中部封隔器位置(m)	3900
油管材料	13cr-L80	屈服强度(MPa)	665

如图 7-2 所示为不同产量下油管柱横向振动位移时程曲线。由图 7-2 可知，随着产量的增加，上端管柱的横向振动有所减弱[图 7-2(a)]，但中部和下部管柱的横向振动增强[图 7-2(b)至图 7-2(d)]。同时发现在同一产量下，上端管柱的横向振动比中下部管柱的振动更加剧烈。

如图 7-3 所示为管柱纵向振动位移时程曲线。由图 7-3 可知，产量增加对管柱瞬态振动的幅值和频率几乎没有影响，但严重影响油管柱的稳态响应，包括振动幅值和振动频率，影响其幅值变化较大的产量区间为$(90\sim120)\times10^4m^3/d$，表明随着产量的增加管柱的纵向稳态振动更加剧烈，将导致管柱更加容易发生摩擦磨损失效(滑移行程增加)。

如图 7-4 和图 7-5 所示为管柱的交变应力和振动幅频曲线，由[图 7-4(a)、图 7-4

(b)和图 7-4(c)]可知上部、中部和中下部管柱在高产量下交变应力幅值大，但下部管柱在中间产量下交变应力幅值最大[图 7-4(d)]，由此可知，不同位置处的管柱诱发最大交变应力的临界产量是不同的，这表明现场分析很有必要分析不同位置处管柱的安全性能，确定最危险的部位，以评估整体管柱的性能。

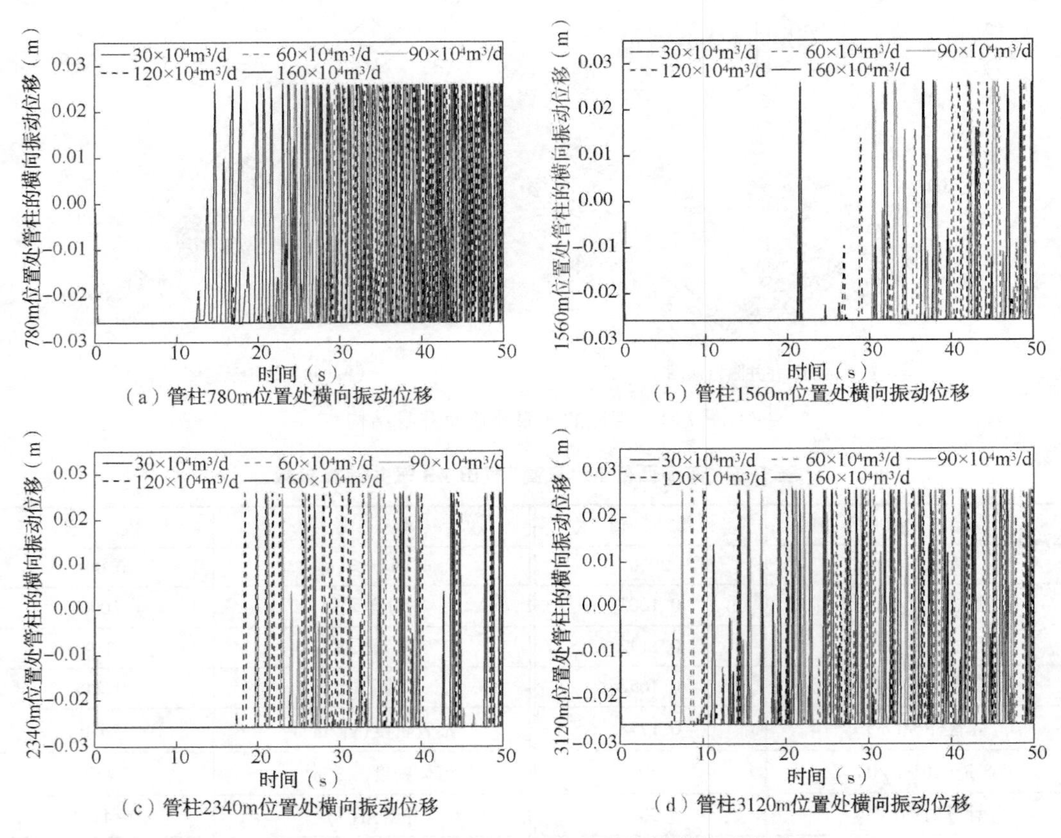

（a）管柱780m位置处横向振动位移（b）管柱1560m位置处横向振动位移
（c）管柱2340m位置处横向振动位移（d）管柱3120m位置处横向振动位移

图 7-2　不同产量下 A3 气井油管柱横向振动位移

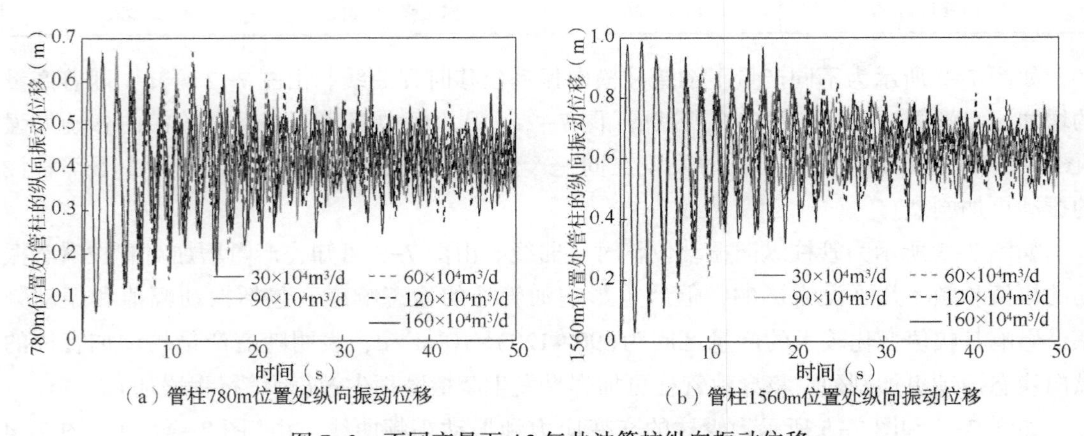

（a）管柱780m位置处纵向振动位移（b）管柱1560m位置处纵向振动位移

图 7-3　不同产量下 A3 气井油管柱纵向振动位移

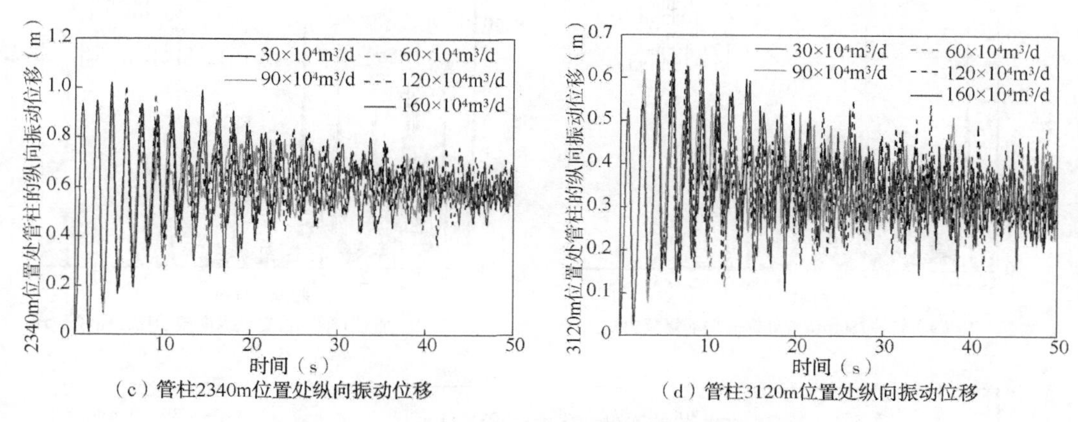

（c）管柱2340m位置处纵向振动位移
（d）管柱3120m位置处纵向振动位移

图 7-3　不同产量下 A3 气井油管柱纵向振动位移(续)

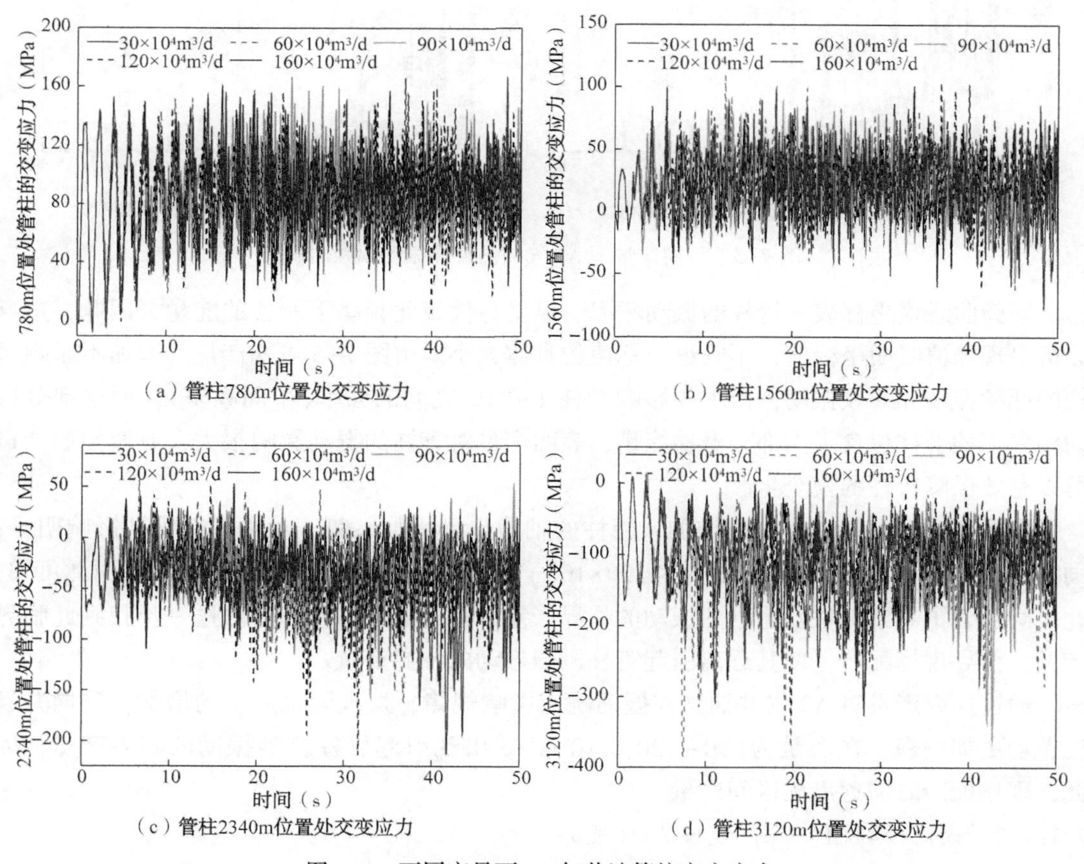

（a）管柱780m位置处交变应力
（b）管柱1560m位置处交变应力
（c）管柱2340m位置处交变应力
（d）管柱3120m位置处交变应力

图 7-4　不同产量下 A3 气井油管柱交变应力

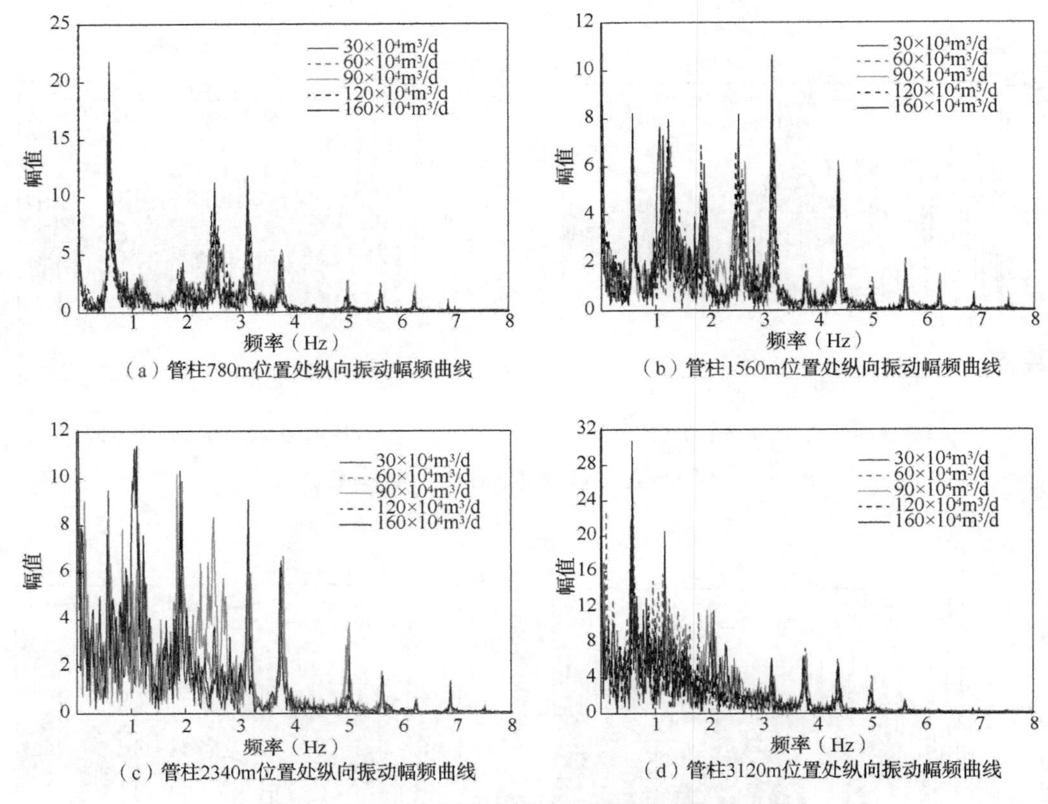

（a）管柱780m位置处纵向振动幅频曲线

（b）管柱1560m位置处纵向振动幅频曲线

（c）管柱2340m位置处纵向振动幅频曲线

（d）管柱3120m位置处纵向振动幅频曲线

图 7-5　不同产量下 A3 气井油管柱振动幅频曲线

幅频曲线横坐标表示管柱的振动频率，纵坐标代表此频率下所含的能量，因此，重点分析出现峰值时横坐标值，不管纵坐标值的具体大小。由图 7-5 可知产量的增加不影响管柱的低频振动和高频振动，但主要影响管柱 1～3Hz 之间的频率(中间频率)，而这部分振动频率下的管柱包含了大部分振动能量，表明产量对管柱的振动影响很大，有效控制产量可以有效保障管柱的安全生产。

由图 7-6 可知随着产量的增加，管柱的轴力也呈增加趋势，对中下部管柱影响明显；同时发现当产量由 $90\times10^4m^3/d$ 变为 $120\times10^4m^3/d$ 时，出现了一个显著的增加，由此可知，此区间包含了导致管柱发生剧烈振动的临界产量，通过提出的计算方法进一步找到此临界产量，指导现场配产，使其远离引起管柱剧烈振动的临界产量。

通过探究产量对 A3 气井油管柱振动响应影响规律，发现随着产量的增加，定向井管柱振动更加剧烈，在产量为 $(90\sim120)\times10^4m^3/d$ 出现引起管柱剧烈振动的临界产量，因此，现场配产时需远离此区间产量。

7.1.1.2　南海西部 M“三高”气田 A1H 气井

前面开展了定向井管柱振动响应特性分析，接下来开展水平井管柱振动响应特性分析。采用南海西部 M 高温高压气田 A1H 气井具体的井眼轨迹(图 7-7)及参数(表 7-2)，采用所建立的振动模型计算得到了油管柱动力学响应。

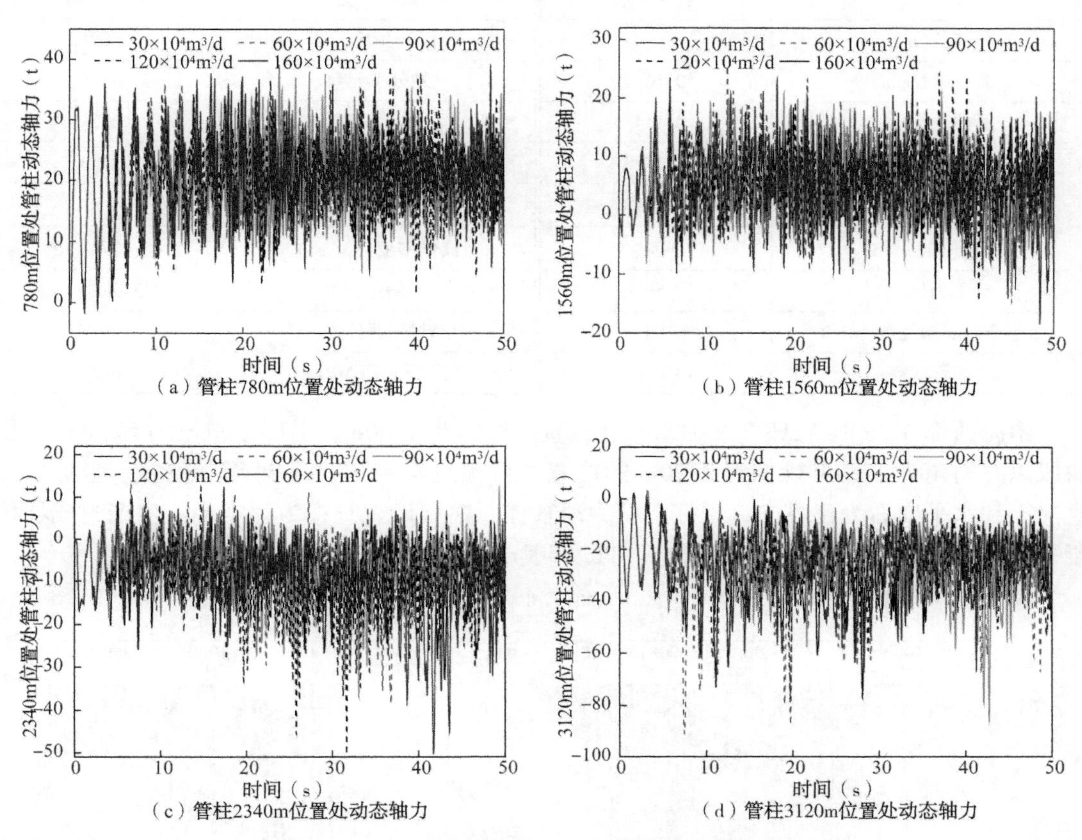

（a）管柱780m位置处动态轴力（b）管柱1560m位置处动态轴力

（c）管柱2340m位置处动态轴力（d）管柱3120m位置处动态轴力

图 7-6　不同产量下 A3 气井油管柱动态轴力

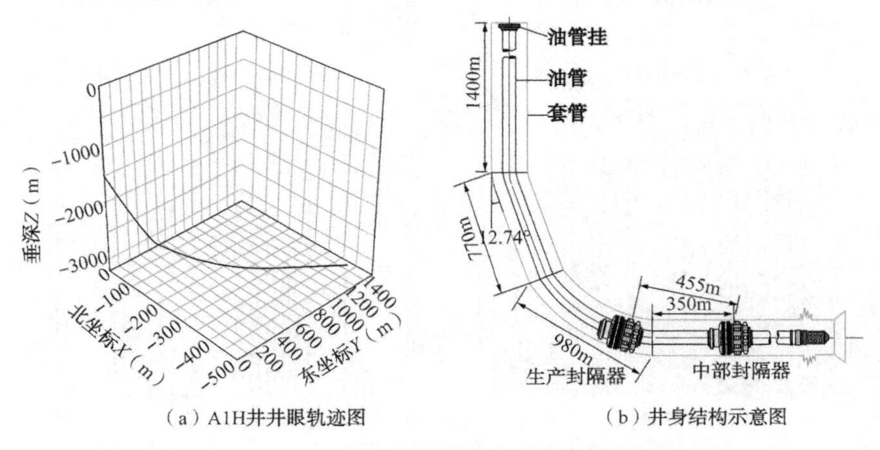

（a）A1H井井眼轨迹图（b）井身结构示意图

图 7-7　管柱的井眼轨迹及井身结构

表 7-2　南海西部 M 气田 A1H 气井计算参数

参　数	数　值	参　数	数　值
管长(m)	3500	时间步长(s)	0.001
管柱内径(m)	0.1003	划分单元数	1000
管柱外径(m)	0.1143	单元长度	3.5
套管内径(m)	0.1778	摩擦系数	0.243
套管外径(m)	0.1658	油管密度(kg/m^3)	7850
产量($10^4m^3/d$)	90	流体密度(kg/m^3)	275
计算时间(s)	50	井斜角(°)	0~80.22
生产封隔器位置(m)	3045	中部封隔器位置(m)	3500
油管材料	13cr-L80	屈服强度(MPa)	665

南海西部 M 气田 A1H 气井为水平井，直井段约为 1500m，上部造斜段约有 120m，稳斜段以井斜角为 12.74°延伸到 2520m 的位置，再次造斜到 3500m 封隔器位置。坐标以竖直向下和水平向右为正方向，管柱上端为油管挂，模型计算时视为固定端；生产封隔器位于井深为 3045m 处，中部封隔器位于油管 3500m 处，计算分析时设置为固定端。

如图 7-8 所示为 A1H 气井在不同产量下油管柱的横向振动位移时程曲线。由图 7-8

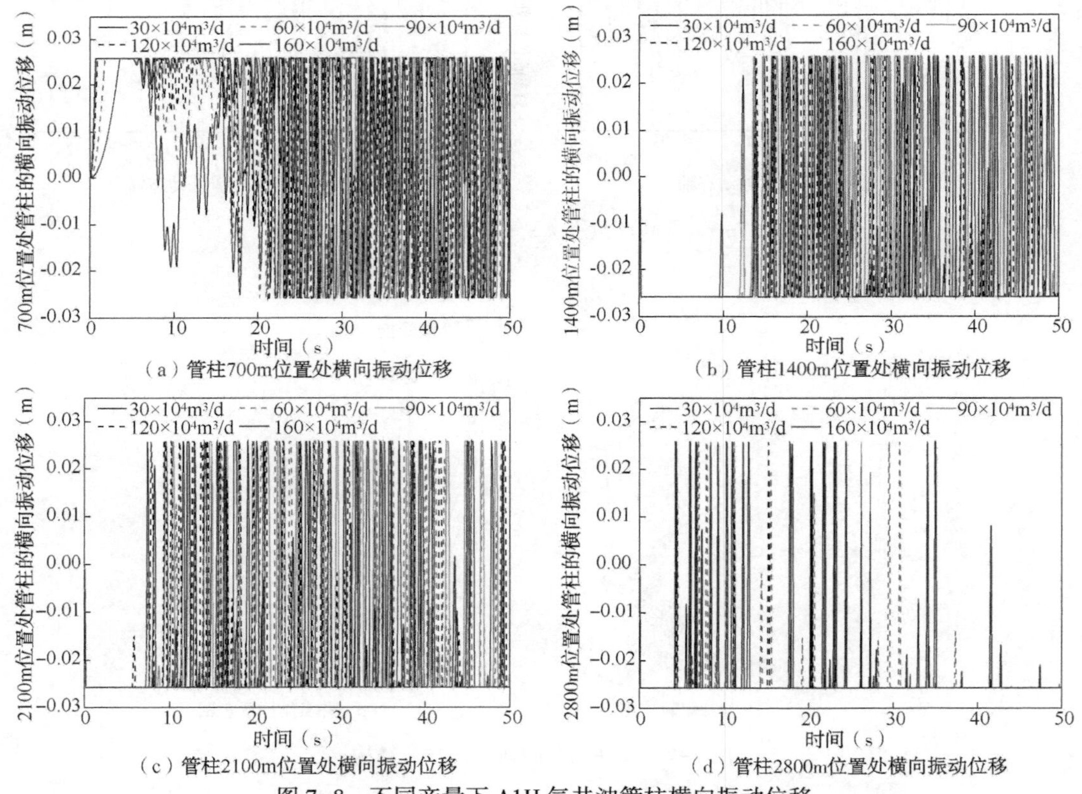

（a）管柱700m位置处横向振动位移　（b）管柱1400m位置处横向振动位移

（c）管柱2100m位置处横向振动位移　（d）管柱2800m位置处横向振动位移

图 7-8　不同产量下 A1H 气井油管柱横向振动位移

(a)和图7-8(b)可知随着产量的增加，有效抑制了上端管柱的横向振动，使其开始振动时间有效往后推移，通过观察图中不同曲线的密集程度(代表振动频率)，发现管柱横向振动频率先增加后减小，在$120\times10^4m^3/d$出现最大，由此表明管柱在$120\times10^4m^3/d$产量下出现共振现象。由图7-8(c)和图7-8(d)可知，随着产量的增加，中下部管柱横向振动也更加剧烈，特别是下部油管柱，由此表明随着产量的增加，需设置其他防震措施以降低定向井下部管柱的横向振动，确保其不发生破坏。

如图7-9所示为A1H气井在不同产量下油管柱的纵向振动位移时程曲线，由图可知产量在$60\times10^4m^3/d$和$160\times10^4m^3/d$，其纵向振动幅值最大，中间产量管柱的纵向振动有所减弱，说明引起水平井纵向管柱大幅振动的产量为$60\times10^4m^3/d$左右。但随着产量的增加，管柱的纵向振动先减低再增加，由前面发现引起管柱横向剧烈振动的产量为$120\times10^4m^3/d$，表明管柱的纵向和横向振动特性有所不同，前面发现不同位置处管柱的振动特性也不同，这一现象表明管柱振动特性机理分析需考虑两个不同方向的振动，同时不同井型表现了不同的振动特性。

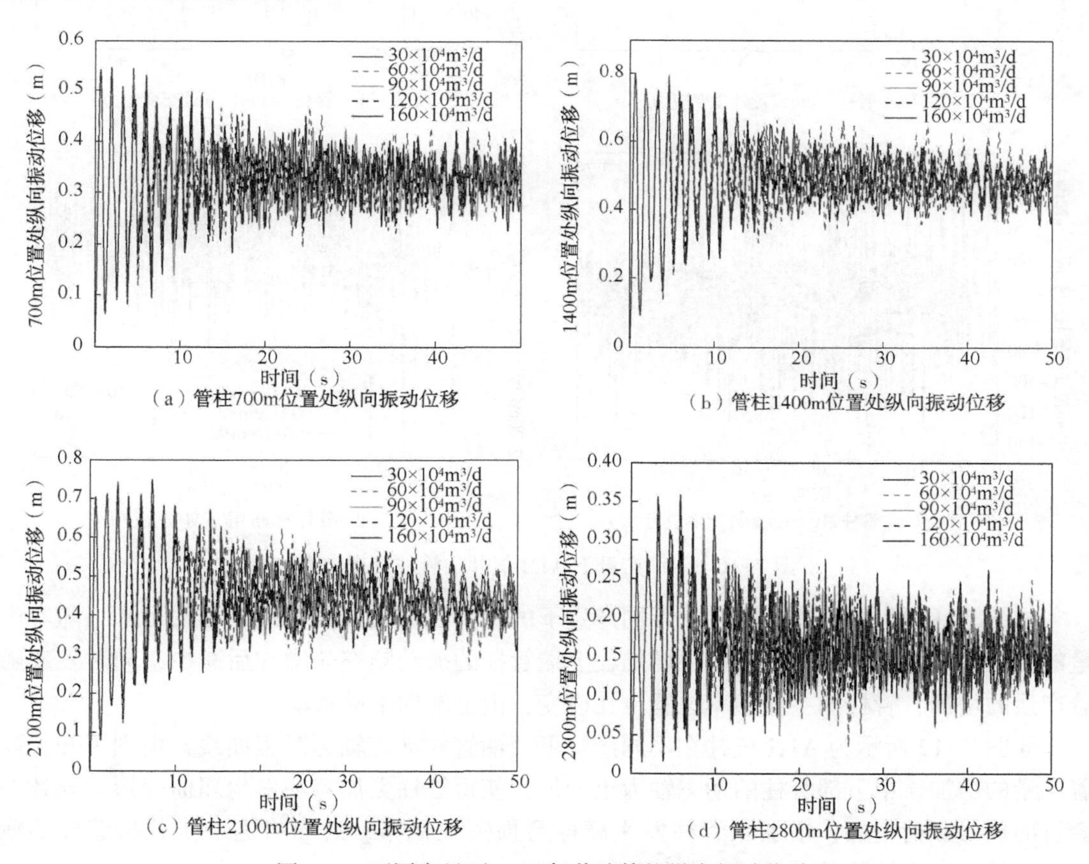

图7-9 不同产量下A1H气井油管柱纵向振动位移

如图7-10所示为A1H气井在不同产量下油管柱的交变应力时程曲线。由图7-10(a)

和图 7-10(b)可知，随着产量的增加，上端管柱交变应力幅值有所下降，产量的增加有利于保护上端管柱不发生疲劳失效，但前面已发现“三高”气井油管柱失效位置主要出现在下管柱的中下部，因此，降低上端管柱的交变应力幅值给现场管柱的安全性并不能带来实质性的影响。由图 7-10(c)和图 7-10(d)可知，随着产量的增加，中下部管柱的交变应力幅值增加，表明产量的增加将降低水平井下部管柱的安全性能，因此，有效控制“三高”气井的配产数据有利于管柱的安全使用。

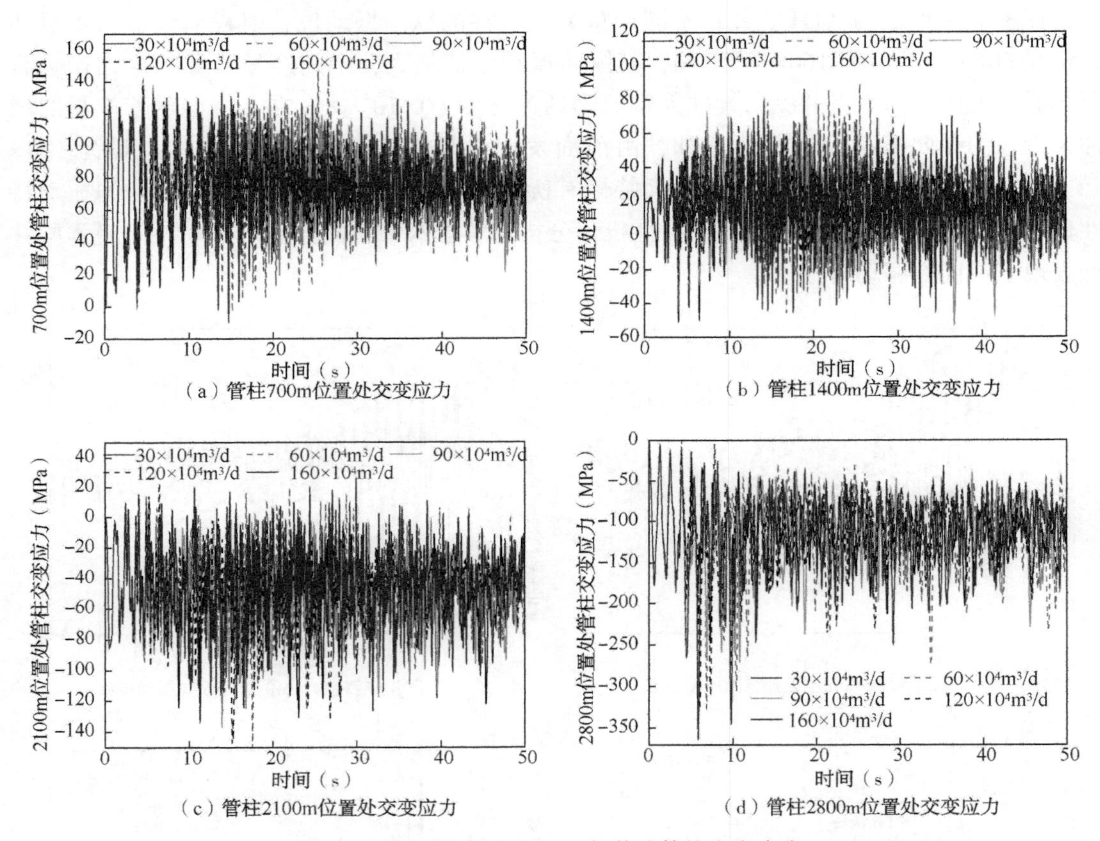

（a）管柱700m位置处交变应力

（b）管柱1400m位置处交变应力

（c）管柱2100m位置处交变应力

（d）管柱2800m位置处交变应力

图 7-10　不同产量下 A1H 气井油管柱交变应力

如图 7-11 所示为 A1H 气井在不同产量下的油管柱振动幅频曲线，由图可知，随着产量的增加，中下部管柱振动频率也增加，上端管柱的振动频率先增加后减少，同时发现随着产量的增加，管柱的主振频率位置也在改变，由上端向下端移动。

如图 7-12 所示为 A1H 气井在不同产量下的油管柱动态轴力时程曲线，由图可知，随着产量的增加，中下部管柱的动态轴力也增加，使得管柱更加容易发生屈曲变形，导致油套管的接触载荷增加，增加了管柱发生摩擦磨损失效概率，后面将进一步分析管柱的疲劳、磨损和安全性能随产量的变化规律。

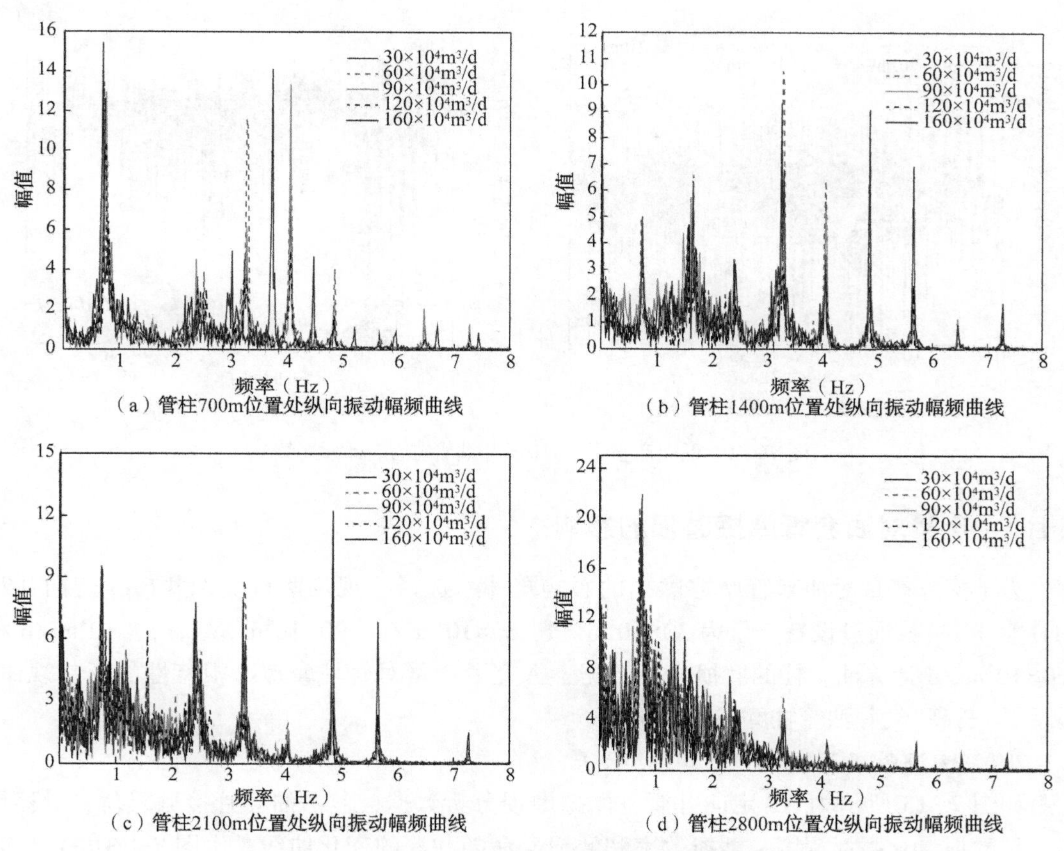

（a）管柱700m位置处纵向振动幅频曲线

（b）管柱1400m位置处纵向振动幅频曲线

（c）管柱2100m位置处纵向振动幅频曲线

（d）管柱2800m位置处纵向振动幅频曲线

图 7-11　不同产量下 A1H 气井油管柱幅频曲线

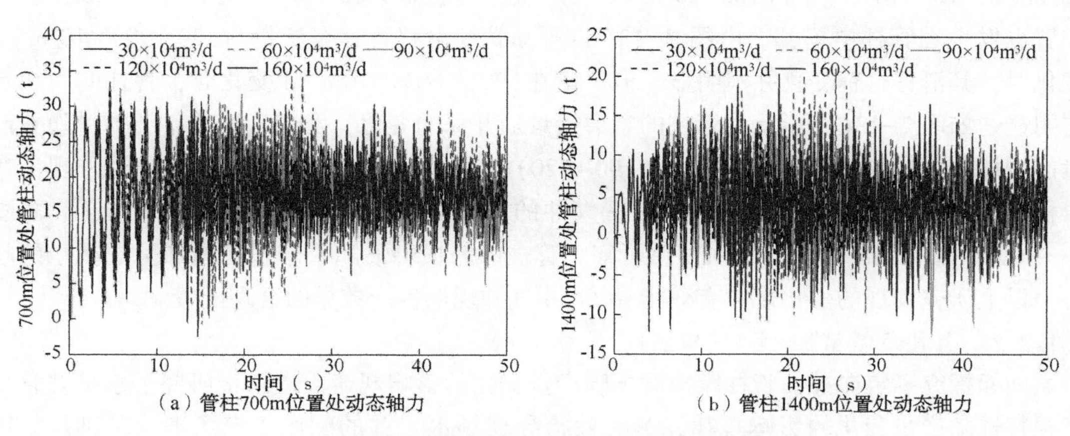

（a）管柱700m位置处动态轴力

（b）管柱1400m位置处动态轴力

图 7-12　不同产量下 A1H 气井油管柱动态轴力

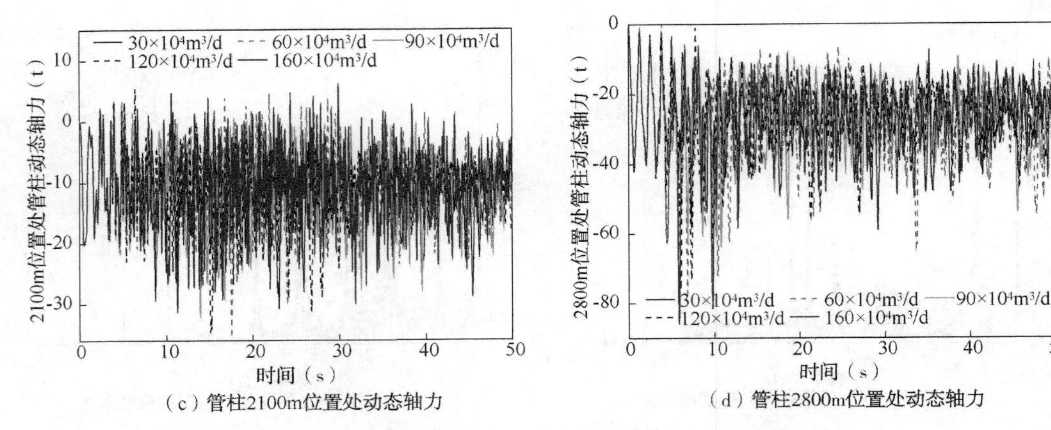

（c）管柱2100m位置处动态轴力　（d）管柱2800m位置处动态轴力

图 7-12　不同产量下 A1H 气井油管柱动态轴力(续)

7.1.2　产量对油套管摩擦磨损的影响

为了探究产量对油套管摩擦磨损的影响规律，选择了现场两口实例井(A3 定向井和 A1H 水平井)，通过设置产量为 $30\times10^4m^3/d$、$60\times10^4m^3/d$、$90\times10^4m^3/d$、$120\times10^4m^3/d$ 和 $160\times10^4m^3/d$ 计算油管柱的磨损分析数据，探究了产量对管柱摩擦磨损特性的影响规律，揭示了“三高”气井油管柱磨损失效机理。

7.1.2.1　南海西部 M“三高”气田 A3 气井

如图 7-13 所示为 A3 定向井管柱摩擦磨损分析数据，包括油套管接触载荷、滑移行程、年磨损量、磨损深度、磨损效率和磨损寿命随井深的变化曲线。由图 7-13(a)可知，定向井管柱的接触载荷随产量增加出现增加趋势，但变化趋势不太明显，特别是在 $90\times10^4m^3/d$、$120\times10^4m^3/d$ 和 $160\times10^4m^3/d$ 的产量下管柱最大接触载荷相差很小，最大载荷位置也发生在管柱中下部。由图 7-13(b)可知管柱滑移行程在产量为$(30\sim90)\times10^4m^3/d$ 变化时，其滑移行程变化并不明显，但产量在$(90\sim160)\times10^4m^3/d$ 变化时，管柱的增加趋势明显。如图 7-13(c)所示为管柱的年磨损量随井深的变化，发现管柱的年磨损量随着产量的增加，总体呈增加趋势，并且在$(90\sim120)\times10^4m^3/d$ 出现一个大幅增加，这一现象在管柱的振动响应中也被发现，合理设置气井的配产数据，将有效保护管柱的安全。由图 7-13(d)、图 7-13(e)和图 7-13(f)可知，管柱的磨损寿命随着产量的增加呈现减小的趋势。以上研究发现的变化规律有效指导了 A3 气井现场生产数据的合理配置。

7.1.2.2　南海西部 M“三高”气田 A1H 气井

前面探究了定向井油管柱摩擦磨损随产量变化的影响规律，进一步研究了水平井管柱磨损特性随产量变化的影响规律，为有效指导现场水平井的配产奠定了理论基础。如图 7-14 所示为 A1H 水平井管柱摩擦磨损分析数据，包括油套管接触载荷、滑移行程、年磨损量、磨损深度、磨损效率和磨损寿命随井深的变化曲线。由图 7-14(a)可知，水平井管

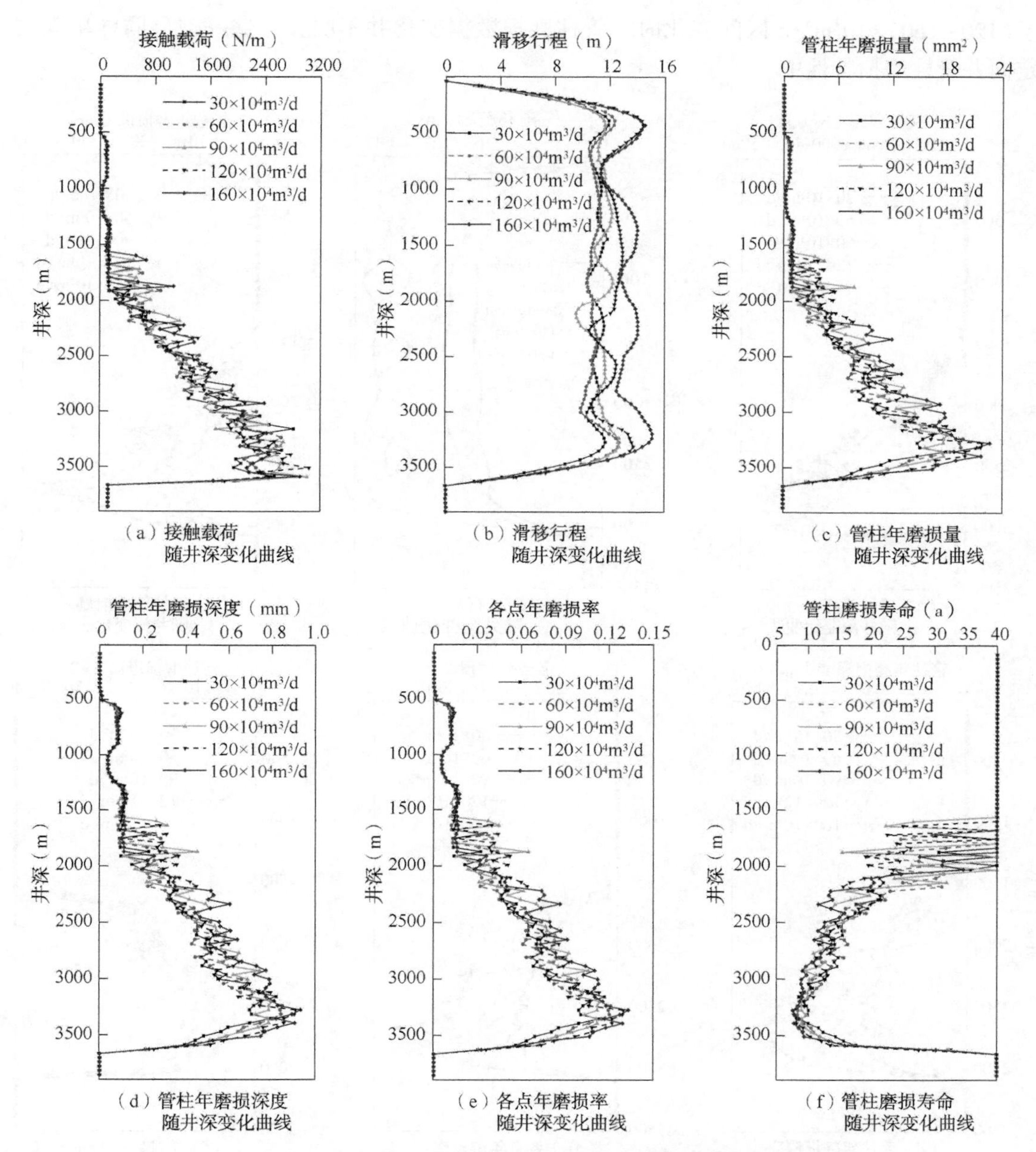

（a）接触载荷随井深变化曲线

（b）滑移行程随井深变化曲线

（c）管柱年磨损量随井深变化曲线

（d）管柱年磨损深度随井深变化曲线

（e）各点年磨损率随井深变化曲线

（f）管柱磨损寿命随井深变化曲线

图 7-13　不同产量下 A3 气井油管柱摩擦磨损分析数据

柱的接触载荷随产量增加也出现增加趋势，产量在 $90\times10^4m^3/d$ 之前变化时，管柱接触载荷增加趋势不明显；当产量高于 $90\times10^4m^3/d$ 时，其接触载荷发生明显变化，但出现最大接触应力的位置位于管柱中下部，这与前面发现的现象相同。由图 7-14(b)可知管柱滑移行程在产量为 $(120\sim160)\times10^4m^3/d$ 变化时，其滑移行程变化并不明显。由图 7-14(c)、图 7-14(d)、图 7-14(e)和图 7-14(f)可知管柱的年磨损量、磨损深度和磨损寿命随着产量的增加，总体呈增加趋势，并且在 $(90\sim120)\times10^4m^3/d$ 出现一个大幅增加，而当产量位于(120~160)×$10^4m^3/d$ 区间变化时，管柱磨损数据变化并不明显，这一现象同样出现在定向井管柱磨损特性中。

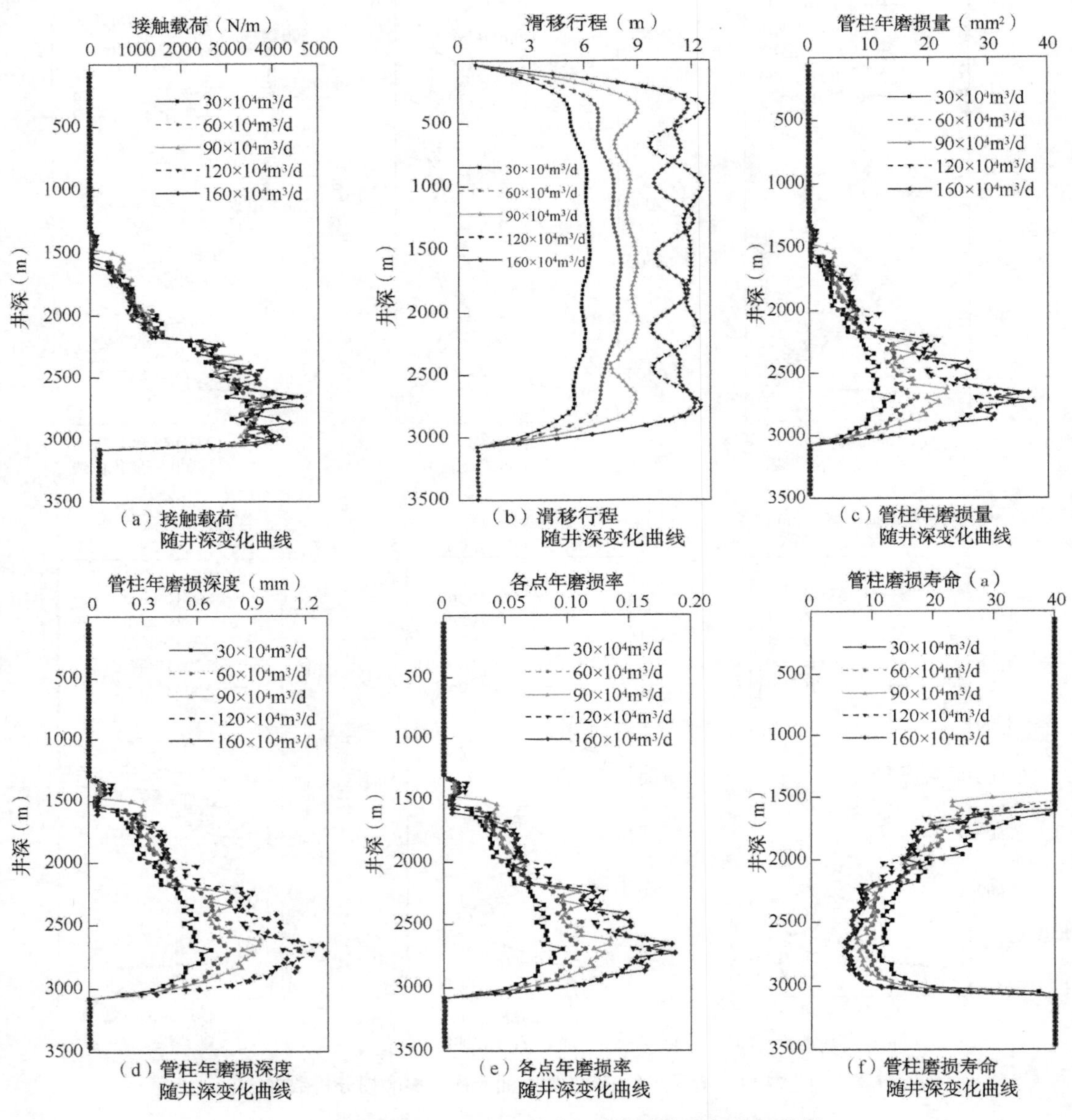

图 7-14　不同产量下 A1H 气井油管柱摩擦磨损分析数据

本小节通过探究产量对定向井和水平井油管柱磨损特性影响规律，发现随着产量的增加，导致定向井和水平井管柱的磨损增加，定向井出现大幅变化的区间处于(90~120)×$10^4m^3/d$，水平井出现大幅变化的区间处于(120~160)×$10^4m^3/d$，水平井管柱磨损特性受产量的影响程度远大于定向井管柱，水平井管柱磨损特性对产量因素的敏感性强。因此，水平井配产时，需重点分析当前配产下管柱的磨损特性，以便保护管柱不发生磨损失效。

7.1.3 产量对油管柱疲劳寿命的影响

为了进一步探究油管柱疲劳损伤特性随产量的变化规律，通过设置产量为$30×10^4m^3/d$、$60×10^4m^3/d$、$90×10^4m^3/d$、$120×10^4m^3/d$和$160×10^4m^3/d$计算油管柱疲劳损伤分析数据，分析产量对管柱疲劳损伤特性的影响规律。

7.1.3.1 南海西部M“三高”气田A3气井

如图7-15所示为A3定向井在不同产量下油管柱疲劳损伤分析数据，包括管柱的最大应力、年疲劳损伤率和疲劳寿命。由图7-15(a)可知，定向井管柱出现最大应力位置位于中下部，随着产量的增加，管柱最大应力也增加，但变化趋势很小，其主要原因是管柱最大应力主要是由油管的自重决定，而管内高速流体的冲击力影响很小，起到了载荷激励作用。由图7-15(b)和图7-15(c)可知定向井管柱的年损伤率和寿命随产量的变化发生明显变化，其主要原因随着产量的增加管柱振动频率发生变化，其中间振动频率所含能量最大(前面响应特性分析发现)，最终导致管柱的寿命降低。随着产量的增加到$160×10^4m^3/d$时管柱的寿命约为7年，无法满足现场设计要求，需降低管柱的产量或设置防震措施以保障管柱的使用寿命。

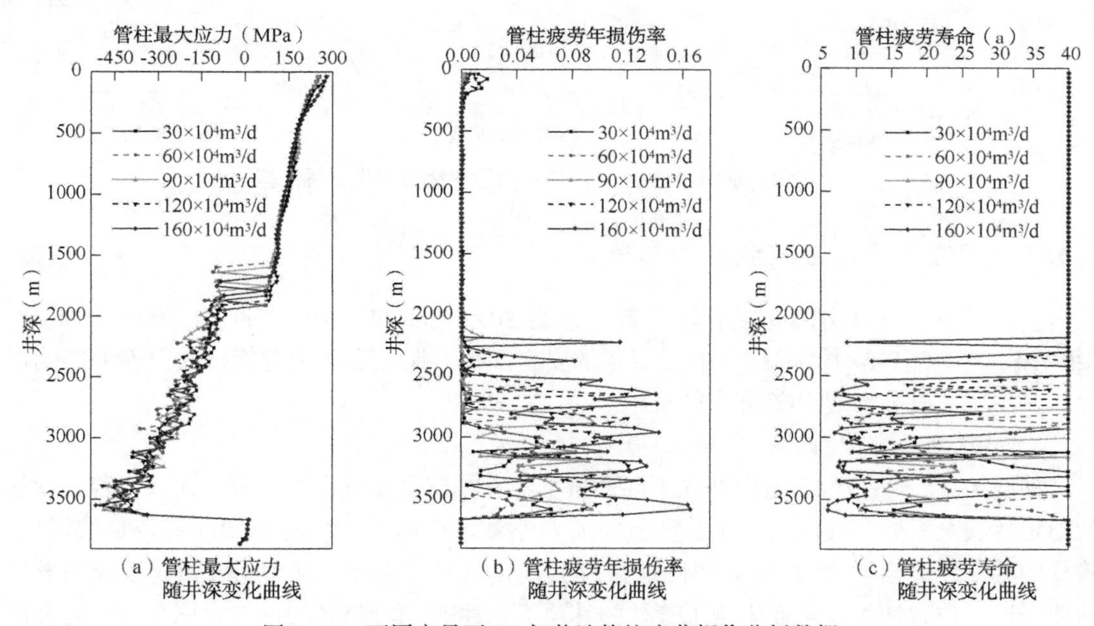

(a) 管柱最大应力随井深变化曲线　(b) 管柱疲劳年损伤率随井深变化曲线　(c) 管柱疲劳寿命随井深变化曲线

图7-15 不同产量下A3气井油管柱疲劳损伤分析数据

7.1.3.2 南海西部M“三高”气田A1H气井

如图7-16所示为A1H水平井在不同产量下油管柱疲劳损伤分析数据沿井深分布曲线。由图7-16(a)可知，水平井管柱的最大应力随产量的增加，影响并不明显，与定向井管柱的特性相同。由图7-16(b)和图7-16(c)可知水平井管柱的年损伤率和寿命随产量的变化发生明显变化，引起管柱疲劳寿命出现突变的产量为$(90\sim120)\times10^4m^3/d$，这一变化规律在前面管柱其他特性同样被发现，但产量为$160\times10^4m^3/d$时，管柱的寿命约为13年，相比于定向井较为安全，基本能够满足现场的要求(现场后期配产数据会降低)。研究发现产量在$(90\sim120)\times10^4m^3/d$区间变化时，管柱的安全性能大幅降低，这一结果，为现场配产提供了所需避开的区间。

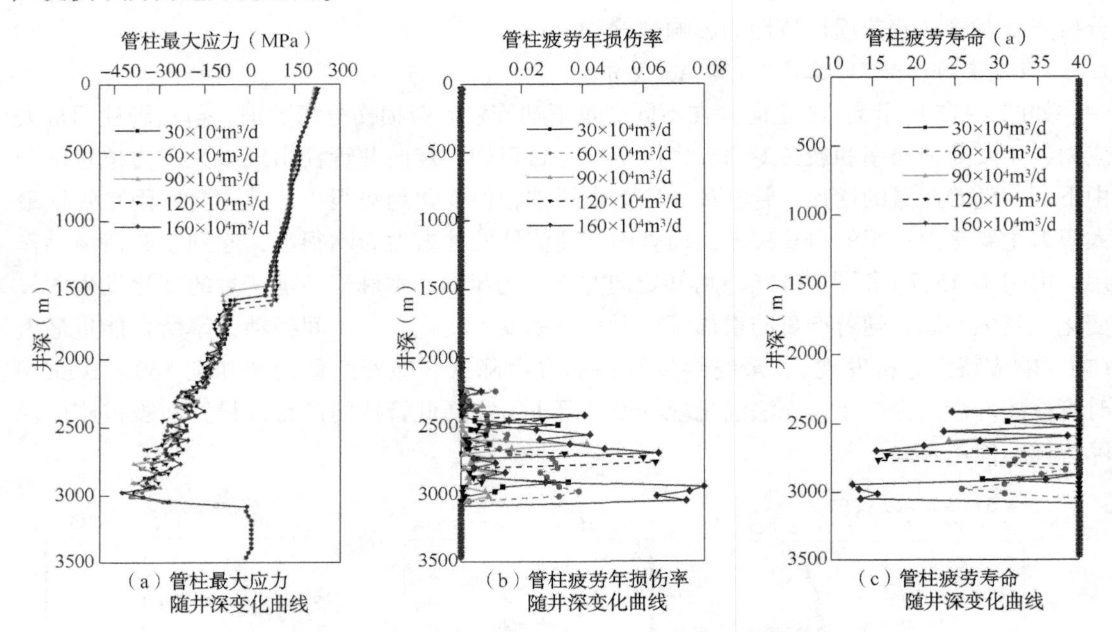

图7-16 不同产量下A1H气井油管柱疲劳损伤分析数据

7.1.4 产量对油管柱安全性的影响

选择了现场两口实例井，通过设置产量为$30\times10^4m^3/d$、$60\times10^4m^3/d$、$90\times10^4m^3/d$、$120\times10^4m^3/d$和$160\times10^4m^3/d$计算油管柱的安全系数，探究了产量对管柱安全性的影响规律，揭示了“三高”气井油管柱失效机理。

7.1.4.1 南海西部M“三高”气田A3气井

如图7-17所示为A3定向井在不同产量下油管柱安全系数沿井深分布曲线，包括管柱的稳定性安全系数、强度安全系数和抗拉安全系数。由图7-17(a)可知随着产量的增加，管柱的轴向压力会增大(产量对管柱轴力影响规律可知，如图7-6所示)，导致管柱发生屈曲变形的位置增加，进而影响了管柱的其他安全性能(磨损和疲劳)。由图7-17(b)和图7-17(c)可知随着产量的增加，管柱的强度安全系数和抗拉安全系数影响不明显，都能满足现场管柱的要求。因此，定向井管柱的强度安全性能对产量因素的敏感性弱，产量变化时，强度安全系数可不作为重点关注的安全考核指标。

如图7-18所示为A3定向井在不同产量下油管柱磨损后剩余强度变化曲线，包括管柱的剩余抗内压强度和剩余抗外挤强度随使用年限的变化曲线。由前面磨损分析可知随着产量的增加，管柱磨损寿命降低，剩余强度的横坐标年限是由磨损寿命决定的。由图 7-18(a)和图 7-18(b)可知，随着产量的增加，管柱剩余抗内压和剩余抗外挤强度下降趋势增大，影响了管柱的抗内压安全系数和抗外挤安全系数，因此，管柱的安全系数需随年限分析，采用静力学分析方法将无法精确计算其安全性能。

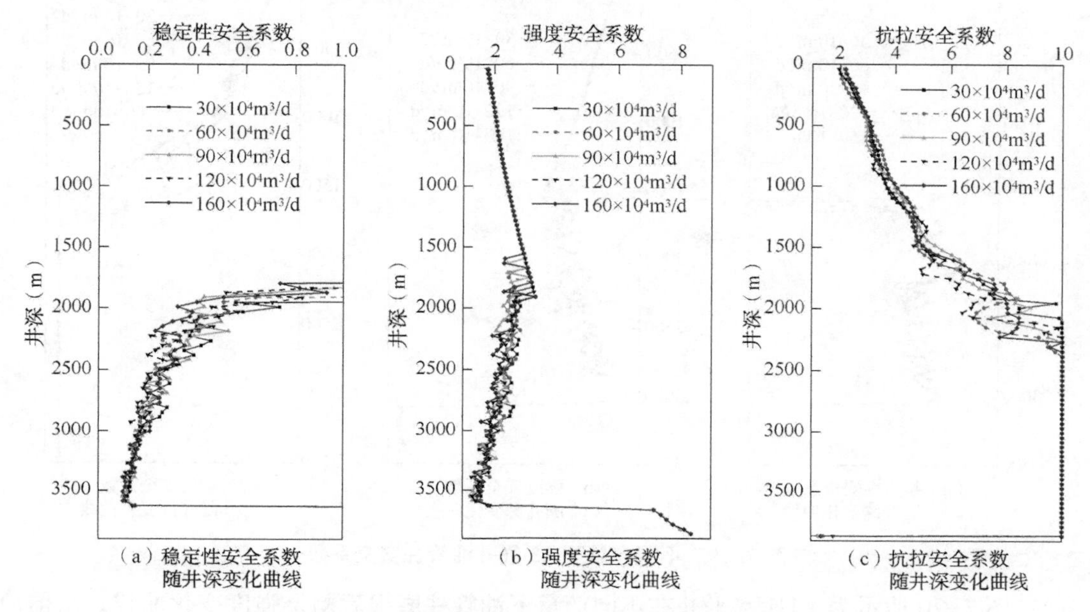

（a）稳定性安全系数随井深变化曲线　（b）强度安全系数随井深变化曲线　（c）抗拉安全系数随井深变化曲线

图 7-17　不同产量下 A3 气井油管柱安全系数

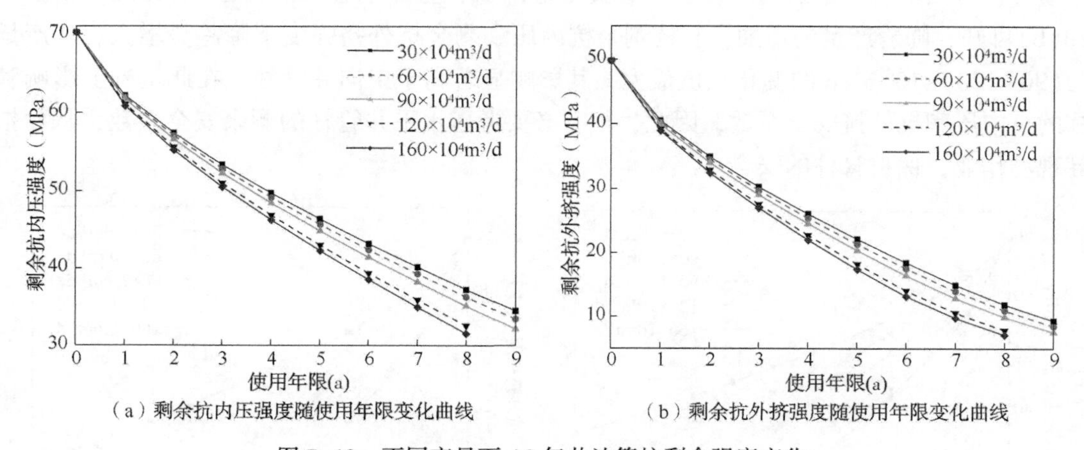

（a）剩余抗内压强度随使用年限变化曲线　（b）剩余抗外挤强度随使用年限变化曲线

图 7-18　不同产量下 A3 气井油管柱剩余强度变化

7.1.4.2　南海西部 M“三高”气田 A1H 气井

如图 7-19 所示为 A1H 水平井在不同产量下油管柱安全系数沿井深分布曲线。由图 7-19(a)可知随着产量的增加，管柱发生屈曲变形的位置增加，从而影响了管柱的磨损和疲劳，这一现象同样出现在定向井油管柱中。由图 7-19(b)和图 7-19(c)可知随着产量的增加，管柱的强度安全系数和抗拉安全系数影响也不明显，都能满足现场管柱的要求，因此，水平井管柱的强度安全性能对产量因素的敏感性弱，同样在产量变化时，强度安全系数可不作为重点关注的安全考核指标。

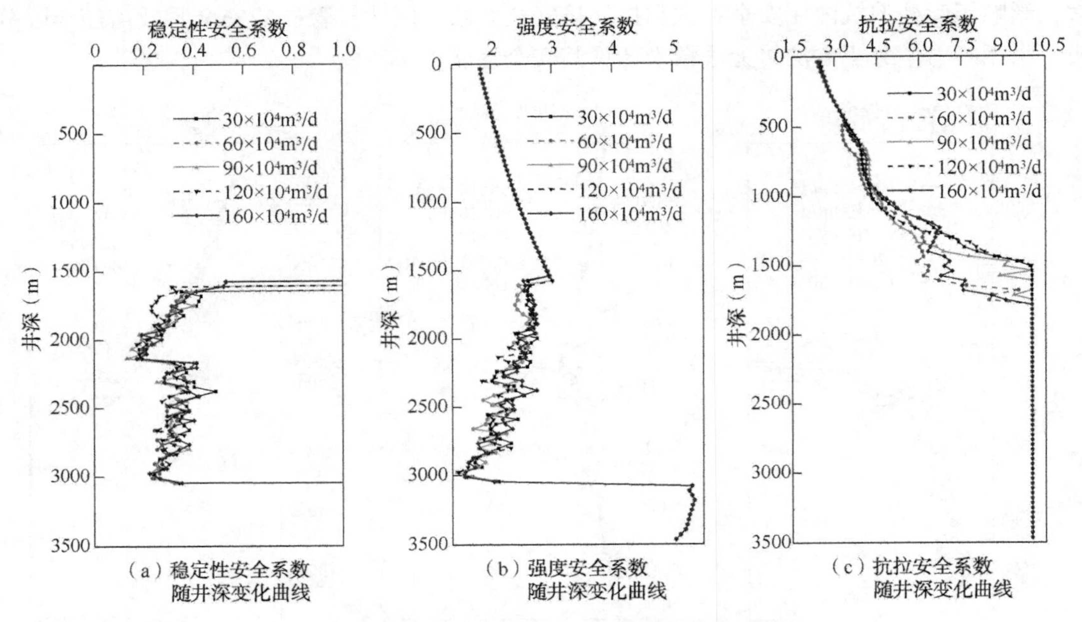

（a）稳定性安全系数随井深变化曲线　（b）强度安全系数随井深变化曲线　（c）抗拉安全系数随井深变化曲线

图 7-19　不同产量下 A3 气井油管柱安全系数

如图 7-20 所示为 A1H 水平井在不同产量下油管柱磨损后剩余强度变化曲线。由前面磨损分析可知随着产量的增加，管柱磨损寿命降低，且影响较大。由图 7-20(a)和图 7-20(b)可知，随着产量的增加，管柱剩余抗内压和剩余抗外挤强度下降趋势增大，在产量为(90~120)×10^4m^3/d 的变化幅值最大，其影响显著高于定向井管柱，在此基础上影响管柱的抗内压和抗外挤安全系数，因此，很有必要考虑水平井管柱的剩余安全系数，从而指导现场作业，保护管柱的安全。

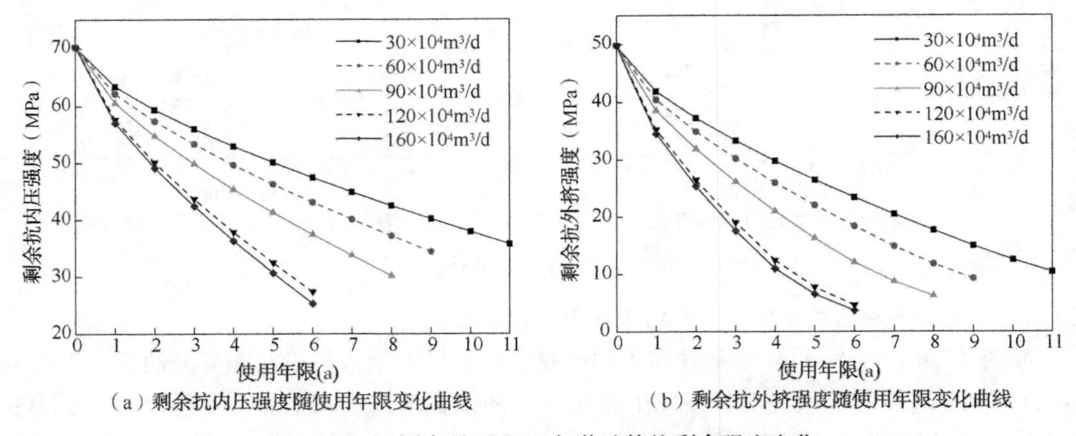

（a）剩余抗内压强度随使用年限变化曲线　（b）剩余抗外挤强度随使用年限变化曲线

图 7-20　不同产量下 A1H 气井油管柱剩余强度变化

7.2 管径对油管柱振动失效的影响

“三高”气井油管柱的型号不同，导致油套管之间的间隙发生变化，从而引起管柱产生不同的振动。本章选择了现场两口特殊实例井(A3 定向井和 A1H 水平井)，设置产量为 20 $\times10^4 m^3/d$(依据最小管径产量)，通过改变油管型号(表 7-3)计算得到油管柱的振动响应、摩擦磨损、疲劳寿命和安全系数等数据，探究了管径对油管柱振动特性影响规律，揭示了定向井和水平井油管柱的振动、摩擦磨损、疲劳和强度失效机理，为现场管柱的安全设计及作业方式奠定了理论基础，具体计算分析如下。

表 7-3 管柱 API 型号及尺寸参数

型号	外径(m)	内径(m)	抗拉强度(kN)	抗内压强度(MPa)	抗外挤强度(MPa)
2. 375in	0. 0603	0. 05067	464	77. 2	81. 2
2. 875in	0. 073	0. 05738	884	103. 0	105. 5
3. 5in	0. 0889	0. 06985	1310	103. 4	105. 6
4in	0. 1016	0. 08829	1095	63. 2	60. 7
4. 5in	0. 1143	0. 1003	1281	58. 1	51. 7

7.2.1 管径对油管柱振动响应的影响

7.2.1.1 南海西部 M“三高”气田 A3 气井

如图 7-21 所示为不同管径下油管柱横向振动位移时程曲线。由图 7-21 可知，随着管径的增加管柱的横向振动越加剧烈，发现在相同产量下，上端管柱的横向振动比中下部管柱的振动更加剧烈，中部管柱的横向振动很小，长时间紧靠于套管壁上，增加了油套管之间的磨损，影响了管柱的磨损寿命。

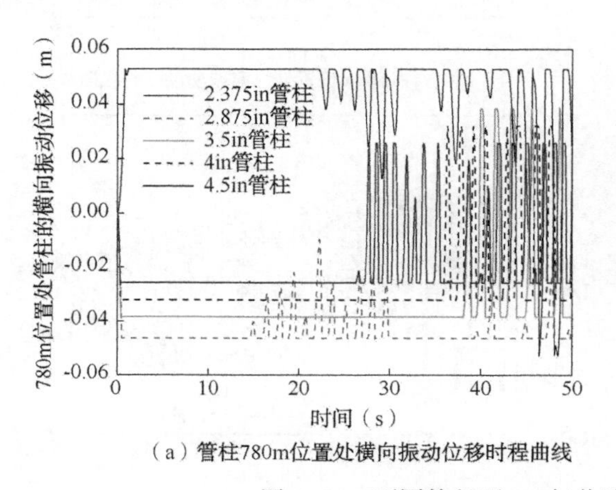

（a）管柱780m位置处横向振动位移时程曲线

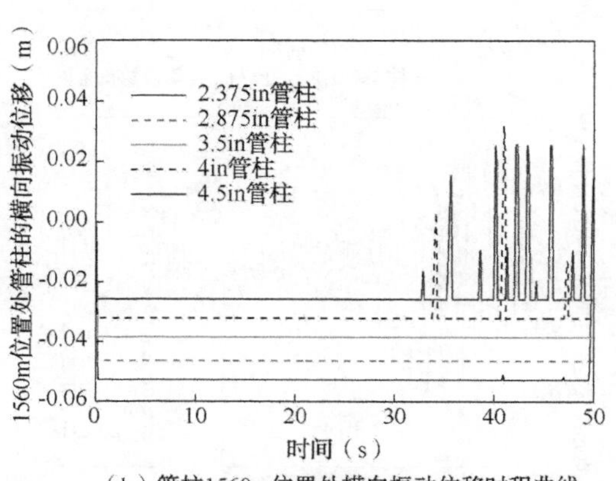

（b）管柱1560m位置处横向振动位移时程曲线

图 7-21 不同管径下 A3 气井油管柱横向振动位移时程曲线

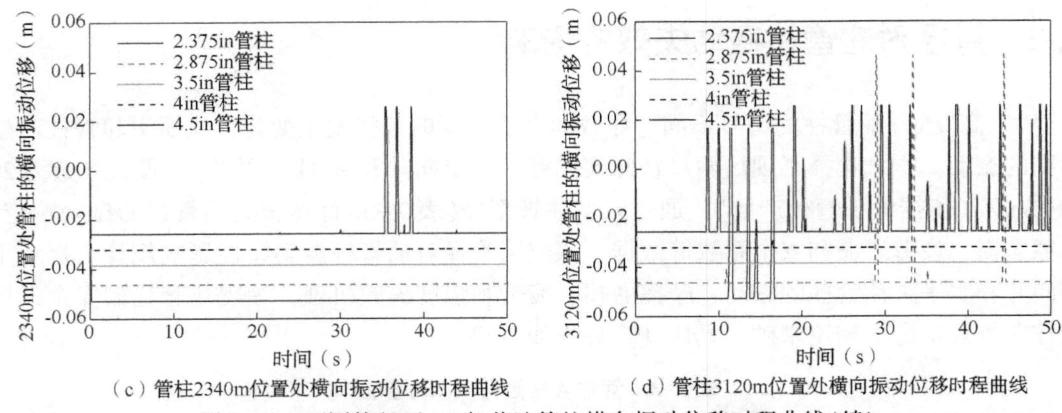

（c）管柱2340m位置处横向振动位移时程曲线　（d）管柱3120m位置处横向振动位移时程曲线

图 7-21　不同管径下 A3 气井油管柱横向振动位移时程曲线(续)

如图 7-22 所示为不同管径下油管柱纵向振动位移时程曲线，由图可知管径增加对管柱瞬态振动幅值和频率几乎没有影响，但严重影响了油管柱的稳态响应；随着管径的增加，管柱的纵向振动有所减弱，其主要原因是随着管径的增加，油套管间距有所减小，增加了油套管接触碰撞的概率，增加了管柱纵向的摩擦阻力，减弱了其纵向振动，表明管柱的直径增加，能够有效地保护管柱安全性。

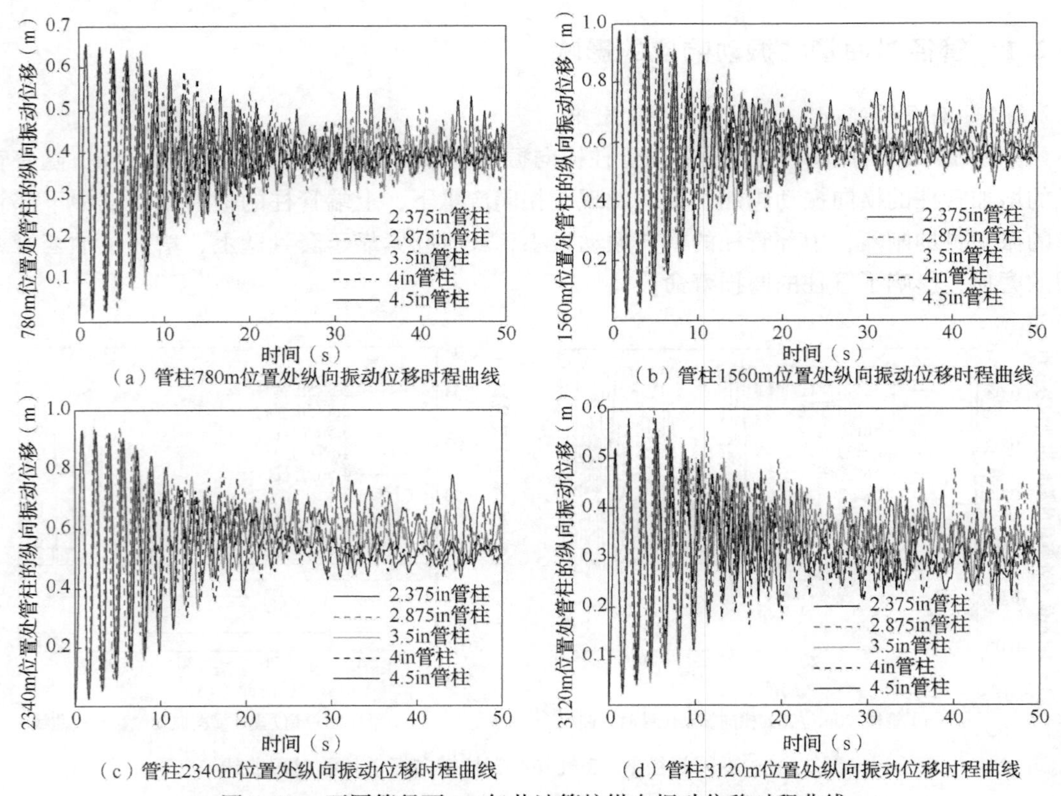

（a）管柱780m位置处纵向振动位移时程曲线　（b）管柱1560m位置处纵向振动位移时程曲线

（c）管柱2340m位置处纵向振动位移时程曲线　（d）管柱3120m位置处纵向振动位移时程曲线

图 7-22　不同管径下 A3 气井油管柱纵向振动位移时程曲线

如图 7-23 所示为管柱的交变应力时程曲线，由图可知小管径的交变应力幅值大，通过表 7-3 可知，直径为 2. 875in 和 3. 5in 管柱的壁厚最大，导致其自重最大，但直径为 2. 375in 管柱的重量最小，但下部管柱的交变应力幅值最大，其主要原因还是间距变大，管柱的摩擦力减小，加剧了管柱的纵向振动。

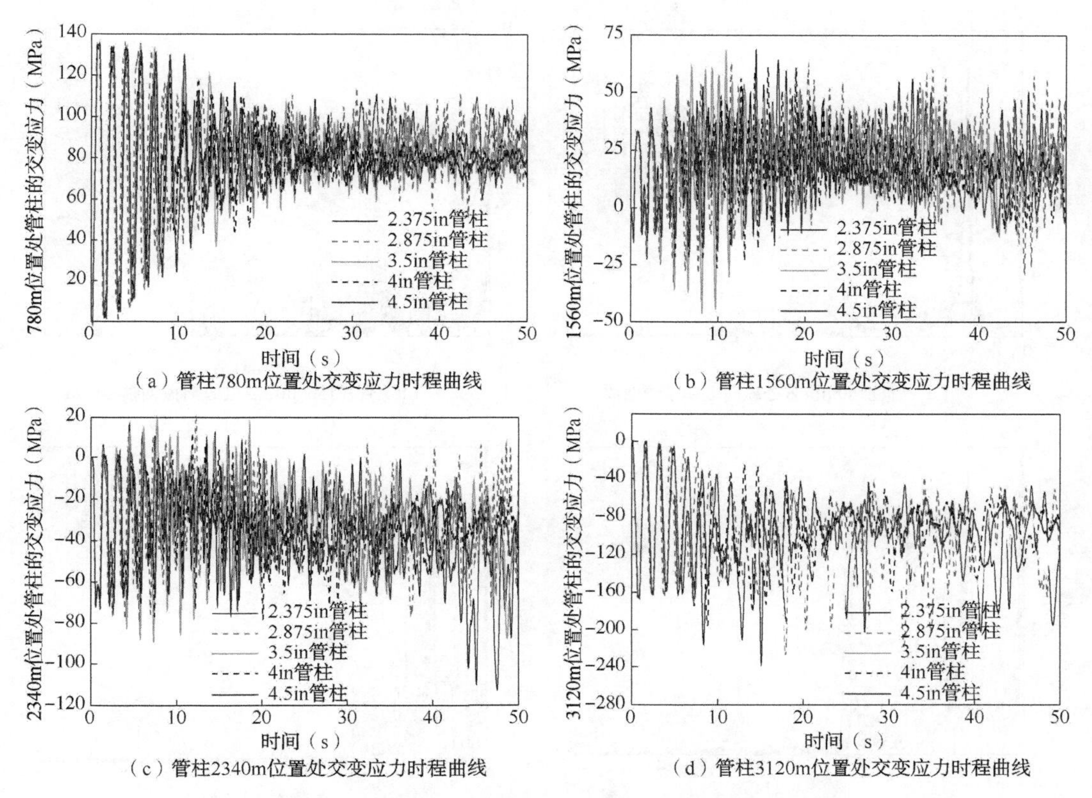

图 7-23 不同管径下 A3 气井油管柱交变应力时程曲线

如图 7-24 所示为不同管径下油管柱的振动幅频曲线，由图可知直径为 2. 875in 和 3. 5in 管柱的纵向振动频率最大，而直径为 4. 5in 的油管柱的振动频率最小，表明管径越大能够有效降低管柱的振动。对同一根管柱而言，其振动频率最高的位置位于中下部[图 7-24(c)]，且振动的剧烈程度明显强于其他位置，这与前面发现的现象一样，指明了现场管柱的危险位置，有效指导了现场管柱安全防控装置的位置设置。

由图 7-25 可知，管柱的动态轴力随管径变化的影响很大，直径为 2. 875in 油管的动态轴力变化幅值最大，上端管柱轴向拉力最大的为 4. 5in 油管，下端轴向压力最大的为 2. 875in 油管，而直径为 2. 375in 管柱受到的动态轴力最小(自重最小)。出现以上变化的主要原因是管柱自身重力和油套管间距不同，影响了管柱的纵横向振动。同时发现，管柱自重最大的油管其动态轴力并不是最大，由此可知，管柱的动态轴力的影响并不是只受自身重力这一因素影响，还与油管直径有关，因此，采用静力学方法进行现场管柱的安全校核将造成较大的误差，无法有效满足目前现场需要的精度。

通过探究管径对 A3 气井油管柱的振动响应影响规律，发现随着管径的增加，定向井管柱横向振动更加剧烈，但纵向振动有所减弱，而对管柱安全性能影响最大的是纵向振动，因此，对定向井管柱在满足其他安全因素的情况下，尽量增加管柱的直径，有利于保护管柱的安全使用，增加现场定向井管柱的使用寿命。

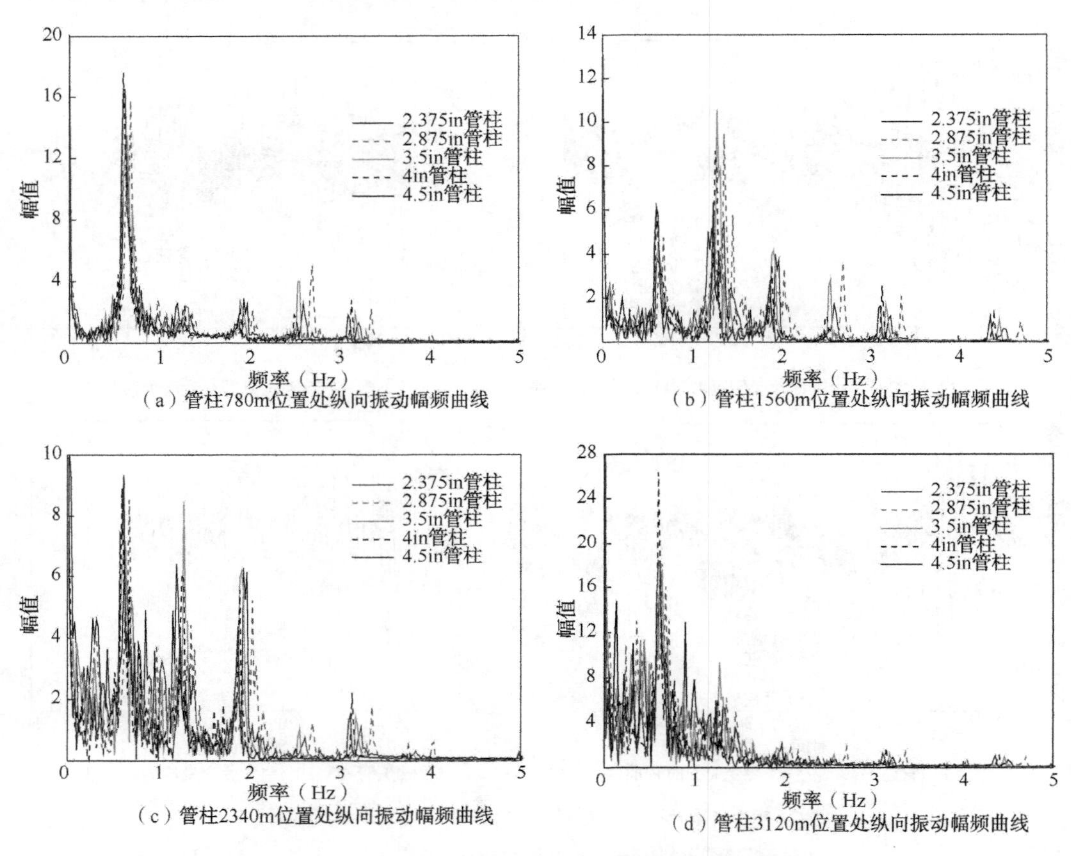

（a）管柱780m位置处纵向振动幅频曲线

（b）管柱1560m位置处纵向振动幅频曲线

（c）管柱2340m位置处纵向振动幅频曲线

（d）管柱3120m位置处纵向振动幅频曲线

图 7-24　不同管径下 A3 气井油管柱振动幅频曲线

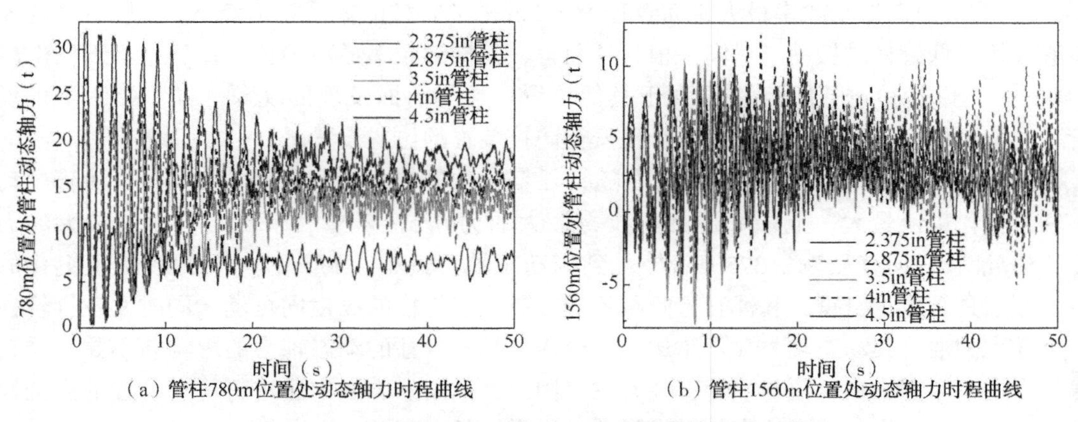

（a）管柱780m位置处动态轴力时程曲线

（b）管柱1560m位置处动态轴力时程曲线

图 7-25　不同管径下 A3 气井油管柱动态轴力时程曲线

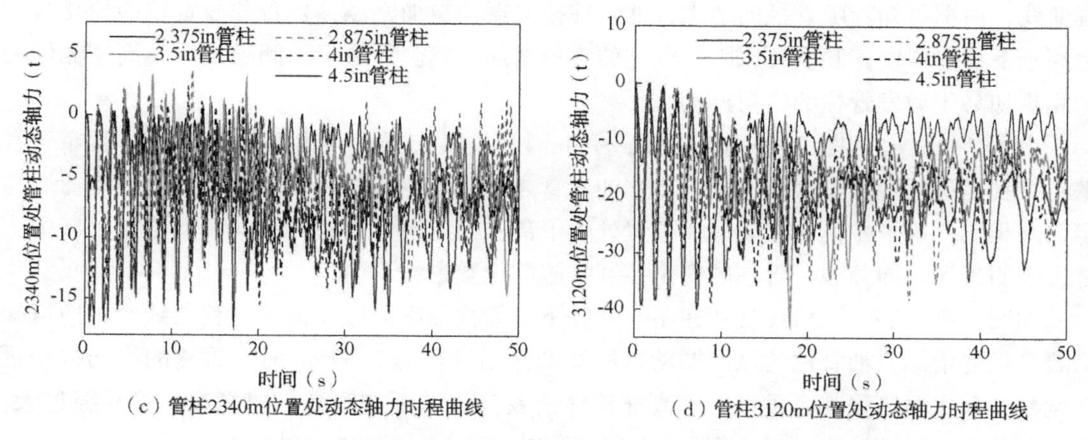

（c）管柱2340m位置处动态轴力时程曲线　（d）管柱3120m位置处动态轴力时程曲线

图 7-25　不同管径下 A3 气井油管柱动态轴力时程曲线(续)

7.2.1.2　南海西部 M“三高”气田 A1H 气井

为了更加全面分析管径对管柱振动变化规律，本小节将探究不同管径对水平井油管柱振动响应的影响规律。如图 7-26 所示为 A1H 气井在不同管径下油管柱的横向振动位移时

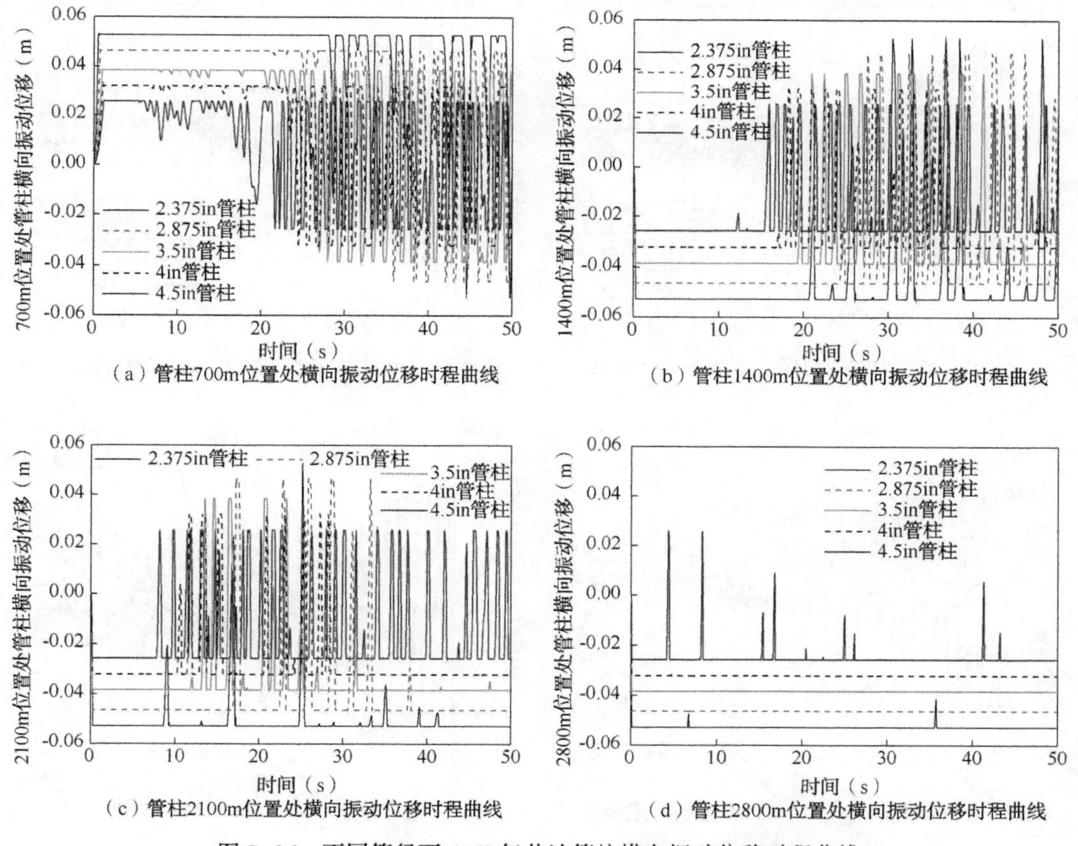

（a）管柱700m位置处横向振动位移时程曲线　（b）管柱1400m位置处横向振动位移时程曲线

（c）管柱2100m位置处横向振动位移时程曲线　（d）管柱2800m位置处横向振动位移时程曲线

图 7-26　不同管径下 A1H 气井油管柱横向振动位移时程曲线

程曲线，由图可知，随管径的增大，油管柱横向振动越加剧烈，且直井段管柱的变化程度远高于下部造斜段，其主要原因是管柱的直径增加，油套管之间的间隙变小，高速流体的作用更加易于激发管柱的横向振动。

由图 7-26(c)和图 7-26(d)可知，中下部管柱横向振动不太明显，长时间紧靠于管壁，特别是下部造斜段管柱，这将增加油套管之间的摩擦磨损，影响管柱的磨损寿命。与定向井相比，水平井横向振动最小位置处于下部，而定向井管柱的横向振动位置处于中下部，表明现场不同井型，管柱的安全控制措施的设置也将不同。

如图 7-27 所示为 A1H 气井在不同管径下油管柱的纵向振动位移时程曲线，由图可知随着管径的增加，油管柱的纵向振动有所降低，当管径为 2.375in 时，管柱的纵向振动更加剧烈，其主要原因其自重过小，高速流体诱发其振动更加容易，加之油套管间隙过大，纵向振动也显得更加容易。由图 7-27(d)可知，管径为 2.875in 和 3.5in 相比，出现了一个大幅变化，表明 2.875in 管柱的下部位置也出现了一个剧烈振动。由水平井管柱由上到下的振动情况发现，振动最剧烈位置出现在最下端，而定向井则是中下段，由此可知，水平井管柱的危险位置位于下部。

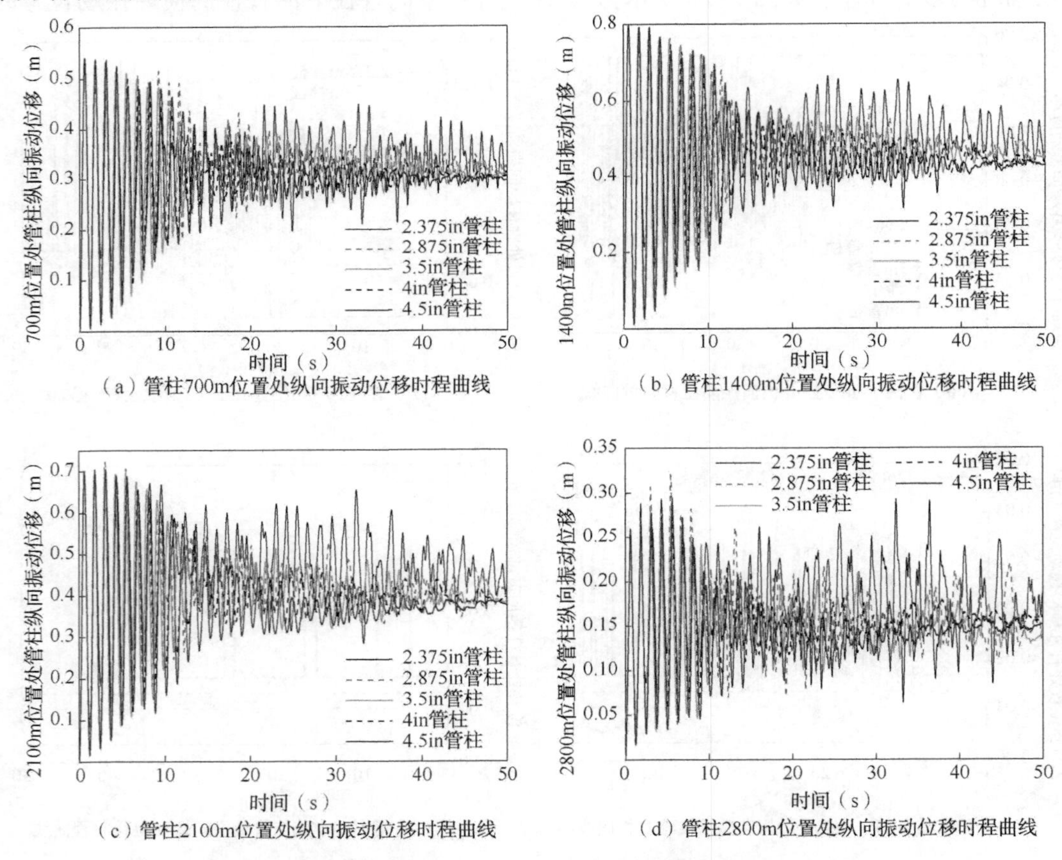

（a）管柱700m位置处纵向振动位移时程曲线

（b）管柱1400m位置处纵向振动位移时程曲线

（c）管柱2100m位置处纵向振动位移时程曲线

（d）管柱2800m位置处纵向振动位移时程曲线

图 7-27　不同管径下 A1H 气井油管柱纵向振动位移时程曲线

如图 7-28 所示为 A1H 气井在不同管径下油管柱的交变应力时程曲线，由图可知，随着管径的增大，管柱的交变应力减小，其主要原因有两个：其一是管径越大，管柱的纵向位移减小，导致轴向交变应力较小；其二是管径越大，油套管间距减小，管柱横向振动引起的轴向应力小。不同位置出现最大交变应力的管径也不同，主要是小管径发生较大的交变应力。因此，现场选择油管柱管径时，在保证其他条件的前提下，尽量选择大直径管柱。

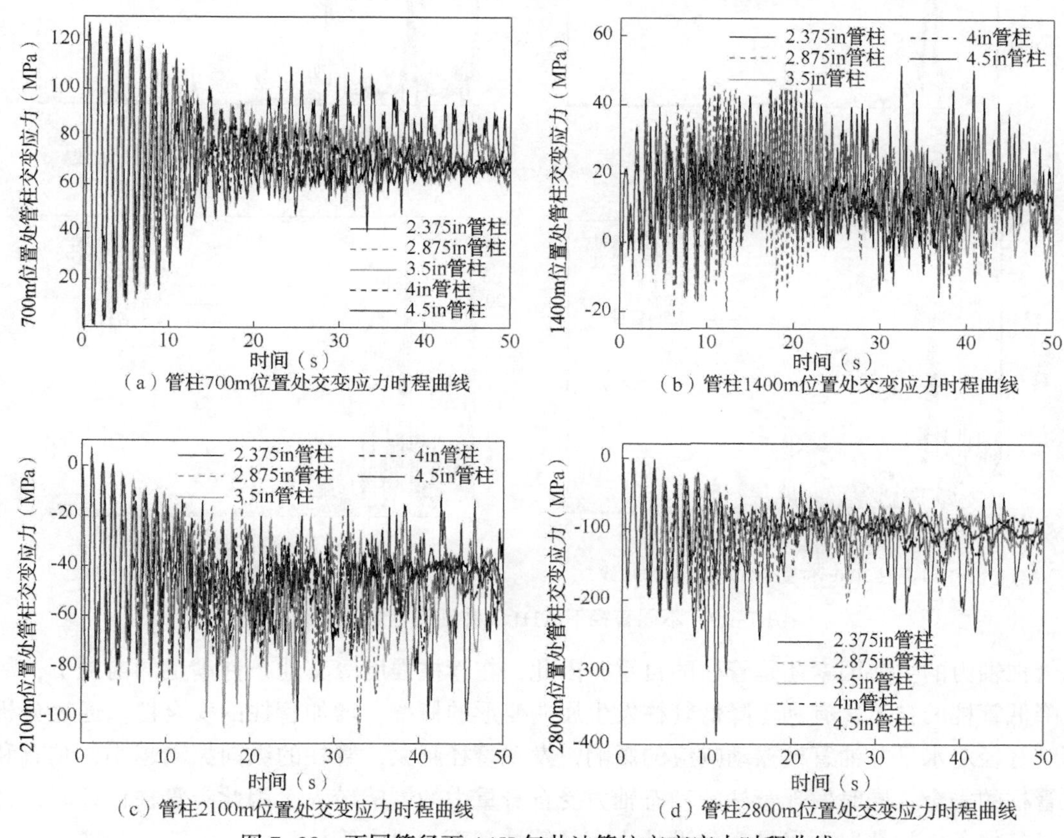

图 7-28　不同管径下 A1H 气井油管柱交变应力时程曲线

如图 7-29 所示为 A1H 气井在不同管径下油管柱振动幅频曲线，图中纵坐标表示不同振动频率下所含能量的多少，横坐标表示管柱的主振频率，峰值所对应的频率越靠右表示管柱的振动频率越大。由图 7-29 可知，管径为 4. 5in 的油管柱振动频率最小，而小管径的振动频率相对更大，且下部管柱出现多阶振动，因此，管径越大，管柱的振动将有所降低，越有利于保护管柱的安全性。

如图 7-30 所示为在不同管径下油管柱动态轴力时程曲线，由表 7-3 可知，管柱自重由大到小的排列顺序是 3. 5in、2. 875in、4. 5in、4in 和 2. 375in。由图 7-30 可知，管柱上端和下端的动态轴力变化很明显，其主要原因是此位置处管柱受到自身重力的影响很大；同时发现管柱自重第二大的直径为 2. 785in，但其动态轴力且并不是第二，其主要原因是 4. 5in 管柱横向振动较大，引起了一部分轴向力的变化。由管柱的动态轴力变化可知，影

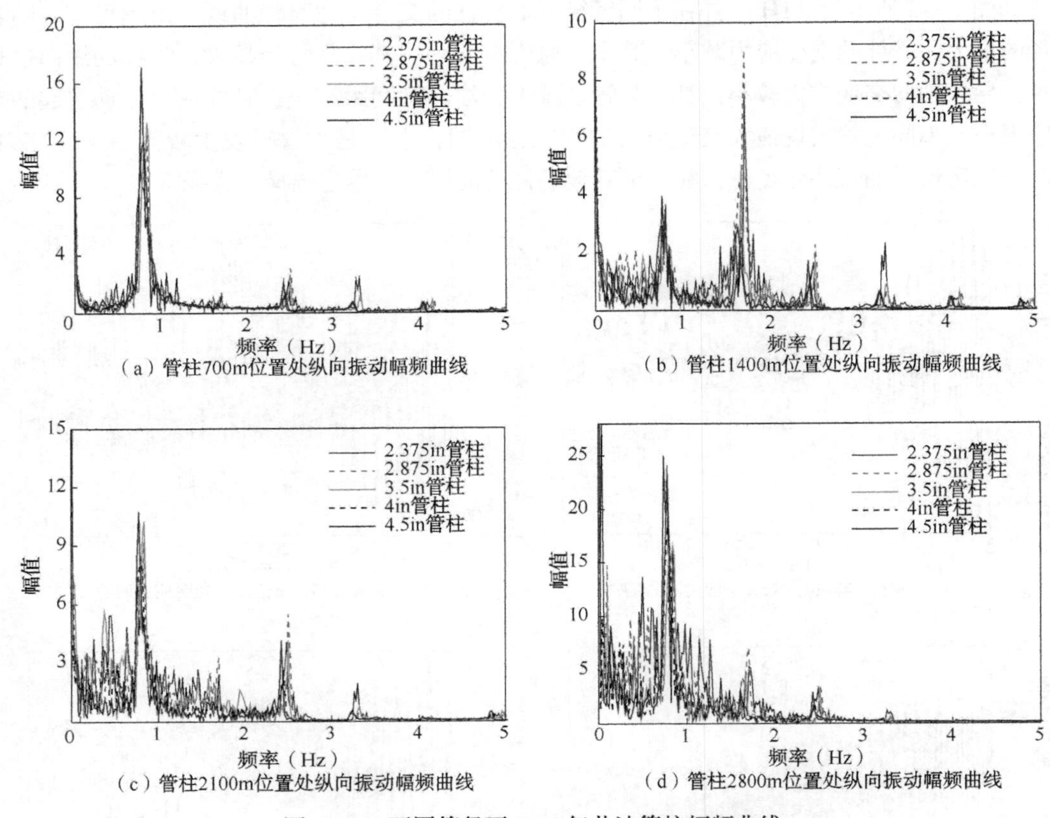

（a）管柱700m位置处纵向振动幅频曲线

（b）管柱1400m位置处纵向振动幅频曲线

（c）管柱2100m位置处纵向振动幅频曲线

（d）管柱2800m位置处纵向振动幅频曲线

图 7-29　不同管径下 A1H 气井油管柱幅频曲线

响管柱轴力的主要因素还是管柱的自重，因此，在管柱强度等其他条件满足的前提下，尽量降低管柱的自重，有利于降低管柱发生屈曲变形的概率，增加管柱的安全性。通过分析不同管径对水平井油管柱振动响应的影响，发现管径越大，管柱的纵向振动越小，越有利于管柱的安全，同时发现管柱的动态轴力受自身重力的影响较大，因此，管柱设计时，在满足其他条件的情况下尽量避免设计小直径管柱和重力过大管柱。

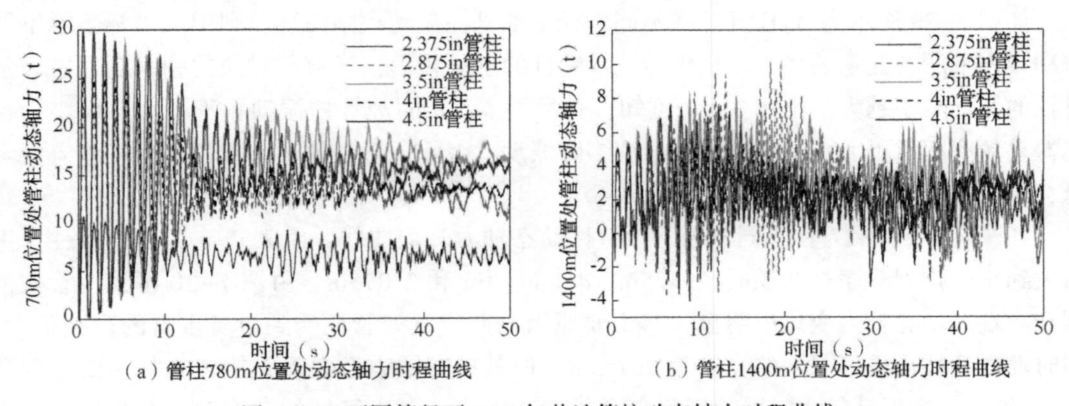

（a）管柱780m位置处动态轴力时程曲线

（b）管柱1400m位置处动态轴力时程曲线

图 7-30　不同管径下 A1H 气井油管柱动态轴力时程曲线

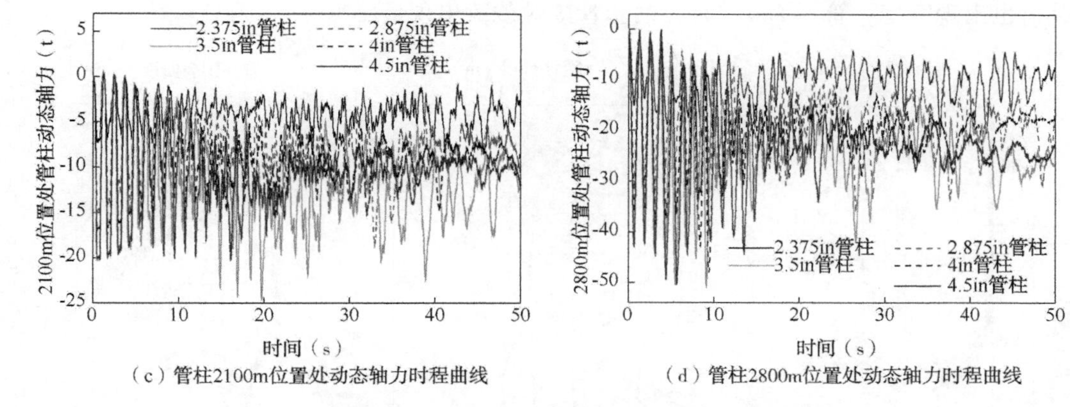

（c）管柱2100m位置处动态轴力时程曲线

（d）管柱2800m位置处动态轴力时程曲线

图 7-30　不同管径下 A1H 气井油管柱动态轴力时程曲线(续)

7.2.2　管径对油套管摩擦磨损的影响

7.2.2.1　南海西部 M“三高”气田 A3 气井

如图 7-31 所示为 A3 定向井管柱摩擦磨损分析数据，包括油套管接触载荷、滑移行程、年磨损量、磨损深度、磨损效率和磨损寿命随井深变化曲线。由图 7-31(a)可知，当定向井管径为 2.875in 时，油套管接触载荷出现最大，前面同理发现管径为 2.875in 时，管柱的动态轴力变化幅值最大，表明油套管的接触载荷与管柱的动态轴力相关。由图 7-31(b)可知，定向井管柱在管径为 3.875in 时滑移行程最大，而大管径 4.5in 其滑移行程最小，管柱的滑移行程严重影响了油套管的摩擦磨损。由图 7-31(c)和图 7-31(d)可知，当管径为 2.875in 时，其年磨损量和磨损深度出现一个突变，极大影响管柱的磨损寿命；而大管径的年磨损量和磨损深度最小，有利于保护管柱不发生磨损失效。图 7-31(e)和图 7-31(f)表明管径为 2.375in 时磨损效率最大和使用寿命最短，其主要原因时 2.375in 管柱的壁厚太小不耐磨，且管径为 2.875in 与其相差不大，都严重影响管柱的磨损寿命。通过分析不同管径下管柱的摩擦磨损特性，发现 A3 定向井在保证其他条件的基础上，避免使用小管径管柱(2.375in 和 2.875in)，使用大管径管柱(4.5in)其使用寿命将会明显增加，这一发现为现场 A3 气田管柱的设计提供了理论基础，建立的磨损分析方法为现场高温高压高产油管柱的设计提供了分析工具。

7.2.2.2　南海西部 M“三高”气田 A1H 气井

前面探究了 A3 定向井油管柱摩擦磨损随产量变化的影响规律，为进一步研究水平井管柱磨损特性随产量变化的影响规律，有效指导现场水平井油管柱的选取奠定了基础。如图 7-32 所示为 A1H 气井水平井管柱不同管径下的摩擦磨损分析数据，包括油套管接触载荷、滑移行程、年磨损量、磨损深度、磨损效率和磨损寿命随井深变化曲线。由图 7-32(a)可知，水平井管柱在管径为 3.5in 时出现了最大接触载荷，与定向井出现最大载荷的管径大小不同，但前面分析水平井管柱的动态轴力发现，管径为 3.5in 时动态轴力变化最大，再次表明油套管的接触载荷与管柱的动态轴力相关；但管径为 2.875in 时，油套管接

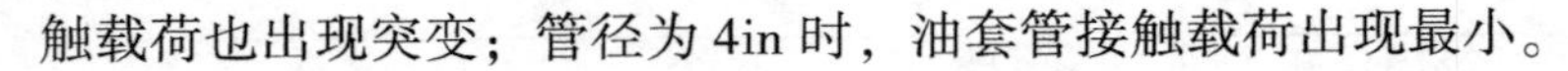

触载荷也出现突变；管径为4in时，油套管接触载荷出现最小。

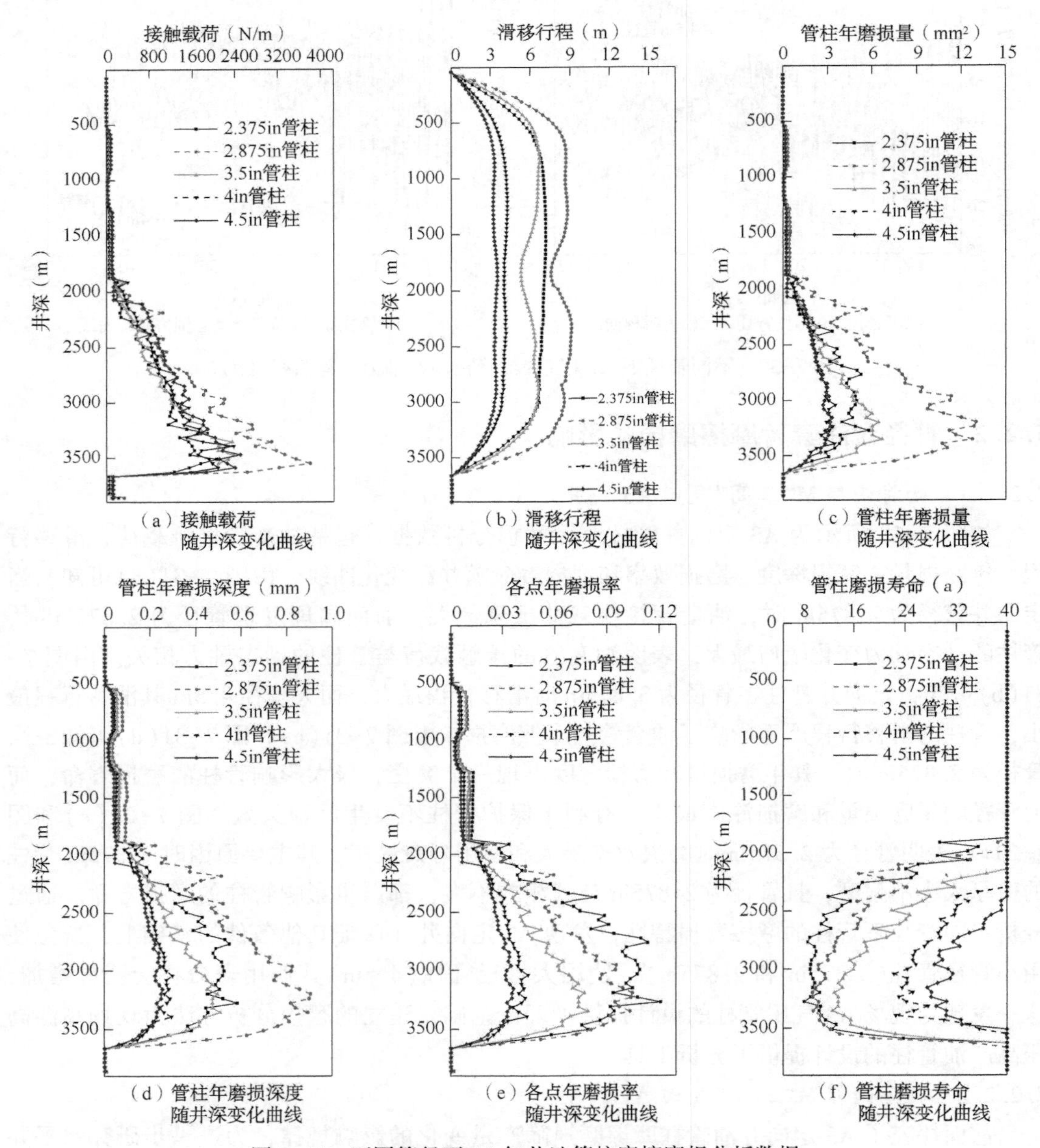

图7-31　不同管径下A3气井油管柱摩擦磨损分析数据

由图7-32(b)可知，管径为2.375in时，油套管滑移行程最大，并且出现成倍增加，这与管柱的纵向振动剧烈程度有关。图7-32(c)和图7-32(d)表明当管径为2.375in时，水平井管柱年磨损量和磨损深度出现最大，这与A3水平井不同，且在管径为3.5in时，出现突变；管径为2.375in时，出现二次突变；而管径为4in和4.5in，管柱的年磨损量和磨损深度几乎不发生变化。由图7-32(e)和图7-32(f)可知，由于2.375in管柱的壁厚较小，因此管柱的磨损效率和磨损寿命发生突变，严重影响了管柱的使用寿命，与 A3 定向井相比，发现 A1H 水平井管柱的使用寿命明显高于 A3 定向井管柱。

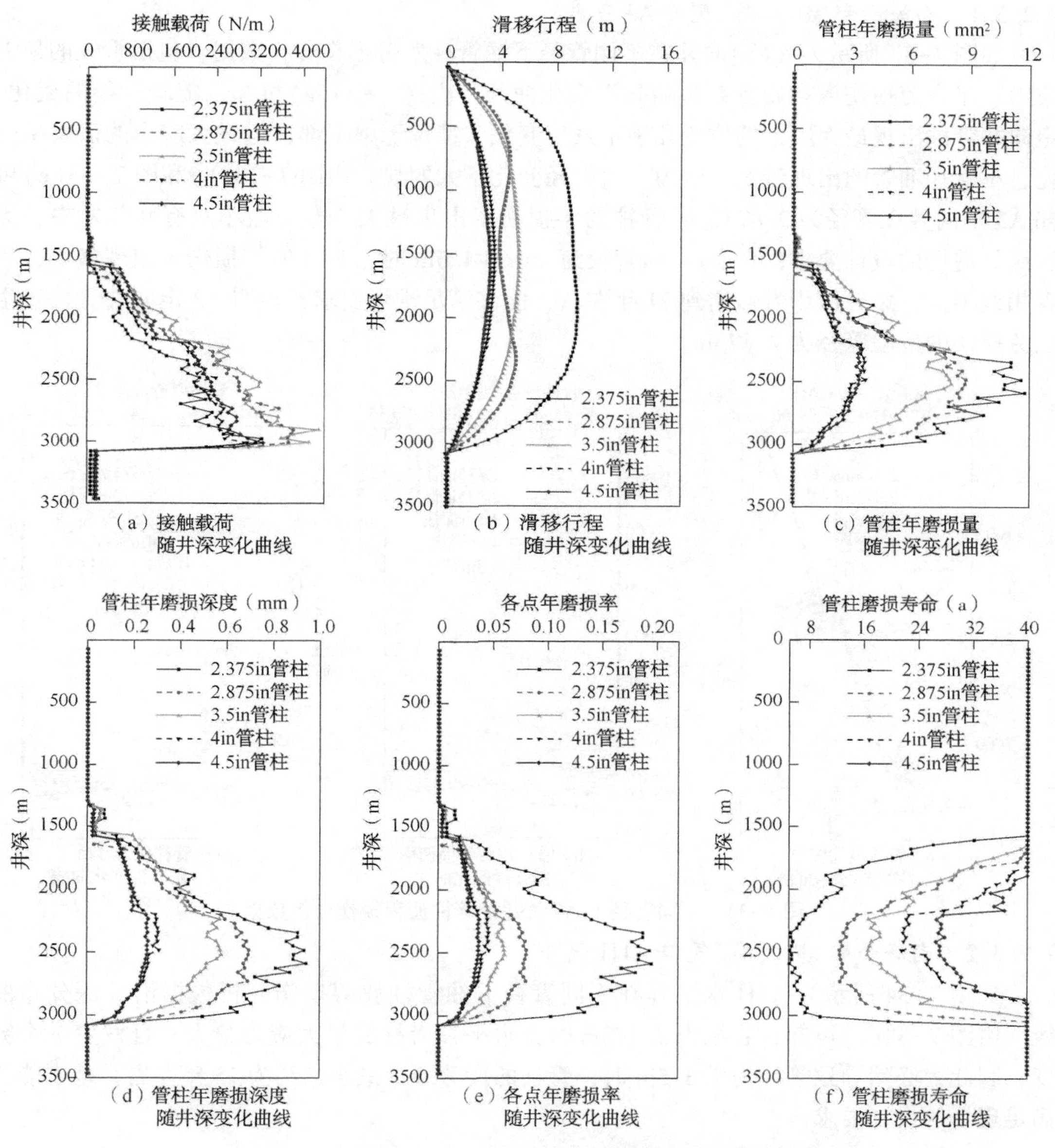

图 7-32　不同管径下 A1H 气井油管柱摩擦磨损分析数据

通过分析管径对 A1H 水平管柱的摩擦磨损特性影响规律，对于 A1H 水平井，管柱出现磨损失效风险最大是管径为 2.375in，而管径为 4in 和 4.5in，其摩擦磨损变化很小，因此，设计现场管柱尺寸时，在满足其他设计要求时应避免使用小直径油管。

7.2.3 管径对油管柱疲劳寿命的影响

7.2.3.1 南海西部 M“三高”气田 A3 气井

如图 7-33 所示为 A3 定向井在不同管径下油管柱疲劳损伤分析数据，包括管柱的最大应力、年疲劳损伤率和疲劳寿命随井深变化曲线。由图 7-33(a)可知，随着管径的变化，定向井管柱出现最大应力的位置几乎不发生变化，都位于中下部，但最大应力的值发生变化，小直径油管的出现较大的应力，大管径变化不太明显。由图 7-33(b)和图 7-33(c)可知 A3 定向井在管径为 2.875in 时管柱的年损伤率出现最大，寿命最小只有 9 年左右，无法满足现场的设计要求(15 年)；而管径为 4in 和 4.5in 时，管柱的年损伤率出现最小，二者相差不大，疲劳使用寿命达到 21 年左右，能够满足现场要求，表明 A3 定向井管柱发生疲劳损伤的危险管径为 2.875in。

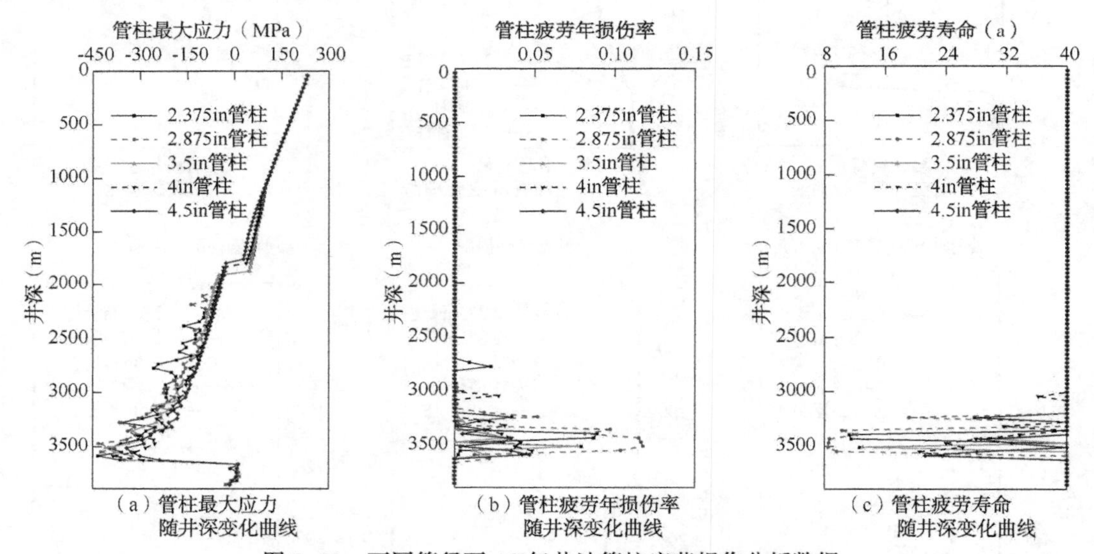

（a）管柱最大应力随井深变化曲线　（b）管柱疲劳年损伤率随井深变化曲线　（c）管柱疲劳寿命随井深变化曲线

图 7-33　不同管径下 A3 气井油管柱疲劳损伤分析数据

7.2.3.2 南海西部 M“三高”气田 A1H 气井

如图 7-34 所示为 A1H 水平井在不同管径下油管柱疲劳损伤分析数据沿井深分布曲线。由图 7-34(a)可知，管径为 2.375in 时，水平井管柱的最大应力最大，且发生一个突变，因此，必然导致管径为 2.375in 时，管柱的疲劳寿命最小，约为 15 年左右，基本能够满足现场的设计要求。

7.2.4 管径对油管柱安全性的影响

本小节选择同样的现场两口实例井，探究管径对管柱安全性的影响规律，揭示“三高”气井油管柱失效机理。

7.2.4.1 南海西部 M“三高”气田 A3 气井

如图 7-35 所示为 A3 定向井在不同管径下油管柱安全系数沿井深分布曲线，包括管柱的稳定性安全系数、强度安全系数和抗拉安全系数。由图 7-35(a)可知随着管径的变化，管柱发生屈曲变形的长度随之变化，且前面研究表明的危险管径(2.375in 和 2.875in)，其稳定性安全系数也更小，更加容易发生屈曲变形。由图 7-35(b)和图 7-35(c)可知随着管径的增加，管柱的强度安全系数和抗拉安全系数出现不同程度的变化，但都能满足现场管柱的要求。

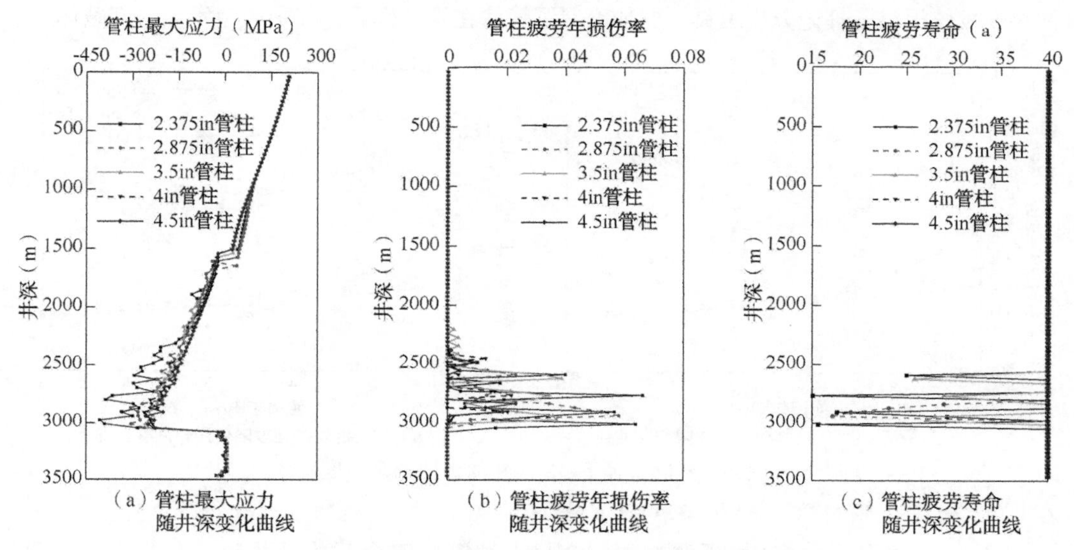

图 7-34　不同管径下 A1H 气井油管柱疲劳损伤分析数据

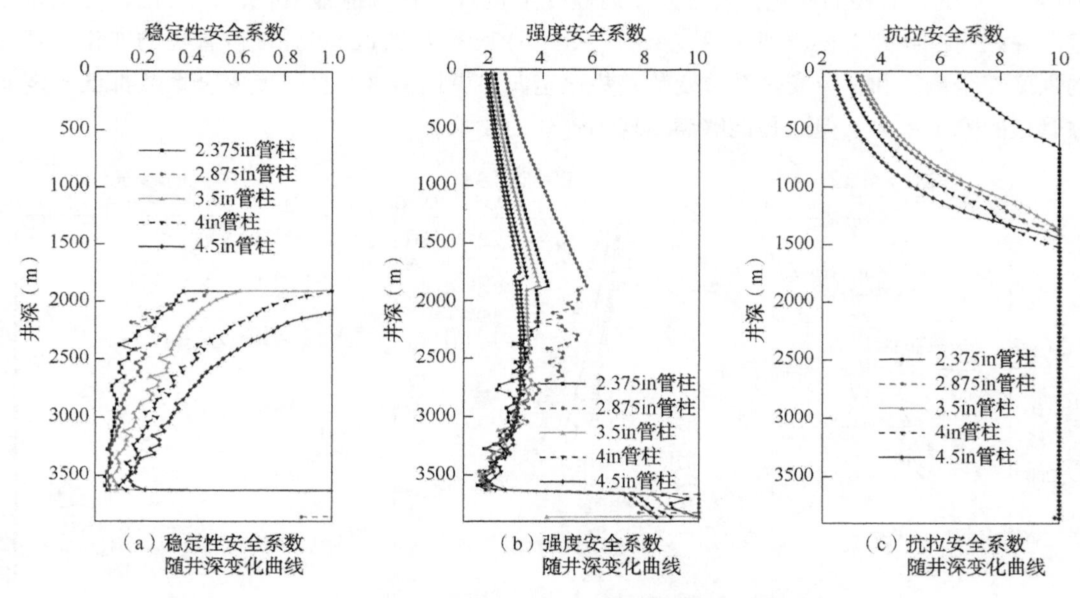

图 7-35　不同管径下 A3 气井油管柱安全系数

如图 7-36 所示为 A3 定向井在不同管径下油管柱磨损后剩余强度变化曲线，包括管柱的剩余抗内压强度和剩余抗外挤强度随使用年限的变化曲线。由于管柱型号的不同，其 API 抗内压强度和抗外挤强度也不同。由图 7-36 可知，管径为 2.875in 管柱由于壁厚较大，其初始抗内压和抗外挤压强度也较大，虽然其随着年限的增加其剩余抗内压和抗外挤强度降低幅度最大，但总体比其他直径的管柱强度大。然后最危险的是直径为 2.375in 管柱，其剩余强度变化较大，到后期远低于其他管柱的剩余强度。提出的剩余抗内压和抗外挤强度计算方法为现场管柱年度校核提供了理论分析工具，更加确保了管柱在生产作业过程中避免发生强度破坏。

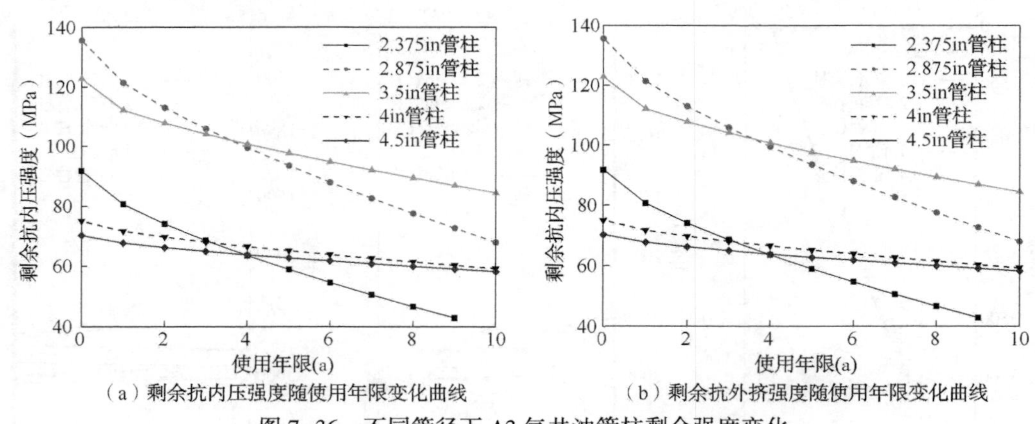

（a）剩余抗内压强度随使用年限变化曲线　（b）剩余抗外挤强度随使用年限变化曲线

图 7-36　不同管径下 A3 气井油管柱剩余强度变化

7.2.4.2　南海西部 M“三高”气田 A1H 气井

如图 7-37 所示为 A1H 水平井在不同产量下油管柱安全系数沿井深分布曲线。由图 7-37(a)可知随着管径的变化，管柱发生屈曲变形位置也在相应地变化，其变化趋势总体与定向井相同，此处不再详细介绍。由图 7-37(b)和图 7-37(c)可知随着管径的变化，管柱的强度安全系数和抗拉安全系数变化趋势比定向井更加明显，且强度安全系数都低于定向井管柱的安全系数，但还是能够满足现场管柱的要求。

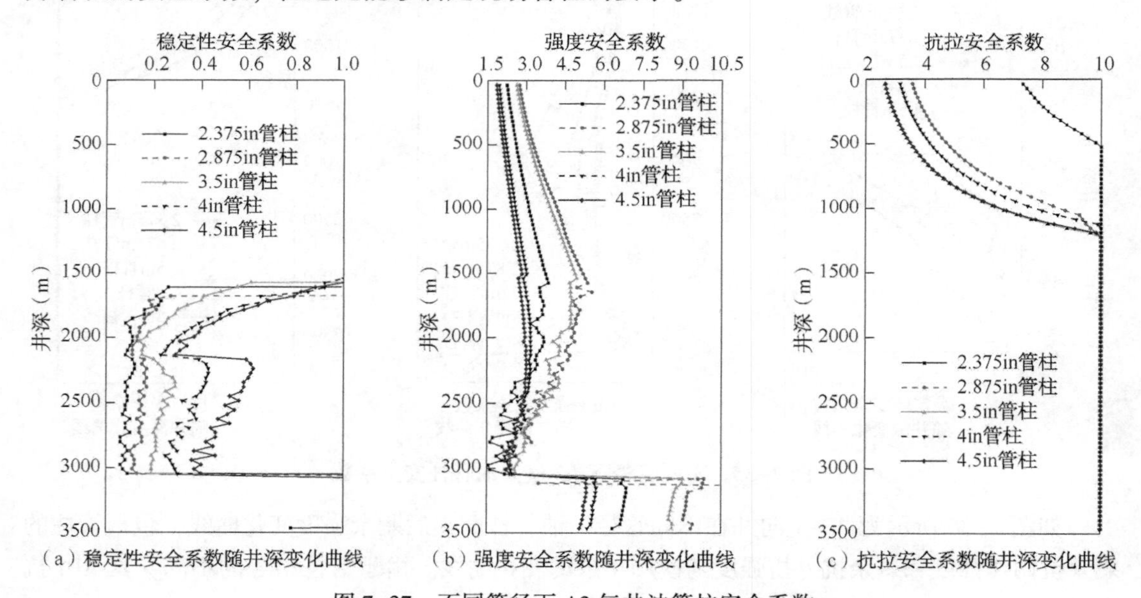

（a）稳定性安全系数随井深变化曲线　（b）强度安全系数随井深变化曲线　（c）抗拉安全系数随井深变化曲线

图 7-37　不同管径下 A3 气井油管柱安全系数

如图 7-38 所示为 A1H 水平井在不同管径下油管柱磨损后剩余强度变化曲线。由图 7-38(a)和图 7-38(b)可知，水平井剩余强度的变化趋势与定向井相近，与管柱的磨损深度息息相关，此处就不一一阐述。

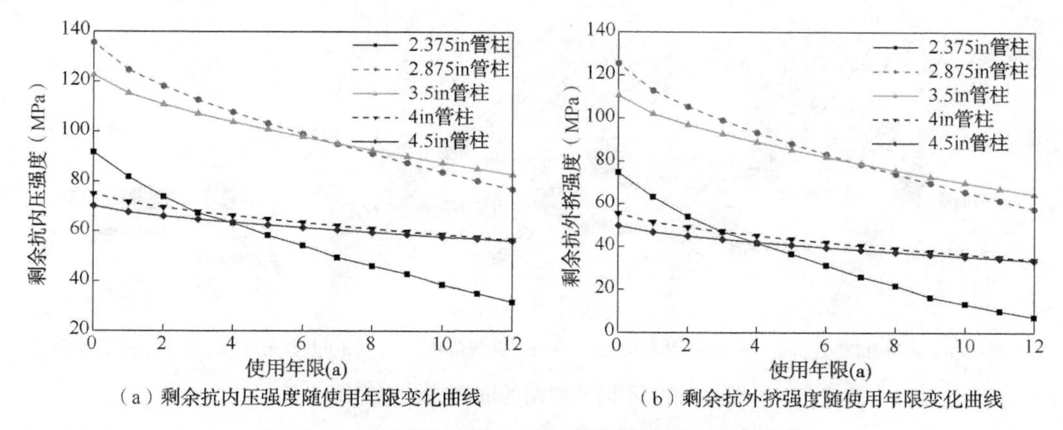

（a）剩余抗内压强度随使用年限变化曲线　（b）剩余抗外挤强度随使用年限变化曲线

图 7-38　不同管径下 A1H 气井油管柱剩余强度变化

7.3　井眼轨迹对油管柱振动失效的影响

通过前面的研究发现，定向井与水平井管柱的振动响应、摩擦磨损、疲劳损伤等特性都不相同，并且同一井型不同井斜角或不同井段长度对管柱的振动响应、磨损、疲劳等特性都有影响。本章节旨在分析不同井眼轨迹对管柱的振动响应、摩擦磨损、疲劳损伤等特性的影响规律。目前井眼轨迹的变化主要体现在两点：其一为井斜角的变化；其二为直井段、造斜段和稳斜段油管柱长度的变化。本小节主要针对这两种变化情况开展相应的研究。基于 A3 气井的井斜角，通过改变稳斜段井斜角的大小得到 4 种不同井眼轨迹(井斜角分别是 27°、35°、43°和 51°)，再次增加 1 组水平井的井斜角(选择的是 A1H 气井的井斜角)，油管柱具体结构如图 7-39 所示。同时本小节通过改变不同井段长度探究了井眼轨迹的变化对管柱振动影响规律，油管柱具体结构如图 7-40 所示，其他参数采用现场高温高压 A3 气井所使用参数，具体见表 7-2，计算得到了油管柱的振动响应、摩擦磨损、疲劳寿命和安全系数等数据，探究了井眼轨迹对油管柱振动特性影响规律，揭示了油管柱的振动、摩擦磨损、疲劳和强度失效机理，为现场管柱的安全设计及作业方式奠定了理论基础，具体分析如下。

7.3.1　井眼轨迹对油管柱振动响应的影响

7.3.1.1　不同井斜角对管柱振动的影响规律

由图 7-41 可知，随着井斜角的增加，上部管柱的横向振动加剧，而下部管柱横向振动剧烈程度有所降低，但水平井的管柱振动明显高于其他井斜角的定向井管柱。其主要原

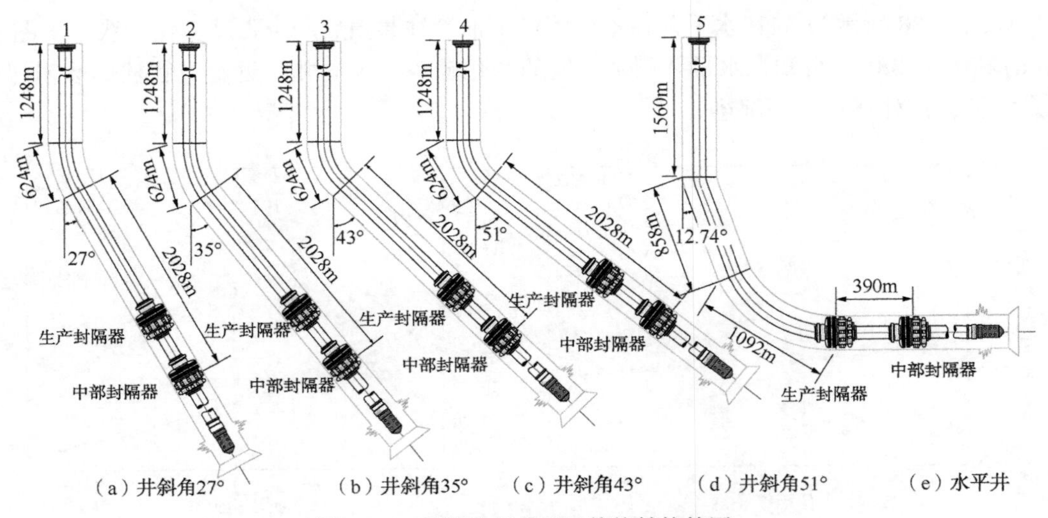

图 7-39　不同井斜角的油管柱结构简图

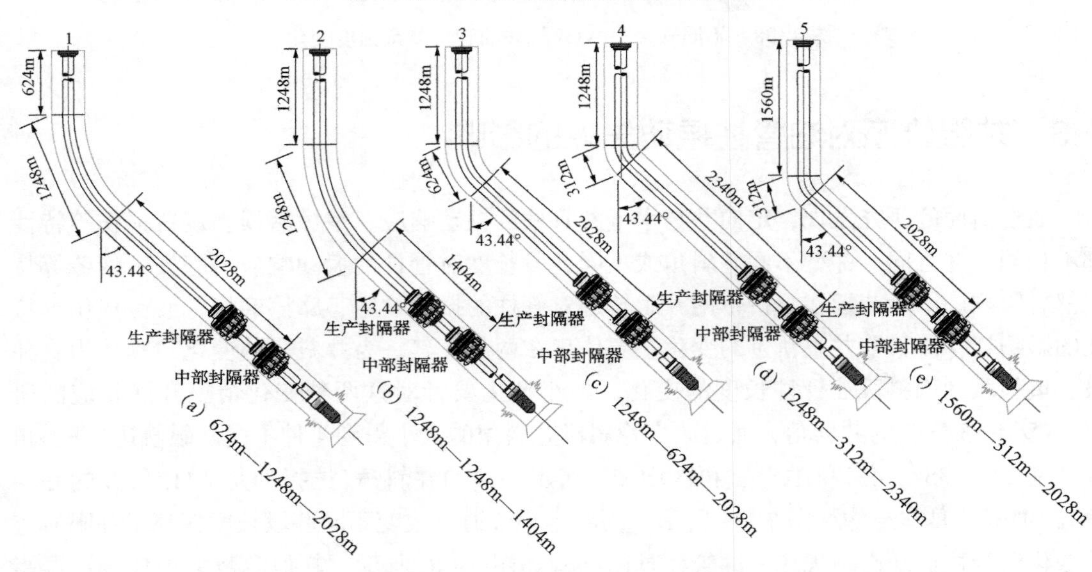

图 7-40　不同井段的油管柱结构简图

因是水平井管柱的井斜角采用的 A1H 井，其直井段和造斜段都大于定向井，导致管柱的振动发生变化。通过对比井斜角变化对管柱横向振动规律，发现井斜角越大越有利于下部管柱安全，能减小管柱的失效概率。

如图 7-42 所示为不同井斜角下管柱纵向振动位移时程曲线。由图 7-43 可知，随着井斜角的增加，全井段管柱的纵向振动幅值都有所降低，其主要原因是随着井斜角的增加，油管柱自身重力在纵向方向的分量减小，导致管柱的纵向振动降低，再次表明井斜角对管柱的振动影响较大，井斜角越大，越有利于减低管柱的振动，进而再次验证了水平井管柱比定向井管柱更加安全。

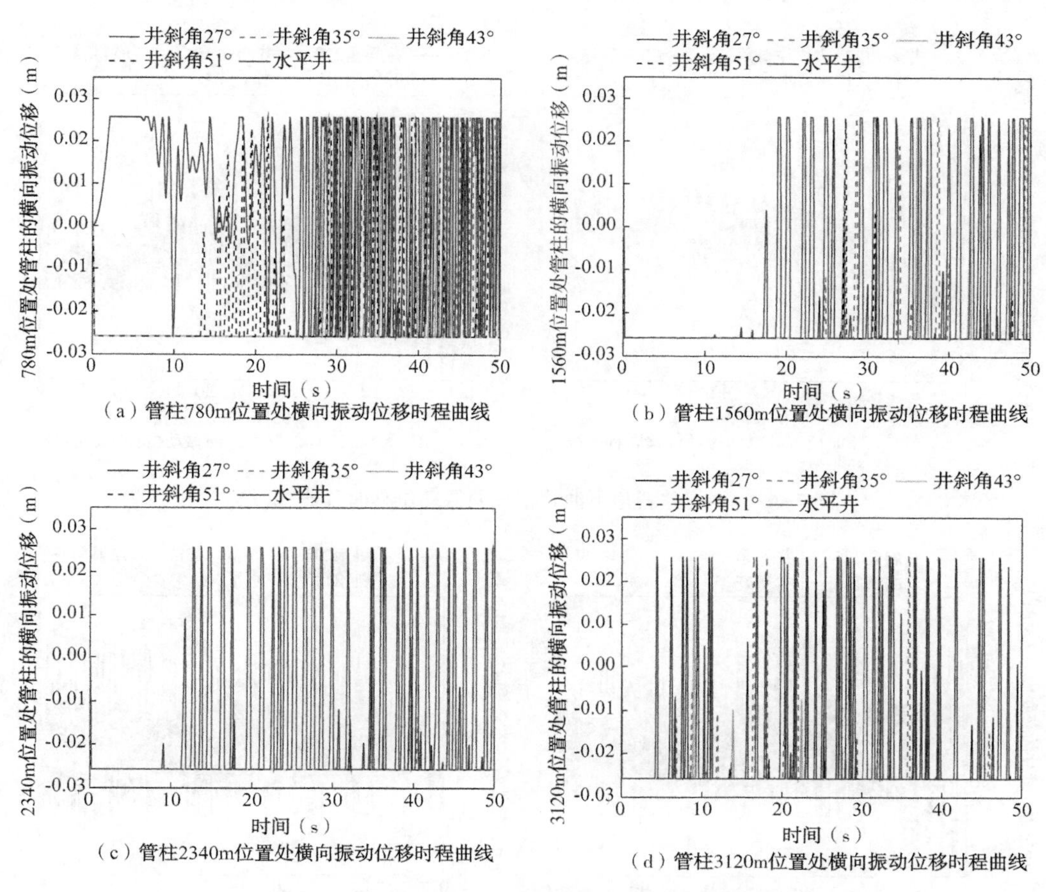

（a）管柱780m位置处横向振动位移时程曲线

（b）管柱1560m位置处横向振动位移时程曲线

（c）管柱2340m位置处横向振动位移时程曲线

（d）管柱3120m位置处横向振动位移时程曲线

图 7-41　不同井斜角下油管柱横向振动位移时程曲线

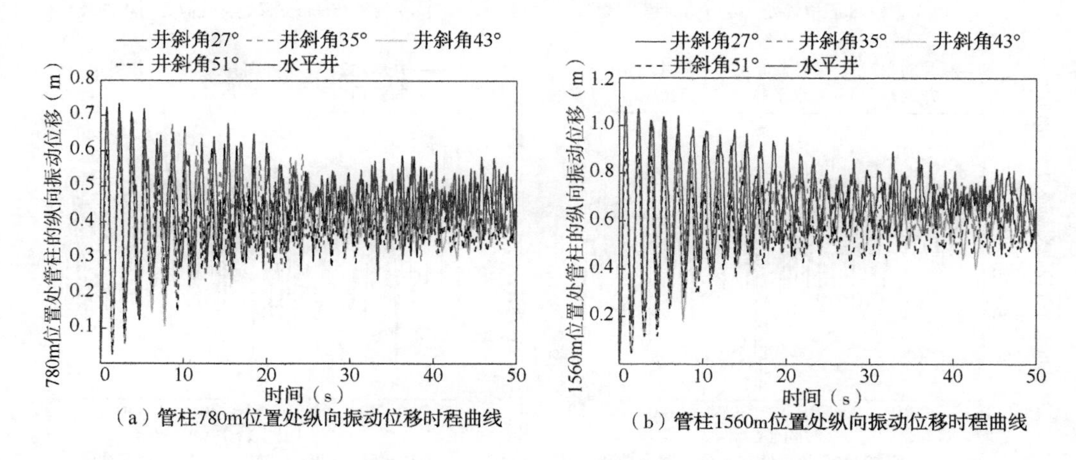

（a）管柱780m位置处纵向振动位移时程曲线

（b）管柱1560m位置处纵向振动位移时程曲线

图 7-42　不同井斜角下油管柱纵向振动位移时程曲线

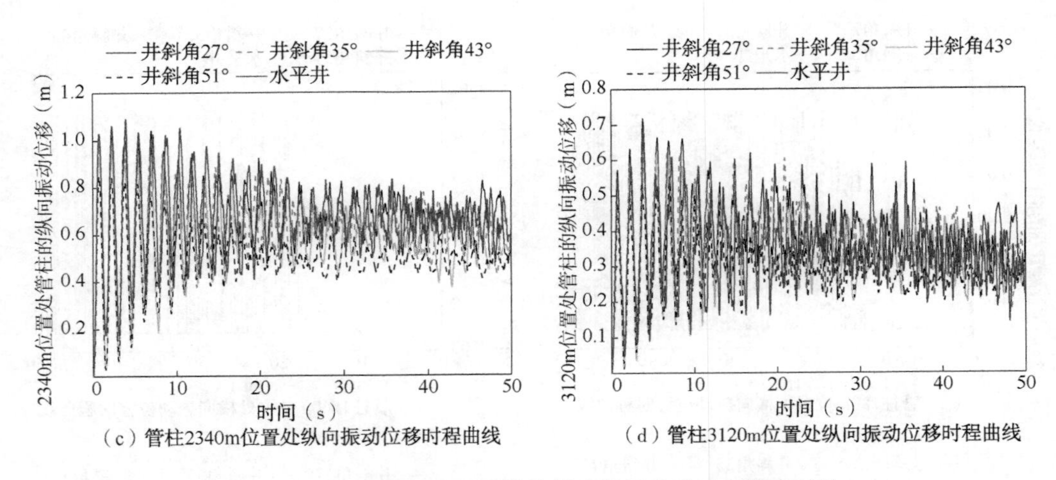

（c）管柱2340m位置处纵向振动位移时程曲线

（d）管柱3120m位置处纵向振动位移时程曲线

图 7-42　不同井斜角下油管柱纵向振动位移时程曲线(续)

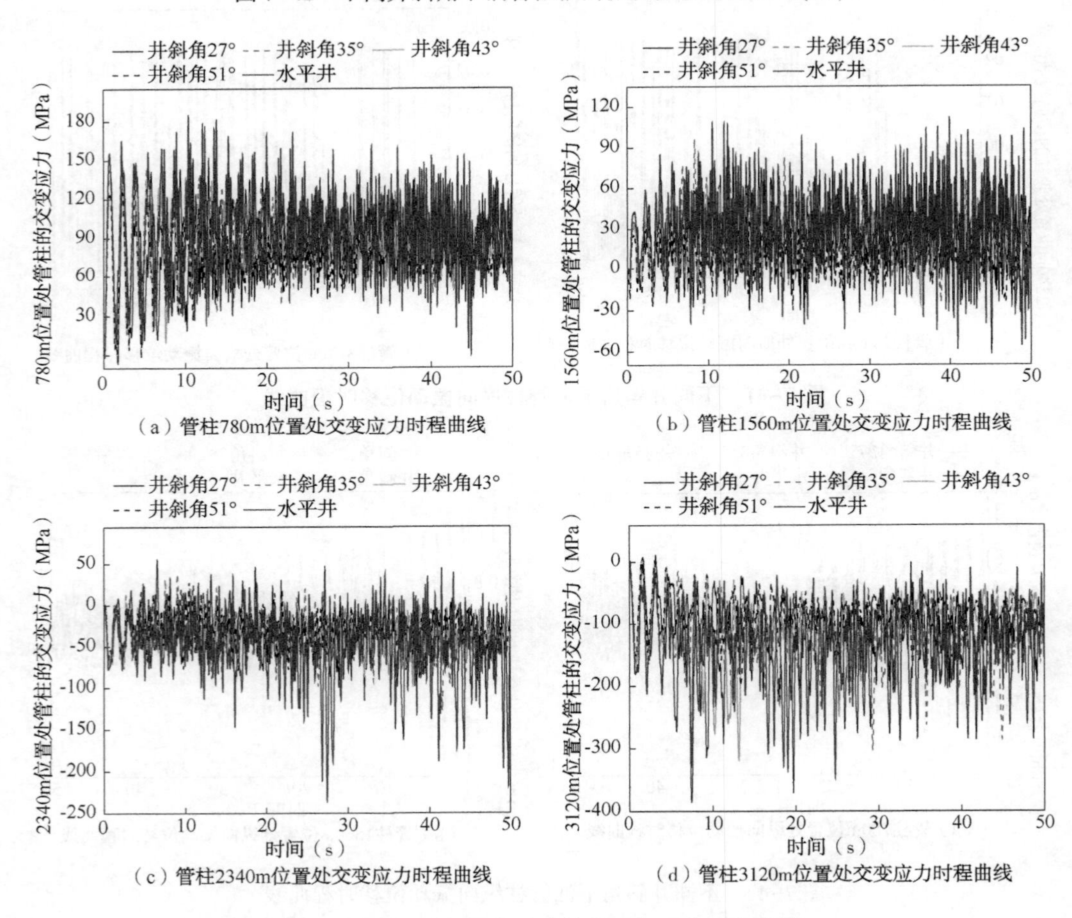

（a）管柱780m位置处交变应力时程曲线

（b）管柱1560m位置处交变应力时程曲线

（c）管柱2340m位置处交变应力时程曲线

（d）管柱3120m位置处交变应力时程曲线

图 7-43　不同井斜角下油管柱交变应力时程曲线

由图 7-43 可知随着定向井管柱井斜角的增加，管柱的交变应力幅值减小，并且在

43°~51°出现一个突变，特别是管柱的中下段位置，但水平井的交变应力很大。其主要原因就是直井段过长(图7-41)，稳斜段倾斜角只有12.7°，两段长度占了总长的2/3，导致管柱发生交变应力的突变，再次表明井斜角对油管柱的振动影响很大，且不同井段长度也对管柱的振动影响很大。

如图7-44所示为不同井斜角下油管柱振动幅频曲线。由图7-45可知，随着井斜角的增加，管柱的振动频率也有所降低，且影响很大。当井斜角为27°时，全井段管柱发生多阶振动；而当井斜角为51°时，管柱只发生低频振动，表明井眼轨迹的井斜角对油管柱的振动影响很大，并且这种影响效应会随着产量越大，影响越明显。因此，高温高压高产气井现场人员在井眼轨迹设计中，采用计算方法分析找到引起管柱振动突变的井斜角，在确保其他条件应许下，尽量使井斜角高于突变临界值。

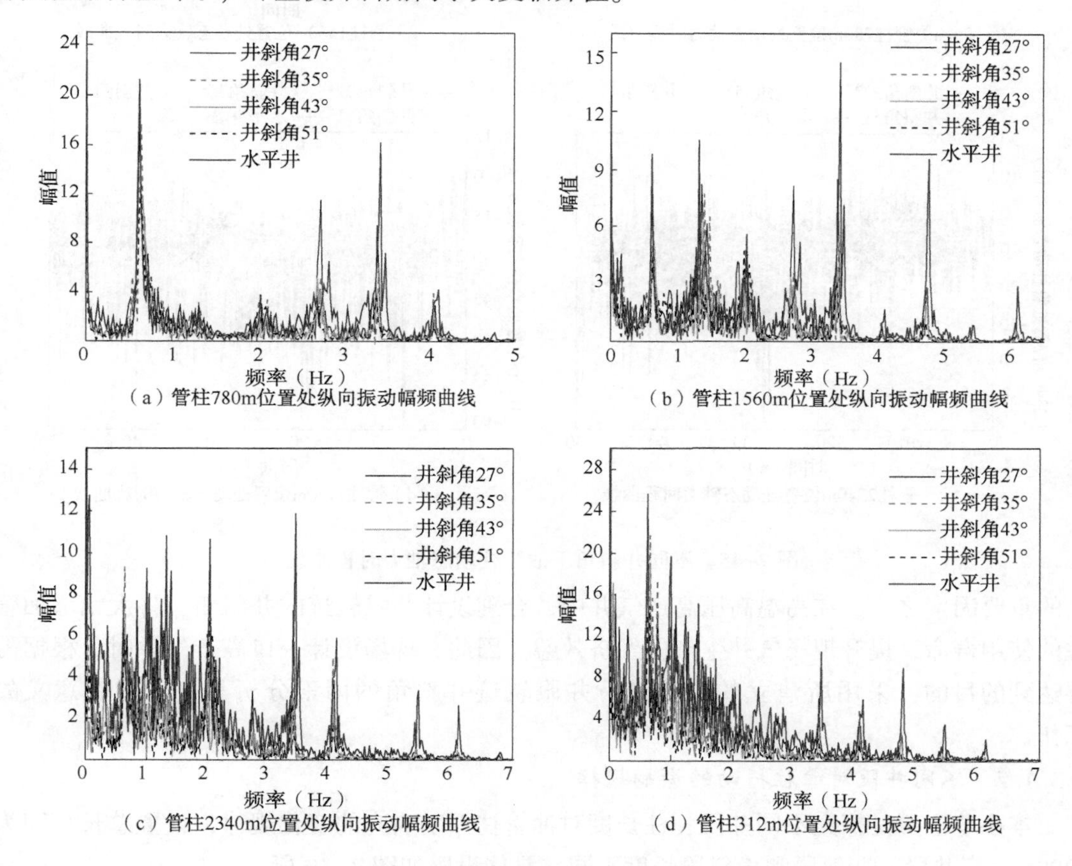

（a）管柱780m位置处纵向振动幅频曲线

（b）管柱1560m位置处纵向振动幅频曲线

（c）管柱2340m位置处纵向振动幅频曲线

（d）管柱312m位置处纵向振动幅频曲线

图7-44　不同井斜角下油管柱振动幅频曲线

由图7-45可知随着井斜角的增加，全井段管柱受到的轴向力减低，其主要原因是受油管柱自重的影响，表明管柱的自重对其振动特性影响巨大，管内高速流体的冲击力诱发管柱的振动，在数值上其影响远远低于管柱的自重。

通过分析不同井斜角对管柱振动影响的影响规律，表明井斜角是影响管柱振动剧烈程

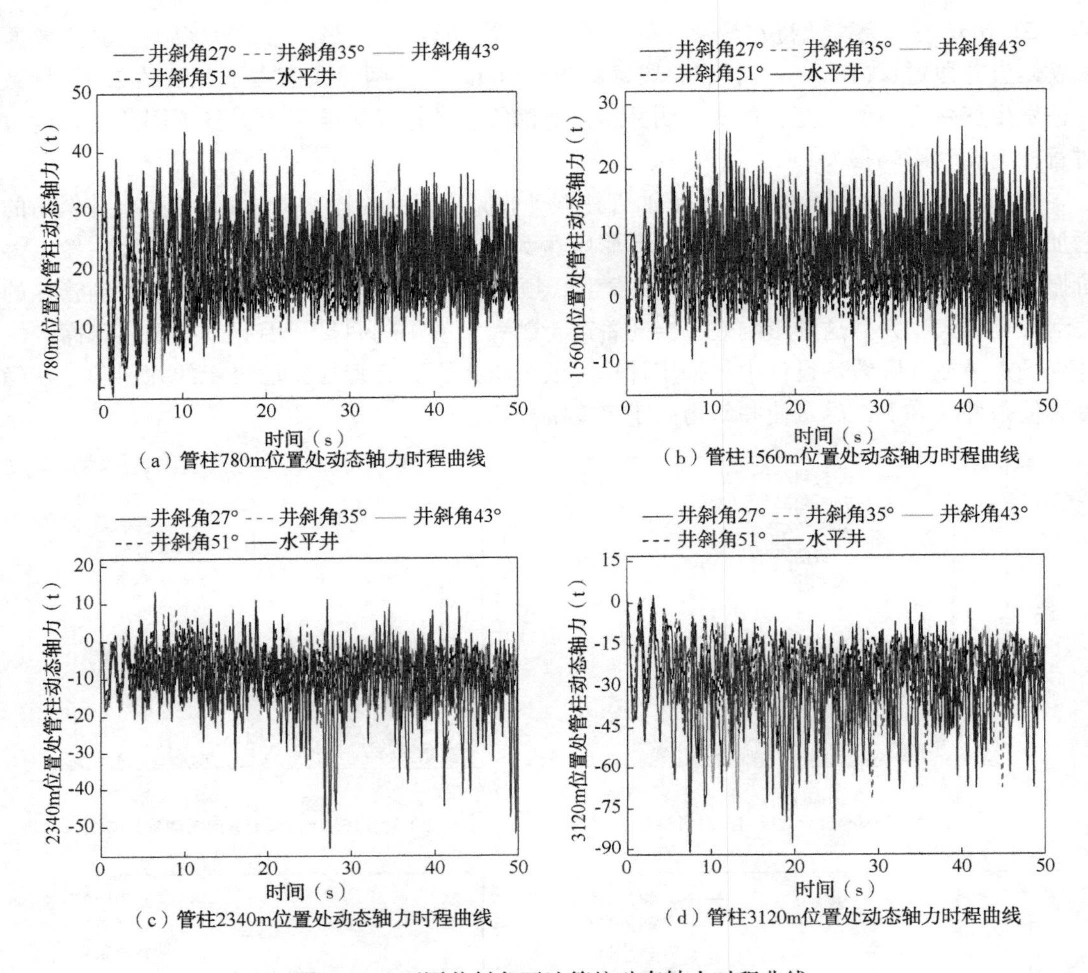

（a）管柱780m位置处动态轴力时程曲线

（b）管柱1560m位置处动态轴力时程曲线

（c）管柱2340m位置处动态轴力时程曲线

（d）管柱3120m位置处动态轴力时程曲线

图 7-45　不同井斜角下油管柱动态轴力时程曲线

度的重要因素之一。在高温高压高产气井中，合理设计井眼轨迹的井斜角，将大幅增加管柱的使用寿命，提升现场气井生产的经济效益。因此，现场设计一口高产气井时，根据需要达到的目的，采用所建立的方法进行井眼轨迹井斜角的因素分析是一项很有意义的工作。

7.3.1.2　不同井段对管柱振动的影响规律

本小节主要是探究不同井段管柱长度对油管柱振动响应的变化规律，设置总长相同为3900m，直井段、造斜段和稳斜段长度不同，具体设置如图 7-40 所示。

如图 7-46 所示为不同井段长度下油管柱横向振动位移时程曲线，通过图中可知，直井段管柱长度对其横向振动的影响比稳斜段管柱长度敏感性更强；直井段管柱长度变化比造斜段管柱变化对其横向振动影响更加敏感；直井段管柱长度对管柱的横向振动影响敏感性最强，其次为造斜段，最后为稳斜段。

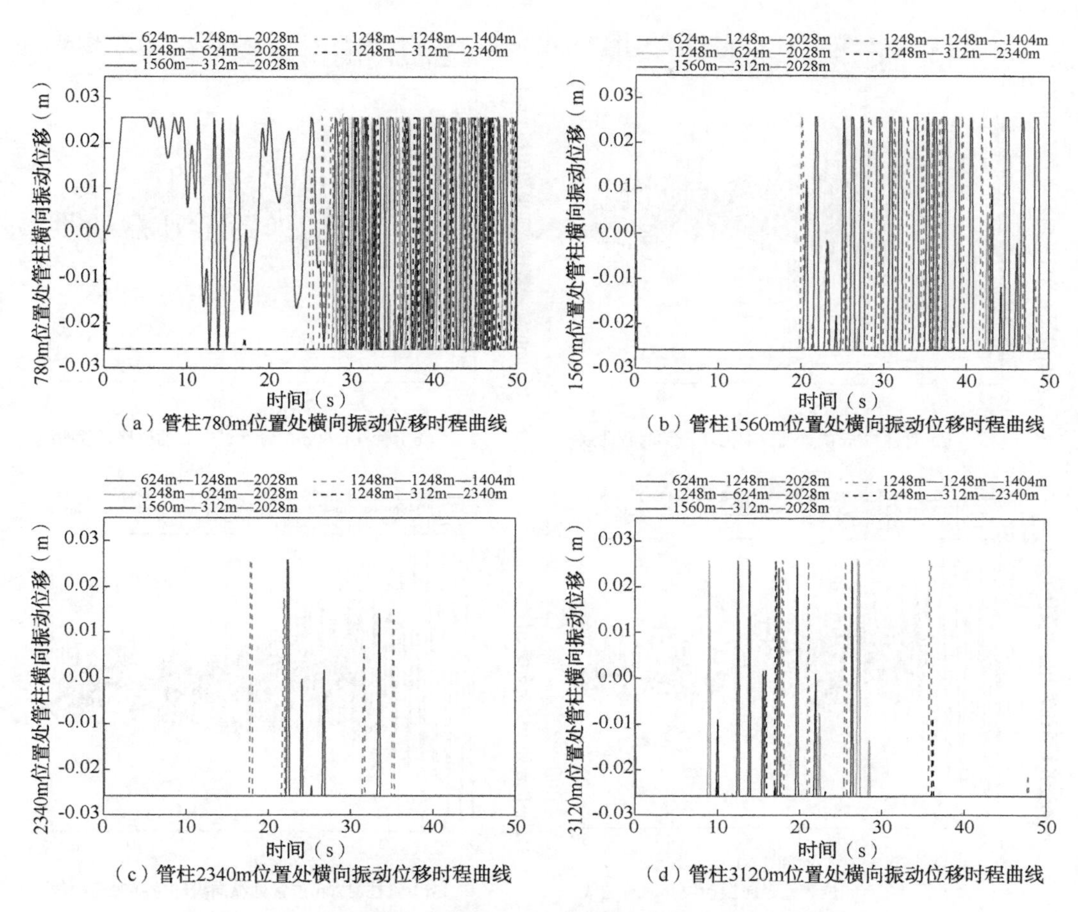

（a）管柱780m位置处横向振动位移时程曲线

（b）管柱1560m位置处横向振动位移时程曲线

（c）管柱2340m位置处横向振动位移时程曲线

（d）管柱3120m位置处横向振动位移时程曲线

图 7-46　不同井段管柱长度下油管柱横向振动位移时程曲线

如图 7-47 所示为不同井段长度下油管柱纵向振动位移时程曲线，通过图中可知，直井段管柱长度比稳斜段管柱长度对其纵向振动的敏感性强；直井段管柱长度比造斜段管柱长度对其纵向振动的敏感性强；稳斜段管柱长度比造斜段管柱长度对其纵向振动的敏感性强。由于在高温高压高产气井中，油套管的间隙较小，管柱的横向振动相比于纵向振动对管柱失效的影响较小，现场更加关注管柱的纵向振动，因此，按直井段、造斜段和稳斜段管柱长度对纵向振动敏感性强弱，现场设计人员考虑在满足其他设计要求应尽量减少直井段管柱长度，尽可能增加造斜段管柱，再结合前面井斜角的设计要求，能够有效降低管柱的失效概率。

如图 7-48 所示为油管柱的交变应力时程曲线，由图可知，直井段管柱长度对管柱交变应力的敏感性最强，再次表明现场设计人员应更加注重直井段管柱长度，设计合理的井眼轨迹增加管柱的使用寿命。

如图 7-49 所示为不同位置处管柱的振动幅频曲线，发现直井段和造斜段过长都导致全井管柱出现多阶振动，并且振动频率也较高，这都将增加管柱失效的概率；并且中下段管柱发生比较复杂的振动频率，所含管柱振动能量大，这也是导致中下段管柱易发生失效的原因。

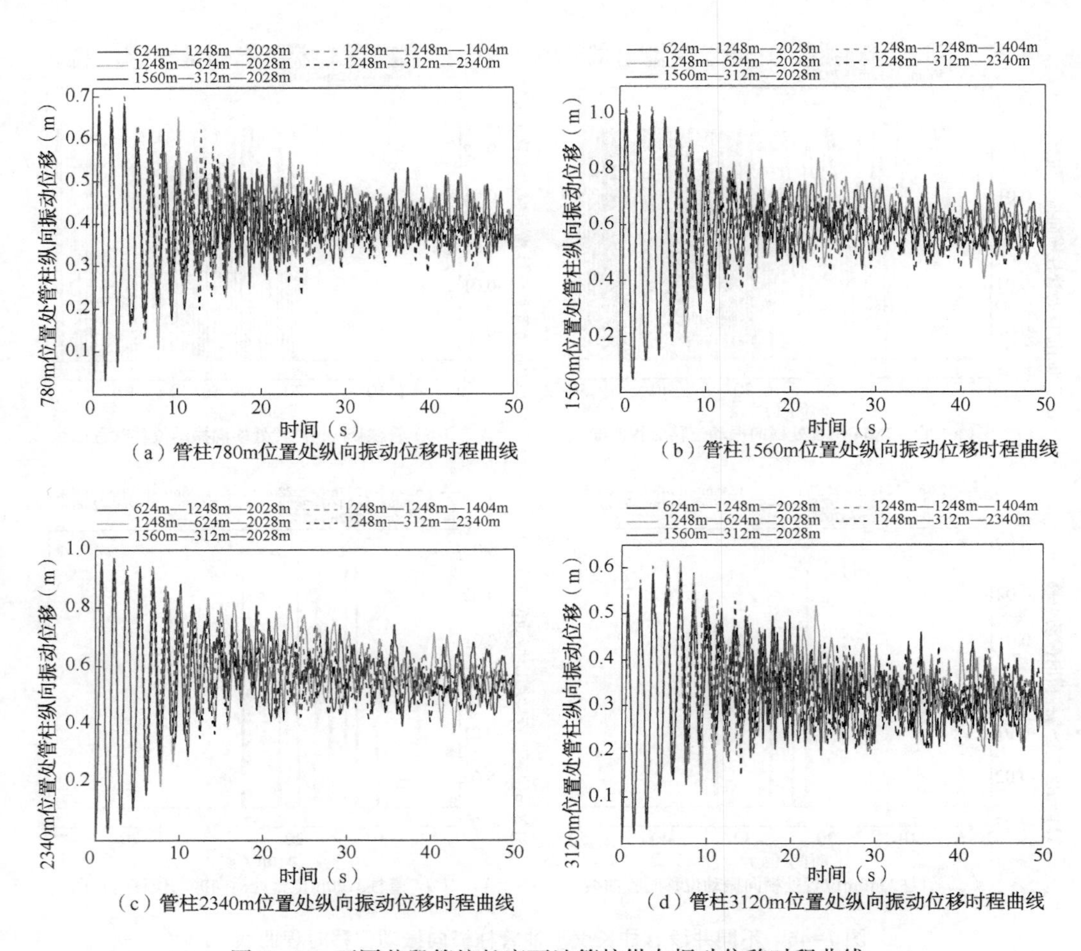

（a）管柱780m位置处纵向振动位移时程曲线　（b）管柱1560m位置处纵向振动位移时程曲线

（c）管柱2340m位置处纵向振动位移时程曲线　（d）管柱3120m位置处纵向振动位移时程曲线

图 7-47　不同井段管柱长度下油管柱纵向振动位移时程曲线

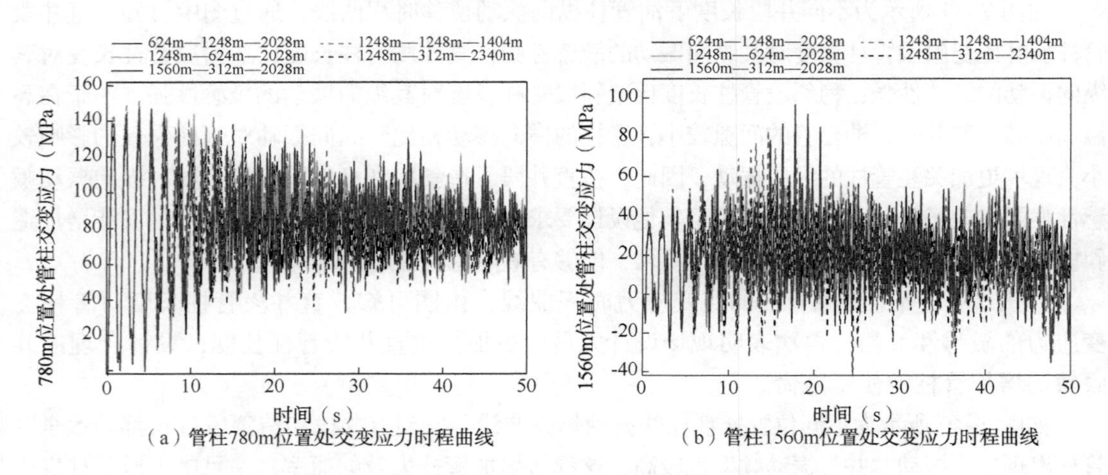

（a）管柱780m位置处交变应力时程曲线　（b）管柱1560m位置处交变应力时程曲线

图 7-48　不同井段管柱长度下油管柱交变应力时程曲线

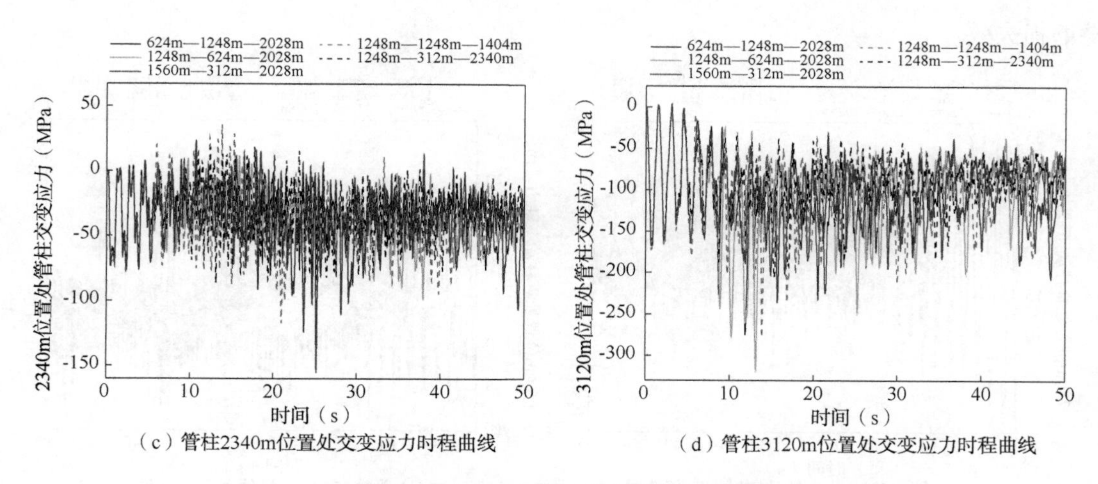

（c）管柱2340m位置处交变应力时程曲线　（d）管柱3120m位置处交变应力时程曲线

图 7-48　不同井段管柱长度下油管柱交变应力时程曲线(续)

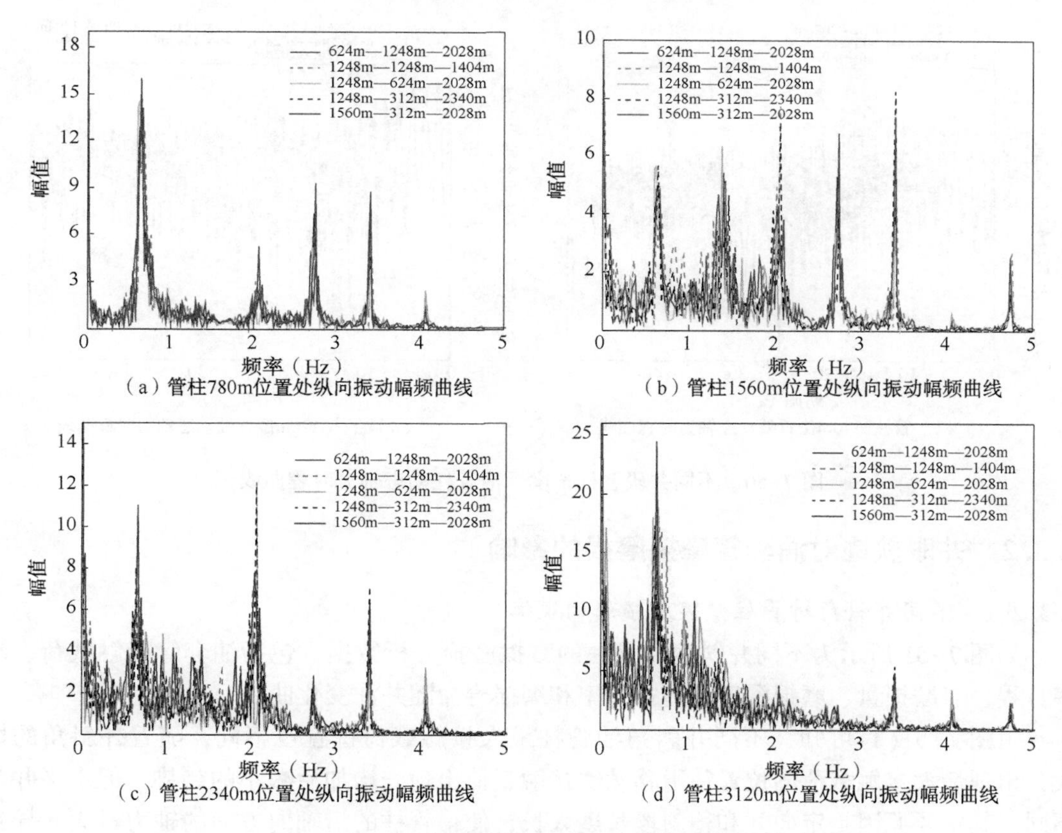

（a）管柱780m位置处纵向振动幅频曲线　（b）管柱1560m位置处纵向振动幅频曲线

（c）管柱2340m位置处纵向振动幅频曲线　（d）管柱3120m位置处纵向振动幅频曲线

图 7-49　不同井段管柱长度下油管柱幅频曲线

如图 7-50 所示为在不同井段长度下油管柱动态轴力时程曲线，由图可知，直井段长度越长导致管柱受到的动态轴力越大，并且在中下段管柱影响剧烈，表明直井段管柱长度将严重影响其下部管柱发生屈曲变形的概率，增加油套管的接触载荷，导致管柱易发生摩擦磨损失效。

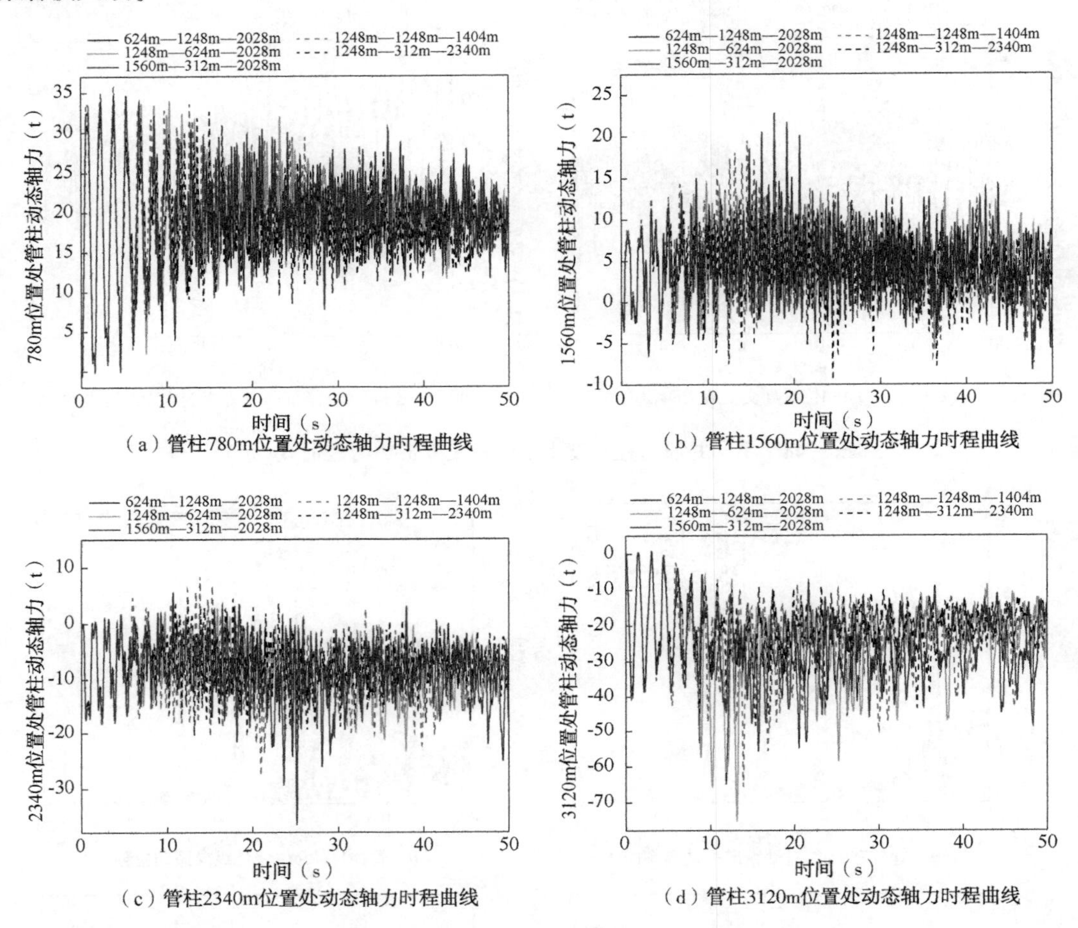

（a）管柱780m位置处动态轴力时程曲线

（b）管柱1560m位置处动态轴力时程曲线

（c）管柱2340m位置处动态轴力时程曲线

（d）管柱3120m位置处动态轴力时程曲线

图 7-50　不同井段管柱长度下油管柱动态轴力时程曲线

7.3.2　井眼轨迹对油套管摩擦磨损的影响

7.3.2.1　不同井斜角对管柱摩擦磨损影响规律

如图 7-51 所示为不同井斜角油管柱的摩擦磨损分析数据，包括油套管接触载荷、滑移行程、年磨损量、磨损深度、磨损效率和磨损寿命随井深变化曲线。

由图 7-51(a)可知，不同井斜角油管柱最大接触载荷位置也不同，随着井斜角的增大，出现最大接触载荷的位置往下移动，接触载荷出现先增加后减小的趋势，但水平井却不同，其主要原因是定向井和稳斜段长度太长，使得管柱的沿轴向方向的轴力过大，导致油套管接触载荷过大，在下部造斜段管柱的接触载荷变化不大。由图 7-51(b)可知，管柱随着井斜角的增加，油套管的滑移行程降低，有效降低了管柱的摩擦磨损失效。图 7-51(c)和图 7-51(d)表明管柱随着井斜角的增加，油套管的磨损量减小，水平井磨损量过大，其主要原因还是接触载荷过大，虽然井斜角变化相同，但磨损量减低的幅度不相同，每一

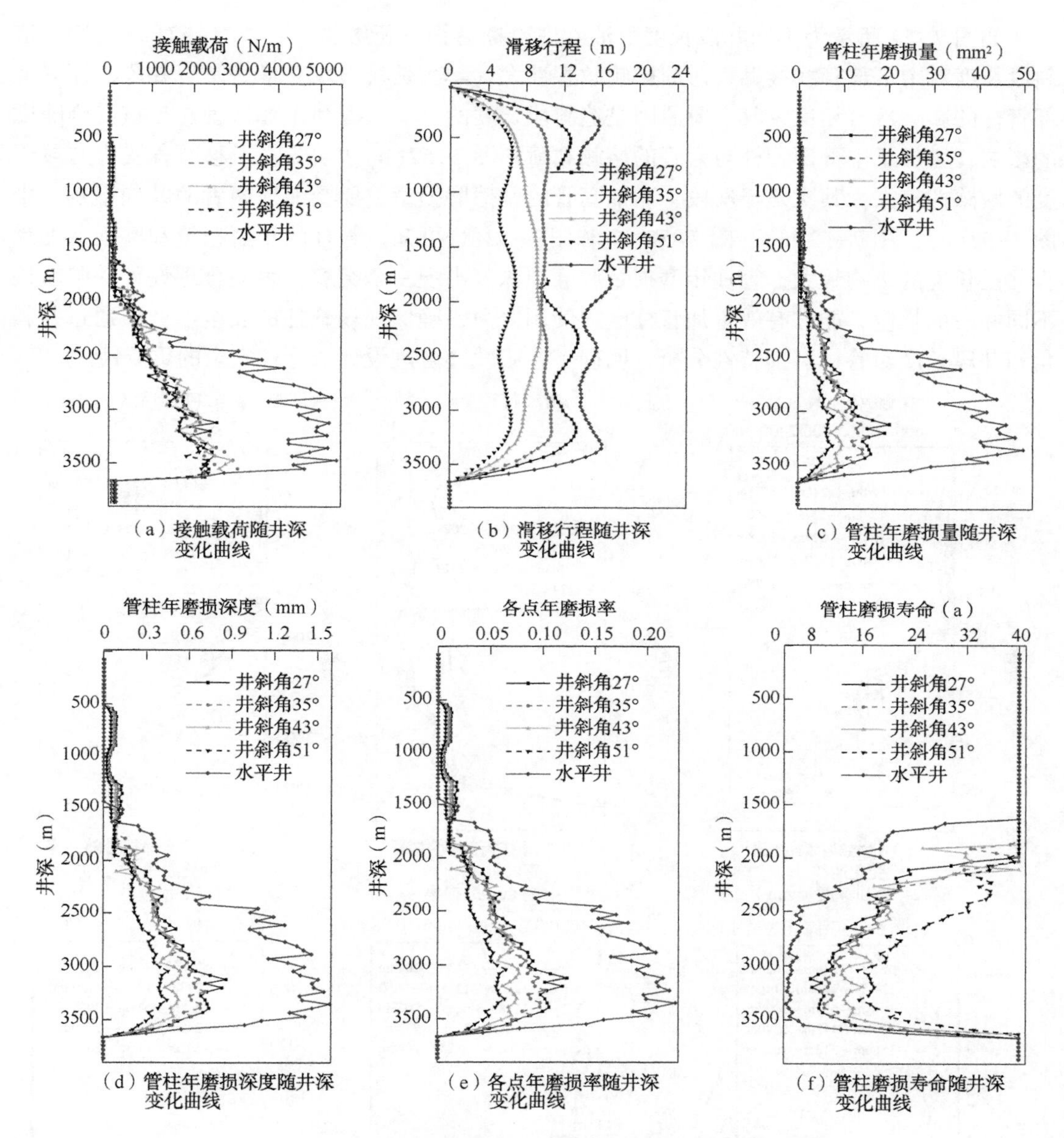

（a）接触载荷随井深变化曲线　（b）滑移行程随井深变化曲线　（c）管柱年磨损量随井深变化曲线

（d）管柱年磨损深度随井深变化曲线　（e）各点年磨损率随井深变化曲线　（f）管柱磨损寿命随井深变化曲线

图 7-51　不同井斜角下油管柱摩擦磨损分析数据

口不同的高温高压高产气井将会出现一个突变的井斜角。现场人员设计时，应采用计算方法，找到使油套管摩擦磨损量发生突变的井斜角，指导其井眼轨迹的设计。

7.3.2.2　不同井段管柱长度对管柱摩擦磨损影响规律

前面探究了不同井斜角对油管柱磨损特性影响规律，发现井斜角越大有利于降低油套管间的磨损。为了进一步指导现场井眼轨迹的优化设计，保护管柱的安全性，因此，将进一步开展不同井段长度对油套管磨损特性影响规律分析，为现场井眼轨迹的设计奠定理论基础。

如图7-52所示为不同井段长度下油管柱摩擦磨损分析数据。由图7-52(a)可知，造斜段长度对中下部管柱接触载荷的影响敏感性大，其次是稳斜段，最后是直井段，而对上部管柱的影响恰恰相反，其主要原因是造斜段长度的增加，有利于降低管柱自重受狗腿度的影响，增加了中下部管柱与套管的接触载荷。图7-52(b)表明管柱滑移行程受直井段长度的敏感性较大，其次是稳斜段，而油套管的摩擦磨损量主要受前面两者的共同影响。由图7-52(c)、图7-52(d)、图7-52(e)和图7-52(f)可知，管柱的年磨损量和磨损深度受直井段长度的影响最大，管柱年磨损量和磨损深度出现一个突变，表明合理设计井眼轨迹不同井段的长度，能够有效增加管柱磨损使用寿命，确保现场管柱的安全作业。通过井斜角和井段长度对管柱磨损特性分析，明确了井眼轨迹合理设计对管柱安全的重要性。

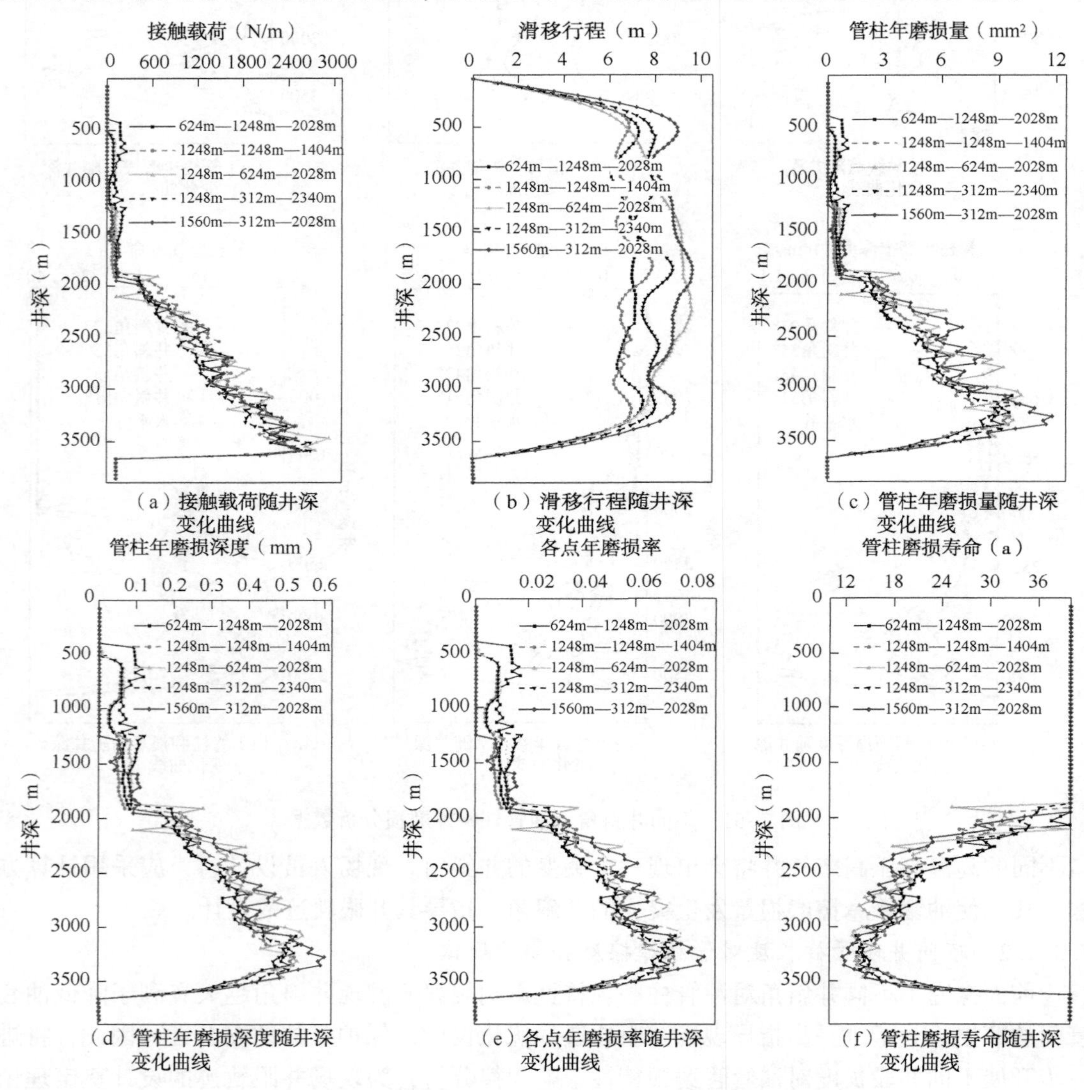

（a）接触载荷随井深变化曲线　（b）滑移行程随井深变化曲线　（c）管柱年磨损量随井深变化曲线

（d）管柱年磨损深度随井深变化曲线　（e）各点年磨损率随井深变化曲线　（f）管柱磨损寿命随井深变化曲线

图7-52　不同井段管柱长度下油管柱摩擦磨损分析数据

7.3.3 井眼轨迹对油管柱疲劳寿命的影响

为了进一步探究井眼轨迹对管柱安全作业的影响规律，便于指导现场井眼轨迹的优化设计，本小节将探究管柱疲劳寿命随井眼轨迹变化的影响规律，依据所建立的疲劳模型，借助前面参数，计算不同位置处管柱的最大应力、疲劳年损伤率和疲劳寿命，具体分析如下。

7.3.3.1 不同井斜角对管柱疲劳损伤影响规律

如图 7-53 所示为不同井斜角油管柱疲劳损伤分析数据，包括管柱最大应力、年损伤率和疲劳寿命沿井深的分布。

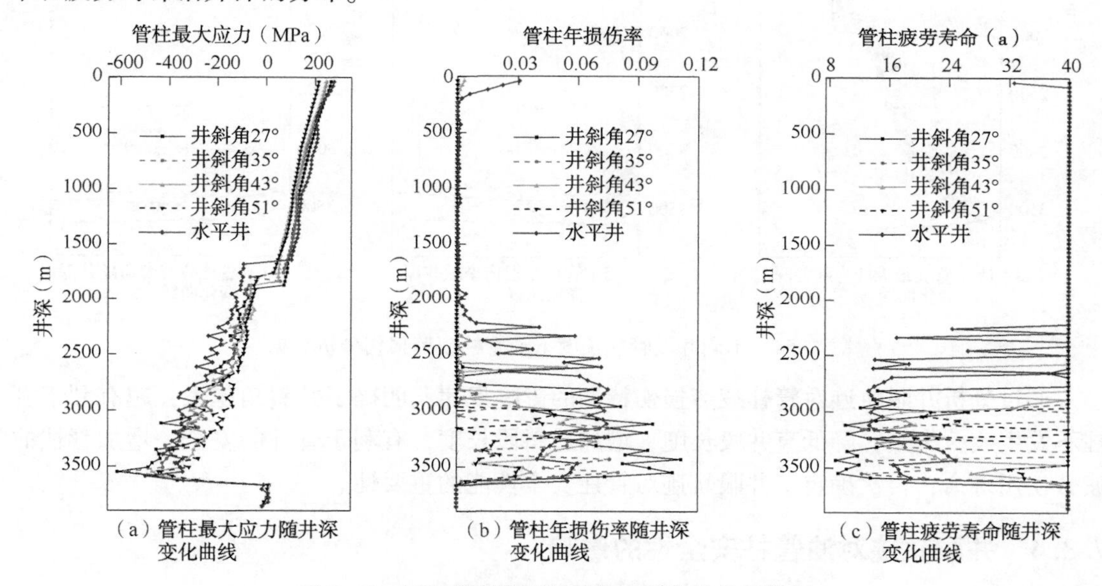

（a）管柱最大应力随井深变化曲线（b）管柱年损伤率随井深变化曲线（c）管柱疲劳寿命随井深变化曲线

图 7-53 不同井斜角下油管柱疲劳损伤分析数据

由图 7-53(a)可知，随着井斜角的增加，管柱出现最大应力的位置变化不大，且处于管柱下部位置，但最大应力值出现减小的趋势，且由 35°变化到 43°时，出现了一个大幅减小，这与管柱动态轴力分析发现的规律相同。而水平井管柱疲劳损伤特性没有同摩擦磨损特性一样发生突变，表明管柱疲劳特性与磨损特性随参数的影响并不同步。现场设计人员需综合考虑管柱这两种常见失效特性，在此基础上，优化设计现场气井的井眼轨迹。由图 7-53(b)和图 7-53(c)可知，当管柱井斜角较小时，管柱的疲劳寿命降低到 10 年左右，无法满足现场使用的要求(15~20 年)。

7.3.3.2 不同井段管柱长度对管柱疲劳损伤影响规律

如图 7-54 所示为不同井段长度下油管柱疲劳损伤分析数据沿井深分布曲线。由图 7-54(a)可知，下端管柱最大应力受直径段长度的影响最大，稳斜段和造斜段长度影响并不明显。由图 7-54(b)和图 7-54(c)可知，直井段管柱越长，管柱的年损伤率越大，导致管柱的疲劳寿命减小，且使用寿命只能达到 12 年左右；如图 7-55 所示，造斜段长度越长，管柱发生疲劳失效的概率显著降低，疲劳寿命显著增加，约为 23 年左右，远远满足现场对管柱使用年限的要求。

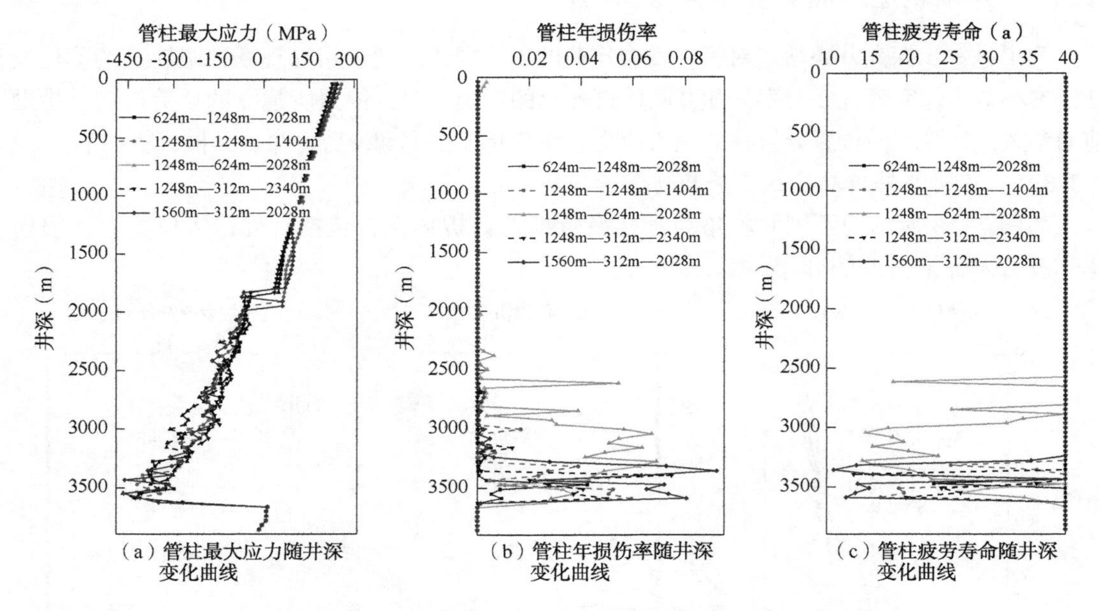

（a）管柱最大应力随井深变化曲线　（b）管柱年损伤率随井深变化曲线　（c）管柱疲劳寿命随井深变化曲线

图 7-54　不同井段管柱长度下油管柱疲劳损伤分析数据

通过分析井眼轨迹对管柱疲劳损伤特性的影响规律，明确了井斜角越大，越有利于管柱不发生疲劳失效；降低直井段长度，增加造斜段长度，有利于管柱的安全，增加管柱的疲劳使用寿命，再次确定了井眼轨迹对管柱安全性能的重要性。

7.3.4 井眼轨迹对油管柱安全性的影响

前面探究了井眼轨迹对管柱振动响应特性、摩擦磨损特性和疲劳损伤特性的影响规律，在此基础上，揭示了井眼轨迹对管柱失效机理，为此，针对管柱强度安全性问题，采用前面参数，再次分析井眼轨迹对管柱强度安全性的影响规律，进一步完善井眼轨迹对管柱失效机理的研究。

7.3.4.1　不同井斜角对管柱安全性影响规律

如图 7-55 所示为不同井斜角下油管柱安全系数沿井深分布曲线，包括管柱的稳定性安全系数、强度安全系数和抗拉安全系数。由图 7-55(a)可知，由于水平井直井段和上部稳斜段管柱长度过长，导致管柱中和点上移，中部位置就开始受压，管柱发生屈曲变形；但到下部造斜段位置，其稳定性安全系数就明显高于其他定向井，这一现象符合现场的认识，再次表明了研究方法的正确性。通过对比不同井斜角管柱的稳定性安全系数，发现井斜角越大，管柱发生屈曲变形的长度也较小，安全系数也增大，表明井斜角越大越能够有效增加管柱的安全性。由图 7-55(b)和图 7-55(c)可知，管柱井斜角越小，下部管柱的强度安全性降低，约为 1.2 左右，处于较危险状态，需要重点关注。井斜角变化对中部管柱的抗拉安全系数影响较大，但基本满足现场要求，无需重点关注。

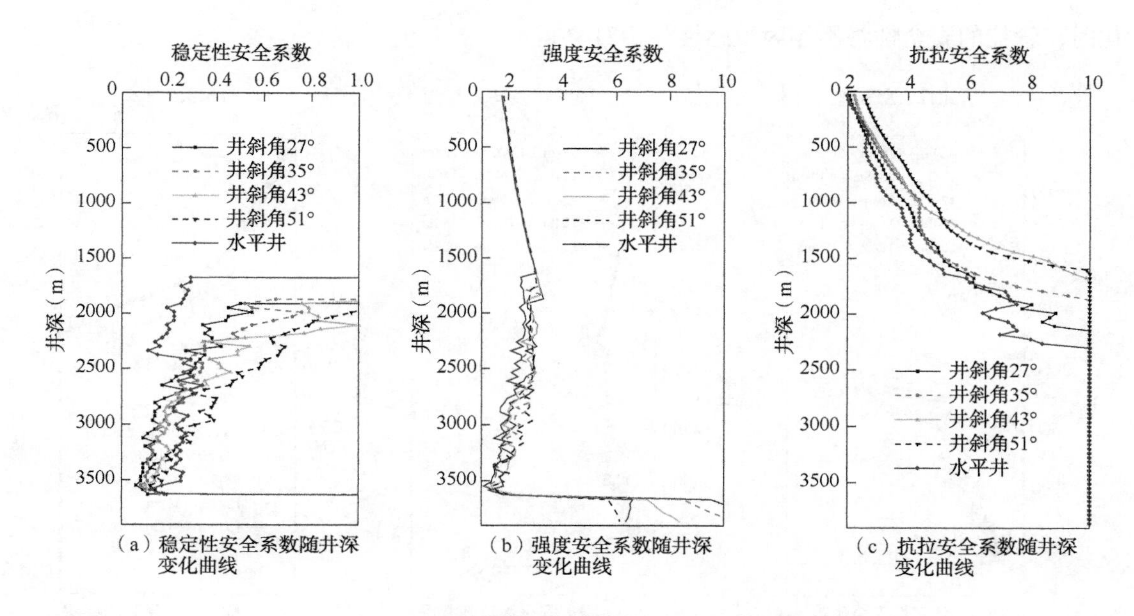

（a）稳定性安全系数随井深变化曲线

（b）强度安全系数随井深变化曲线

（c）抗拉安全系数随井深变化曲线

图 7-55　不同井斜角下油管柱安全系数变化

如图 7-56 所示为不同井斜角下油管柱磨损后剩余强度变化曲线，包括管柱的剩余抗内压强度和剩余抗外挤强度随使用年限的变化曲线。由图 7-56(a) 和图 7-56(b) 可知，管柱的剩余强度与管柱的磨损相关性很大，水平井管柱的剩余强度发生大幅度下降，并且随着井斜角的降低，管柱剩余强度下降幅度也随着增加，这一数据将指导现场管柱生产过程中的安全性判断，避免管柱发生压扁或挤破等强度失效。

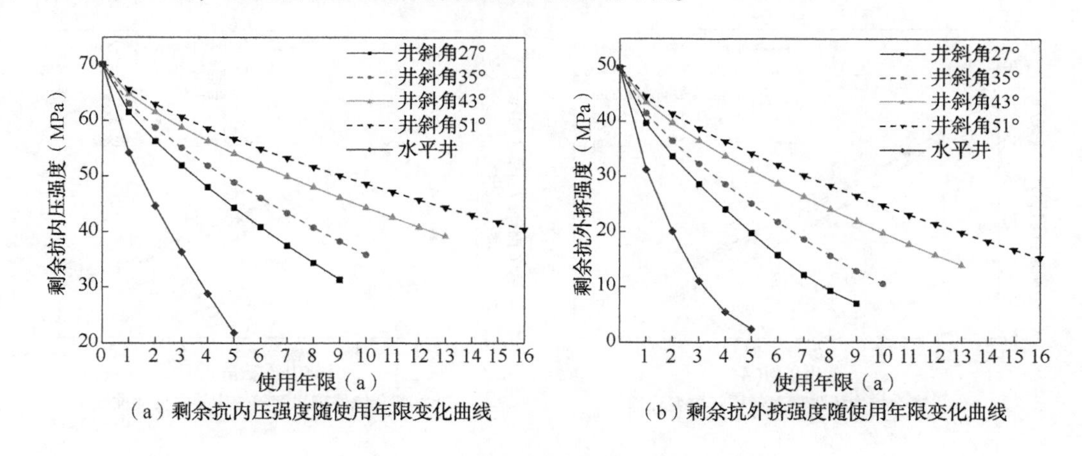

（a）剩余抗内压强度随使用年限变化曲线

（b）剩余抗外挤强度随使用年限变化曲线

图 7-56　不同井斜角下油管柱剩余强度变化

7.3.4.2　不同井段管柱长度对管柱安全性影响规律

如图 7-57 所示为不同井段长度下油管柱安全系数沿井深分布曲线，由图可知，随着井眼轨迹不同井段长度的变化，其对管柱稳定性安全系数、强度安全系数和抗拉安全系数影响并不明显，远小于井斜角对管柱安全性的影响。因此，现场设计人员对不同井段的优化时，管柱的安全性将不作为敏感性分析对象。

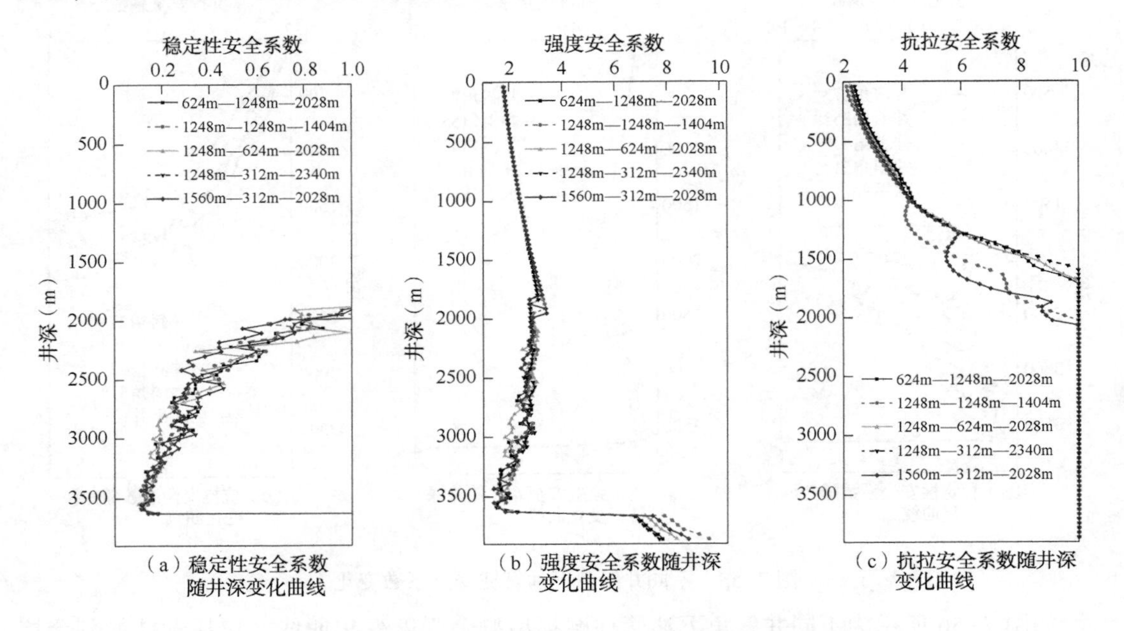

（a）稳定性安全系数随井深变化曲线

（b）强度安全系数随井深变化曲线

（c）抗拉安全系数随井深变化曲线

图 7-57　不同井段管柱长度下油管柱安全系数变化

由图 7-58 可知，不同井段长度变化对管柱剩余强度的影响也并不明显，且下降的幅度远小于井斜角的影响，也表明不同井段的变化对管柱剩余强度影响很小，也将不作为现场井眼轨迹优化设计时所考虑的敏感性指标。

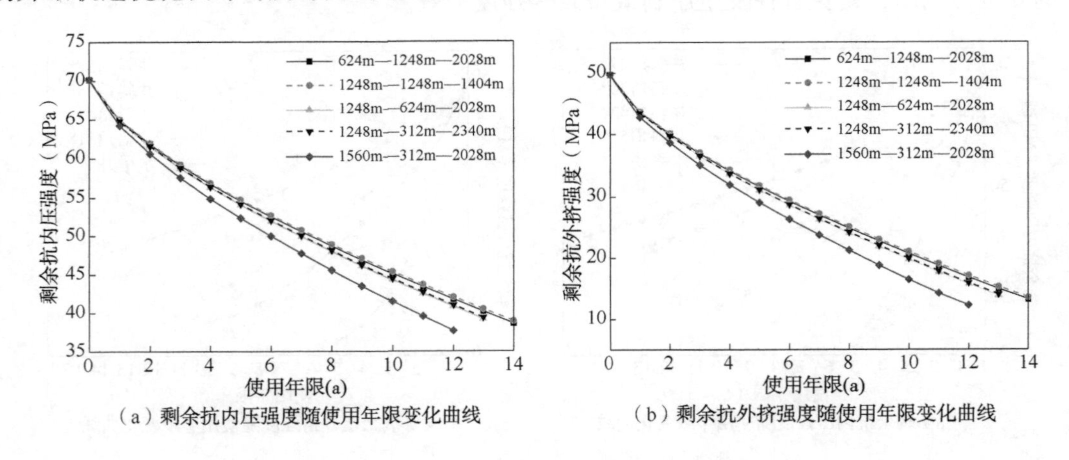

（a）剩余抗内压强度随使用年限变化曲线

（b）剩余抗外挤强度随使用年限变化曲线

图 7-58　不同井段管柱长度下油管柱剩余强度变化

7.4　封隔器位置对油管柱振动失效的影响

通过前面的研究和现场设计人员的交流，明确了不同封隔器位置会影响油管柱的振动、摩擦磨损、疲劳损伤和强度等特性。因此，为了探究封隔器位置对管柱振动响应、摩擦磨损和疲劳等特性的影响规律，揭示其变化机理，特采用现场两口实例井(A3 定向井和 A1H 水平井)参数，通过设置生产封隔器不同的安装位置，计算得到管柱的振动响应、摩擦磨损和疲劳损伤等分析数据，分析得到封隔器位置对管柱力学特性的影响规律，为现场封隔器的优化设计奠定了理论基础。A3 气井和 A1H 气井的具体管柱结构如图 7-59 和图 7-60 所示。

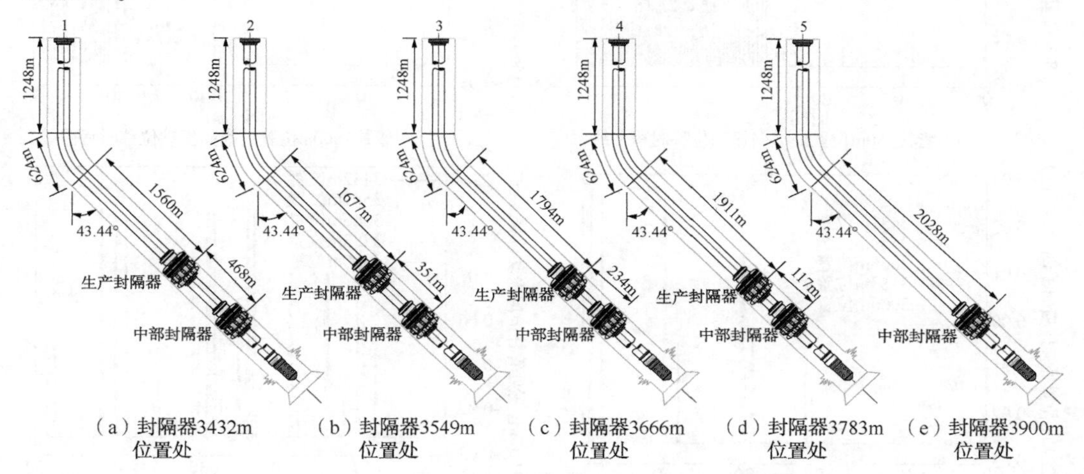

（a）封隔器3432m位置处 （b）封隔器3549m位置处 （c）封隔器3666m位置处 （d）封隔器3783m位置处 （e）封隔器3900m位置处

图 7-59　A3 气井不同封隔器位置的油管柱结构简图

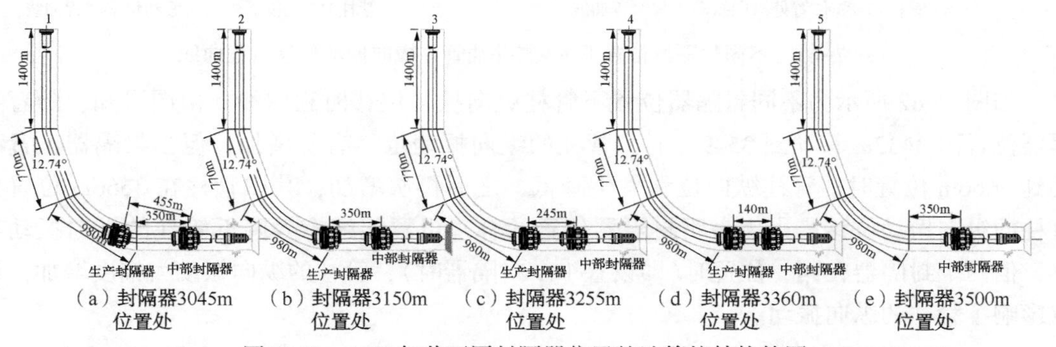

（a）封隔器3045m位置处 （b）封隔器3150m位置处 （c）封隔器3255m位置处 （d）封隔器3360m位置处 （e）封隔器3500m位置处

图 7-60　A1H 气井不同封隔器位置的油管柱结构简图

7.4.1　封隔器位置对油管柱振动响应的影响

本小节采用 A3 气井和 A1H 气井现场参数，通过设置不同封隔器位置计算得到管柱的横向振动位移、纵向振动位移、交变应力、幅频曲线和动态轴力时程曲线，分析了封隔器位置对油管柱振动响应的影响规律，揭示了管柱的振动机理。

7.4.1.1　南海西部 M“三高”气田 A3 气井

由图 7-61 可知，随着生产封隔器位置向下移动，全井段管柱的横向振动位移增大，下端管柱的变化更加明显，其主要原因是封隔器位置下移，管柱受到自身重力影响更大，外界激励下更加容易产生振动。

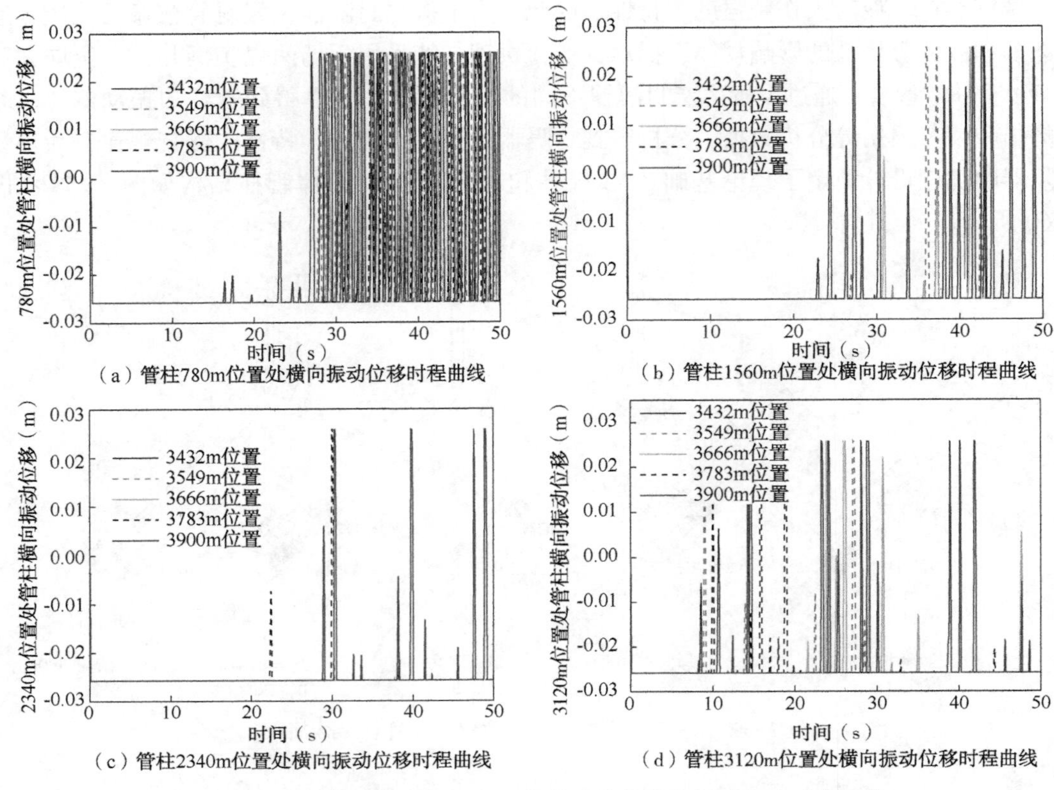

（a）管柱780m位置处横向振动位移时程曲线
（b）管柱1560m位置处横向振动位移时程曲线
（c）管柱2340m位置处横向振动位移时程曲线
（d）管柱3120m位置处横向振动位移时程曲线

图 7-61　不同封隔器位置下 A3 气井油管柱横向振动位移时程曲线

如图 7-62 所示为不同封隔器位置下管柱纵向振动位移时程曲线，由图可知，随着封隔器位置由 3432m 移动到 3549m 时，管柱的纵向振动位移有所增加；但当封隔器位置移动到 3666m 位置时，管柱纵向位移发生降低，之后再次增加，其中管柱在 3666m 位置处管柱的纵向振动位移最小，表明封隔器位置的合理设置能够有效降低管柱的纵向振动位移，但两个封隔器在同一位置时(即设置 1 个封隔器时)，管柱的纵向振动大幅度增加，严重影响了管柱的纵向振动。

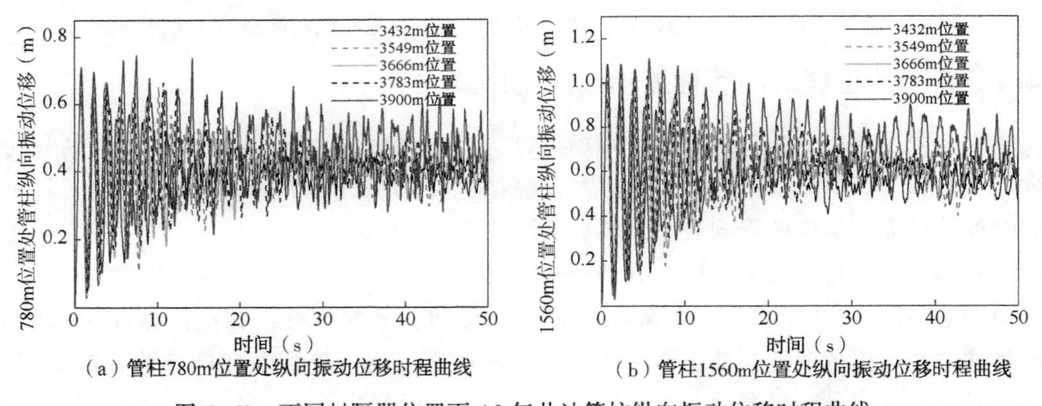

（a）管柱780m位置处纵向振动位移时程曲线
（b）管柱1560m位置处纵向振动位移时程曲线

图 7-62　不同封隔器位置下 A3 气井油管柱纵向振动位移时程曲线

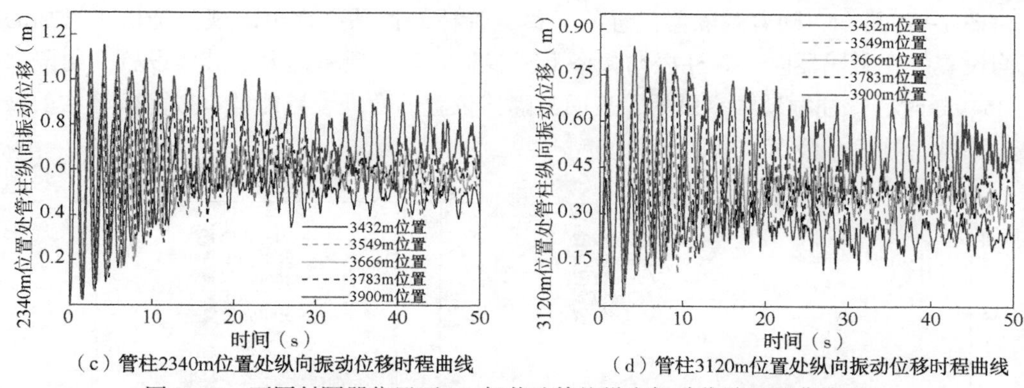

（c）管柱2340m位置处纵向振动位移时程曲线 （d）管柱3120m位置处纵向振动位移时程曲线

图 7-62 不同封隔器位置下 A3 气井油管柱纵向振动位移时程曲线(续)

如图 7-63 所示为管柱的交变应力曲线，由图可知，随着封隔器位置下移，中上端管柱交变应力变化很大，当封隔器设置为 1 个时，其交变应力发生突变，中下部管柱随着封隔器位置下移，呈现先降低后增加的趋势，表明生产封隔器位置由往下移动过程中，会出现一个最优安装位置，使得管柱的振动最小。现场设计人员可通过封隔器位置来有效降低管柱的振动，提高管柱的安全性。

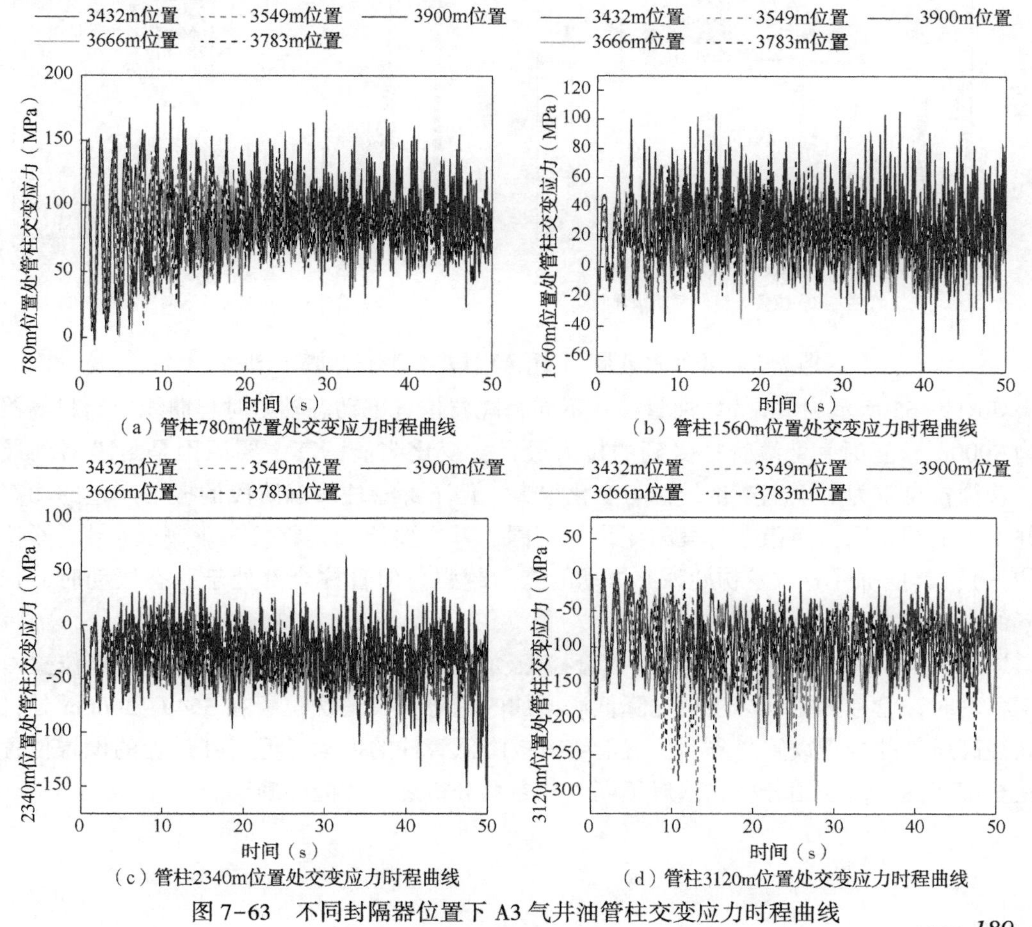

（a）管柱780m位置处交变应力时程曲线 （b）管柱1560m位置处交变应力时程曲线

（c）管柱2340m位置处交变应力时程曲线 （d）管柱3120m位置处交变应力时程曲线

图 7-63 不同封隔器位置下 A3 气井油管柱交变应力时程曲线

由图 7-64 可知，随着封隔器位置的下移，管柱的振动频率也出现先降低再增加的趋势。当设置一个封隔器时，管柱振动频率出现多阶振动，频率远大于其他设置，封隔器设置在 3549m 时，管柱振动频率最低，表明封隔器位置的合理设置能够有效降低管柱的振动频率，降低管柱发生疲劳失效的风险。

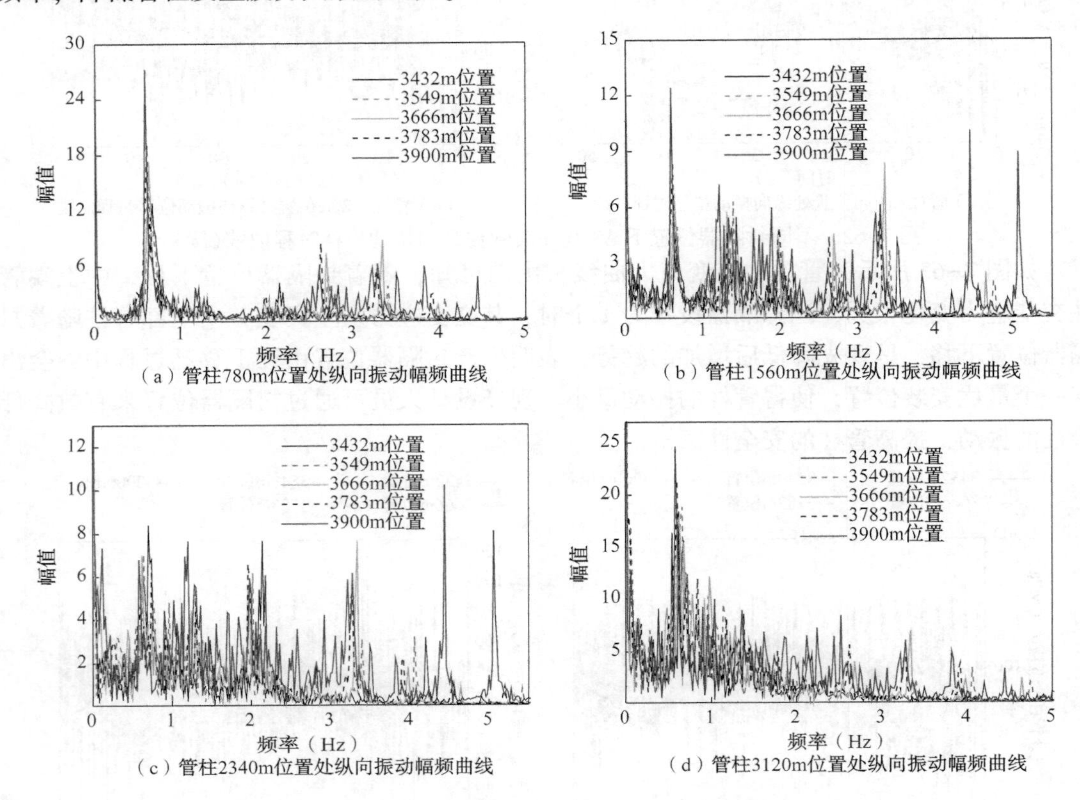

（a）管柱780m位置处纵向振动幅频曲线

（b）管柱1560m位置处纵向振动幅频曲线

（c）管柱2340m位置处纵向振动幅频曲线

（d）管柱3120m位置处纵向振动幅频曲线

图 7-64　不同封隔器位置下 A3 气井油管柱振动幅频曲线

如图 7-65 所示为 A3 气井油管柱在不同封隔器位置下动态轴力时程曲线，当封隔器位置为 3900m 位置时，上端管柱受到的拉力最大，变化明显，其主要原因是封隔器到最底端，管柱自身重力对上端产生的拉力变化很大。但下部管柱瞬态阶段的振动产生的动态轴力并不与上端相同，而稳态阶段的变化却相同，其主要原因是管柱长度越长(封隔器位置越往下)，其抵抗外界诱发初始瞬态振动的能力越强。但管柱全部处于稳态振动时，长度引起的动态轴力变化就会更加明显。

通过探究封隔器位置对 A3 气井油管柱振动响应影响规律，发现随着封隔器位置由上往下移动时，管柱的振动会出现先降低后增加的趋势，其最优位置在 3549~3666m 处，表明高温高压气井合理设置封隔器位置能够有效降低管柱的振动。但气井最优的设置位置并不是全部相同，需采用分析方法对不同气井参数分析之后才能够确定。

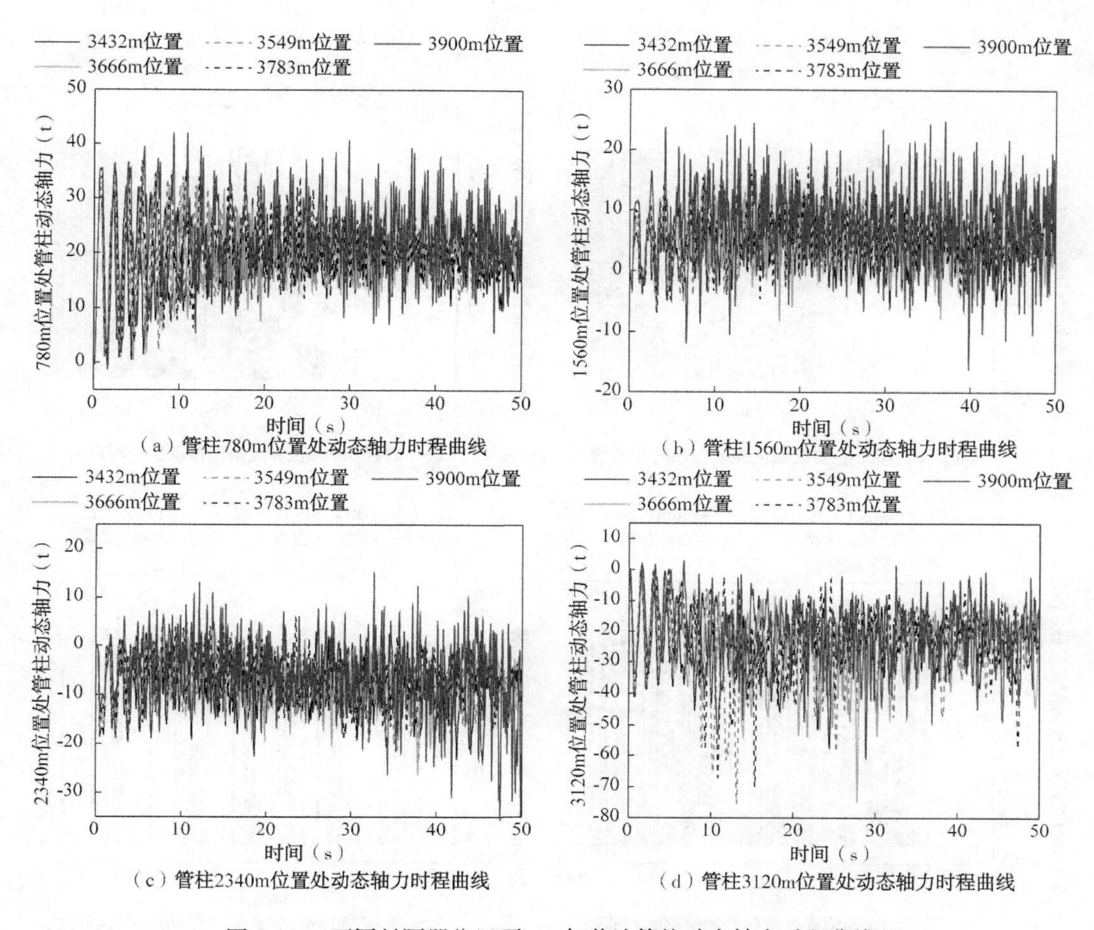

（a）管柱780m位置处动态轴力时程曲线

（b）管柱1560m位置处动态轴力时程曲线

（c）管柱2340m位置处动态轴力时程曲线

（d）管柱3120m位置处动态轴力时程曲线

图 7-65　不同封隔器位置下 A3 气井油管柱动态轴力时程曲线

7.4.1.2　南海西部 M 三高气田 A1H 气井

如图 7-66 所示为 A1H 气井油管柱在不同封隔器位置下的横向振动，由图可知，中部封隔器位置为 3045m 时，其处于下部造斜段位置，其他位置处于管柱水平段位置。通过观察管柱横向振动位移，发现随着封隔器位置下移管柱的横向振动有所增加，但变化比较明显的是由造斜段位置变到水平段位置。封隔器在水平段之间变化，影响不大。但由两个封隔器变化到 1 个封隔器时，管柱的横向振动也明显增加。相比于 A3 定向井，A1H 水平井管柱的横向振动更加剧烈，这一发现在第 2 章也有提到。

如图 7-67 所示为 A1H 气井在不同封隔器位置下油管柱的纵向振动位移时程曲线，由图可知，随着封隔器位置的下移，管柱振动位移明显增加，这种变化在中下段管柱显得更加明显。当封隔器位置为 3255m、3360m 和 3500m 时，中上端管柱振动幅值由较大变化[图 7-67(a)和图 7-67(b)]，但中下部管柱的振动幅值变化很小[图 7-67(c)和图 7-67(d)]，而封隔器位置由 3045m 变到 3500m，下部管柱振动幅值变化很大，这表明生产封隔器设置在下部造斜段位置能够有效降低管柱的振动，增加管柱的安全性。

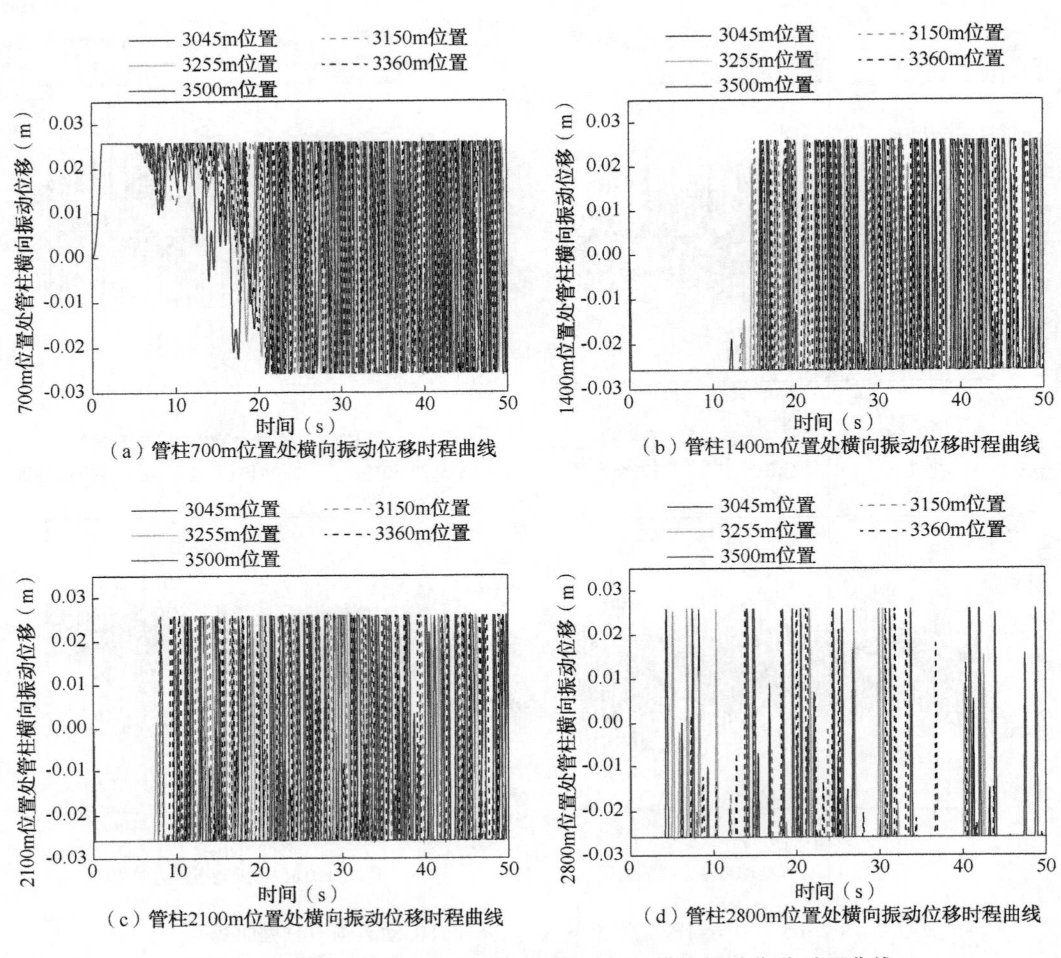

（a）管柱700m位置处横向振动位移时程曲线

（b）管柱1400m位置处横向振动位移时程曲线

（c）管柱2100m位置处横向振动位移时程曲线

（d）管柱2800m位置处横向振动位移时程曲线

图 7-66　不同封隔器位置下 A1H 气井油管柱横向振动位移时程曲线

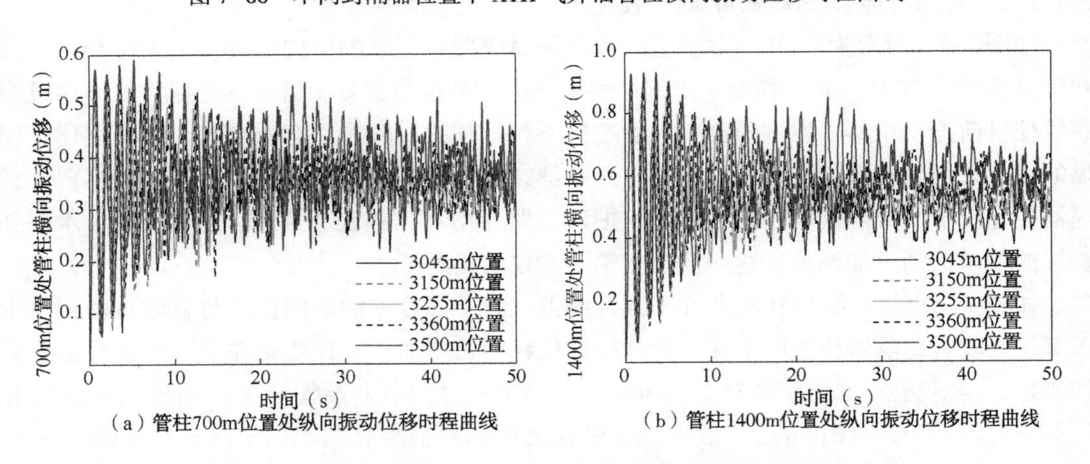

（a）管柱700m位置处纵向振动位移时程曲线

（b）管柱1400m位置处纵向振动位移时程曲线

图 7-67　不同封隔器位置下 A1H 气井油管柱纵向振动位移时程曲线

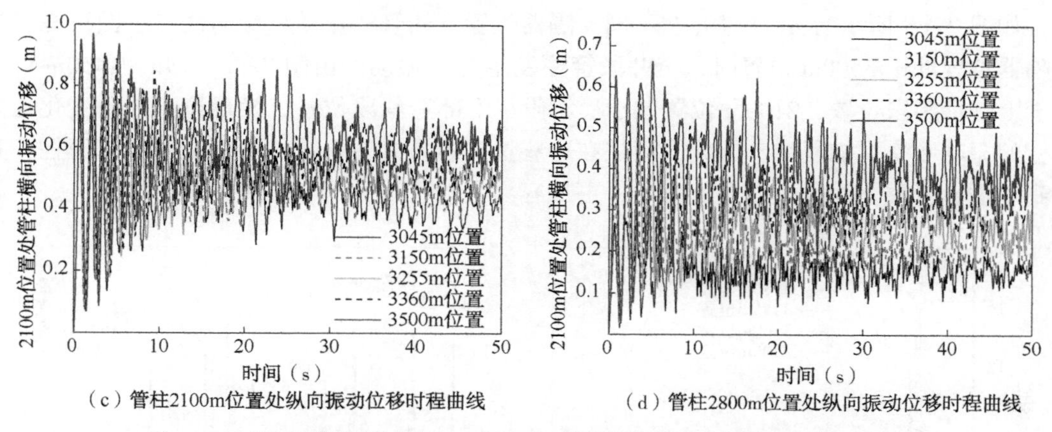

（c）管柱2100m位置处纵向振动位移时程曲线

（d）管柱2800m位置处纵向振动位移时程曲线

图 7-67　不同封隔器位置下 A1H 气井油管柱纵向振动位移时程曲线(续)

如图 7-68 所示为 A1H 气井在不同封隔器位置下油管柱的交变应力时程曲线，由图可知，随着封隔器位置的下移，管柱的交变应力有所增加，特别是中下部管柱，再次表明对于 A1H 水平井封隔器应尽量设置在下部造斜段位置，有利于降低管柱的纵向振动和交变应力，有效保护管柱的安全。

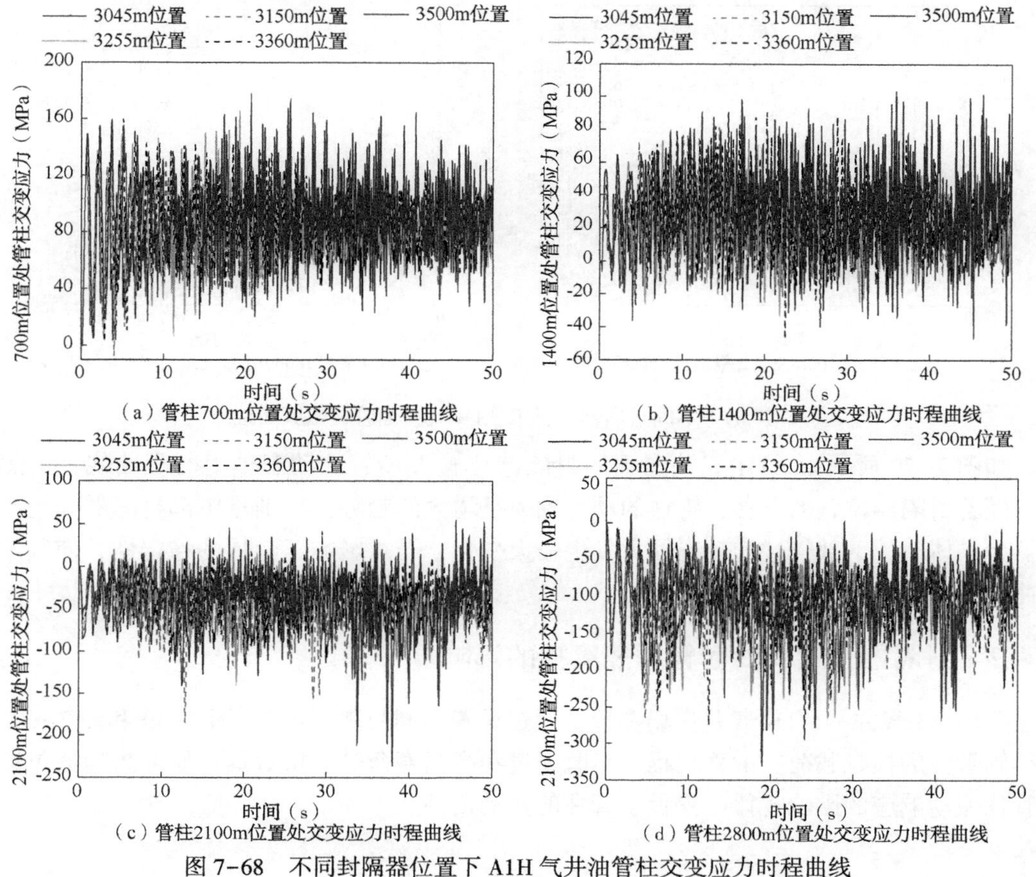

（a）管柱700m位置处交变应力时程曲线

（b）管柱1400m位置处交变应力时程曲线

（c）管柱2100m位置处交变应力时程曲线

（d）管柱2800m位置处交变应力时程曲线

图 7-68　不同封隔器位置下 A1H 气井油管柱交变应力时程曲线

如图 7-69 所示为 A1H 气井在不同封隔器位置下油管柱振动幅频曲线，由图可知，当封隔器位置处于 3500m 位置时，全井段管柱发生多阶振动。由图 7-69 可知，1400m 位置位于上部造斜段位置，2100m 位置位于稳斜段与下部造斜段位置，发现位于井段变化之间管柱的振动频率更加复杂，因此，管柱在这些位置容易出现失效，特别是中下部管柱，其受到管柱自身重力而发生屈曲的影响，更加容易失效。

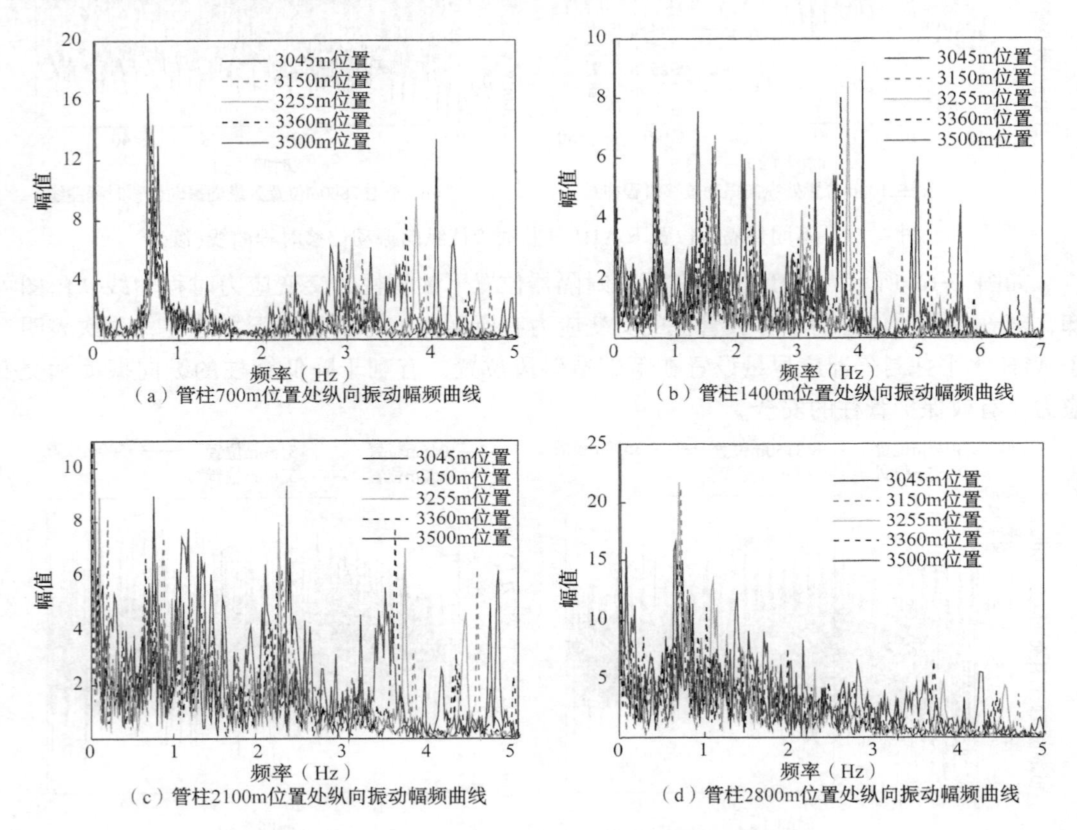

图 7-69　不同封隔器位置下 A1H 气井油管柱幅频曲线

如图 7-70 所示为 A1H 气井在不同封隔器位置下油管柱动态轴力时程曲线，由图可知，随着封隔器位置的下移，管柱的动态轴力呈增大的趋势，特别是中部封隔器和生产封隔器为一体时，下部管柱的动态轴力发生较大变化，严重影响了管柱的稳定性，使其发生屈曲变形，增加了油套管间的磨损。

7.4.2　封隔器位置对油套管摩擦磨损的影响

采用 A3 气井和 A1H 气井现场参数，通过设置不同封隔器位置(图 7-59 和图 7-60)计算得到管柱的接触载荷、滑移行程、年磨损量和磨损寿命等分析数据，研究封隔器位置对油管柱振动响应的影响规律，揭示了管柱的振动机理。

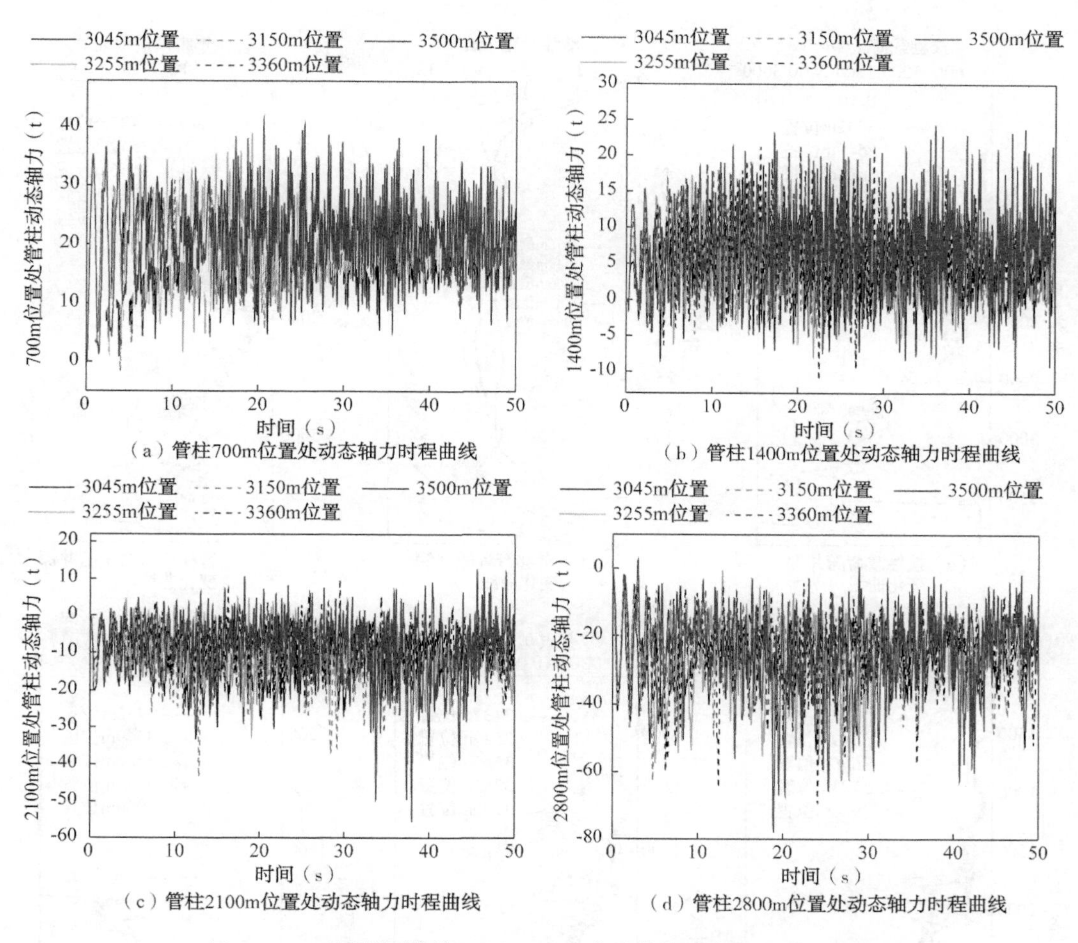

图 7-70　不同封隔器位置下 A1H 气井油管柱动态轴力时程曲线

7.4.2.1　南海西部 M“三高”气田 A3 气井

如图 7-71 所示为 A3 定向井管柱摩擦磨损分析数据，包括油套管接触载荷、滑移行程、年磨损量、磨损深度、磨损效率和磨损寿命随井深变化曲线。由图 7-71(a)可知，随着定向井封隔器位置的下移，管柱接触载荷呈现先增大再降低再增大的变化趋势，当封隔器位置设置在 3549m 和 3900m 位置处，管柱的接触载荷最大，在 3783m 位置的接触载荷最小，但变化幅度不大。由图 7-71(b)可知，随着封隔器位置下移，管柱滑移行程呈现增大的趋势，且当生产封隔器与中部封隔器处于相同位置时，其滑移行程最大，远大于其他位置。

由图 7-71(c)、图 7-71(d)、图 7-71(e)和图 7-71(f)可知，随着封隔器位置下移，管柱的磨损量也增加，当设置一个封隔器时(封隔器位置为 3900m)，油套管磨损量发生突变，管柱的使用寿命明显减少，并且中部位置的磨损也发生严重变化。因此，封隔器位置的合理设置，有利于降低管柱磨损，保证管柱在生产过程中的安全性。

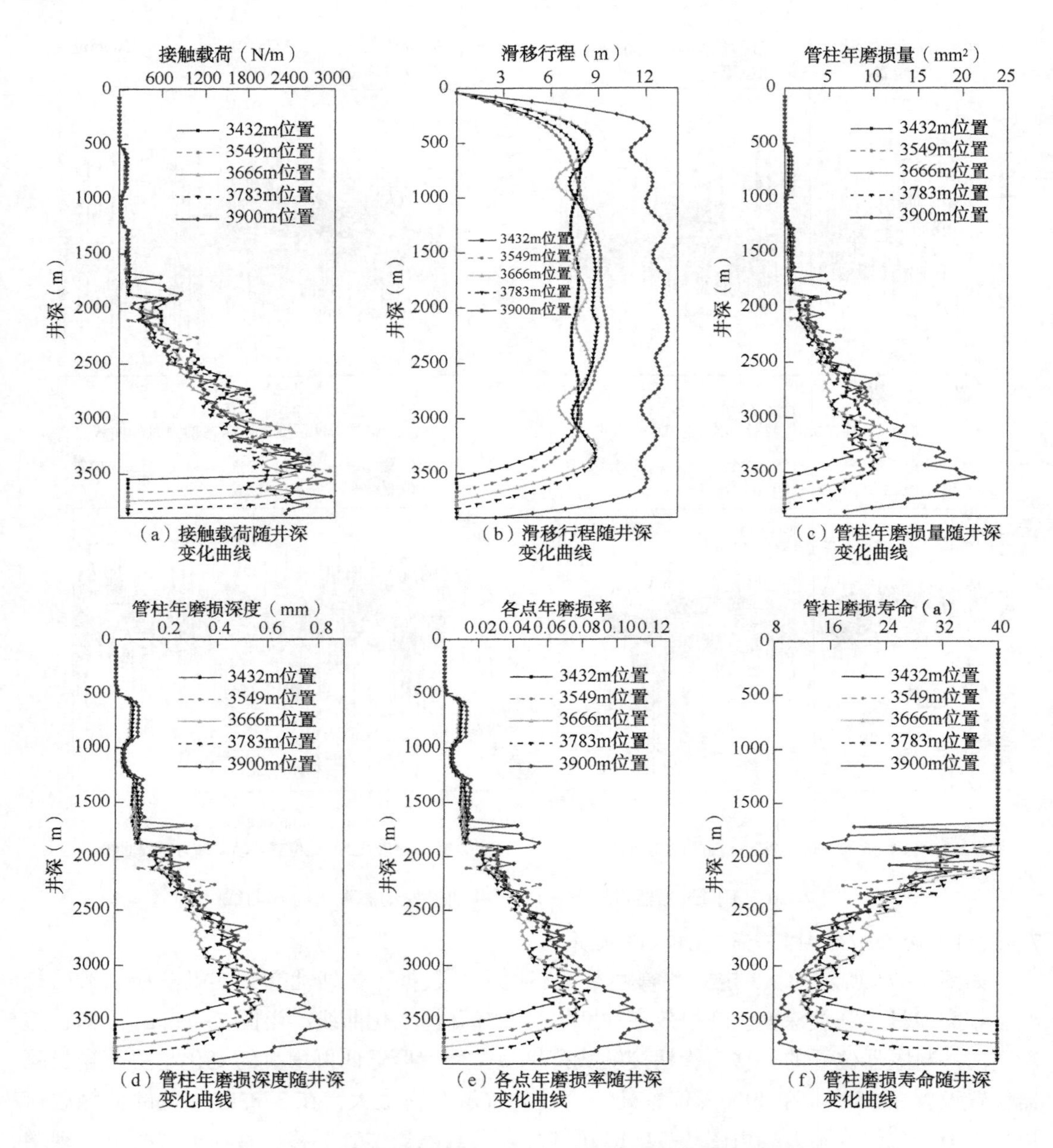

图 7-71　不同封隔器位置下 A3 气井油管柱摩擦磨损分析数据

7.4.2.2　南海西部 M“三高”气田 A1H 气井

前面探究了定向井油管柱摩擦磨损随封隔器位置变化的影响规律，此处进一步研究水平井管柱磨损特性随封隔器位置变化的影响规律，为有效指导现场水平井的结构设计奠定理论基础。如图 7-72 所示为 A1H 定向井管柱摩擦磨损分析数据。由图 7-72(a)可知，随着封隔器位置的下移，油套管接触载荷呈现先减低再增加的趋势，当封隔器位置为 3150m 时，管柱的接触载荷最小，而 3150m 位置恰好位于造斜段与水平段的分界点，表明封隔器设置在狗腿度最大位置处，能够大幅减弱管柱的失效机理。当设置一个封隔器时，管柱在造斜段与水平段分界点处出现最大值，管柱在此处出现一个集中位置，此处位置为管柱的危险位置。由图 7-72(b)可知，当封隔器设置在造斜段末端位置，管柱的滑移行程也出现最小，而设置在其他位置，管柱滑移行程随封隔器的下移而增加。由图 7-72(c)和图 7-72(d)可知，管柱的年磨损量和磨损深度随封隔器位置下移出现先减低后增大的趋势，在造斜点位置设置封隔器有利于管柱不发生磨损失效。

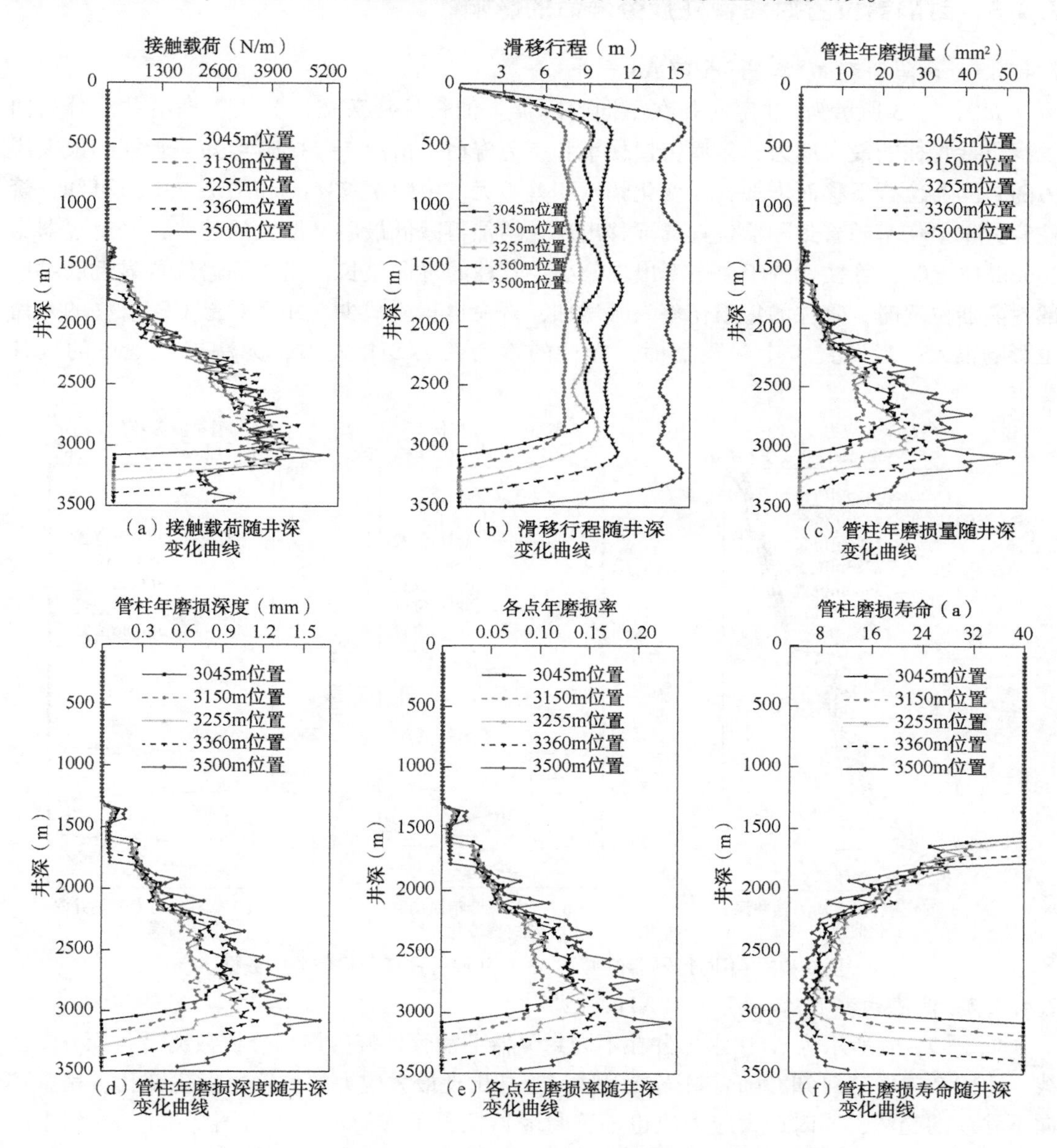

图 7-72 不同封隔器位置下 A1H 气井油管柱摩擦磨损分析数据

本小节通过探究封隔器位置对定向井和水平井油管柱磨损特性影响规律，发现定向井管柱在中部封隔器某一位置出现磨损最大，因此，现场设计人员在确定定向井生产封隔器的设置位置时，需采用所建立的磨损分析方法，找到引起管柱最小磨损的封隔器设置位置。而对于水平井管柱，可以设置在井斜角变化最大的位置，降低管柱的摩擦磨损，增加管柱的使用寿命。

7.4.3 封隔器位置对油管柱疲劳寿命的影响

7.4.3.1 南海西部 M“三高”气田 A3 气井

如图 7-73 所示为 A3 定向井在不同封隔器下油管柱疲劳损伤分析数据沿井深分布曲线，包括管柱的最大应力、年疲劳损伤率和疲劳寿命。由图 7-73(a)可知，管柱的最大应力随封隔器位置下移而增加，但变化幅度相差不大。由图 7-73(b)和图 7-73(c)可知，管柱疲劳年损伤率随着封隔器位置的下移出现先增加再减低最后又增大的趋势，当封隔器为 3666m 位置时，管柱疲劳年损伤率出现最小，管柱的寿命最长；当封隔器位置靠近底端中部封隔器位置时，管柱的年损伤率大幅增加，寿命也相应减少，并且对最上端管柱的寿命也影响很大；当设置 1 个封隔器时，管柱的寿命约为 5 年左右，无法满足现场的设计要求。

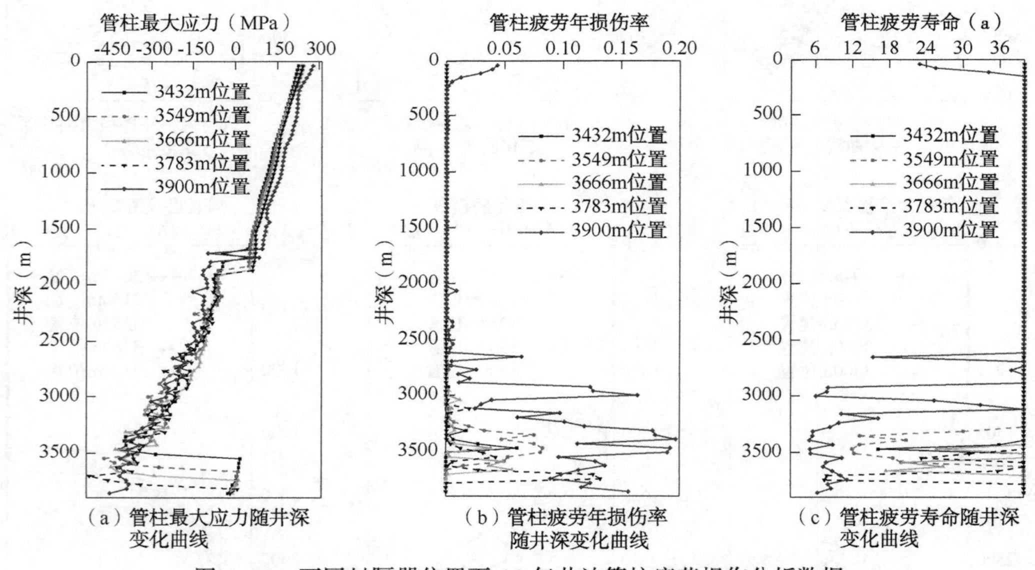

（a）管柱最大应力随井深变化曲线　（b）管柱疲劳年损伤率随井深变化曲线　（c）管柱疲劳寿命随井深变化曲线

图 7-73　不同封隔器位置下 A3 气井油管柱疲劳损伤分析数据

7.4.3.2 南海西部 M“三高”气田 A1H 气井

如图 7-74 所示为 A1H 水平井在不同封隔器下油管柱疲劳损伤分析数据沿井深分布曲线。由图 7-74(a)可知，随着封隔器下移，管柱出现最大应力的位置也发生变化，呈整体向下移动的趋势，同时最大应力值也随着封隔器位置下移而增大。由图 7-74(b)和图 7-74(c)可知，管柱疲劳年损伤率随着封隔器位置下移呈现先降低后增加的趋势，当封隔器位置为 3150m 时(正处于下部造斜段与水平段的交界处)，管柱的年损伤率最小，疲劳寿命最大；当封隔器为 1 个时，管柱的疲劳寿命约为 9 年，也无法满足现场的要求，但疲劳安全性比定向井更高。

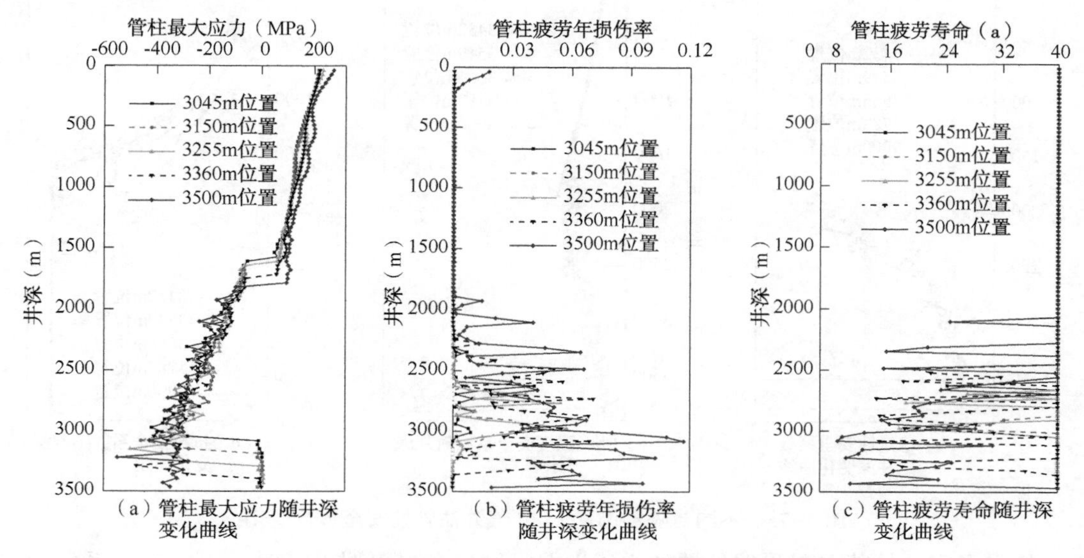

（a）管柱最大应力随井深变化曲线　（b）管柱疲劳年损伤率随井深变化曲线　（c）管柱疲劳寿命随井深变化曲线

图 7-74　不同封隔器位置下 A1H 气井油管柱疲劳损伤分析数据

7.4.4　封隔器位置对油管柱安全性的影响

7.4.4.1　南海西部 M“三高”气田 A3 气井

采用现场两口实例井计算得到油管柱的安全系数，探究封隔器位置对管柱安全性的影响规律，揭示三高气井油管柱失效机理，指导现场封隔器的设计。

如图 7-75 所示为 A3 定向井在不同产量下油管柱安全系数沿井深分布曲线，包括管柱的稳定性安全系数、强度安全系数和抗拉安全系数。由图 7-75(a)可知，随着封隔器位置的下移，中部管柱的稳定性安全系数变化较大，管柱发生屈曲变形长度也有所增加，下部管柱的稳定性安全系数变化幅值很小。由图 7-75(b)和图 7-75(c)可知，管柱的强度安全系数和抗拉安全系数随封隔器位置下移，发生小幅度变化，基本满足现场的设计要求。

如图 7-76 所示为 A3 定向井在不同封隔器下油管柱磨损后剩余强度变化曲线，包括管柱的剩余抗内压强度和剩余抗外挤强度随使用年限的变化曲线。由图 7-76(a)和图 7-76(b)可知，随着封隔器位置的下移，管柱剩余抗内压和剩余抗外挤强度下降趋势为先增大再降低最后又增大；当封隔器位置由 3783m 移动到 3900m 时，管柱的剩余强度发生大幅度下降，严重影响管柱的抗内压强度和抗外挤强度。

7.4.4.2　南海西部 M“三高”气田 A1H 气井

如图 7-77 所示为 A1H 水平井在不同产量下油管柱安全系数沿井深分布曲线。由图 7-77(a)可知，随着封隔器位置的下移，管柱稳定性安全系数变化很小，几乎影响很小，将不作为现场关注的指标。由图 7-77(b)和图 7-77(c)可知，随着封隔器位置的下移，管柱的强度安全系数和抗拉安全系数影响也不明显，都能满足现场管柱的要求。因此，水平井

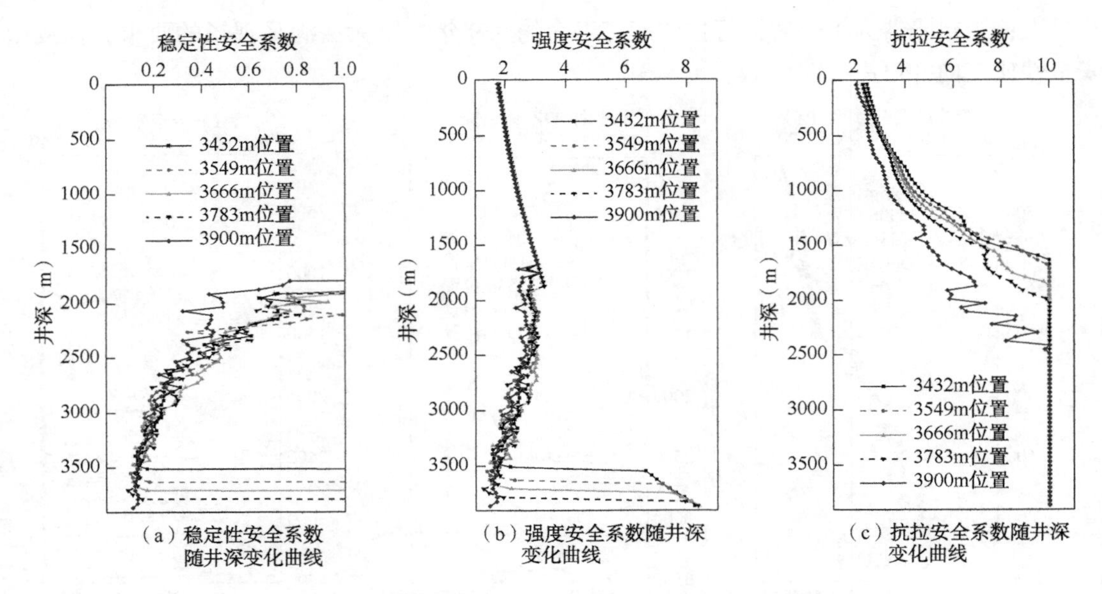

（a）稳定性安全系数随井深变化曲线　（b）强度安全系数随井深变化曲线　（c）抗拉安全系数随井深变化曲线

图 7-75　不同封隔器位置下 A3 气井油管柱安全系数变化

管柱的强度安全性能对封隔器位置的敏感性弱，同样在封隔器设计时，强度安全系数和抗拉安全系数也可不作为重点关注的安全考核指标。

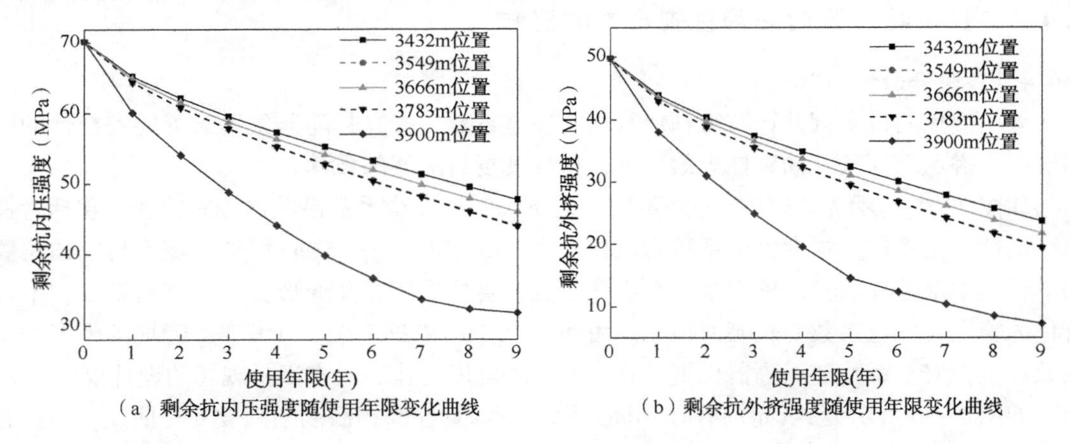

（a）剩余抗内压强度随使用年限变化曲线　（b）剩余抗外挤强度随使用年限变化曲线

图 7-76　不同封隔器位置下 A3 气井油管柱剩余强度变化

如图 7-78 所示为 A1H 水平井在不同产量下油管柱磨损后剩余强度变化曲线。由图 7-78(a)和图 7-78(b)可知，随着封隔器位置的增加，管柱剩余抗内压和剩余抗外挤强度下降趋势为先降低再增大，当封隔器为 3150m 位置时，管柱的剩余强度随年限变化幅度较小，再次表明封隔器位置设计在狗腿度变化大的位置，有利于管柱的安全。其主要原因是管内高速流体在流经狗腿度大的位置时产生外激励作用，从而更加容易诱发管柱的振动，造成管柱的失效。而封隔器设置在此位置，能有效降低高速流体的冲击力，避免流体诱发管柱的剧烈振动，保护管柱的安全性。

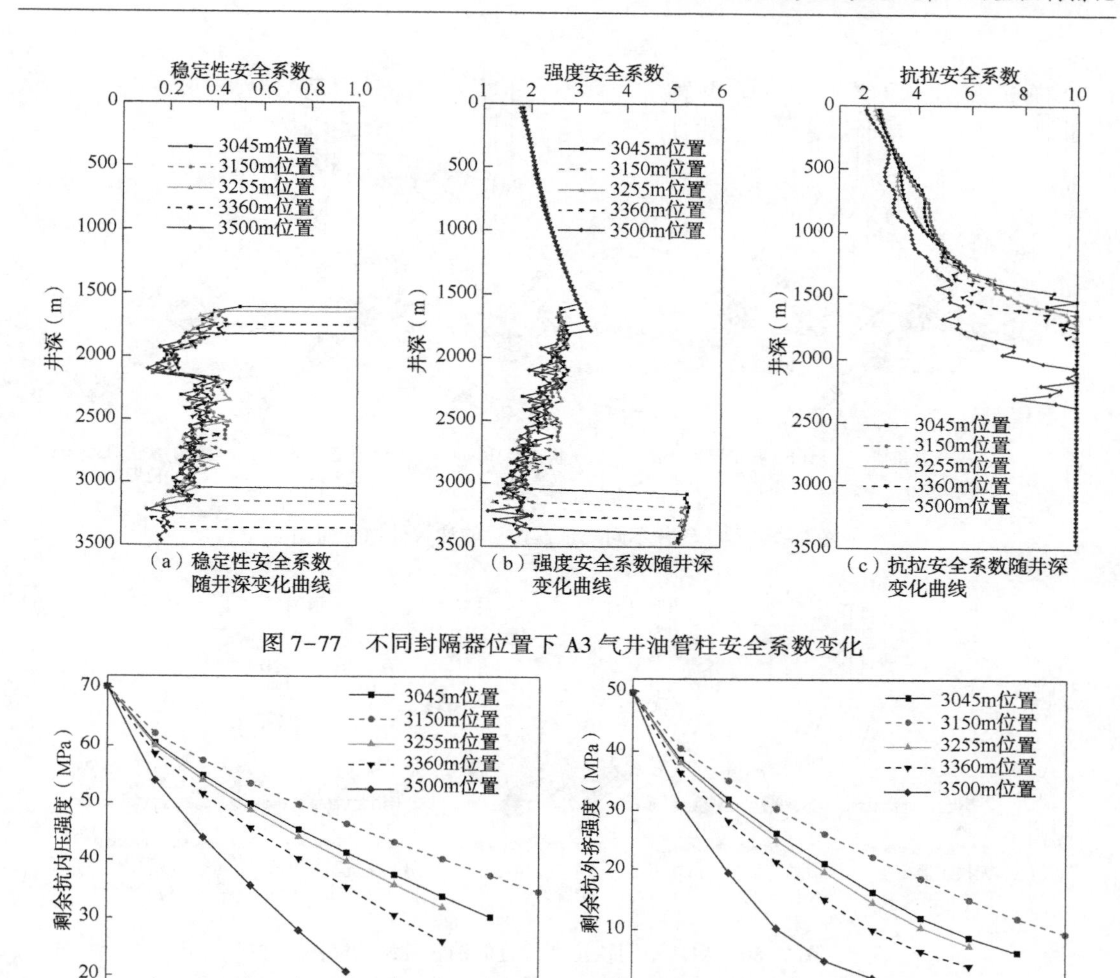

图 7-77　不同封隔器位置下 A3 气井油管柱安全系数变化

图 7-78　不同封隔器位置下 A1H 气井油管柱剩余强度变化

7.5　扶正器位置对油管柱振动失效的影响

通过与现场设计人员的交流，发现现场通常采用设置扶正器以减小管柱的横向振动。而针对南海西部高温高压高产气井井下设置扶正器问题，现场无法确定扶正器设置的最优位置，因此，采用目前 M 高温高压气田现场实例井参数（A3 气井和 A1H 气井），借助所建立的计算方法，通过设置 5 种不同扶正器的位置（具体结构如图 7-79 和图 7-80 所示），计算得到油管柱的振动响应、摩擦磨损、疲劳损伤和强度校核等分析数据，探究扶正器位置对管柱振动响应、摩擦磨损和疲劳等特性的影响规律，揭示其变化机理，为现场扶正器的优化设计奠定理论基础和研究方法。

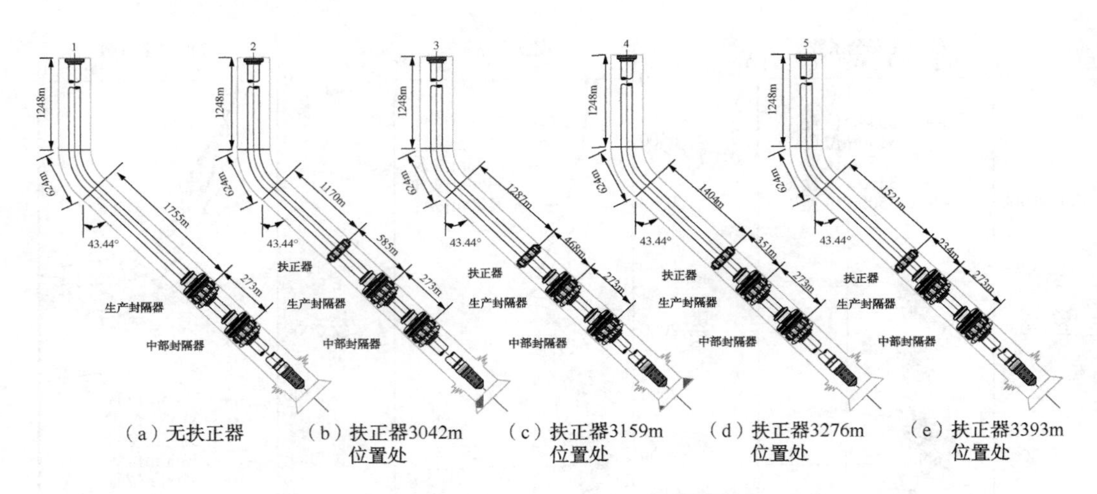

（a）无扶正器　（b）扶正器3042m位置处　（c）扶正器3159m位置处　（d）扶正器3276m位置处　（e）扶正器3393m位置处

图 7-79　A3 气井不同扶正器位置的油管柱结构简图

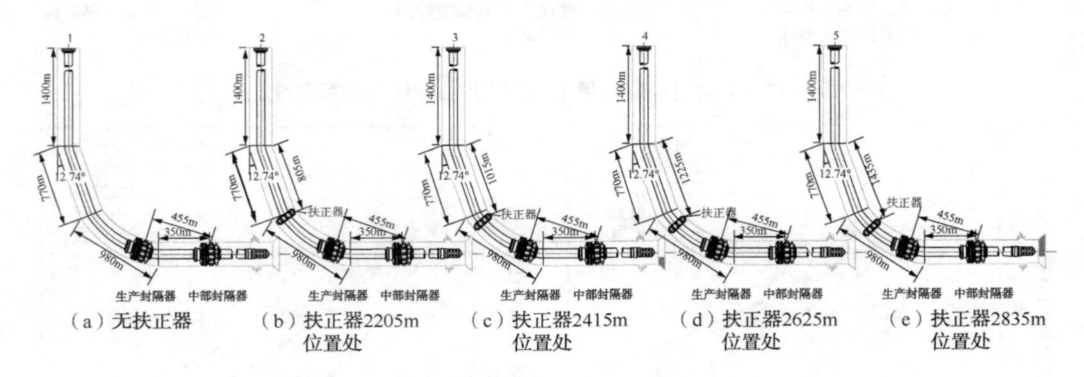

（a）无扶正器　（b）扶正器2205m位置处　（c）扶正器2415m位置处　（d）扶正器2625m位置处　（e）扶正器2835m位置处

图 7-80　A1H 不同扶正器位置的油管柱结构简图

7.5.1　扶正器位置对油管柱振动响应的影响

7.5.1.1　南海西部 M“三高”气田 A3 气井

如图 7-81 所示为不同扶正器位置下油管柱横向振动位移时程曲线，由图可知，上端管柱的横向振动随扶正器位置的变化发生微小变化，影响不大，对中下部管柱的横向振动影响较大。如图 7-81(d)可知，当扶正器位置设置在 3393 位置时，管柱在 3120m 位置处的横向振动剧烈，其主要原因是，下端管柱在没有扶正器的时候斜躺于套管壁上，设置扶正器之后管柱某一段位置位于套管中间，增加了管内高速流体的冲击力，更加容易发生横向振动。但这对管柱影响不大，因为油套管的间距较小，产生的横向振动幅值较小，管柱也不容易发生疲劳失效，所考虑管柱的失效形式主要为摩擦磨损、纵向振动疲劳和强度破坏。

如图 7-82 所示为不同扶正器位置下管柱纵向振动位移时程曲线，由图可知，随着扶正器位置下移，管柱的纵向振动位移先增加再降低，当设置为 3159m 和 3276m 位置时，管柱的纵向振动最大，而下端管柱在无扶正器时振动幅值最大，因此，扶正器的设置有利于某一段位置的横向或纵向振动的减弱，因为扶正器的设置减小对油套管的摩擦力，但也有可能增加其他位置的振动。

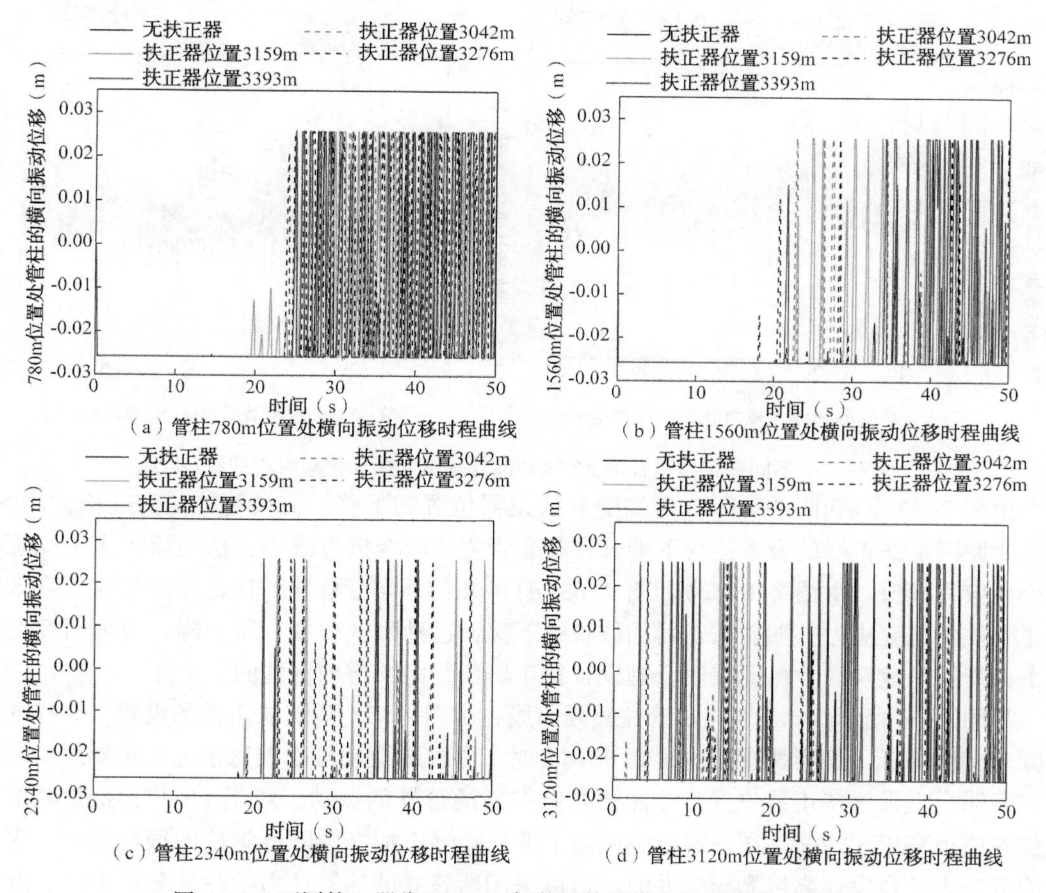

（a）管柱780m位置处横向振动位移时程曲线

（b）管柱1560m位置处横向振动位移时程曲线

（c）管柱2340m位置处横向振动位移时程曲线

（d）管柱3120m位置处横向振动位移时程曲线

图 7-81　不同扶正器位置下 A3 气井油管柱横向振动位移时程曲线

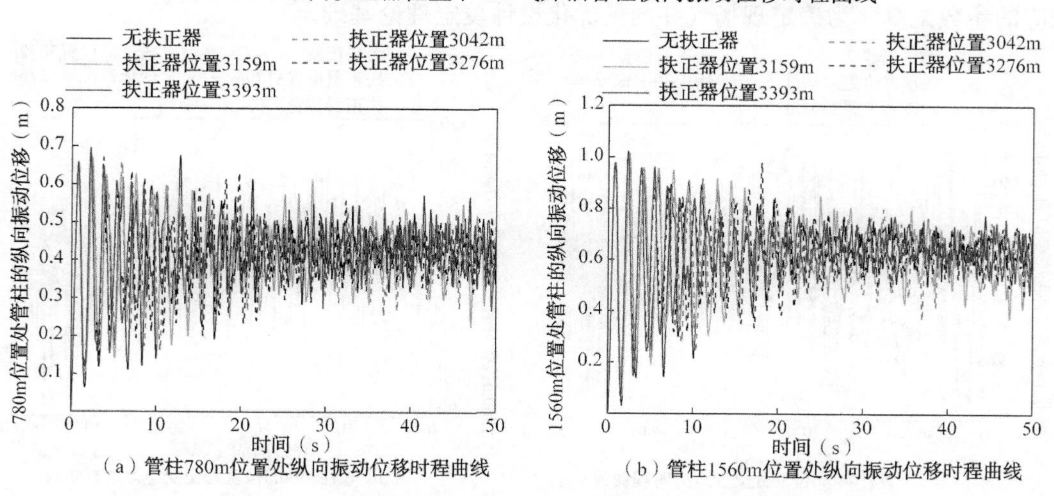

（a）管柱780m位置处纵向振动位移时程曲线

（b）管柱1560m位置处纵向振动位移时程曲线

图 7-82　不同扶正器位置下 A3 气井油管柱纵向振动位移时程曲线

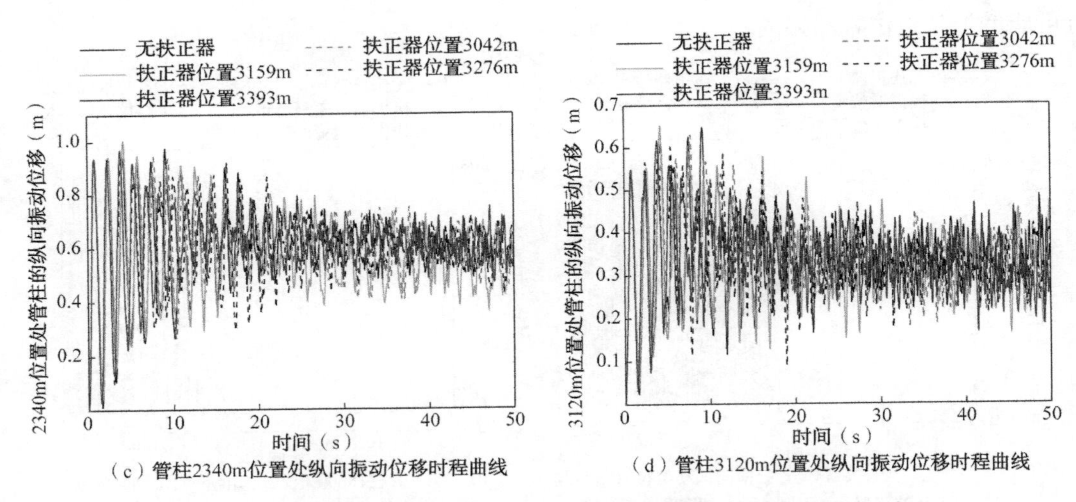

（c）管柱2340m位置处纵向振动位移时程曲线　（d）管柱3120m位置处纵向振动位移时程曲线

图 7-82　不同扶正器位置下 A3 气井油管柱纵向振动位移时程曲线(续)

由图 7-83(a)和图 7-83(b)可知随着扶正器位置的下移，上端管柱的交变应力增大，其主要原因是扶正器的设置使得下端管柱与套管之间的摩擦力减小，从而增大了上端管柱的交变应力幅值。由图 7-83(c)和图 7-83(d)可知，下端管柱伴随扶正器的设置，有效减小了管柱的交变应力，随着扶正器的位置的下移，这种降低程度有所下降，前面研究发现中下部管柱是危险区，由此表明合理设置扶正器位置能够增加管柱的安全性。

如图 7-84 所示为 A3 气井油管柱幅频曲线，由图可知，随着扶正器的设置，管柱的振动频率有所降低，但当扶正器位置为 3276m 时，管柱的振动频率相比于无扶正器反而增加了，表明合理设置扶正器位置，才能够有效控制油管柱的振动。对于 A3 井，扶正器的设置位置应远离于 3276m，在一定范围内向上增长能够更加有效降低管柱的振动频率，再次明确现场人员在设计高温高压气井时，可以采用所建立的油管柱力学特性分析方法，开展相应的参数试算，为确定现场气井的最优化设计奠定理论基础。

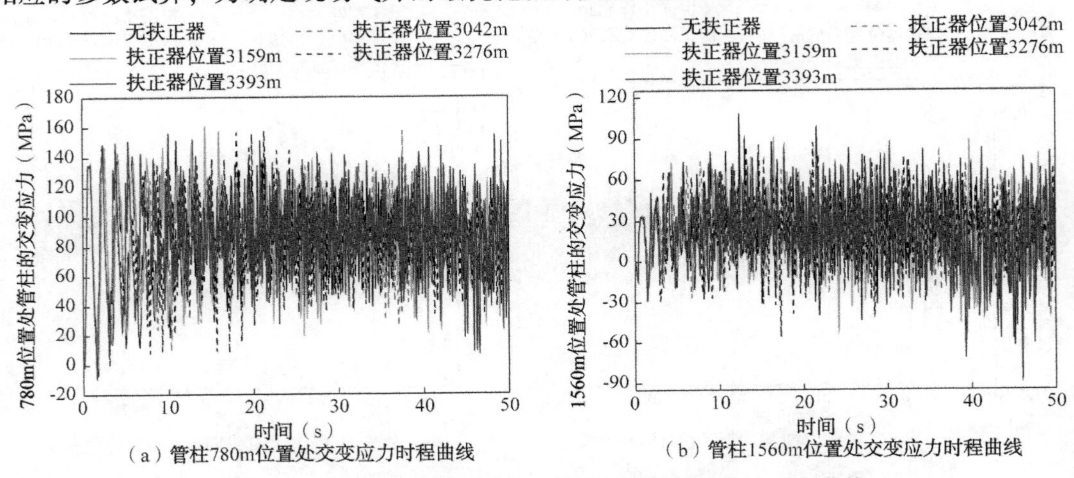

（a）管柱780m位置处交变应力时程曲线　（b）管柱1560m位置处交变应力时程曲线

图 7-83　不同扶正器位置下 A3 气井油管柱交变应力时程曲线

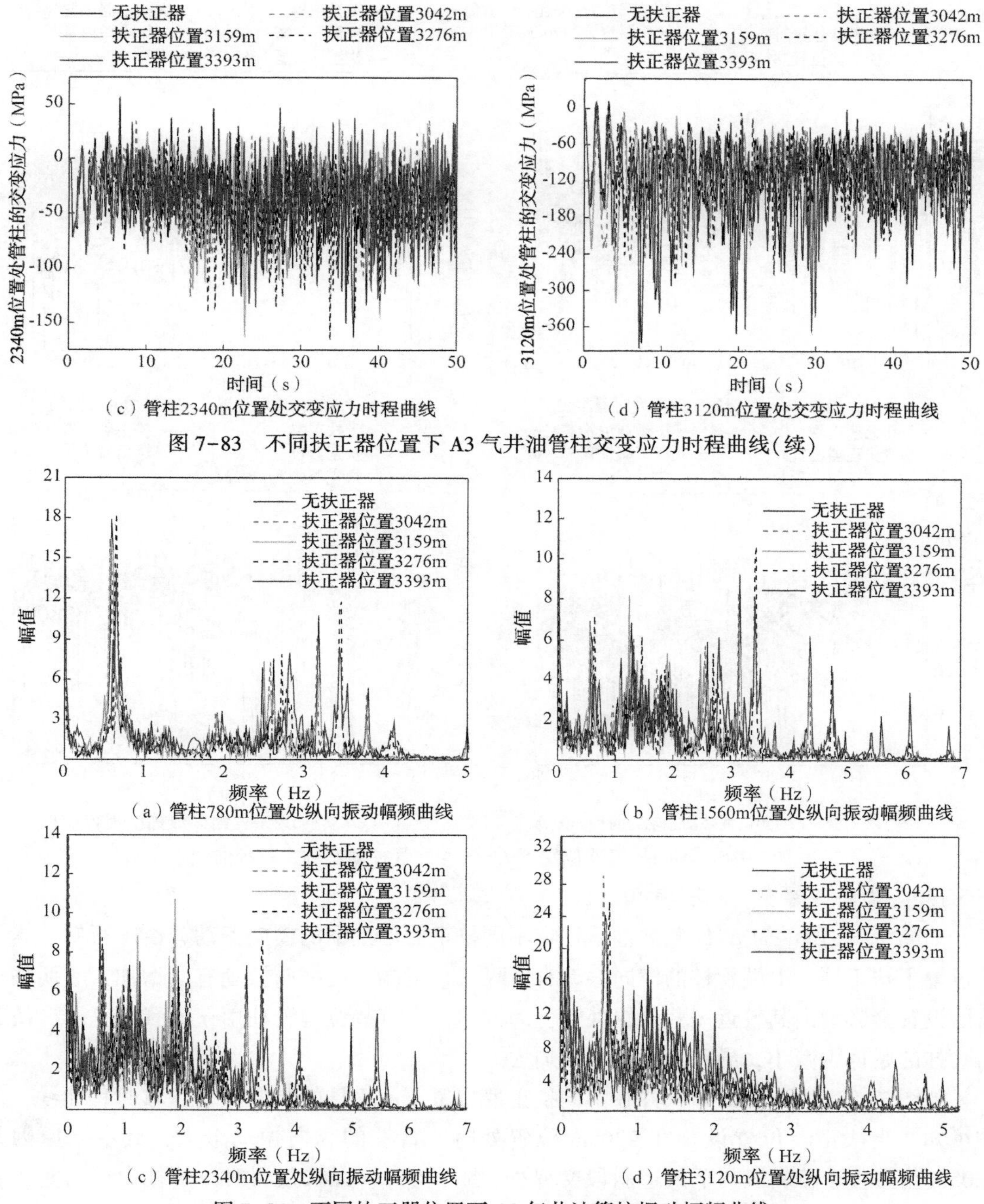

（c）管柱2340m位置处交变应力时程曲线

（d）管柱3120m位置处交变应力时程曲线

图 7-83 不同扶正器位置下 A3 气井油管柱交变应力时程曲线(续)

（a）管柱780m位置处纵向振动幅频曲线

（b）管柱1560m位置处纵向振动幅频曲线

（c）管柱2340m位置处纵向振动幅频曲线

（d）管柱3120m位置处纵向振动幅频曲线

图 7-84 不同扶正器位置下 A3 气井油管柱振动幅频曲线

由图 7-85 可知，随着扶正器的设置，油管柱的动态轴力有所下降，特别当扶正器位置设置为 3042m 和 3159m 时，中下部管柱的动态轴力发生明显的降低，能够有效降低管柱的屈曲变形，提高油管柱的安全性。

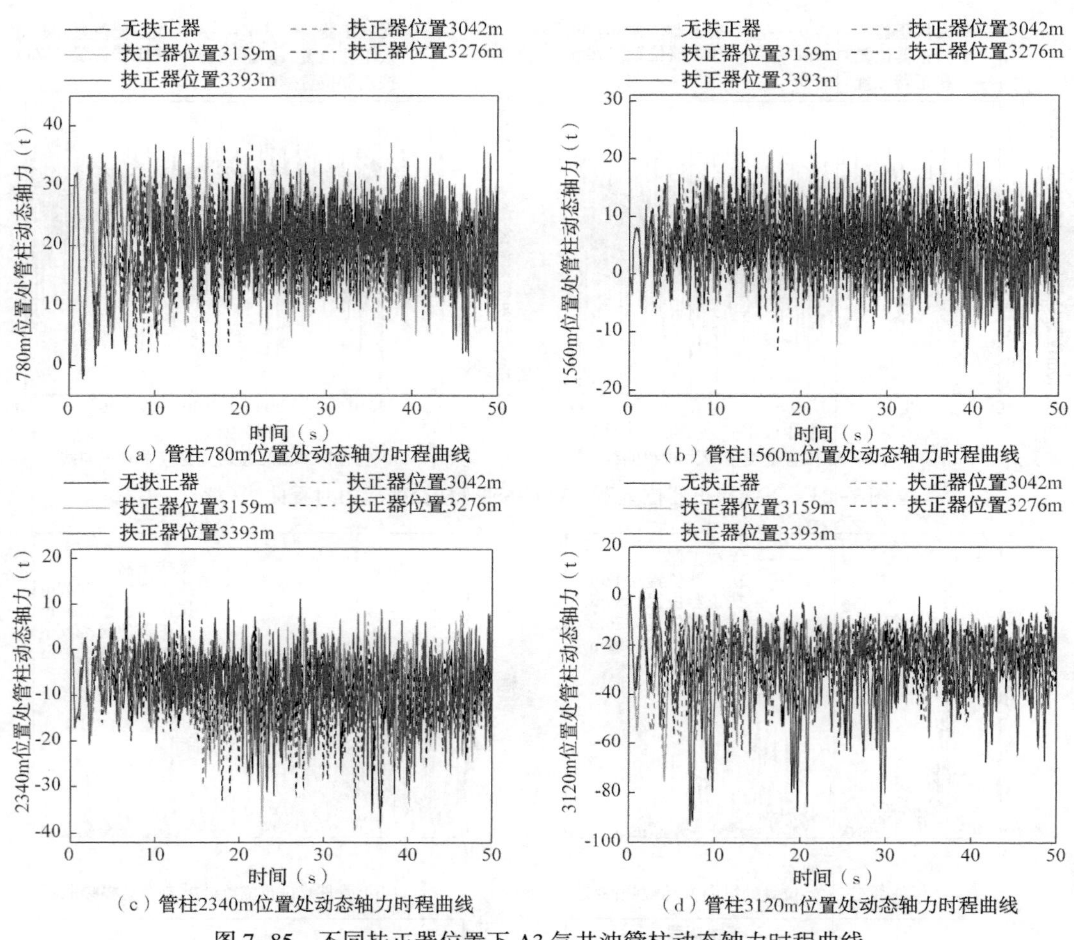

（a）管柱780m位置处动态轴力时程曲线

（b）管柱1560m位置处动态轴力时程曲线

（c）管柱2340m位置处动态轴力时程曲线

（d）管柱3120m位置处动态轴力时程曲线

图 7-85　不同扶正器位置下 A3 气井油管柱动态轴力时程曲线

7.5.1.2　南海西部 M“三高”气田 A1H 气井

如图 7-86 所示为 A1H 气井油管柱在不同扶正器位置下的横向振动，由图可知，当气井设置了扶正器，上端管柱的横向振动有所降低，下端管柱横向振动有所增加，表明扶正器的设置会影响离其较近一些位置处管柱的振动，而有些位置管柱由于设置扶正器，使其与套挂的摩擦力减小，导致其横向振动加大。

如图 7-87 所示为 A1H 气井在不同扶正器位置下油管柱的纵向振动位移时程曲线，由图可知，当扶正器位置设置在 2205m 位置处时，管柱的纵向振动最大，其主要原因是 2205m 位置位于稳斜段与下部造斜段交界处(图 7-80)；无扶正器时，管柱由于自重，在此位置处仅靠于套管壁上，一旦设置扶正器，管柱将顺着扶正器向下移动，减小油套管间的摩擦力；而当扶正器位置位于 2415m 位置时，管柱的纵向振动达到最小，小于无扶正器时管柱的振动，其主要原因是管柱在此处位置设置扶正器，相当于在下凹位置的中间处出现一个上凸，有效阻碍了管柱纵向振动，表明现场设置扶正器能够有效减弱管柱的纵向振动。但设置位置是一个值得分析的过程，不然只会适得其反，增加管柱的振动。

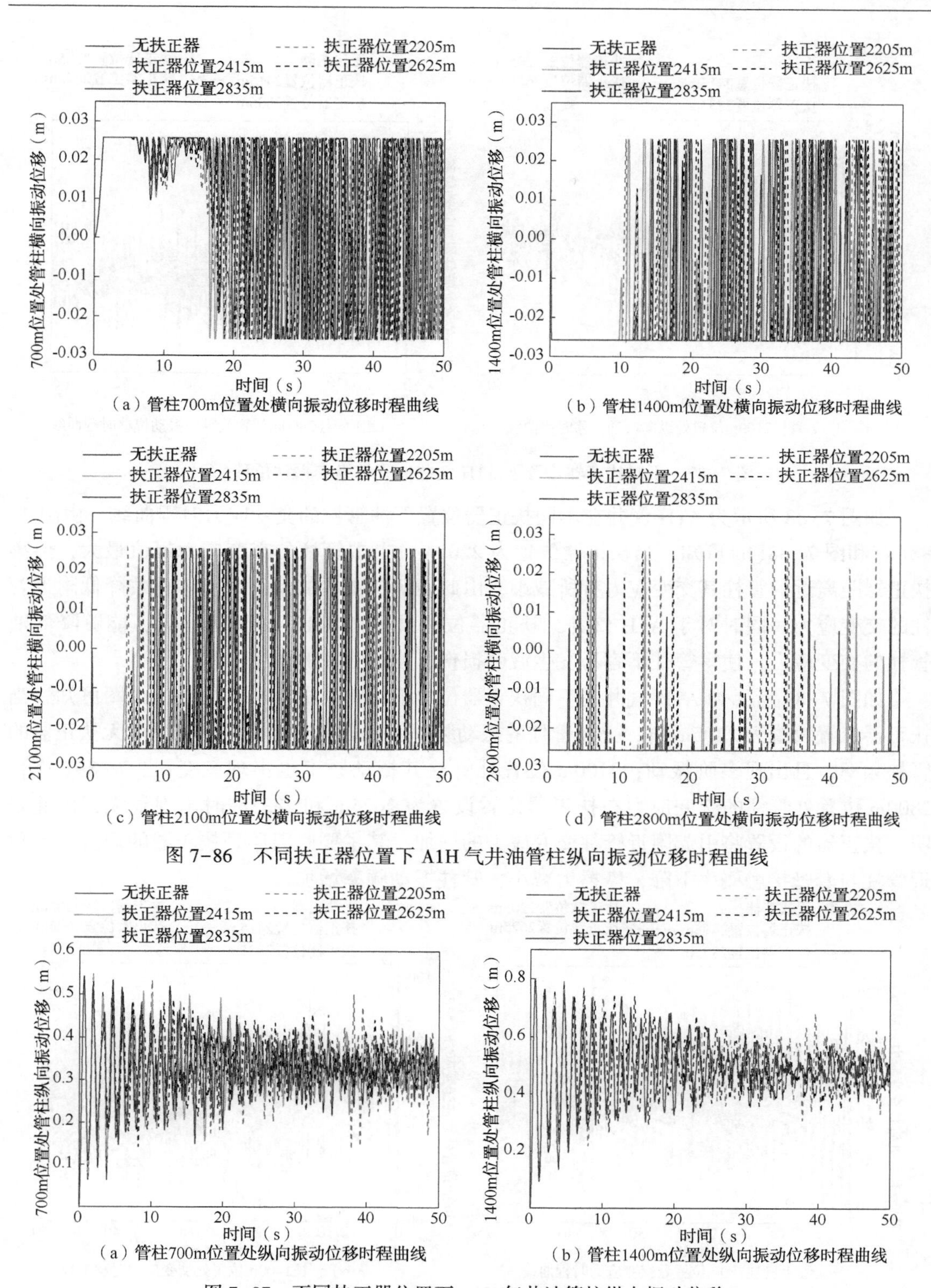

图 7-86　不同扶正器位置下 A1H 气井油管柱纵向振动位移时程曲线

图 7-87　不同扶正器位置下 A1H 气井油管柱纵向振动位移

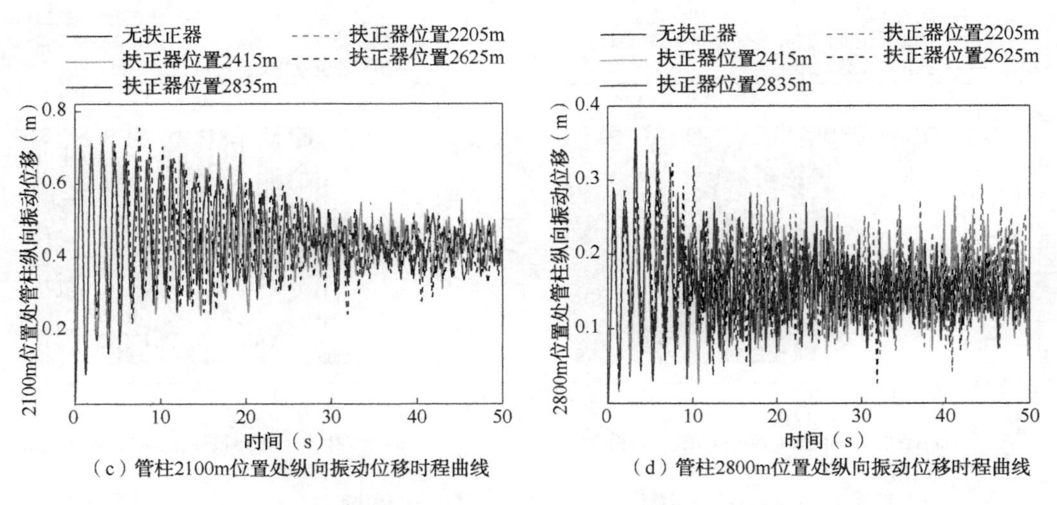

（c）管柱2100m位置处纵向振动位移时程曲线　（d）管柱2800m位置处纵向振动位移时程曲线

图 7-87　不同扶正器位置下 A1H 气井油管柱纵向振动位移(续)

如图 7-88 所示为 A1H 气井在不同扶正器位置下油管柱的交变应力时程曲线。由图 7-88(a)和图 7-88(b)可知，当扶正器位置为 2205m，上端管柱的交变应力幅值最大，但离扶正器距离近的管柱其交变应力有所减小，由此表明扶正器的设置，能够有效降低附近管柱的交变应力。同时对于 A1H 气井，扶正器位置设置在 2415~2625m 位置，能够降低油管柱的交变应力，使得管柱不容易发生疲劳损伤，增加管柱的使用寿命。

如图 7-89 所示为 A1H 气井在不同扶正器位置下油管柱振动幅频曲线，由图可知，当扶正器位置设置为 2205m 时，上端管柱的振动频率发生较大的变化，明显高于无扶正器的管柱频率，且出现多阶振动；2100m 位置处管柱其振动频率也出现突变[图 7-89(c)]，2800m 位置处管柱的交变应力在扶正器位置设置为 2625m 和 2835m 时出现最大，由此表明，扶正器的设置将引起附近管柱交变应力的增加，其主要原因还是扶正器的设置导致附近管柱与套管接触概率下降，摩擦力减小，管柱振动频率增加。

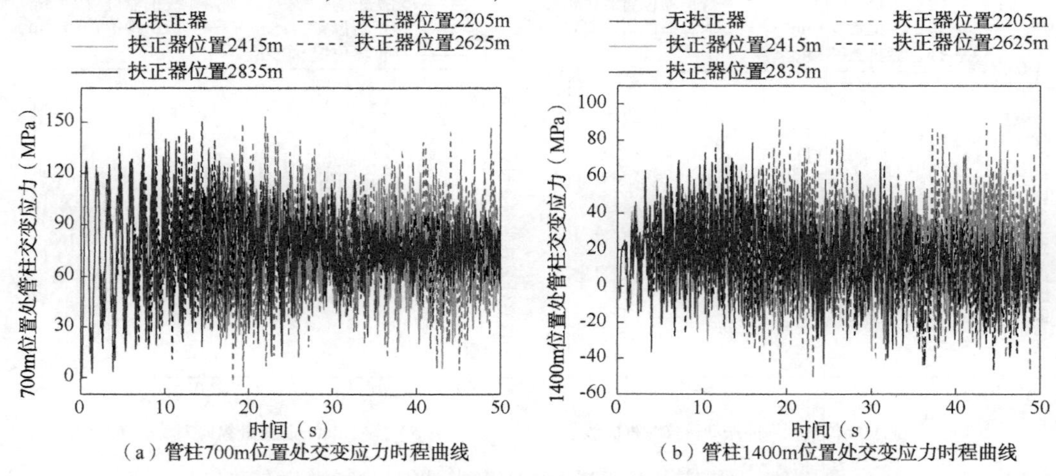

（a）管柱700m位置处交变应力时程曲线　（b）管柱1400m位置处交变应力时程曲线

图 7-88　不同扶正器位置下 A1H 气井油管柱交变应力时程曲线

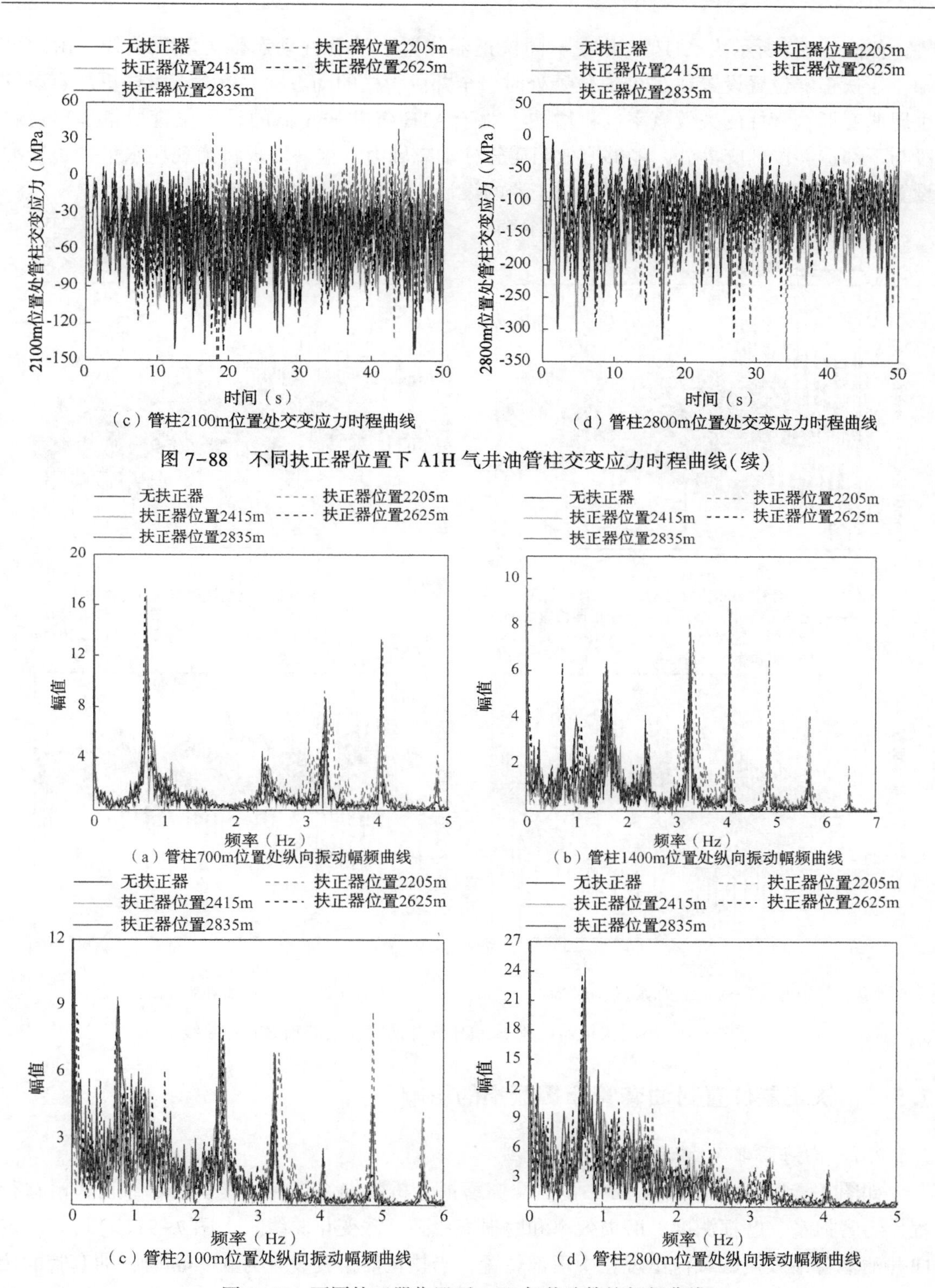

（c）管柱2100m位置处交变应力时程曲线

（d）管柱2800m位置处交变应力时程曲线

图 7-88 不同扶正器位置下 A1H 气井油管柱交变应力时程曲线(续)

（a）管柱700m位置处纵向振动幅频曲线

（b）管柱1400m位置处纵向振动幅频曲线

（c）管柱2100m位置处纵向振动幅频曲线

（d）管柱2800m位置处纵向振动幅频曲线

图 7-89 不同扶正器位置下 A1H 气井油管柱幅频曲线

如图 7-90 所示为 A1H 气井在不同扶正器位置下油管柱动态轴力时程曲线，由图可知，当扶正器位置设置在 2205m 位置处时，全井段管柱的动态轴力增大，管柱更加容易发生屈曲变形，管柱的失效概率也将增加。对于 A1H 气井扶正器的设置位置尽量远离稳斜段与下部造斜段的交界处，能够有效阻碍管柱动态轴力，这一发现将为现场水平扶正器的设置明确安装位置，有效指导现场扶正器的设计，保证管柱的安全使用。

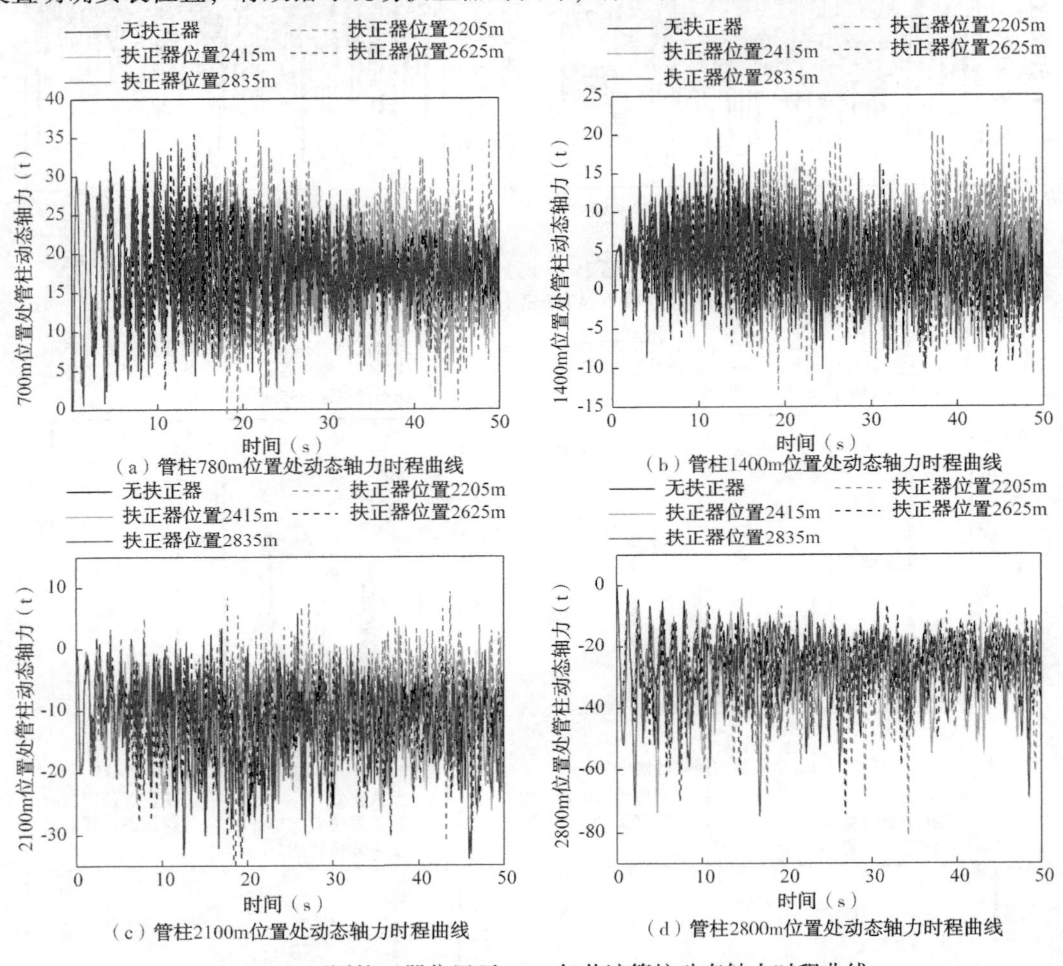

图 7-90　不同扶正器位置下 A1H 气井油管柱动态轴力时程曲线

7.5.2　扶正器位置对油套管摩擦磨损的影响

7.5.2.1　南海西部 M“三高”气田 A3 气井

如图 7-91 所示为 A3 定向井管柱摩擦磨损分析数据，包括油套管接触载荷、滑移行程、年磨损量、磨损深度、磨损效率和磨损寿命随井深变化曲线。由图 7-91(a)可知，定向井油套管最大接触载荷出现在中下部位置，当扶正器位置设置为 3393m 时，油套管的接触载荷出现最大，其主要原因还是管柱自重的影响。而其他位置设置扶正器油套管接触载荷比无扶正器设置的载荷小，且当扶正器位置设置在3159m时，接触载荷最小，接触载荷值随着扶正器下移会出现先降低后增加的变化趋势，由此表明，定向井管柱会出现使得接触载荷最小的扶正器设置位置，具体位置的确定需采用所建立的方法。因此，在最后一章将所建立的方法开发成了1套商业软件，以便现场人员的使用。由图7-91(b)可知，定向井管柱的滑移行程随扶正器位置的下移出现增加的变化规律，其中扶正器设置在3042m位置时，管柱滑移行程最小，有利于保护管柱不发生摩擦磨损失效。由图7-91(c)和图7-91(d)可知，管柱的年磨损量和磨损深度在扶正器位置设置为3393m时达到最大，表明不是设置扶正器就一定能减小管柱的磨损量。当扶正器位置设置为3042m时，管柱的年磨损量最小，远小于无扶正器设置的油管柱磨损量，由此表明选择合理的位置设置扶正器能够到达保护管柱安全的目标。

7.5.2.2 南海西部M“三高”气田A1H气井

如图7-92所示为A1H水平井管柱摩擦磨损分析数据。由图7-92(a)可知，当扶正器设置为2205m位置时，管柱的接触载荷出现最大，通过对前面管柱的振动响应分析，其主要原因就是扶正器设置在稳斜段与下部造斜段交界处，相当于增加了A1H水平井在此位置处的狗腿度，导致上部稳斜段位置处管柱轴向力集中，管柱接触载荷出现最大；当扶正器设置在2415~2625m，管柱的接触载荷呈下降趋势，小于无扶正器设置下管柱的接触载荷。由图7-92(b)所示，当扶正器设置为2205m位置处时，管柱的滑移行程也出现大幅度增加，再次表明A1H气井扶正器设置的位置应远离稳斜段与造斜段的交界处。

由图7-92(c)和图7-92(d)可知，当扶正器设置为2205m和2415m位置时，管柱的年磨损量和磨损深度都大于无扶正器设置管柱的磨损，且发生大幅变化；当扶正器设置为2625m和2835m位置时，管柱的年磨损量和磨损深度都小于无扶正器设置管柱的磨损，由此表明，合理设置扶正器位置对管柱的安全性极为重要。

本小节通过探究扶正器位置对定向井和水平井油管柱磨损特性影响规律，发现定向井管柱其扶正器设置的最优位置在稳斜段中下部，越往下管柱的磨损越大；而水平井扶正器设置的最优位置需远离稳斜段与下部造斜段分界处，适当往下部造斜段移动能够有效增加管柱的安全性，最终表明现场气井扶正器的设置需要进行详细计算分析，确定最优位置设置扶正器，才能达到设计人员的目的。

7.5.3 扶正器位置对油管柱疲劳寿命的影响

7.5.3.1 南海西部M“三高”气田A3气井

如图7-93所示为A3定向井在不同扶正器设置位置下油管柱疲劳损伤分析数据沿井深分布曲线，包括管柱的最大应力、年疲劳损伤率和疲劳寿命。由图7-93(a)可知，当无扶正器设置时，定向井管柱出现最大应力，随着扶正器设置位置的下移管柱的最大应力变化并不明显，表明管柱每个位置出现最大应力受扶正器设置位置的影响很小。由图7-93(b)和图7-93(c)可知，当扶正器设置为3393m位置时，管柱的疲劳损伤出现最大，管柱疲劳寿命最小，为12年左右，不能有效满足现场设计的要求，因此，此种设计方法无法提高

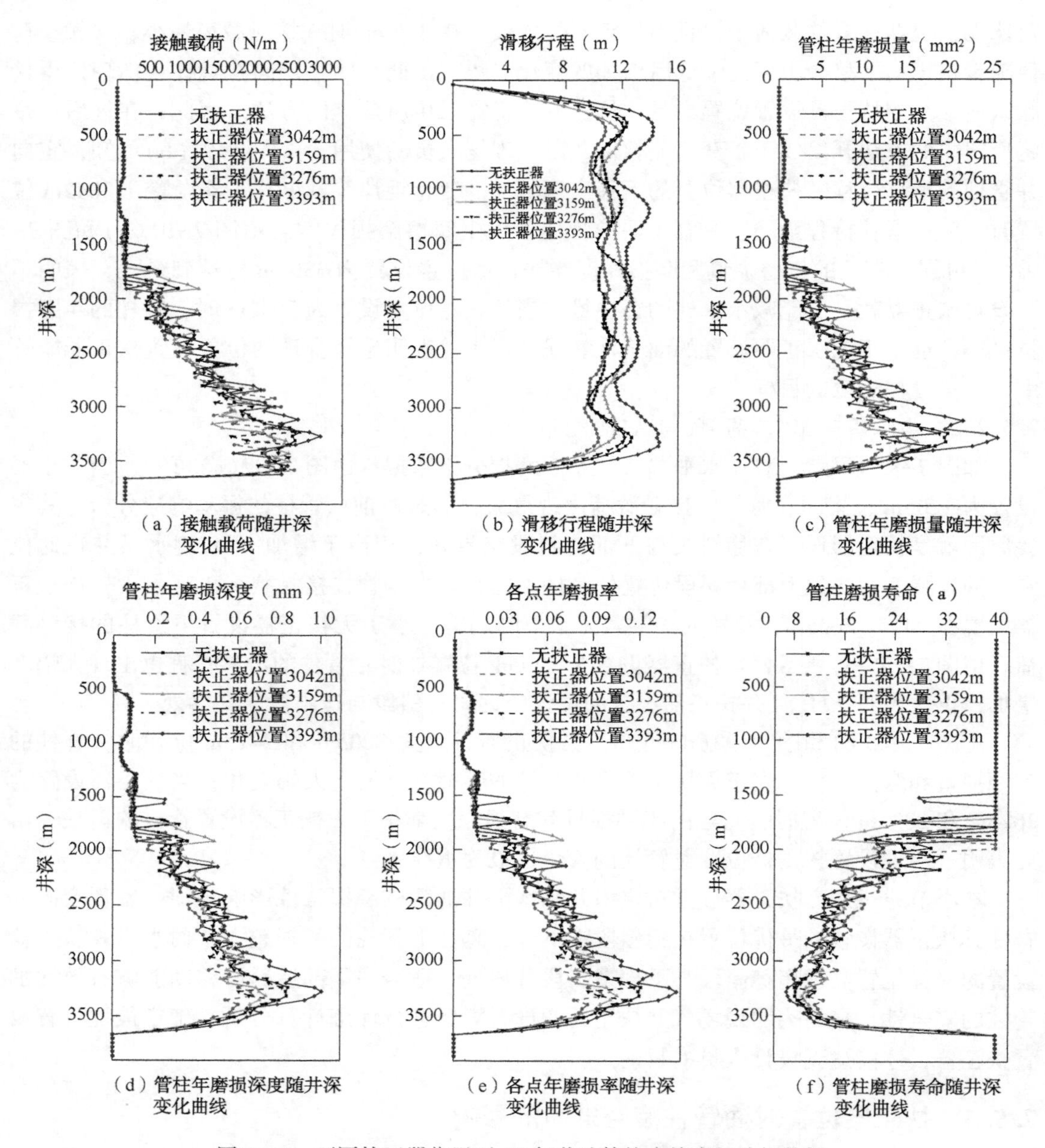

（a）接触载荷随井深变化曲线

（b）滑移行程随井深变化曲线

（c）管柱年磨损量随井深变化曲线

（d）管柱年磨损深度随井深变化曲线

（e）各点年磨损率随井深变化曲线

（f）管柱磨损寿命随井深变化曲线

图 7-91　不同扶正器位置下 A3 气井油管柱摩擦磨损分析数据

管柱的安全性。当扶正器位置设置为 3042 时，管柱的年损伤率出现最小，寿命为最长，约为 17 年，能够达到现场设计的要求，合理设置扶正器位置能够有效增加管柱的疲劳寿命。

7.5.3.2　南海西部 M“三高”气田 A1H 气井

如图 7-94 所示为 A1H 水平井在不同扶正器位置下油管柱疲劳损伤分析数据沿井深分布曲线。由图 7-94(a)可知，水平井管柱出现最大应力位置随扶正器位置的不同而发生变

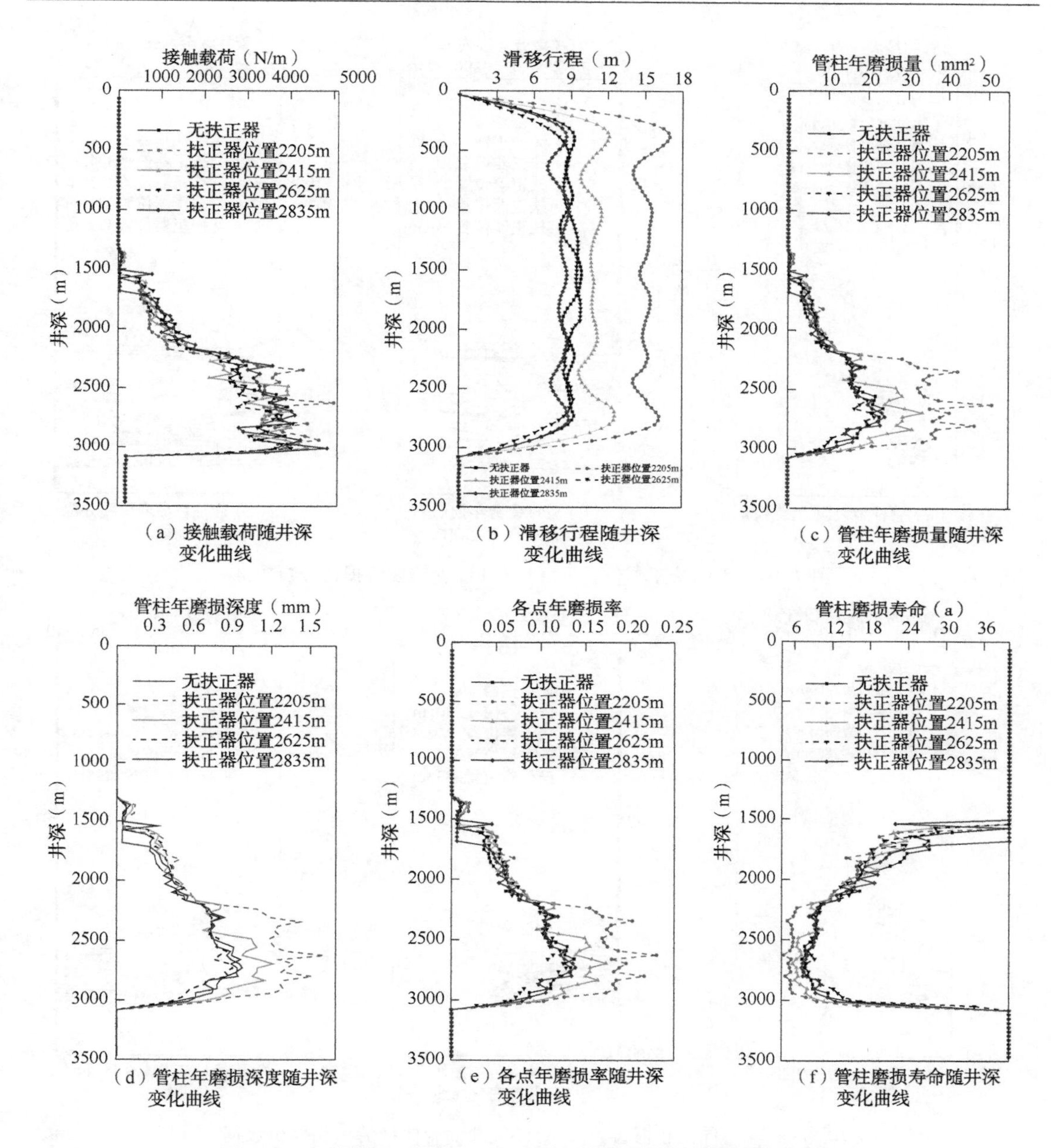

（a）接触载荷随井深变化曲线

（b）滑移行程随井深变化曲线

（c）管柱年磨损量随井深变化曲线

（d）管柱年磨损深度随井深变化曲线

（e）各点年磨损率随井深变化曲线

（f）管柱磨损寿命随井深变化曲线

图 7-92　不同扶正器位置下 A1H 气井油管柱摩擦磨损分析数据

化，特别是当扶正器设置为 2205m 位置时，管柱的中下部出现最大应力，通过有扶正器与无扶正器对比，表明设置扶正器有可能增加管柱的最大应力，但位置设置合理就能有效减小管柱的最大应力。由图 7-94(b)和图 7-94(c)可知，当扶正器位置设置为 2205m 时，管柱的疲劳年损伤率最大，寿命最短，约为 15 年，严重影响管柱的使用寿命，再次明确了水平井扶正器的设置位置需远离稳斜段与下部造斜段的交界处。

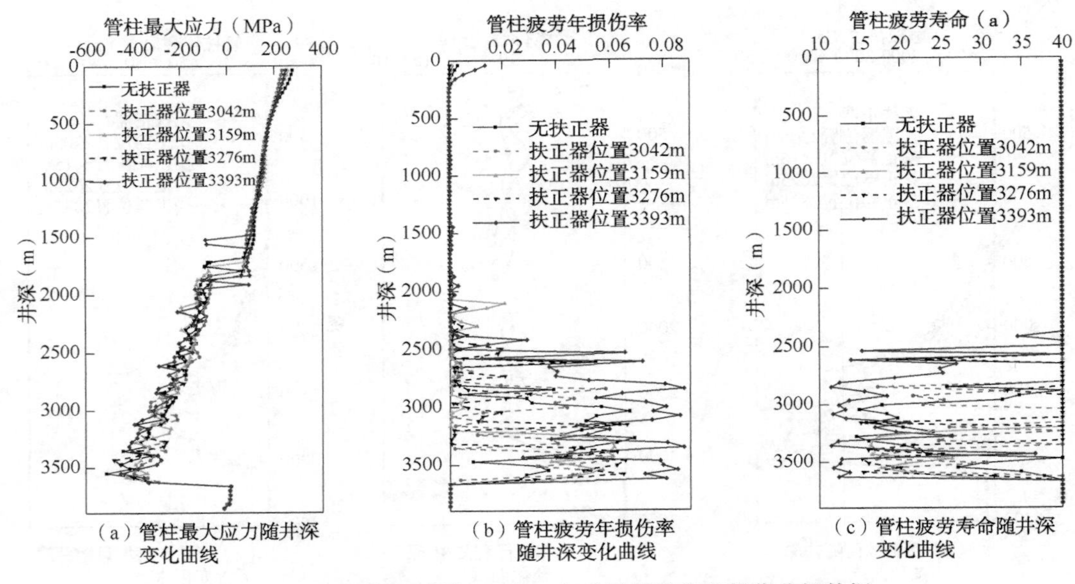

图 7-93 不同扶正器位置下 A3 气井油管柱疲劳损伤分析数据

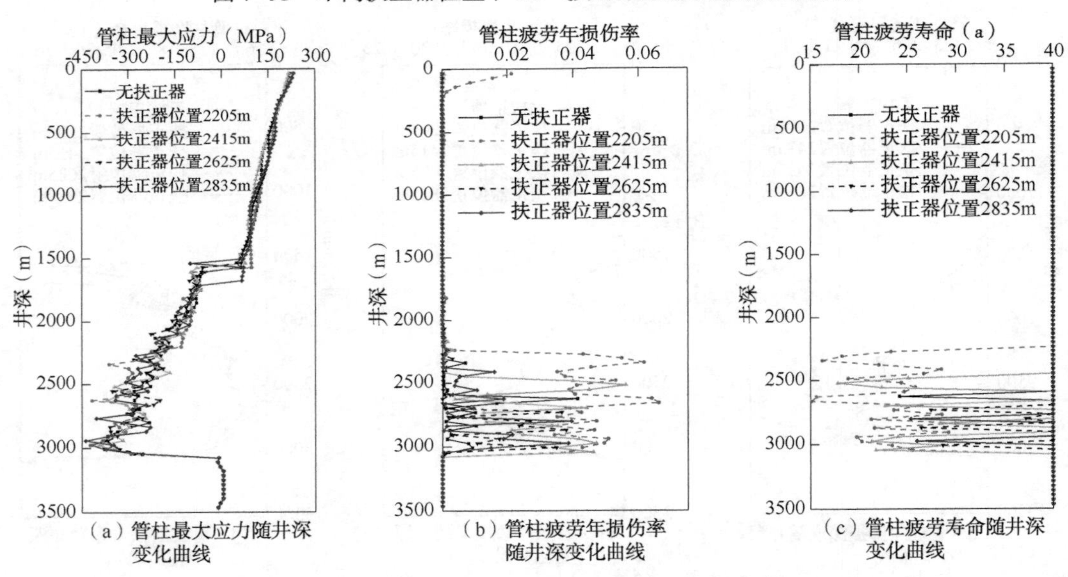

图 7-94 不同扶正器位置下 A1H 气井油管柱疲劳损伤分析数据

7.5.4 扶正器位置对油管柱安全性的影响

本小节通过设置不同扶正器位置，计算得到油管柱的安全系数和剩余强度，探究了扶正器位置对管柱安全性的影响规律，揭示了“三高”气井油管柱失效机理。

7.5.4.1 南海西部 M“三高”气田 A3 气井

如图 7-95 所示为 A3 定向井在不同产量下油管柱安全系数沿井深分布曲线，包括管柱的稳定性安全系数、强度安全系数和抗拉安全系数。由图 7-95(a)可知，随着扶正器位置的下移，下部管柱的稳定性安全系数变化不大，中部管柱的安全系数有较大的变化。由图7-95(b)和图7-95(c)可知，现场气井设置的扶正器相比无扶正器，管柱的强度安全系数和抗拉安全系数有稍微地增加，同时随着扶正器位置的下移，管柱的强度安全系数和抗拉安全系数变化不大，都能满足现场的要求。定向井管柱的强度安全性能对扶正器位置因素的敏感性弱，扶正器位置变化时，强度安全和抗拉安全性可不作为重点关注的指标。

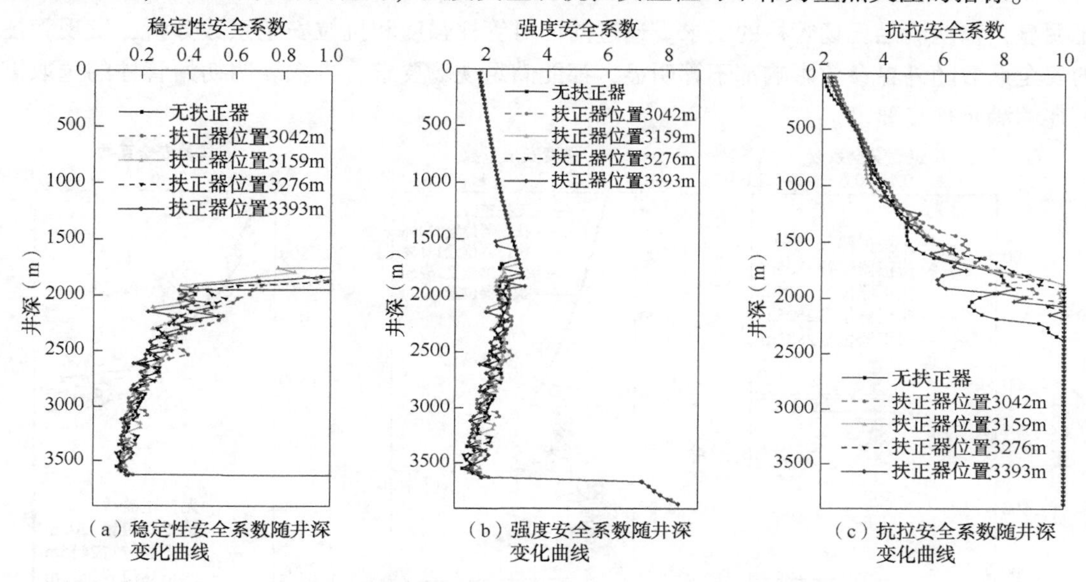

（a）稳定性安全系数随井深变化曲线　（b）强度安全系数随井深变化曲线　（c）抗拉安全系数随井深变化曲线

图 7-95　不同扶正器位置下 A3 气井油管柱安全系数

如图7-96所示为A3定向井在不同扶正器位置下油管柱磨损后剩余强度变化曲线。由图7-96(a)和图7-96(b)可知，当扶正器位置为3393m时，管柱的剩余强度比无扶正器剩余强度下降幅度大，此种扶正器的设置方法并未提高A3定向井管柱安全性，而其他扶正器的设置有效降低了管柱剩余强度随使用年限的下降幅度，扶正器位置越往上其影响幅度越大，更加有利于管柱的安全。

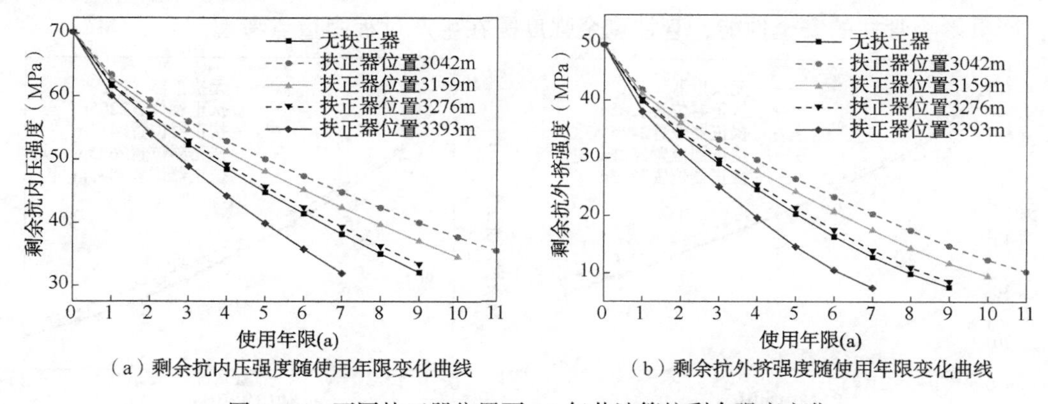

（a）剩余抗内压强度随使用年限变化曲线　（b）剩余抗外挤强度随使用年限变化曲线

图 7-96　不同扶正器位置下 A3 气井油管柱剩余强度变化

7.5.4.2 南海西部 M“三高”气田 A1H 气井

如图 7-97 所示为 A1H 水平井在不同扶正器位置下油管柱安全系数沿井深分布曲线。由图 7-97(a)可知，随着扶正器位置的变化，管柱的稳定性安全系数变化很小，当扶正器设置为 2838m 位置时，管柱发生屈曲变形的位置有所减小，但变化都不明显。由图 7-97(b)和图 7-97(c)可知，随着产量的增加，对管柱的强度安全系数和抗拉安全系数影响也不明显，都能满足现场管柱的要求。通过前面对管柱强度和抗拉安全系数分析，发现管柱的安全系数随外界参数影响都不算明显，都能满足现场要求，再次表明初始管柱的选取需要能够满足现场要求。

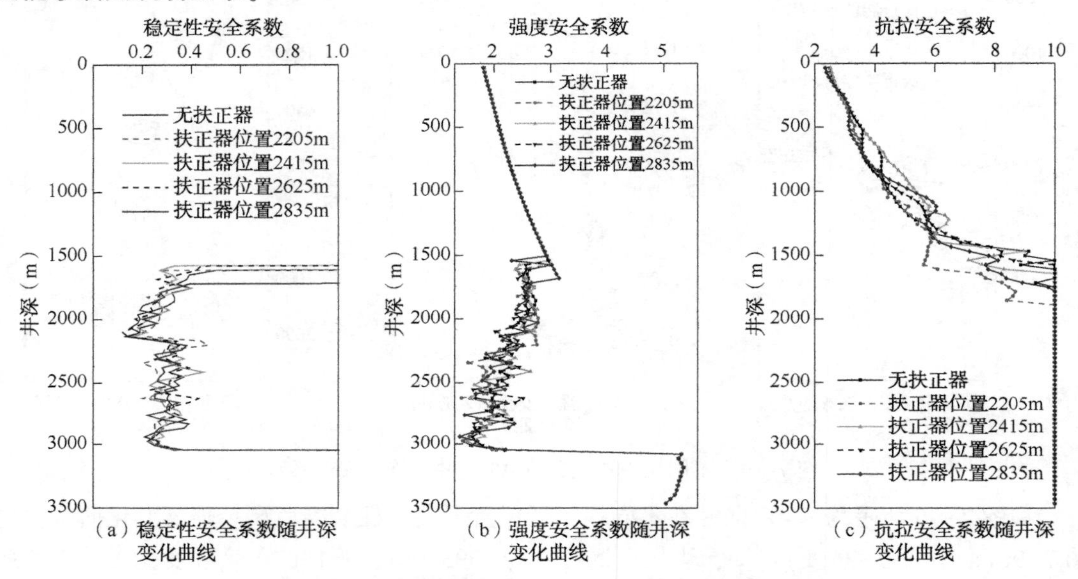

（a）稳定性安全系数随井深变化曲线　（b）强度安全系数随井深变化曲线　（c）抗拉安全系数随井深变化曲线

图 7-97　不同扶正器位置下 A3 气井油管柱安全系数

如图 7-98 所示为 A1H 水平井在不同产量下油管柱磨损后剩余强度变化曲线。由图 7-98(a)和图 7-98(b)可知，当扶正器位置设置为 2205m 时，管柱的剩余强度下降幅度最大，严重影响管柱的安全性能，管柱剩余强度需在生产过程中重点考虑。

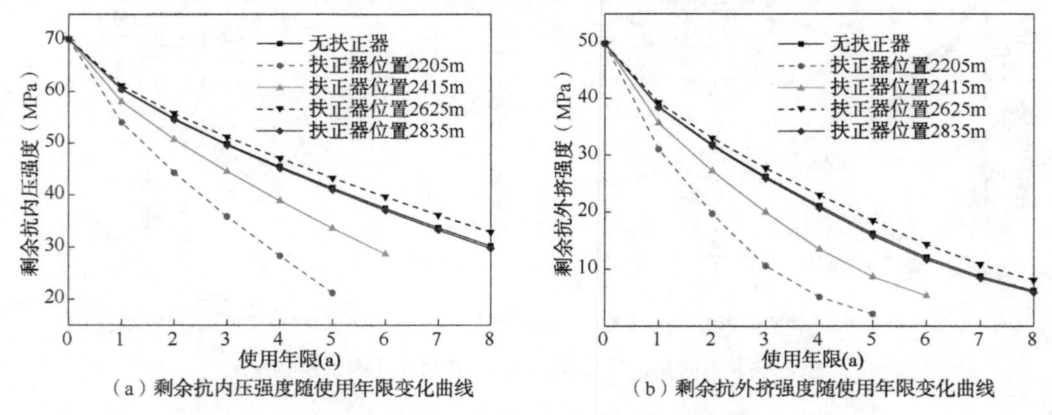

（a）剩余抗内压强度随使用年限变化曲线　（b）剩余抗外挤强度随使用年限变化曲线

图 7-98　不同扶正器位置下 A1H 气井油管柱剩余强度变化

7.6 扶正器个数对完井管柱振动机理影响

上一小节探究了定向井和水平井管柱随扶正器位置变化而发生的力学性能变化规律，揭示了扶正器位置对管柱失效的影响机理，能够有效指导现场扶正器位置的优化设计。为了进一步指导现场扶正器的设计，开展扶正器个数对管柱力学特性的影响研究，采用前面的研究方法，借助现场实例井参数(A3 气井参数见表 7-1，A1H 气井参数见表 7-2)，通过设置无扶正器、1 个扶正器、2 个扶正器和 3 个扶正器(具体结构如图 7-99 和图 7-100 所示)，计算得到完井管柱的振动响应、摩擦磨损、疲劳损伤和强度校核等分析数据，探究扶正器个数对管柱振动响应、摩擦磨损和疲劳等特性的影响规律，揭示其变化机理，为现场扶正器的优化设计奠定理论基础和研究方法。

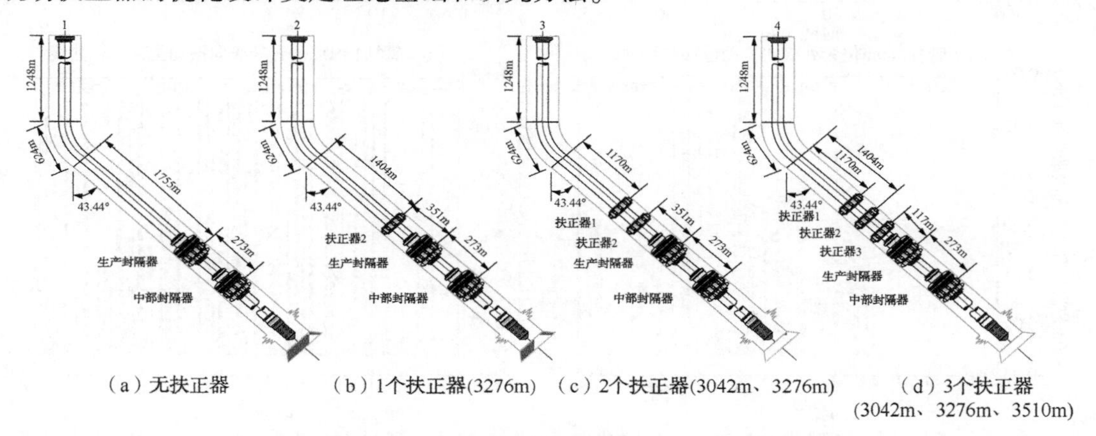

（a）无扶正器　（b）1个扶正器(3276m)　（c）2个扶正器(3042m、3276m)　（d）3个扶正器(3042m、3276m、3510m)

图 7-99　A3 气井不同扶正器个数的完井管柱结构简图

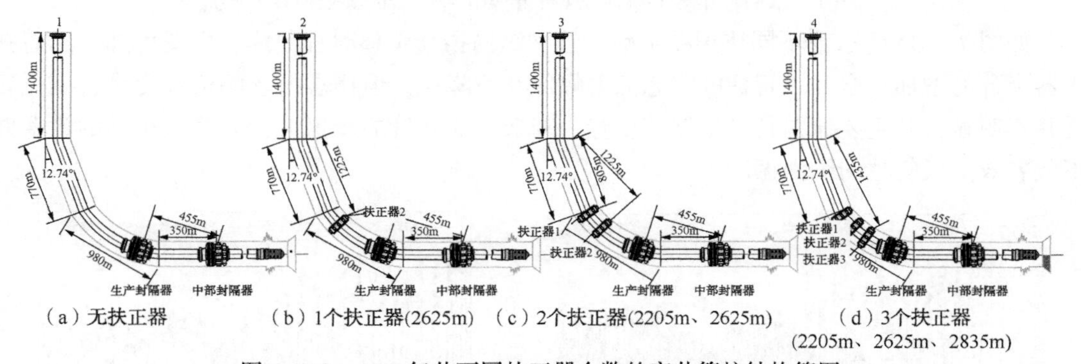

（a）无扶正器　（b）1个扶正器(2625m)　（c）2个扶正器(2205m、2625m)　（d）3个扶正器(2205m、2625m、2835m)

图 7-100　A1H 气井不同扶正器个数的完井管柱结构简图

7.6.1 扶正器个数对完井管柱振动响应的影响规律

7.6.1.1 南海西部 M“三高”气田 A3 气井

如图 7-101 所示为不同扶正器个数下完井管柱横向振动位移时程曲线，由图可知，上端、中部管柱的横向振动随着扶正器个数的增加变得更加剧烈，其主要原因就是扶正器的设置，将造斜段位置处管柱从套管壁上支撑了起来，使得管内高速流体更加容易诱发管柱的振动。但下端靠近扶正器位置处，管柱的横向振动有所降低，再次表明扶正器对降低管柱横向振动的作用局限于自身位置附近处。

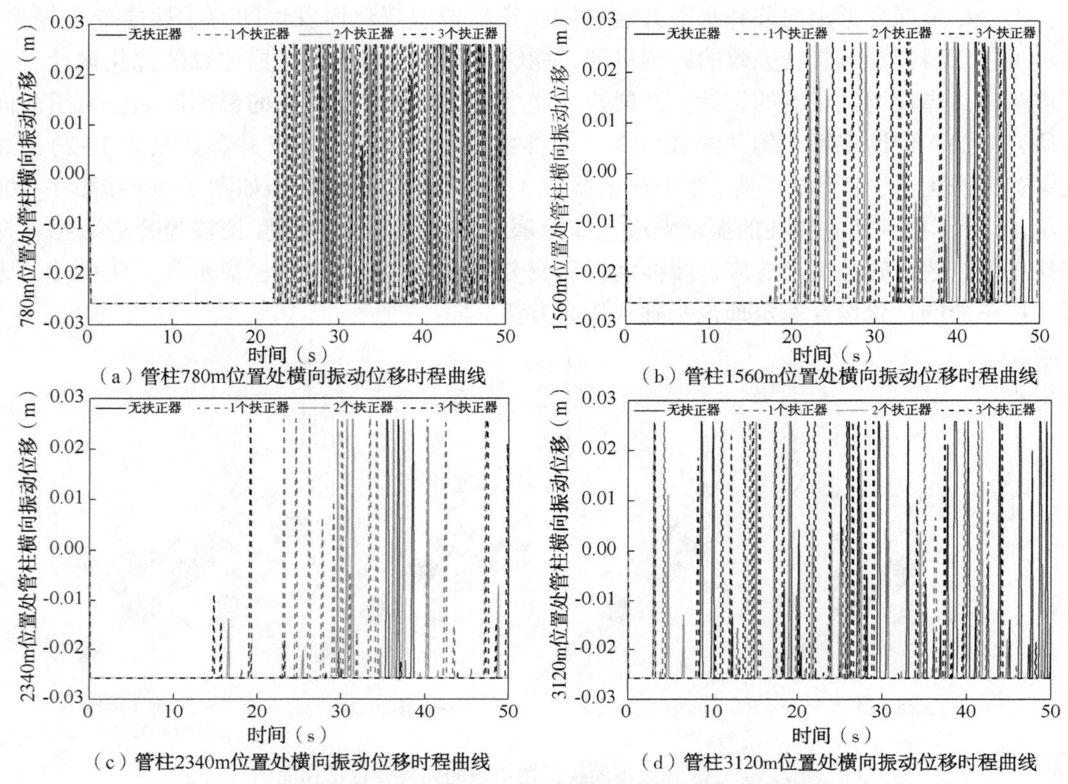

（a）管柱780m位置处横向振动位移时程曲线

（b）管柱1560m位置处横向振动位移时程曲线

（c）管柱2340m位置处横向振动位移时程曲线

（d）管柱3120m位置处横向振动位移时程曲线

图 7-101　不同扶正器个数下 A3 气井完井管柱横向振动位移时程曲线

如图 7-102 所示为不同扶正器个数下管柱纵向振动位移时程曲线，由图可知，随着扶正器个数的增加，全井段管柱的瞬态振动幅值有所降低，但稳态振动幅值却变大，变化幅度并不明显，其主要原因是扶正器的设置，降低了油套管的摩擦力，表明扶正器的设置并不能有效降低管柱的纵向振动。

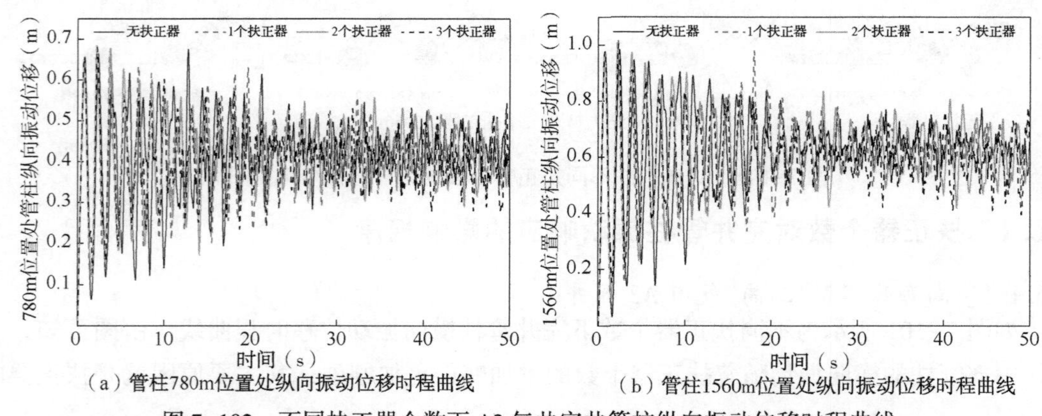

（a）管柱780m位置处纵向振动位移时程曲线

（b）管柱1560m位置处纵向振动位移时程曲线

图 7-102　不同扶正器个数下 A3 气井完井管柱纵向振动位移时程曲线

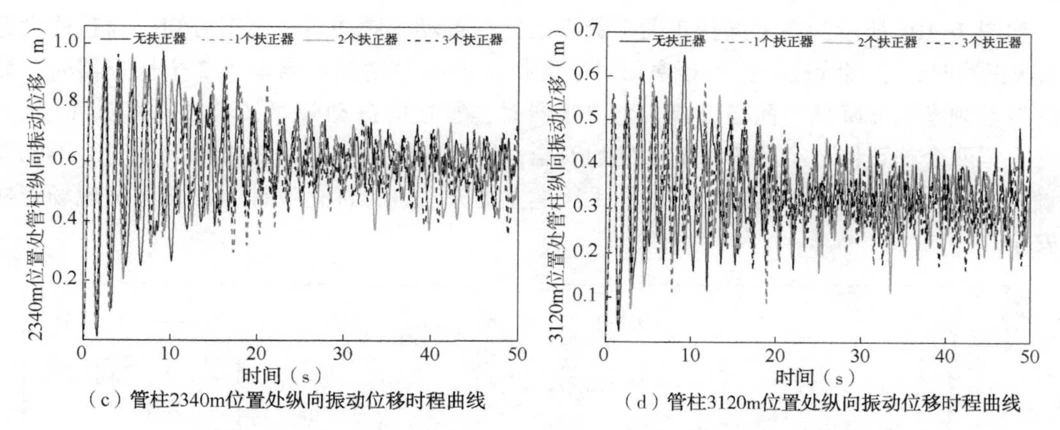

（c）管柱2340m位置处纵向振动位移时程曲线
（d）管柱3120m位置处纵向振动位移时程曲线

图 7-102　不同扶正器个数下 A3 气井完井管柱纵向振动位移时程曲线(续)

如图 7-103 所示为管柱的交变应力变化曲线，由图可知，有扶正器和无扶正器相比，管柱的交变应力幅值有所降低，上部管柱表现并不明显[图 7-103(a)和图 7-103(b)]，但下部管柱影响明显[图 7-103(d)]。随着扶正器个数的增加，管柱纵向振动并不是一直降低，当设置 3 个扶正器时，全井段管柱的振动有所加剧，表明扶正器个数并不能盲目地增加，盲目地增加会增加气井的安全性，同时可能导致管柱的振动更加剧烈。

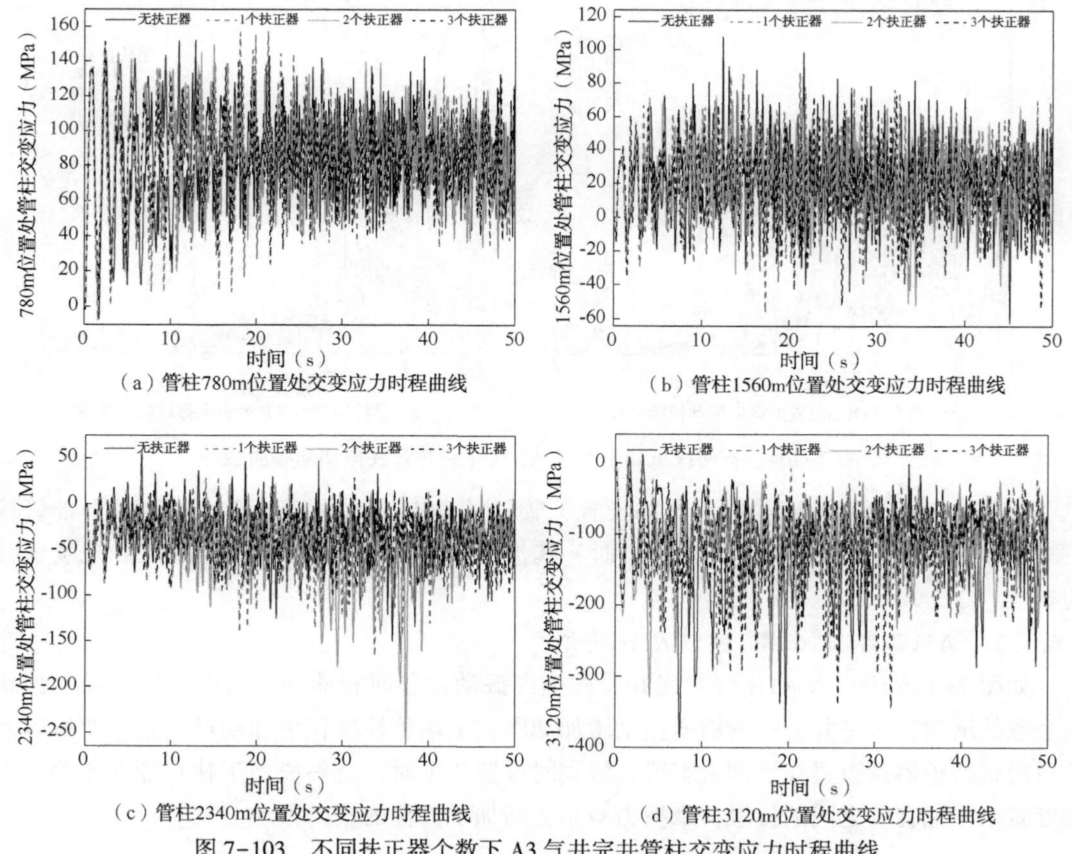

（a）管柱780m位置处交变应力时程曲线
（b）管柱1560m位置处交变应力时程曲线
（c）管柱2340m位置处交变应力时程曲线
（d）管柱3120m位置处交变应力时程曲线

图 7-103　不同扶正器个数下 A3 气井完井管柱交变应力时程曲线

如图 7-104 所示为在不同扶正器个数下的管柱振动幅频曲线，由图可知，当管柱设置 1 个扶正器时，上端管柱的振动频率相对于无扶正器明显增加；当设置 2 个扶正器时，管柱的振动频率明显降低；而当设置 3 个扶正器时，管柱的振动频率又增加，表明 A3 气井适合设置两个扶正器，有利于增加管柱的安全，同时表明现场气井扶正器设置时，不能盲目设置多个扶正器，需根据井型的不同采用建立的方法进行优化设计，以便保护现场管柱的安全。

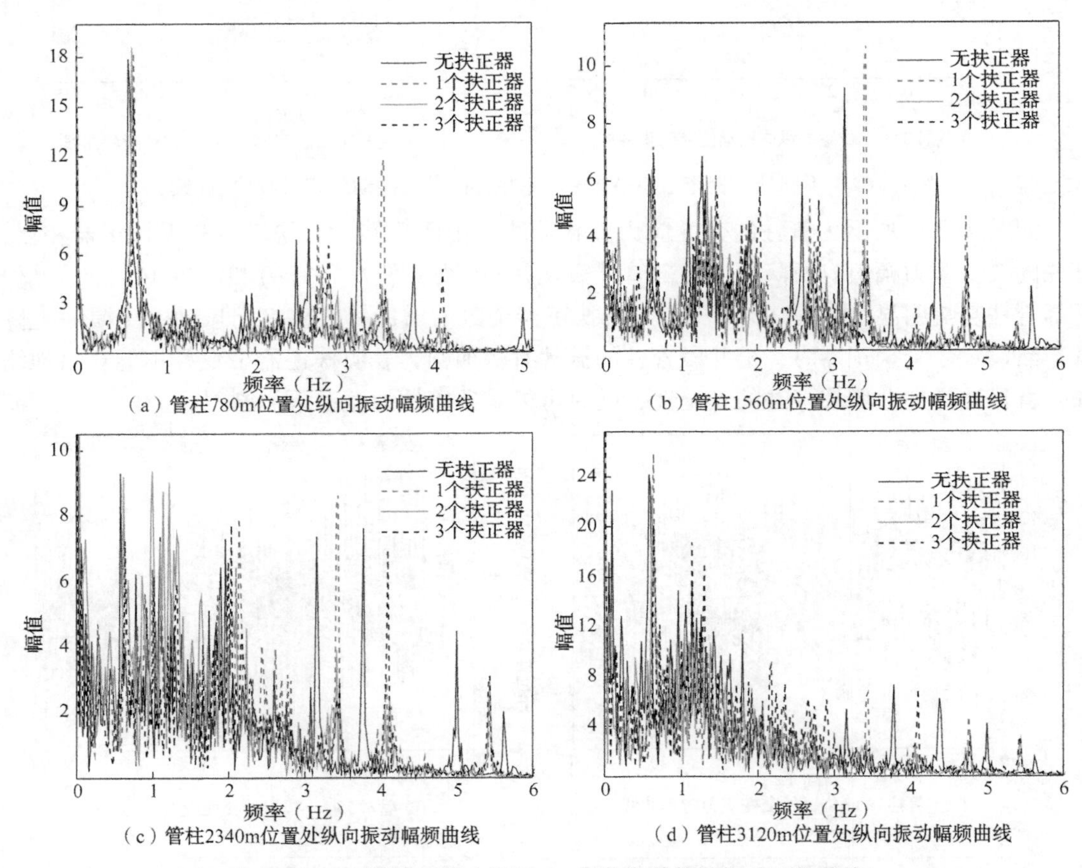

图 7-104　不同扶正器个数下 A3 气井完井管柱振动幅频曲线

由图 7-105 可知，随着扶正器的设置，管柱的动态轴力有所降低，特别是下部管柱 [图 7-105(d)]，当扶正器设置为 2 个时，其作用效果最明显，最有利 A3 气井现场管柱的安全。

7.6.1.2　南海西部 M“三高”气田 A1H 气井

如图 7-106 所示为 A1H 气井完井管柱横向振动位移时程曲线，由图可知，随着扶正器个数的增加，水平井管柱的横向振动增加加剧，上端管柱变化更加明显，其主要原因是项目组将扶正器都设置在下部造斜段，特别时设置 3 个时，造斜段由于扶正器的作用，大幅度减小了油套管之间的接触，摩擦力减小，增加了管柱的横向振动。

如图 7-107 所示为 A1H 气井在不同扶正器个数下完井管柱的纵向振动位移时程曲线，由图可知，扶正器的设置降低了管柱的瞬态响应幅值，而管柱的稳态响应幅值却出现增加趋势，特别当扶正器个数为 3 个时，其纵向振动幅值出现最大。

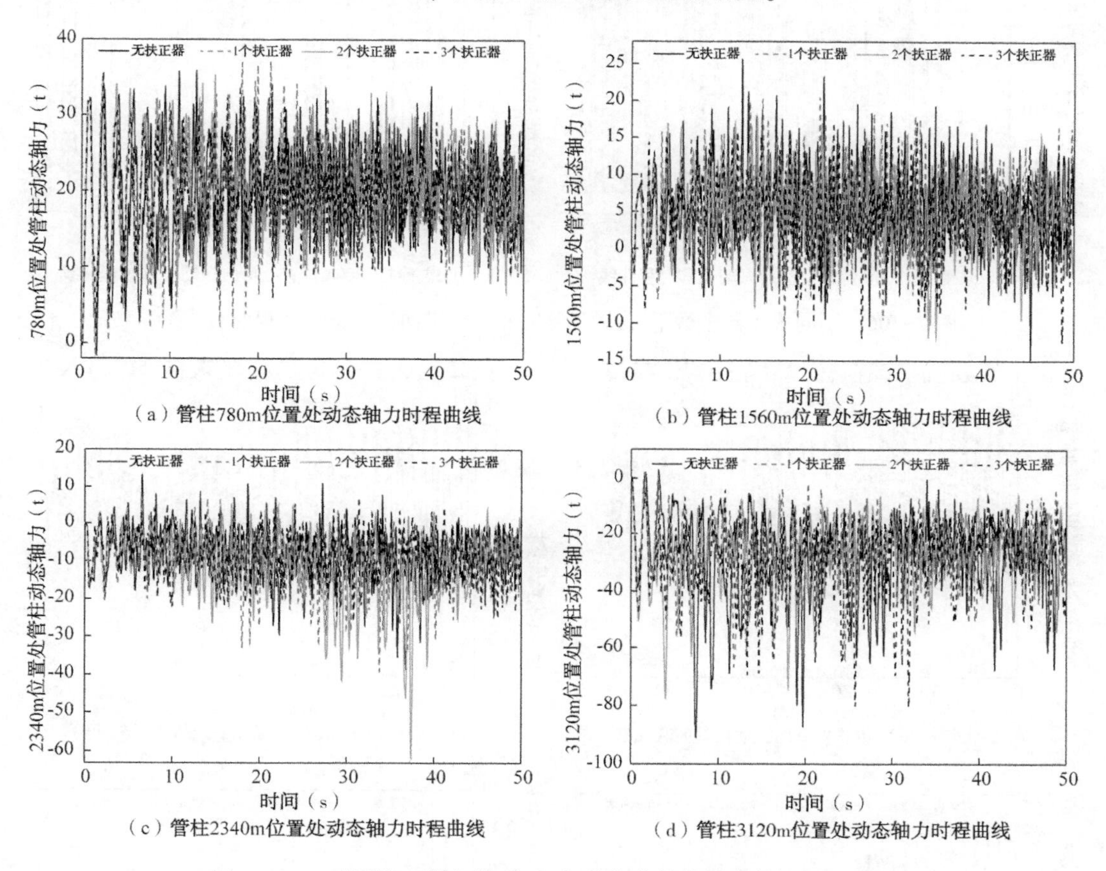

（a）管柱780m位置处动态轴力时程曲线

（b）管柱1560m位置处动态轴力时程曲线

（c）管柱2340m位置处动态轴力时程曲线

（d）管柱3120m位置处动态轴力时程曲线

图 7-105 不同扶正器个数下 A3 气井完井管柱动态轴力时程曲线

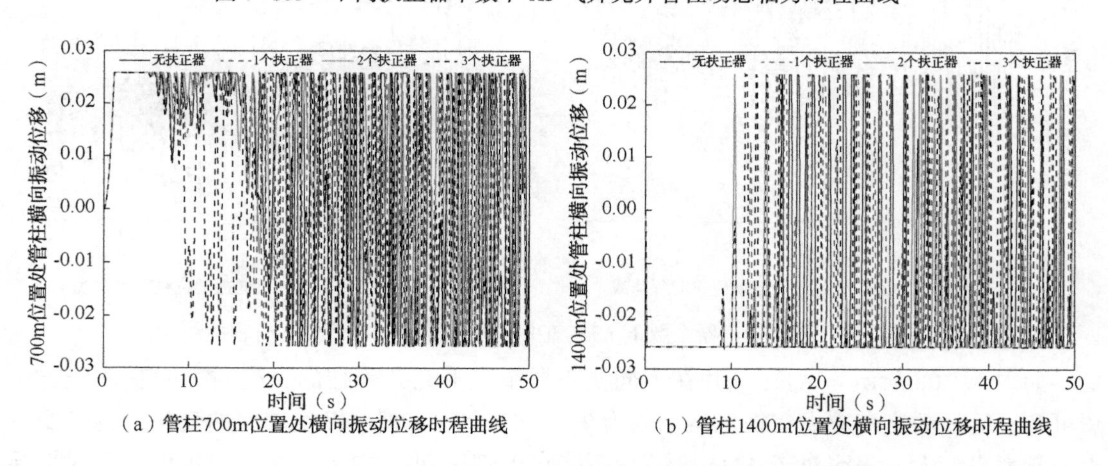

（a）管柱700m位置处横向振动位移时程曲线

（b）管柱1400m位置处横向振动位移时程曲线

图 7-106 不同扶正器个数下 A1H 气井完井管柱纵向振动位移时程曲线

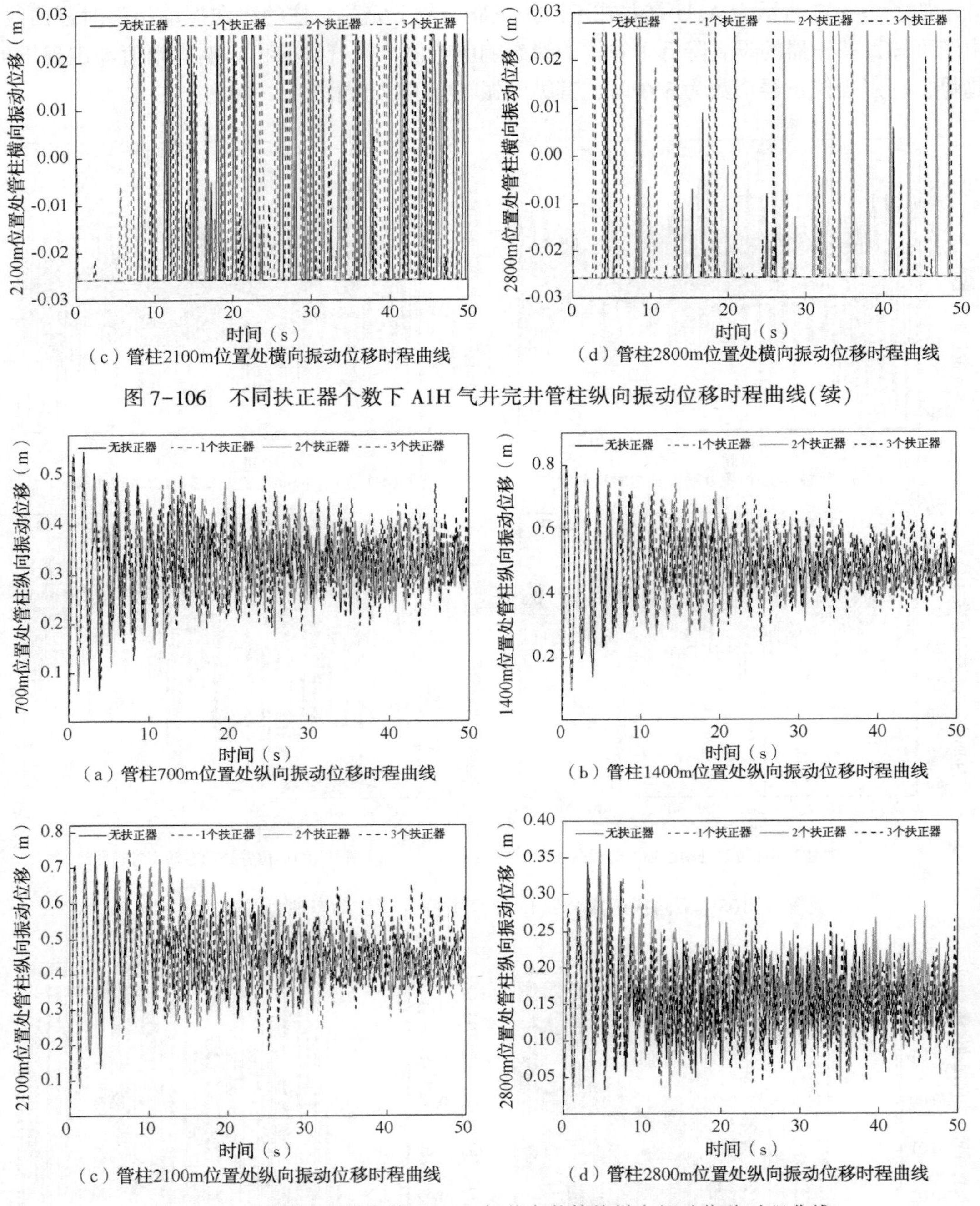

（c）管柱2100m位置处横向振动位移时程曲线

（d）管柱2800m位置处横向振动位移时程曲线

图 7-106　不同扶正器个数下 A1H 气井完井管柱纵向振动位移时程曲线(续)

（a）管柱700m位置处纵向振动位移时程曲线

（b）管柱1400m位置处纵向振动位移时程曲线

（c）管柱2100m位置处纵向振动位移时程曲线

（d）管柱2800m位置处纵向振动位移时程曲线

图 7-107　不同扶正器个数下 A1H 气井完井管柱纵向振动位移时程曲线

如图 7-108 所示为 A1H 气井在不同扶正器个数下完井管柱的交变应力时程曲线，由图可知，管柱的交变应力在扶正器个数为 2 个和 3 个时，管柱发生较大的变化，且交变应力的频率也变大，表明对于 A1H 水平井不能在下部造斜段位置设置多个扶正器，这将导致管柱更加容易发生失效。

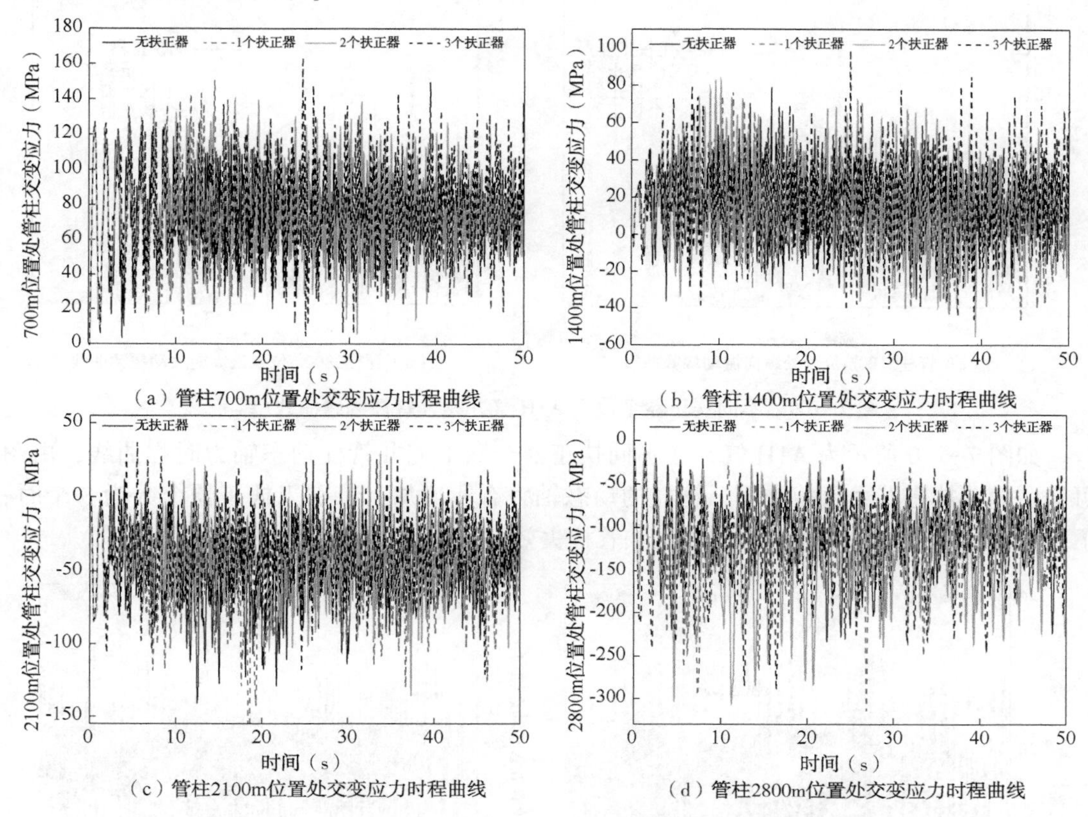

（a）管柱700m位置处交变应力时程曲线　（b）管柱1400m位置处交变应力时程曲线

（c）管柱2100m位置处交变应力时程曲线　（d）管柱2800m位置处交变应力时程曲线

图 7-108　不同扶正器个数下 A1H 气井完井管柱交变应力时程曲线

如图 7-109 所示为 A1H 气井在不同扶正器个数下完井管柱振动幅频曲线，由图可知，当扶正器设置为 2 个和 3 个时，上端和中部管柱发生多阶振动，而下部管柱并没有发生多阶振动，但振动情况比较复杂，含有小能量频率振动。通过分析扶正器个数对 A1H 水平井管柱振动频率的影响规律，再次表明了在水平井下部造斜段设置多个扶正器将增加管柱的振动，需合理设置扶正器个数及位置。

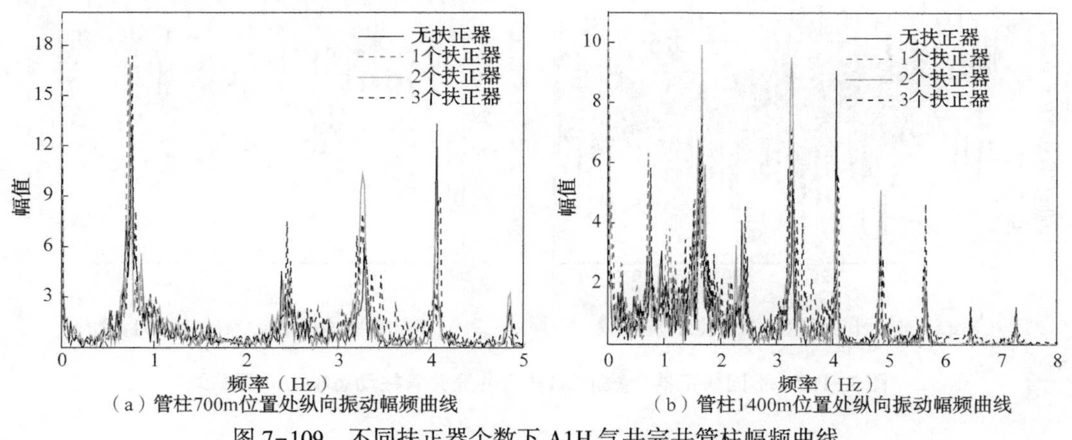

（a）管柱700m位置处纵向振动幅频曲线　（b）管柱1400m位置处纵向振动幅频曲线

图 7-109　不同扶正器个数下 A1H 气井完井管柱幅频曲线

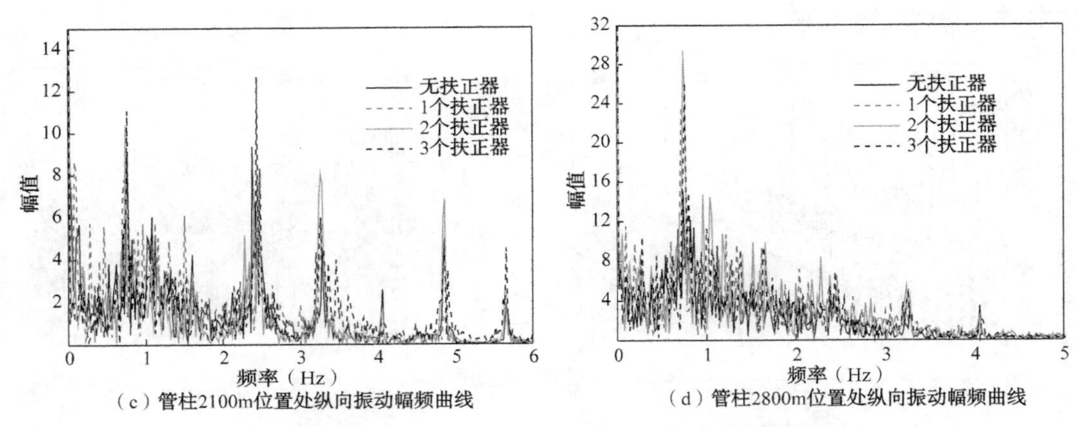

（c）管柱2100m位置处纵向振动幅频曲线

（d）管柱2800m位置处纵向振动幅频曲线

图 7-109　不同扶正器个数下 A1H 气井完井管柱幅频曲线(续)

如图 7-110 所示为 A1H 气井在不同扶正器个数下完井管柱动态轴力时程曲线，由图可知，随着扶正器个数的增加，管柱的动态轴力有所增加，特别当扶正器个数为 3 个时，下端管柱的动态轴力明显增加，将增加管柱失效的风险。

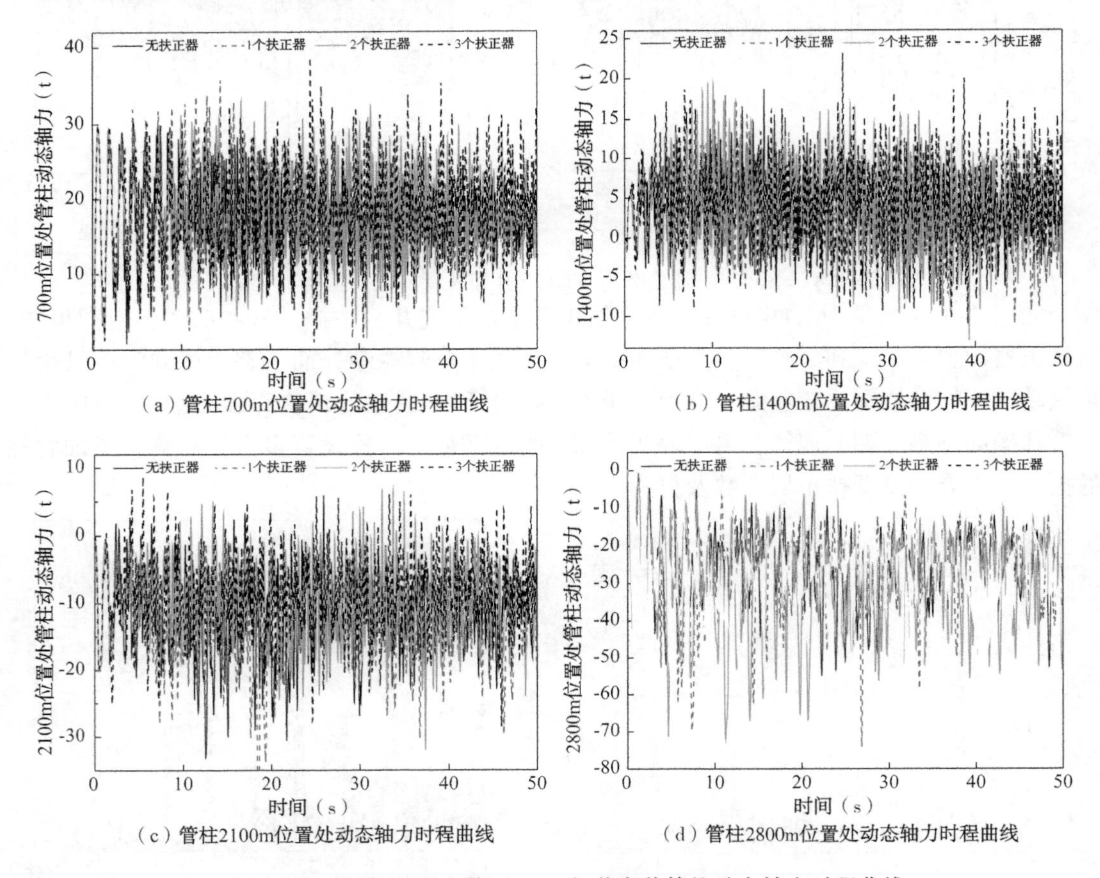

（a）管柱700m位置处动态轴力时程曲线

（b）管柱1400m位置处动态轴力时程曲线

（c）管柱2100m位置处动态轴力时程曲线

（d）管柱2800m位置处动态轴力时程曲线

图 7-110　不同扶正器个数下 A1H 气井完井管柱动态轴力时程曲线

7.6.2 扶正器个数对油套管摩擦磨损的影响规律

前面分析了扶正器个数对定向井和水平井管柱振动响应的影响规律，揭示了完井管柱随扶正器个数变化的影响机理。为了进一步探究扶正器个数对油套管摩擦磨损的影响规律，借助现场两口实例井参数，采用所建立的分析方法，计算得到管柱的磨损分析数据，探究产量对管柱摩擦磨损特性的影响规律，揭示“三高”气井完井管柱磨损失效机理，有效指导“三高”气井扶正器的优化设计。

7.6.2.1 东方 13-2 气田 A3 气井

如图 7-111 所示为 A3 定向井管柱摩擦磨损分析数据，包括油套管接触载荷、滑移行程、年磨损量、磨损深度、磨损效率和磨损寿命随井深变化曲线。由图 7-111(a)可知，通过对 A3 定向井设置扶正器比无扶正器时，发现油套管的接触载荷有所降低，能有效防止管柱的磨损。由图 7-111(b)可知，随着扶正器个数的增加，管柱的滑移行程有所降低，能有效地保护管柱磨损；当扶正器设置为 2 个时，滑移行程最小。

由图 7-111(c)、图 7-111(d)、图 7-111(e)和图 7-111(f)可知，当 A3 定向井设置了扶正器，其管柱的年磨损量和磨损深度比无扶正器时更小，表明对于定向井，扶正器的设置有利于保护管柱不发生摩擦磨损，提高管柱的寿命。当扶正器设置为 2 个时，管柱的年磨损量最小，管柱的磨损寿命最高，再次表明对于定向井管柱，不能为了保护管柱的安全而盲目加大扶正器的个数，需通过计算分析确定扶正器最优的设计个数和安装的位置，再次确定项目组所建立方法的有效性。

7.6.2.2 东方 13-2 气田 A1H 气井

如图 7-112 所示为 A1H 定向井管柱摩擦磨损分析数据，包括油套管接触载荷、滑移行程、年磨损量、磨损深度、磨损效率和磨损寿命随井深变化曲线。

由图 7-112(a)可知，A1H 水平井在设置 2 个和 3 个扶正器时，油套管的接触载荷出现一个突变，其主要原因是扶正器设置在造斜段位置，增大了管柱由流体诱发的作用，使得管柱自重的影响较大，但并未降低油套管的接触力。由图 7-112(b)可知，当水平井设置 2 个或 3 个扶正器时，管柱的滑移行程发生突变；但当设置 1 个扶正器时，管柱的滑移行程却是最小，其主要原因是项目组设置扶正器位置位于水平下部造斜段位置，使得管柱再造斜段位置处的狗腿度发生变化，从而影响了管柱的振动，由此可知，对于水平井管柱，不能在下部造斜段位置设置多个扶正器。由图 7-112(c)和图 7-112(d)可知，管柱的年磨损量和磨损深度随着设置扶正器个数的增加也增加，多个扶正器的设置并未有效保护水平井管柱的安全。图 7-112(e)和图 7-112(f)表明了当油气管柱设置 2 个或 3 个扶正器时，其使用寿命比无扶正器设置还更短；但当设置 1 个扶正器时，管柱的寿命能有效增加，说明对于现场水平井扶正器个数的优化设计时，不能在下部造斜段设置多个扶正器，但扶正器的位置需设置在管柱的下部，才能有效阻碍管柱的磨损，提高中下部管柱的安全性。

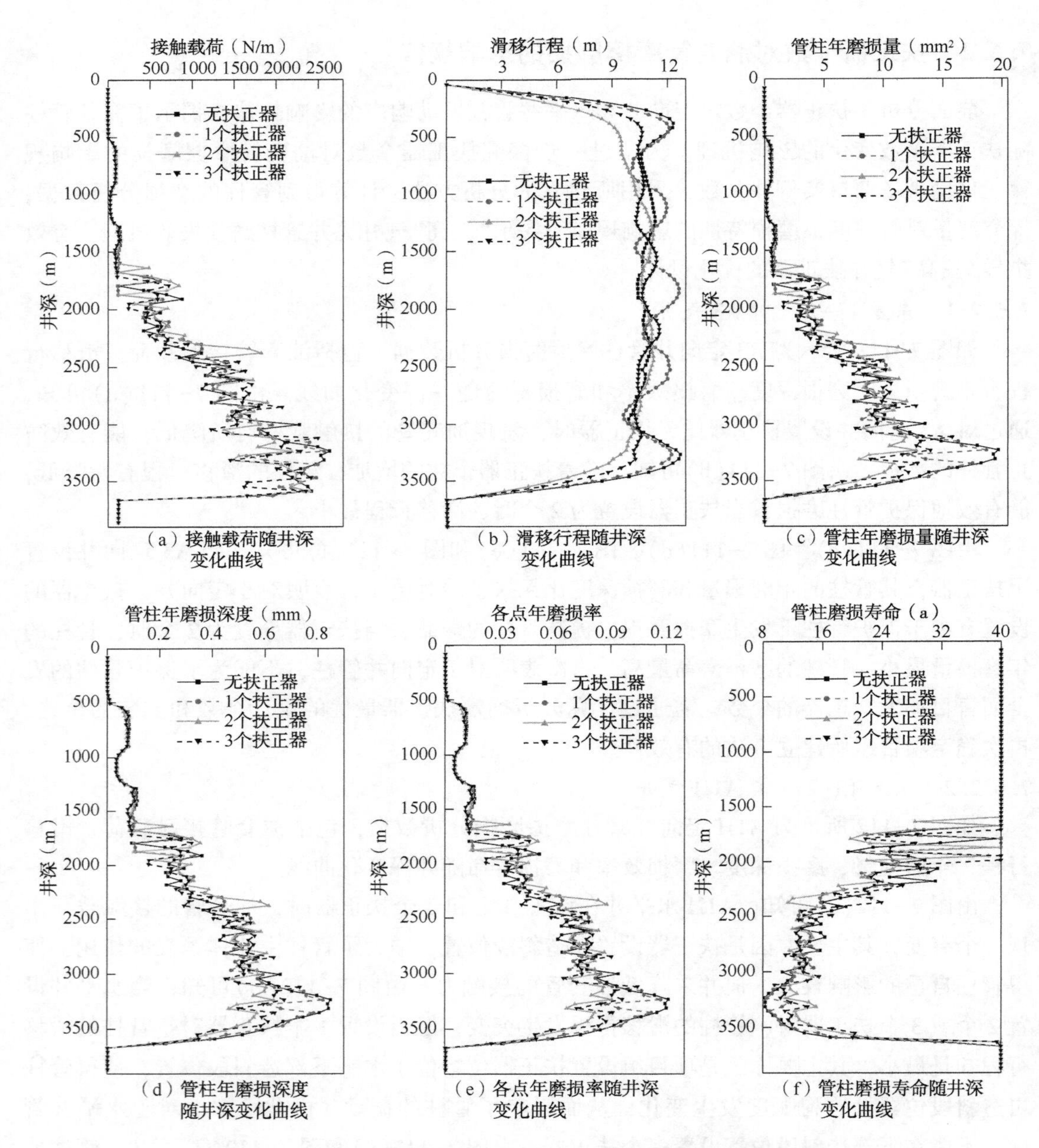

（a）接触载荷随井深变化曲线

（b）滑移行程随井深变化曲线

（c）管柱年磨损量随井深变化曲线

（d）管柱年磨损深度随井深变化曲线

（e）各点年磨损率随井深变化曲线

（f）管柱磨损寿命随井深变化曲线

图 7-111　不同扶正器个数下 A3 气井完井管柱摩擦磨损分析数据

7.6.3　扶正器个数对完井管柱疲劳寿命的影响规律

7.6.3.1　东方 13-2 气田 A3 气井

如图 7-113 所示为 A3 定向井完井管柱疲劳损伤分析数据沿井深分布曲线，包括管柱的最大应力、年疲劳损伤率和疲劳寿命。由图 7-114 可知，定向井管柱的最大应力随着扶正器个数的增加而呈现降低的趋势，其中扶正器个数为 2 个时，管柱的年疲劳损伤率最

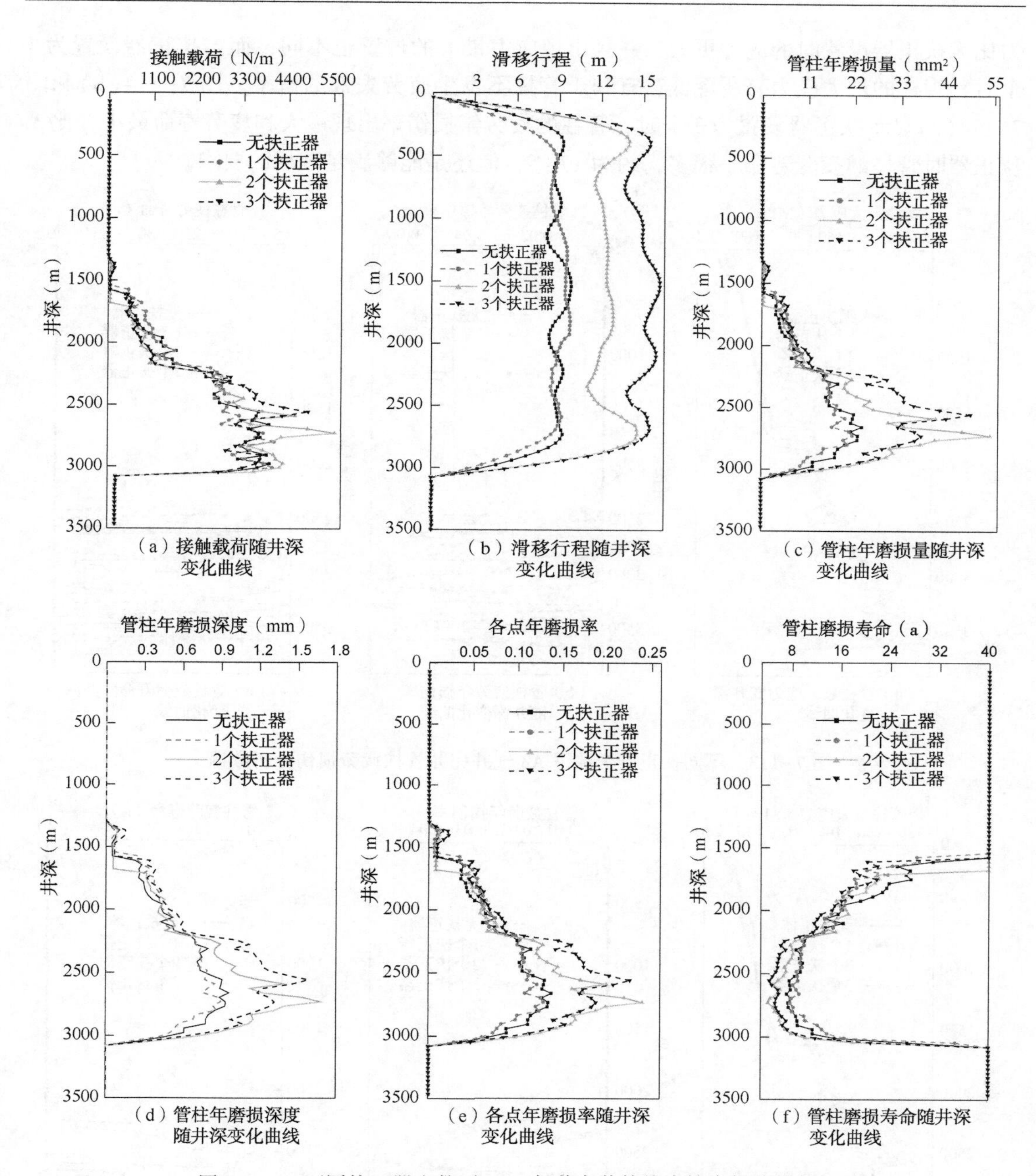

（a）接触载荷随井深变化曲线

（b）滑移行程随井深变化曲线

（c）管柱年磨损量随井深变化曲线

（d）管柱年磨损深度随井深变化曲线

（e）各点年磨损率随井深变化曲线

（f）管柱磨损寿命随井深变化曲线

图 7-112　不同扶正器个数下 A1H 气井完井管柱摩擦磨损分析数据

小，寿命最大，能有效增加管柱的安全性，与前面扶正器个数对管柱磨损分析同样发现扶正器设置最优的数量为 2，这将有效指导现场扶正器的设置。

7.6.3.2　东方 13-2 气田 A1H 气井

如图 7-114 所示为 A1H 水平井在不同扶正器个数下完井管柱疲劳损伤分析数据沿井深分布曲线。由图 7-114(a)可知，当水平井扶正器设置为 2 个或 3 个时，管柱的最大应力比无扶正器设置时的应力更大，并且出现应力最大的位置也不同；而当扶正器设置为1个时，管柱的最大应力有所降低，有利于管柱不发生疲劳失效的概率。图7-114(b)和图7-114(c)显示扶正器设置为3个时，管柱的疲劳年损伤率出现最大和疲劳寿命最小，比无扶正器时管柱的疲劳寿命小很多，约为17年，但还是能够满足现场的要求。

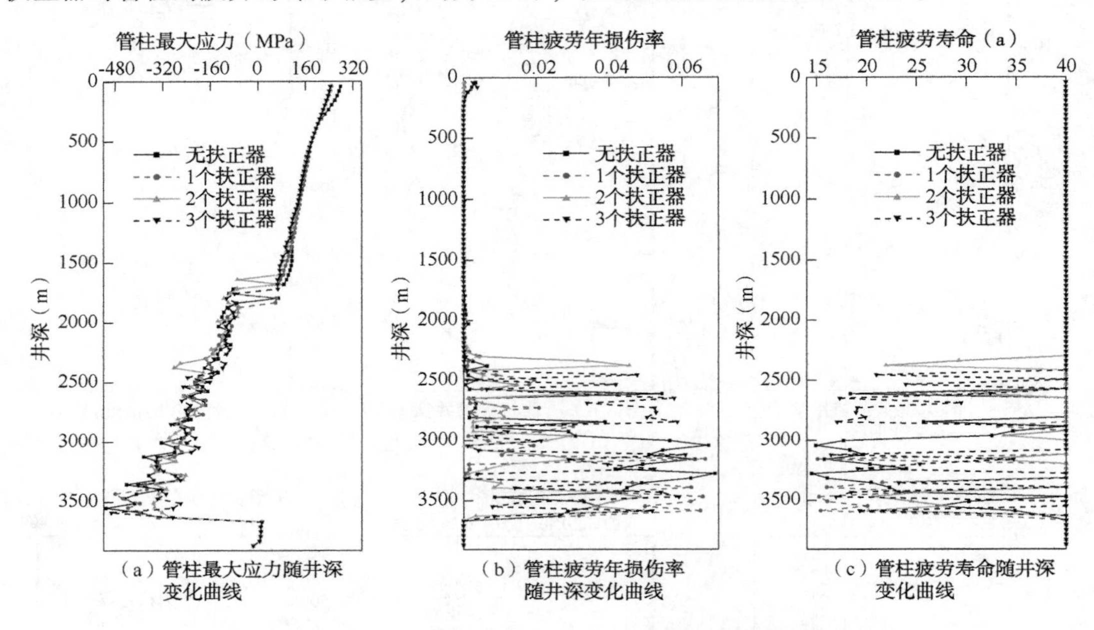

（a）管柱最大应力随井深变化曲线　（b）管柱疲劳年损伤率随井深变化曲线　（c）管柱疲劳寿命随井深变化曲线

图7-113　不同扶正器个数下A3气井完井管柱疲劳损伤分析数据

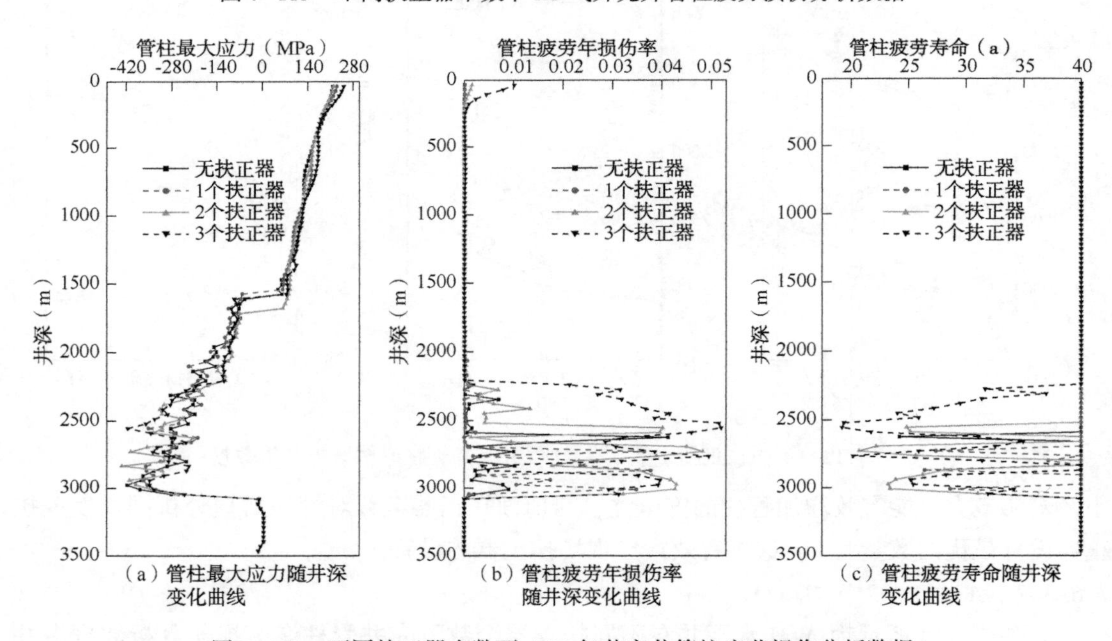

（a）管柱最大应力随井深变化曲线　（b）管柱疲劳年损伤率随井深变化曲线　（c）管柱疲劳寿命随井深变化曲线

图7-114　不同扶正器个数下A1H气井完井管柱疲劳损伤分析数据

7.6.4 扶正器个数对完井管柱安全性的影响规律

本小节借助前面的研究方法和现场两口实例井参数(A3定向井和A1H水平井)，通过设置不同扶正器个数计算得到定向井和水平井完井管柱的安全系数和剩余强度，探究扶正器个数对管柱安全性的影响规律，揭示“三高”气井完井管柱失效机理，指导现场气井扶正器的优化设计。

7.6.4.1 东方13-2气田A3气井

如图7-115所示为A3定向井在不同扶正器个数下完井管柱安全系数沿井深分布曲线，包括管柱的稳定性安全系数、强度安全系数和抗拉安全系数。由图7-115(a)可知，A3定向井随着扶正器的设置，管柱的安全系数有所增加，有利于定向井管柱的稳定性，降低管柱屈曲变形程度，使得后期气井管柱的取出更加容易。由图7-115(b)和图7-115(c)可知，随着扶正器个数的增加，管柱的强度安全系数和抗拉安全系数影响不明显，都能满足现场管柱的要求。

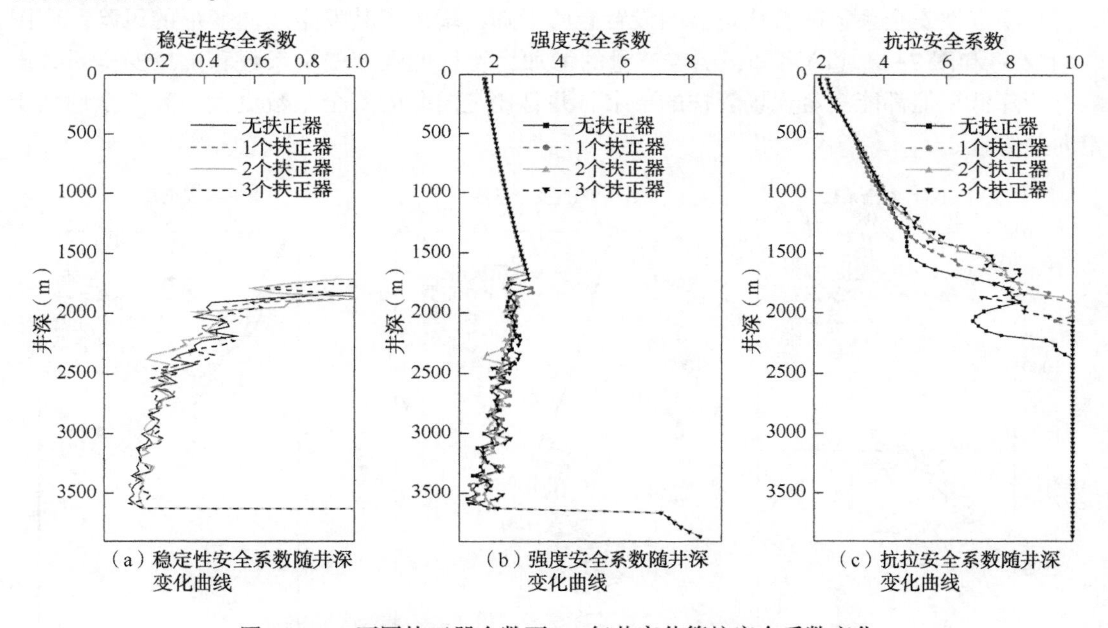

(a)稳定性安全系数随井深变化曲线　(b)强度安全系数随井深变化曲线　(c)抗拉安全系数随井深变化曲线

图7-115 不同扶正器个数下A3气井完井管柱安全系数变化

如图7-116所示为A3定向井在不同扶正器个数下完井管柱磨损后剩余强度变化曲线，包括管柱的剩余抗内压强度和剩余抗外挤强度随使用年限的变化曲线。由图7-116(a)和图7-116(b)可知，当定向井设置扶正器，其剩余强度下降幅度比无扶正器时更小，并且当扶正器个数为2个时，管柱的剩余强度下降最小，更有利于管柱不发生压扁和挤毁失效。

7.6.4.2 东方13-2气田A1H气井

如图7-117所示为A1H水平井在不同扶正器个数下完井管柱安全系数沿井深分布曲

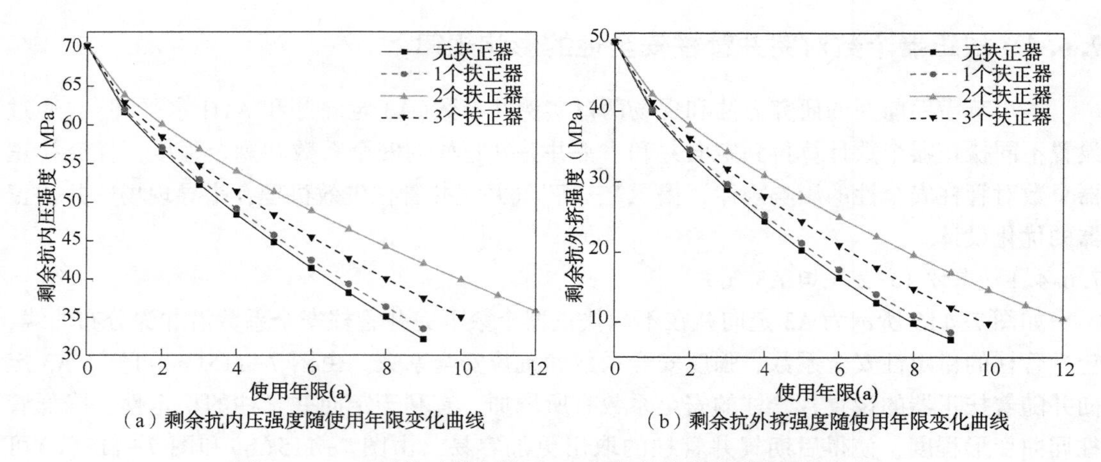

（a）剩余抗内压强度随使用年限变化曲线　（b）剩余抗外挤强度随使用年限变化曲线

图 7-116　不同扶正器个数下 A3 气井完井管柱剩余强度变化

线。由图 7-117(a)可知，随着扶正器个数的增加，管柱发生屈曲变形的位置减少，但下部管柱稳定性安全系数随着扶正器的设置有所下降，增加了其发生屈曲变形的风险。由图 7-117(b)和图 7-117(c)可知，随着产量的增加，管柱的强度安全系数和抗拉安全系数影响有所降低，但都能满足现场管柱的要求，并且比定向井的安全系数更大，其安全性强于定向井管柱。

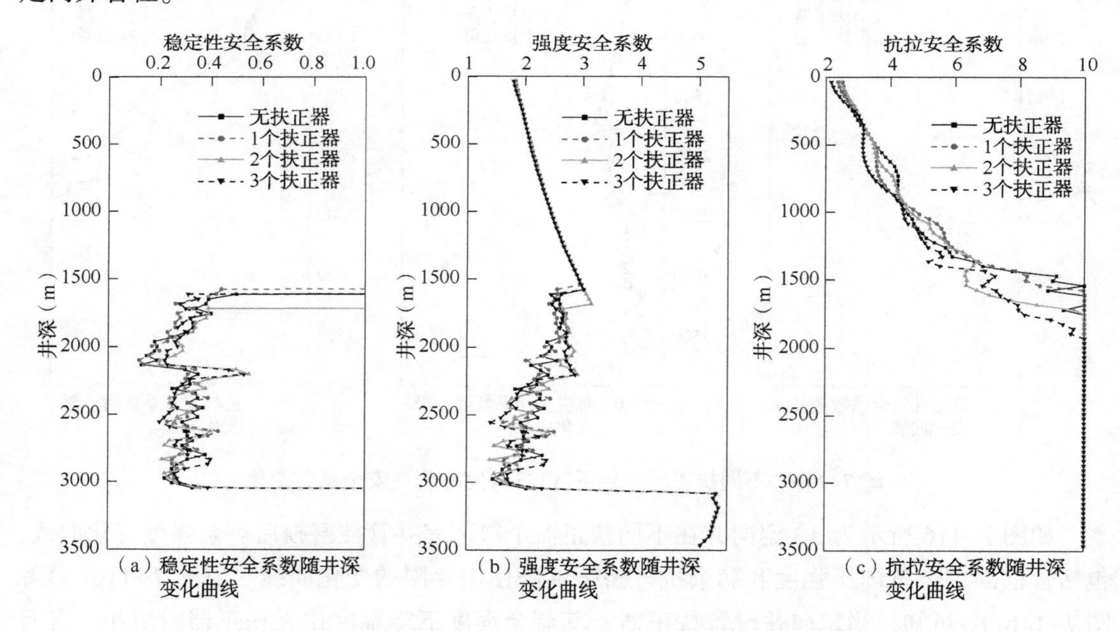

（a）稳定性安全系数随井深变化曲线　（b）强度安全系数随井深变化曲线　（c）抗拉安全系数随井深变化曲线

图 7-117　不同扶正器个数下 A3 气井完井管柱安全系数变化

如图 7-118 所示为 A1H 水平井在不同扶正器下完井管柱磨损后剩余强度变化曲线。由图 7-118(a)和图 7-118(b)可知，当扶正器设置为 2 个或 3 个时，管柱的剩余强度下降幅度明显增加，管柱的剩余强度与其磨损程度息息相关。

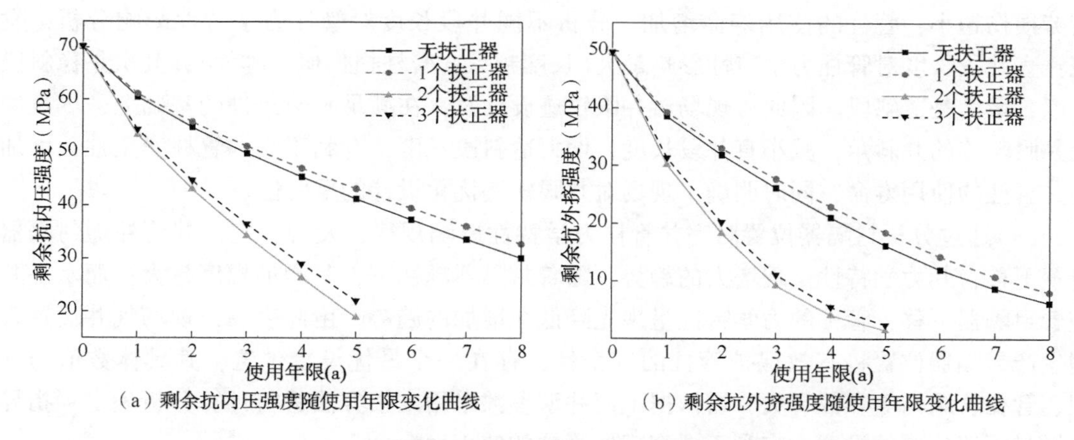

（a）剩余抗内压强度随使用年限变化曲线　（b）剩余抗外挤强度随使用年限变化曲线

图 7-118　不同扶正器个数下 A1H 气井完井管柱剩余强度变化

7.7　三高气井油管柱安全控制方法及防震措施

基于建立的高温高压高产油管柱动力学模型、摩擦磨损分析模型和疲劳寿命预测模型，采用南海西部现场典型实例参数，分析了产量、管径、井眼轨迹、封隔器位置、扶正器位置和扶正器个数对管柱振动响应、摩擦磨损、疲劳寿命和安全性等特性(称之为管柱的力学特性)的影响规律，揭示了现场设计参数对完井管柱失效机理，为现场井身结构、井下工具、配产数据等参数的优化设计奠定了理论基础。

(1)通过分析产量对定向井和水平井完井管柱力学特性的影响规律，发现：随着产量的增加，无论是定向井还是水平井完井管柱振动都不同程度增加，加大了管柱的摩擦磨损和疲劳损伤，不同程度降低了管柱的使用寿命，且都存在一个突变产量，其具体数值与井型、管柱结构和工具尺寸有关，可采用提出的研究方法确定。其中 A3 定向井管柱的力学特性在$(90\sim120)\times10^4m^3/d$ 出现突变，而 A1H 水平井管柱的力学特性在$(120\sim160)\times10^4m^3/d$ 出现突变。因此，在现场配产时，需远离引起管柱力学特性发生突变的区间，确保管柱的安全性；

(2)通过分析管径对定向井和水平井完井管柱力学特性的影响规律，发现：随着管柱直径的增大，有利于降低管柱时失效风险，特别是管柱的摩擦磨损和疲劳损伤，对管柱强度安全影响不大，都能满足现场的要求。其中当定向井管柱直径为 2. 875in 时，其摩擦磨损寿命和疲劳寿命出现最小，且寿命约为 9 年，无法满足现场的要求(15~20 年)。而当水平井管柱直径为 2. 375in 时，其失效风险最大，寿命约为 15 年，基本能达到现场的要求。因此，对于现场高产气井，由于产量过大，其需选择较大管径，减小油套管之间的间隙，保护管柱的安全性。

(3)基于 A3 气井现场参数，分析了井眼轨迹(井斜角变化和不同井段长度变化)对完井管柱力学特性的影响规律，发现：井斜角越大，越有利管柱的安全，并且管柱的磨损、疲劳损伤越小，管柱的使用寿命增加。分析不同井段长度对管柱力学特性影响分析，发现：直井段长度对管柱力学特性影响最大(长度越大，管柱损伤概率越大)，其次是稳斜段长度，最后是造斜段。因此，现场对井眼轨迹设计时，在满足其他条件的基础上，尽量增大井眼轨迹的井斜角，减小直井段长度，增大造斜段长度，有利于完井管柱安全性，增加完井管柱的使用寿命，同时明确了现场对井眼轨迹优化设计的重要性。

(4)通过分析封隔器位置对完井管柱力学特性影响规律，发现：定向井管柱随封隔器位置下移，其力学特性呈现增大的趋势，随着封隔器越往下，其增加幅度越大；而水平井随着封隔器下移，管柱的力学特性呈现先降低在增加的趋势。由此表明，现场气井设置合理生产封隔器位置将有效保护管柱的安全性，存在一个最优设置位置，其具体数值与井型、管径、结构等参数有关，需依据不同井型参数采用本书方法进行计算分析确定，指导现场封隔器位置的设置，有利于提高现场管柱的使用寿命。

(5)通过分析扶正器位置对管柱力学特性影响规律，发现：定向井管柱随着扶正器位置的下移，其力学特性有所增加，并且当扶正器设置在3393m位置时，其力学特性比无扶正器设置还大；而水平井扶正器不能设置在稳斜段与下部造斜段分界处，明确了扶正器设置在合理的位置能够大幅度降低管柱损伤，提高完井管柱的安全性，但不同气井其最优设置位置也不同，可采用本书方法进行计算分析确定。分析了扶正器个数对完井管柱力学特性影响规律，发现：对于A3气井设置两个扶正器能够达到最优的效果，而A1H水平井设置1个扶正器能够达到最优效果。盲目地增加扶正器个数，反而增加了管柱的失效概率；水平气井不能在下部造斜段设置多个扶正器，将严重影响管柱的安全。

8 “三高”气井油管柱流致振动软件开发及应用

本章在前面研究工作的基础上，采用FORTRAN软件编写“三高”气井油管柱动力学分析代码，开发“三高”气井油管柱动力学分析软件，重点开展油管柱动力学研究方法在南海西部“三高”气井管柱优化设计中的现场应用，实现了对“三高”气井油管柱动力学行为仿真分析和管柱结构优化，为保障现场管柱的安全性提供了分析工具。

8.1 软件功能概述

软件为在“三高”气井油管柱动力学行为分析模型基础上开发的、面向现场工程技术人员的专用软件，能够实现“三高”气井井眼轨迹模拟、井筒温度压力场计算、管柱振动响应计算、管柱摩擦磨损分析、管柱振动疲劳寿命预测和管柱安全性校核等功能，能够有效指导“三高”气井生产工况中井身结构、井下工具和管柱结构等参数设计，同时实现对管柱在生产过程中的安全性能进行分析与评估。软件包括参数输入、数据维护、井眼轨迹计算、井筒温度压力场计算、管柱动力学分析、管柱摩擦磨损分析、管柱疲劳损伤分析、结构参数优化设计和结果输出等模块。软件的输出结果以数据列表、数据图形和三维云图等形式显示，包括管柱的动态轴力、动态应力、纵横向位移、磨损量、疲劳寿命及其他多种计算结果和具体操作参数区间数值，结果可形成报告打印输出，软件通过三维云图结合管柱结构显示其危险薄弱部位，提示改进措施。软件提供完备的井下工具数据库，能实现对数据库的查询、修改、增添和删除等功能。软件功能结构具体如图8-1所示。

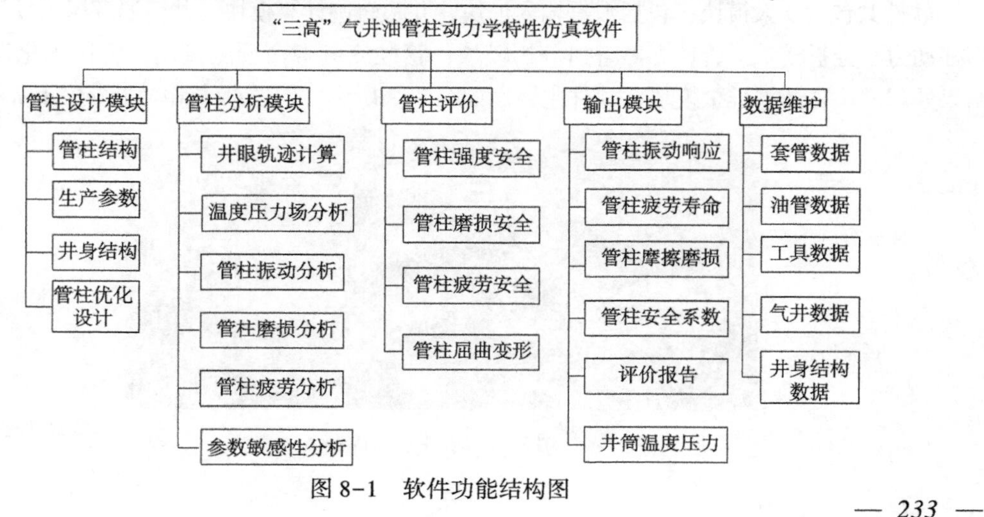

图8-1 软件功能结构图

8.2 软件设计

8.2.1 软件的总体结构

软件在开发过程中应用软件工程方法，采用了模块化结构设计原理，使得软件的各个模块在功能上既相互依存又相对独立，在系统中又是相对统一，便于软件系统的维护和升级，具体的设计流程如图 8-2 所示。

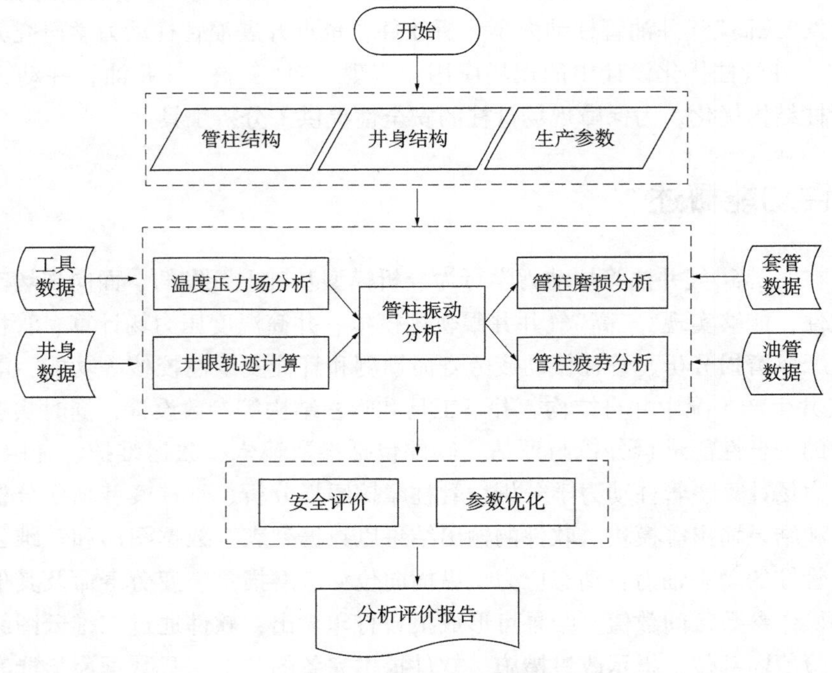

图 8-2 软件流程设计图

软件共包含 9 大模块，包括数据输入模块、井眼轨迹计算模块、井筒温度压力场计算模块、管柱动力学分析模块、管柱摩擦磨损分析模块、管柱疲劳寿命预测模块、管柱优化设计模块、结果处理模块和数据维护模块，软件主界面如图 8-3 所示，软件总体结构如图 8-4 所示。

图 8-3 软件总界面图

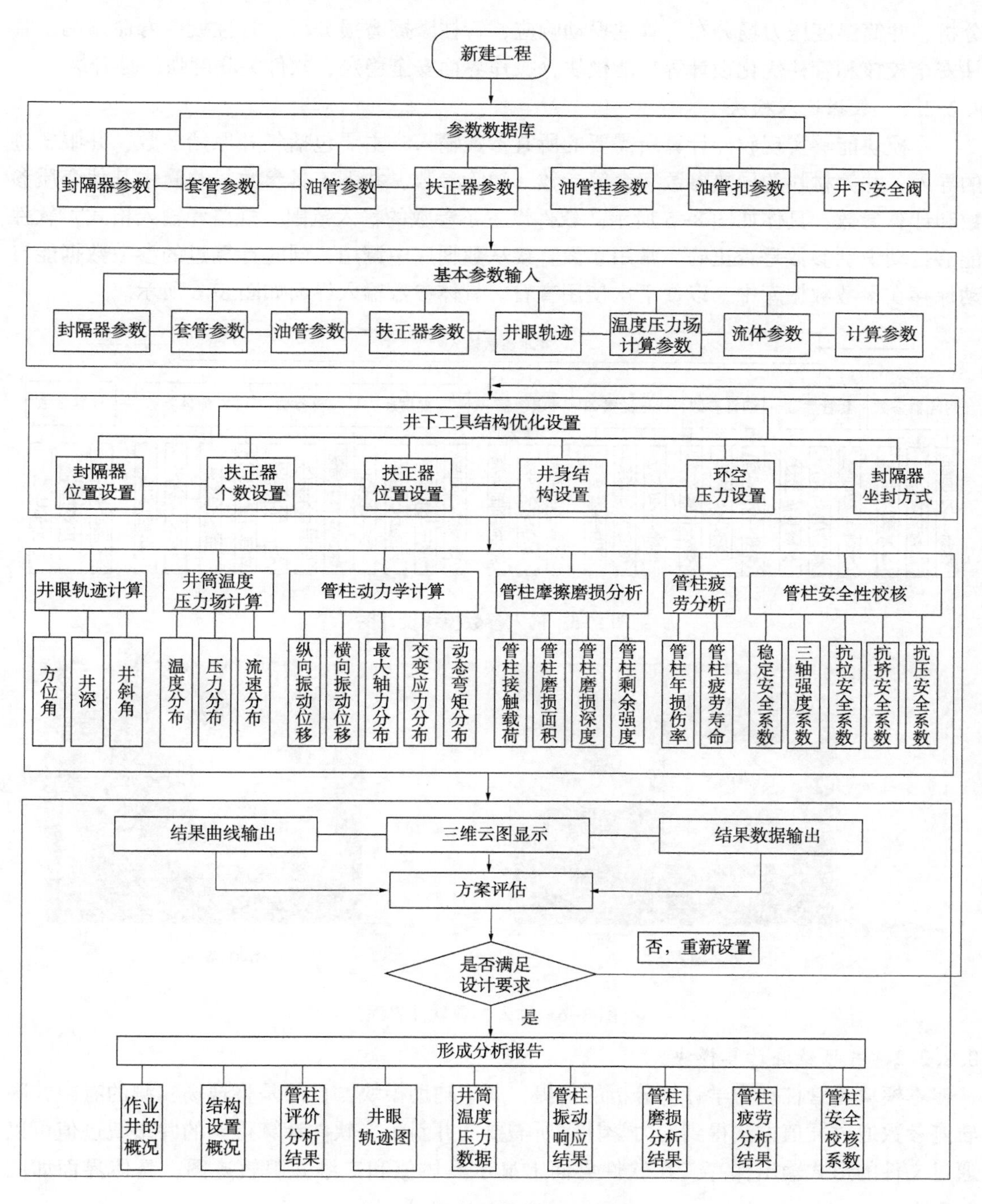

图 8-4　软件总体结构设计图

8.2.2　软件的模块功能

针对“三高”气井油管柱失效问题，开发了一套能够有效实现现场实例井井眼轨迹数据分析、井筒温度压力场分布、管柱振动响应、管柱摩擦磨损分析、管柱疲劳寿命预测、管柱安全校核和管柱优化设计等功能模块，操作界面安全稳定，软件关联度强、易升级。

8.2.2.1　数据输入模块

本模块能够实现软件计算所需要的所有参数输入，主要包括气井原始参数、井眼轨迹的导入、井筒材料的导热参数、套管参数、油管参数、井下工具参数、井筒中其他介质参数和计算参数，具体如图 8-5 所示。软件设置了参数的输入范围、规格和输入格式，软件能够自动识别参数是否正确，常用参数直接从数据库中调用，同时计算过的参数数据能自动保存在参数数据库中，以便下次使用查看。具体参数输入界面如图 8-6 所示。

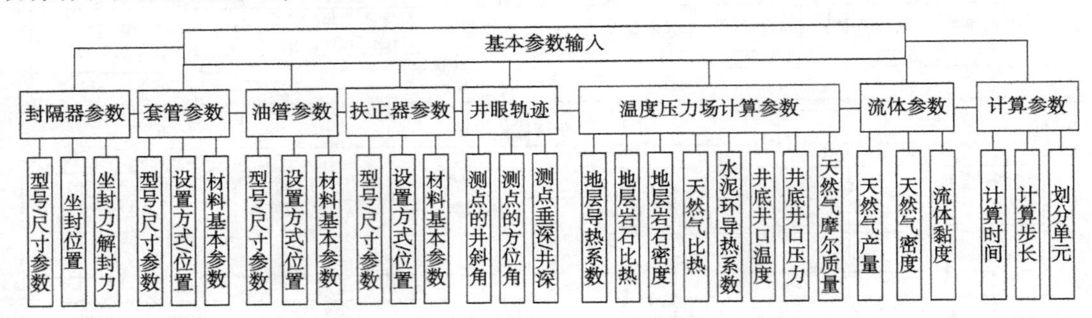

图 8-5　输入参数模块设计图

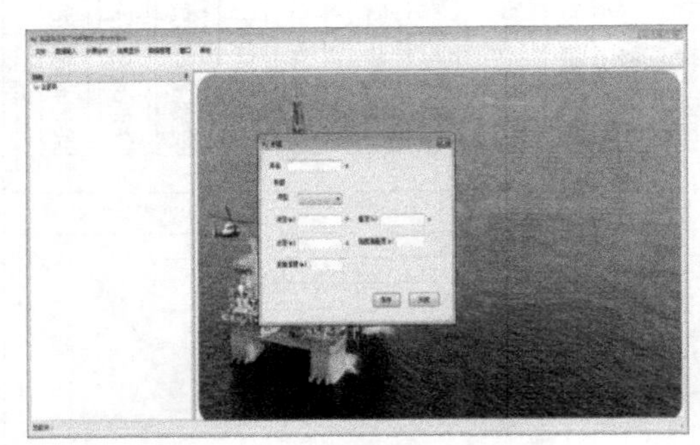

（a）井名输入

（b）井身结构输入

图 8-6　输入参数软件界面

8.2.2.2　井眼轨迹计算模块

本模块是管柱动力学计算分析的前提，属于辅助模块，目的是将现场实测的有限井眼轨迹参数通过插值方法得到动力学计算所需要的井斜角，软件计算得到的井眼轨迹值可以通过文件的形式输出保存，在软件界面上显示具体值和三维井眼轨迹图，具体界面如图 8-7 所示。

由于软件每个模块具有相对独立性，又相互影响，导致本模块非必要计算，但管柱动力学计算之前需要井眼轨迹值，软件可选择不计算此模块，但必须从外界导入与管柱划分单元数对应的井眼轨迹数据，此功能方便后期管柱优化设计时，不必每次计算井眼轨迹数

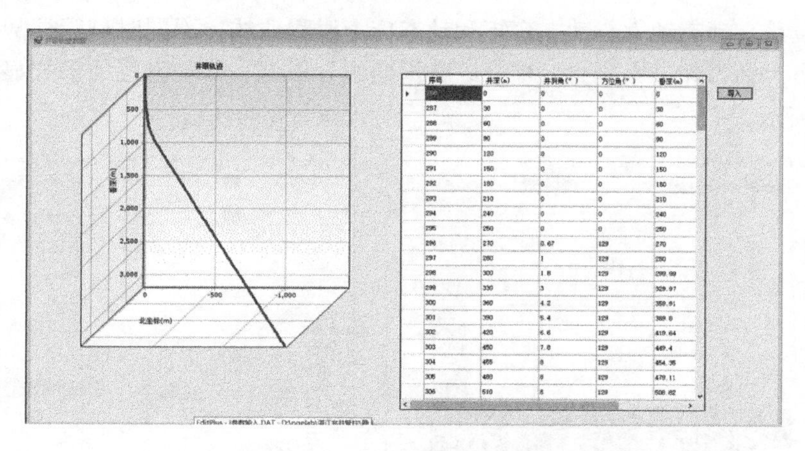

序号	井深(m)	井斜角(°)	方位角(°)	垂深(m)
[illegible]	0	0	0	0
287	30	0	0	30
288	60	0	0	60
289	90	0	0	90
290	120	0	0	120
291	150	0	0	150
292	180	0	0	180
293	210	0	0	210
294	240	0	0	240
295	250	0	0	250
296	270	0.67	129	270
297	280	1	129	280
298	300	1.8	129	299.99
299	330	3	129	329.97
300	360	4.2	129	359.91
301	390	5.4	129	389.8
302	420	6.6	129	419.64
303	450	7.8	129	449.4
304	455	8	129	454.35
305	480	8	129	479.11
306	510	8	129	508.82

图 8-7　井眼轨迹计算界面

据，只需计算一次进行保存，以便下次计算直接导入。

8.2.2.3　井筒温度压力场计算模块

本模块是为管柱动力学分析提供井筒温度和压力，也属于辅助模块，目的是得到沿井深变化的温度和压力，其具体理论推导见本书的第 3 章。本模块计算得到的温度压力值直接被运用到管柱动力学分析中，同时以曲线和表格的形式显示在软件界面上，也可以通过文件的形式导出软件并保存。所建立的软件本着各模块相互独立、相互关联的目的，此模块可以选择不计算，此时需从外部导入井筒温度压力分布数据，以便进行管柱动力学的计算分析。具体软件界面如图 8-8 所示。

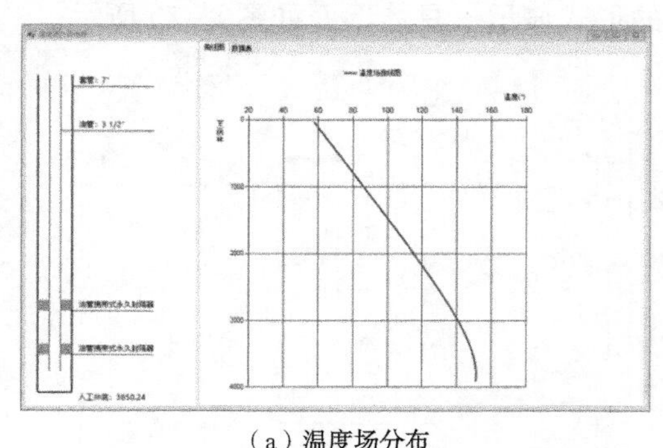

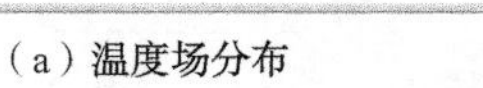
（a）温度场分布

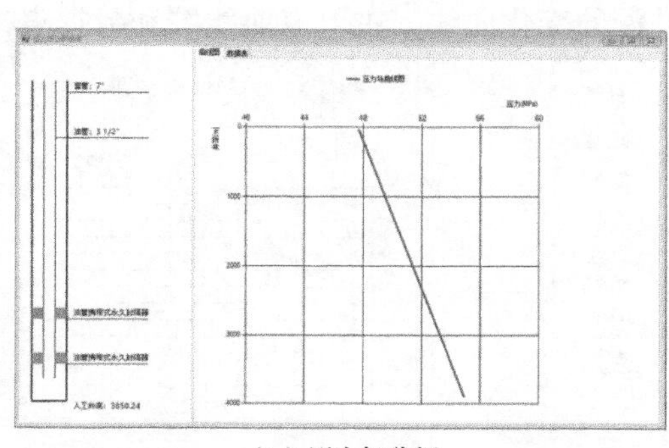
（b）压力场分析

图 8-8　井筒温度压力场计算界面

8.2.2.4　管柱动力学计算模块

本模块是软件的核心模块，基于前面输入参数、井眼轨迹数据和井筒温度压力数据，开展“三高”气井油管柱振动响应分析，能够有效计算管柱每个单元的纵横向振动位移、动态轴力、交变应力和动态弯矩等时程响应，为管柱的摩擦磨损分析、疲劳寿命预测和安全校核等模块奠定数据基础。本模块与前面井眼轨迹和温度压力计算模型相连通，又指导了后面模块的分析。输出的数据包括管柱振动响应随时间变化和随井深变化，即不同位置处管柱的动态位移、动态轴力、动态弯矩和动态应力时程曲线，不同时刻管柱随井深变化的横向位移、最大轴力和最大应力，主要以数据曲线、数据表格和云图的形式显示。具体界面如图 8-9 所示。

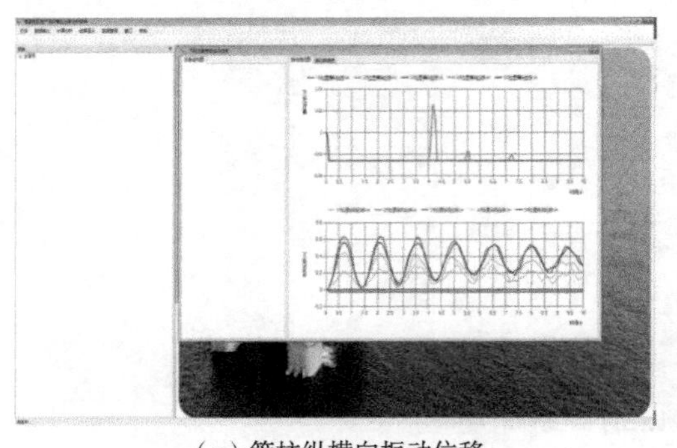
（a）管柱纵横向振动位移

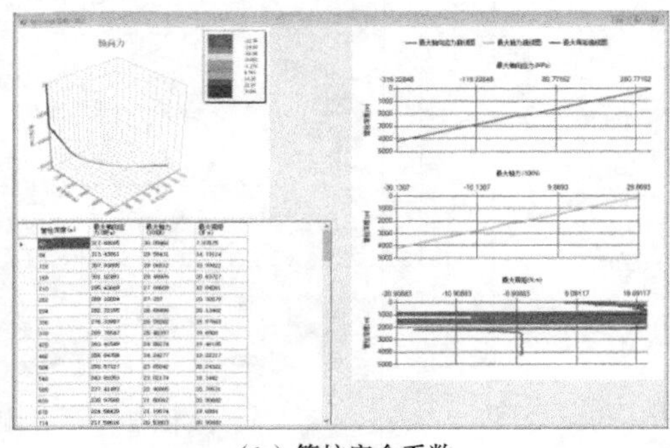
（b）管柱安全系数

图 8-9　管柱动力学计算界面

8.2.2.5　管柱摩擦磨损分析模块

本模块是在管柱动力学分析的基础上，进一步针对油套管接触碰撞引起的摩擦磨损问题，进行管柱摩擦磨损研究，包括管柱屈曲临界载荷计算、油套管接触载荷、计算管柱磨损面积计算、磨损深度计算和剩余强度计算，能够有效分析油套管的磨损情况，判断管柱因磨损断裂或穿孔失效前能够使用的年限，能够为现场防磨减磨措施的评估提供检验方法。本模块主要输出数据包括屈曲临界载荷、接触载荷、磨损面积、磨损深度和剩余强度随井深的变化曲线，主要以曲线图和数据表格的形式显示，具体界面如图 8-10 所示。

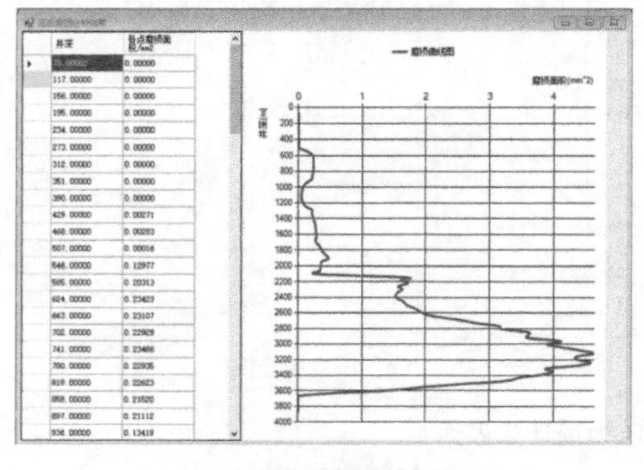
（a）管柱接触载荷分布

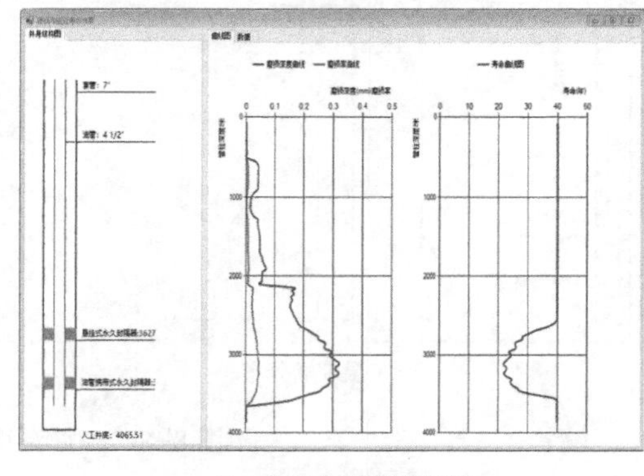
（b）管柱摩擦磨损数据

图 8-10　管柱摩擦磨损分析界面

8.2.2.6　管柱疲劳寿命预测分析模块

本模块是针对管柱振动产生交变载荷引起的疲劳损伤问题，在理论分析的基础上，编写计算程序而开发对应的软件模块，能够有效分析管柱的年损率和使用年限。本模块主要输出管柱年损伤率和使用寿命随井深变化曲线，以数据表格、变化曲线和云图的方式显示，具体界面如图 8-11 所示。

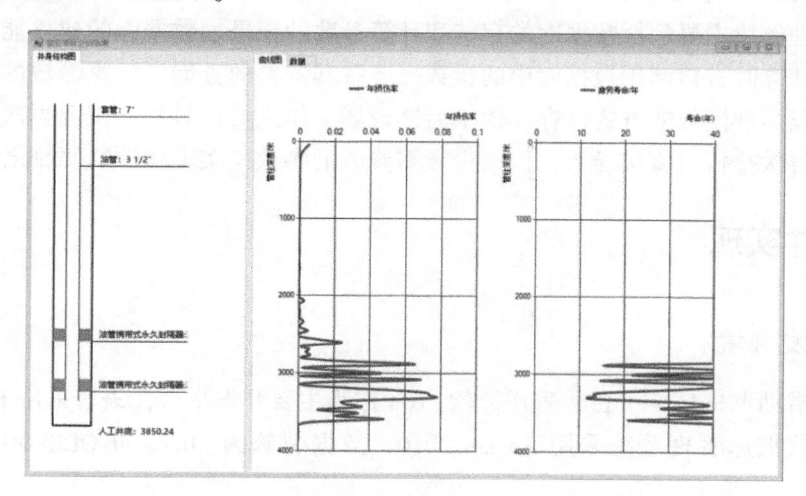

图 8-11 管柱疲劳损伤分析界面

8.2.2.7 管柱安全校核模块

本模块主要开展管柱稳定性和强度校核分析，包括管柱屈曲变形分析、三轴强度校核、抗拉强度校核、抗内压和抗外挤强度校核，是现场工作人员对管柱的设计中最重要的考核指标，帮助现场设计人员判别管柱哪些地方发生屈曲变形、强度破坏以及何种形式的破坏，其输出内容包括管柱稳定性、三轴强度、抗拉、抗内压和抗外挤等安全系数，以数据表格、变化曲线和三维云图的形式显示，具体界面如图 8-12 所示。

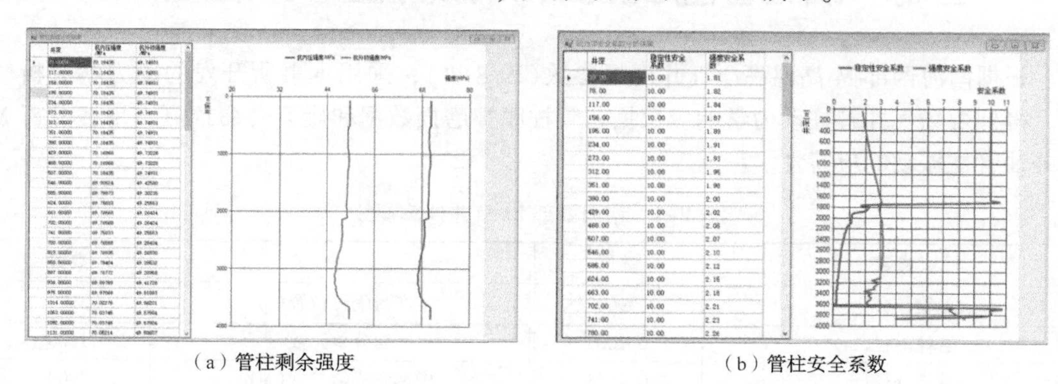

（a）管柱剩余强度　　（b）管柱安全系数

图 8-12 管柱安全校核分析界面

8.2.2.8 管柱优化设计模块

本模块是气井开发过程中通过设置不同的管柱结构、井身结构和井下工具设置实现管柱失效概率最小，满足现场设计要求；同时在气井生产过程中，实现对目前使用的油气油管柱寿命的评估，通过设置不同的作业方式保证现场管柱使用寿命达到油气藏开发的年限。

8.2.2.9 管柱数据管理模块

数据管理模块主要包括数据库的存储和计算参数的记录。数据库的建立能够有效现场工作人员在计算时直接调用数据库中的参数，节省其资料的查询。计算参数的记录是将计算过的参数以标准模板的方式保存，便于后期现场工作人员需对同一工况再次分析，或者对同一井型再次分析时直接导入，修改少量需修改的参数，实现软件的便捷化和人性化。

8.3 软件实现

8.3.1 开发环境

本软件借助 Windows 平台，采用微软 . Net 作为主要开发平台，语言采用 Fortran，C#，Python 等，数据库管理系统采用 Access 2010，数据引擎为 Microsoft OLE DB Provider for SQL Server。

8.3.2 运行环境

软件运行硬件环境：双核 2.8G 以上，内存要在 4G 以上，10G 以上的空闲硬盘空间，网卡需 1000M/10GM，24 寸显示器，分辨率设置为 1920×1080。软件最终形式为桌面应用程序，运行平台为 Windows 10 及以上版本。

8.4 "三高"气井油管柱力学分析软件现场应用

根据南海西部 M 高温高压气井现场参数(表 8-1)，采用本书所开发的动力学分析软件，得到现场气井管柱动力学响应数据、管柱摩擦磨损数据和疲劳寿命预测结果，分析 M 气井油管柱振动响应特性。

表 8-1 南海西部 M 气井计算参数

参数	数值	参数	数值
管长(m)	3900	生产封隔器位置(m)	3627
管柱内径(m)	0.1003	划分单元数	1000
管柱外径(m)	0.1143	中部封隔器位置(m)	3900
套管内径(m)	0.1658	摩擦系数	0.243
套管外径(m)	0.1778	油管密度(kg/m^3)	7850
产量($10^4m^3/d$)	60	流体密度(kg/m^3)	750
计算时间(s)	50	井斜角(°)	0~43.44

8.4.1 南海西部 M 气井油管柱动力学响应

如图 8-13(a)所示为管柱不同位置处的纵横向振动位移，由于有套管的约束，管柱的横向位移在-0.02575~0.02575m变动(油套管间距)，且上端直井段管柱横向振动明显强于稳斜段管柱的振动，表明直井段管柱不易发生摩擦磨损失效。通过分析管柱的纵向振动位移，发现不同位置处管柱的纵向振动都存在一段瞬态振动，且管柱瞬态振动位移幅值最大出现在中部位置，但其稳态振动位移幅值最大出现在中下部位置，通过观察中下部位置处管柱的横向位移发现其侧躺于套管壁上，故此位置管柱易发生摩擦磨损失效。中下部位置两封隔器之间管柱的振动位移幅值明显小于其他位置，故管柱危险位置不会出现在两封隔器之间。如图8-13(b)所示为管柱不同位置的轴力时程曲线，由图可知，在自身重力和流体冲击力的作用下，管柱上部处于拉伸状态，其不易发生屈曲变形，在井深1950m位置处管柱即受到轴向拉力也受到轴向压力的作用，在井深2730m位置以下管柱主要受到轴向压力的作用，易发生屈曲变形破坏。

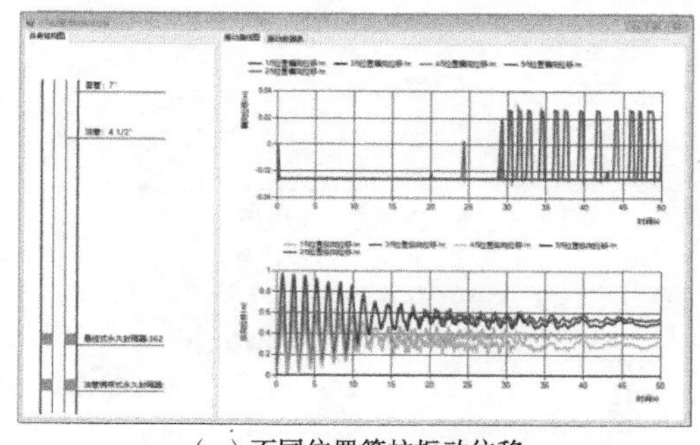

(a) 不同位置管柱振动位移

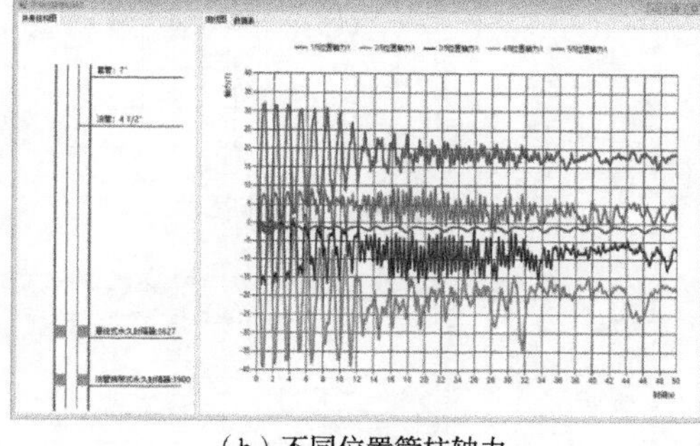

(b) 不同位置管柱轴力

图8-13 油管柱动力学响应数据

8.4.2 南海西部M气井油管柱摩擦磨损

由图8-14(a)可知直径段管柱发生屈曲变形的临界载荷最小，造斜段管柱的临界载荷变化很明显，主要是临界载荷与井斜角和摩擦力有关。由图8-14(b)可知上部管柱和两封隔器之间管柱接触载荷很小，发生磨损失效概率很小，而中下部管柱受到的接触载荷最大，此处管柱易发生摩擦磨损失效，是管柱最薄弱位置，需重点关注此处管柱的安全性。

图8-14(c)为管柱滑移行程，其中已忽略管柱瞬态阶段的振动，发现中间部位管柱发生滑移的位移相差不大，但还是中下部管柱滑移位移为最大，这与前面第5章对管柱纵向振动发现的现象一致。由图8-14(d)可知，管柱最大磨损量出现在中下部，再次表明管柱容易出现磨损失效位置位于中下部。

8.4.3 南海西部M气井油管柱疲劳寿命

如图8-15(a)所示为M气井不同位置处管柱交变应力时程曲线，由图可知，管柱在上端位置处于拉伸状态，考虑管柱上端位置是否会发生拉伸破坏，管柱的中下部位置既有拉应力也有压应力，且振动频率较大，重点关注这部分管柱的疲劳寿命。如图8-15(b)所示为M气井油管柱疲劳寿命，由于管柱某些位置振动较小不会发生疲劳损伤，故寿命较大，为了出图方便，本书定义管柱寿命超过40年就认定为40年；且由图8-15(b)可知管柱的中下部位置处最容易出现疲劳失效，其主要原因是此处管柱的交变载荷幅值最大，并且存在拉压应力交替作用。同时数据显示M气井油管柱在现场目前设计的作业工况和生产参数下，长期不停地作业可以使用13年左右，如果需要达到现场气藏要求的使用年限(15~20年)，后期生产时需适当降低气井的产量，或设置扶正器降低管柱的振动。

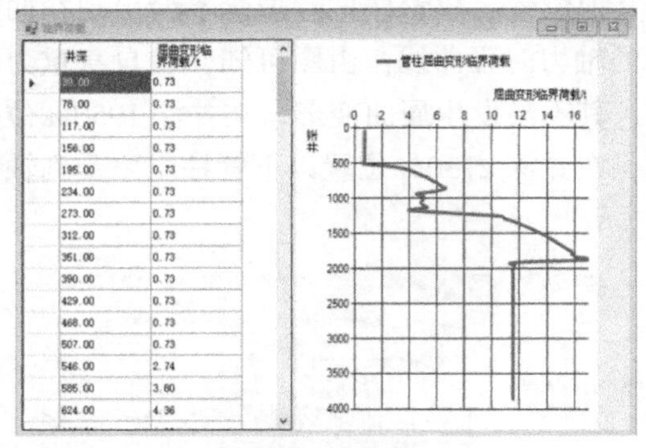

（a）管柱临界屈曲荷载

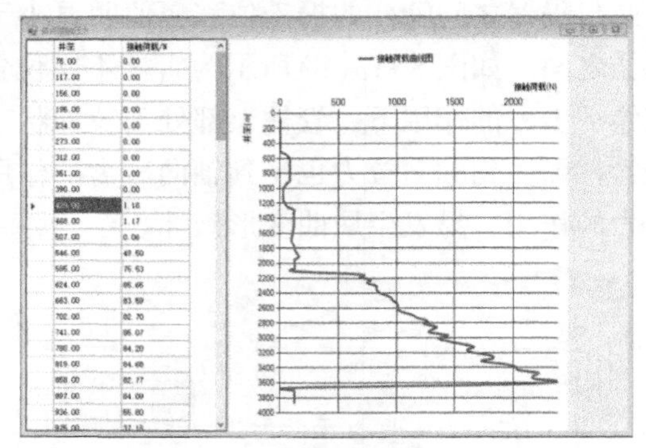

（b）不同位置接触压力

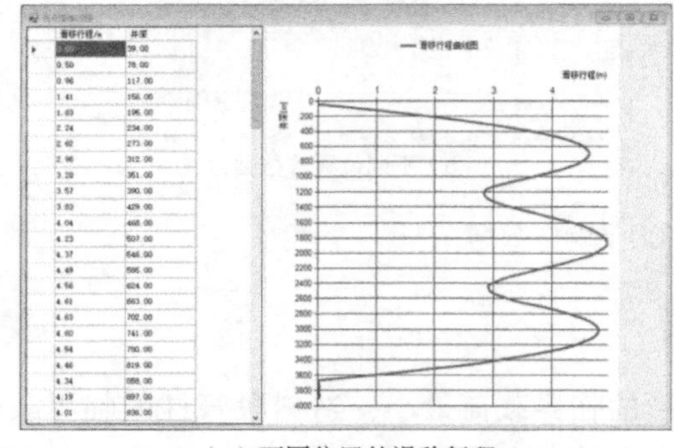

（c）不同位置的滑移行程

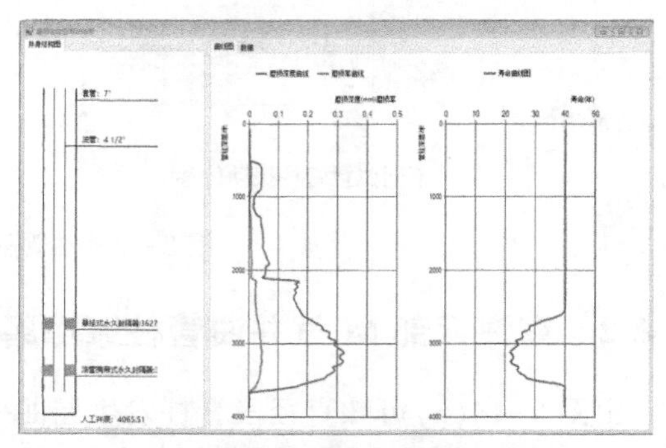

（d）年磨损量、磨损效率和磨损寿命

图8-14　油管柱摩擦磨损分析数据

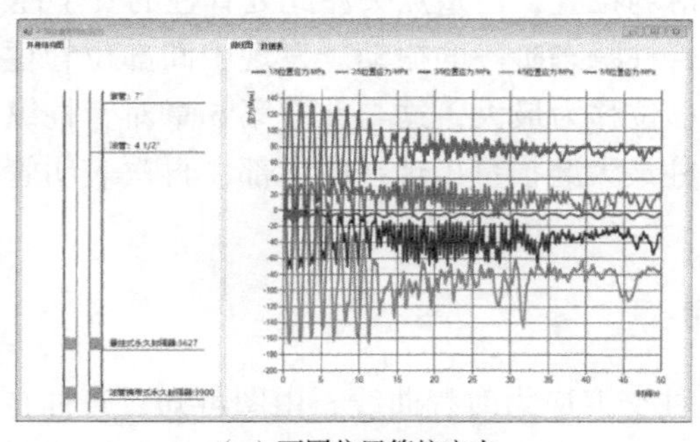

（a）不同位置管柱应力

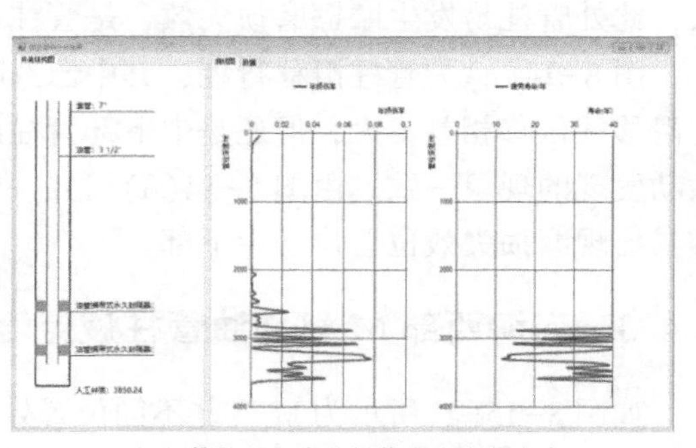

（b）管柱的年疲劳损伤率和疲劳寿命

图8-15　管柱疲劳寿命预测结果

附录1 井眼轨迹数据

附表1-1 A3定向井井眼轨迹数据

北坐标 X(m)	东坐标 Y(m)	垂深 Z(m)	闭合距(m)	闭合方位(°)	全角变化率(°)/30m
0	0	0	0	0	0
0	0	41. 066	0	0	0
0	0	82. 132	0	180	0
0	0	123. 197	0	180	0
0	0	164. 263	0. 001	0. 392	0
0	0	205. 329	0. 002	178. 287	0
0	0	246. 395	0. 018	175. 337	0
-0. 02	0. 001	287. 46	0. 928	129. 802	0. 031
-0. 59	0. 713	328. 516	3. 035	129. 245	0. 041
-1. 92	2. 351	369. 527	6. 317	129. 118	0. 04
-3. 99	4. 901	410. 462	10. 774	129. 069	0. 04
-6. 79	8. 365	451. 285	16. 399	129. 045	0. 04
-10. 33	12. 737	491. 964	22. 079	129. 034	0. 002
-13. 91	17. 151	532. 635	27. 803	129. 027	0. 002
-17. 51	21. 599	573. 3	33. 546	129. 022	0. 001
-21. 12	26. 062	613. 962	39. 011	129. 019	0. 01
-24. 56	30. 309	654. 662	46. 996	129. 011	0. 087
-29. 58	36. 517	694. 944	57. 842	129. 001	0. 1
-36. 4	44. 951	734. 552	71. 495	128. 991	0. 1
-44. 98	55. 569	773. 282	87. 886	128. 982	0. 1
-55. 29	68. 318	810. 934	106. 932	128. 974	0. 1
-67. 26	83. 132	847. 317	128. 535	128. 969	0. 1
-80. 83	99. 935	882. 241	152. 586	128. 962	0. 1
-95. 95	118. 644	915. 527	178. 903	128. 958	0. 098
-112. 48	139. 117	947. 051	207. 171	128. 954	0. 089
-130. 25	161. 107	976. 839	235. 416	128. 951	0. 001
-148	183. 079	1006. 649	263. 65	128. 949	0

续表

北坐标 X(m)	东坐标 Y(m)	垂深 Z(m)	闭合距(m)	闭合方位(°)	全角变化率(°)/30m
-165.74	205.043	1036.469	291.887	128.947	0
-183.48	227.009	1066.286	320.124	128.945	0
-201.22	248.974	1096.104	348.36	128.944	0
-218.97	270.94	1125.921	376.597	128.943	0
-236.71	292.906	1155.739	404.833	128.942	0
-254.45	314.871	1185.557	433.07	128.941	0
-272.2	336.837	1215.374	461.307	128.941	0
-289.94	358.803	1245.192	489.543	128.94	0
-307.68	380.768	1275.01	517.78	128.94	0
-325.42	402.734	1304.827	546.016	128.939	0
-343.17	424.699	1334.645	574.253	128.939	0
-360.91	446.665	1364.463	602.489	128.938	0
-378.65	468.631	1394.28	630.726	128.938	0
-396.4	490.596	1424.098	658.963	128.938	0
-414.14	512.562	1453.915	687.199	128.937	0
-431.88	534.528	1483.733	715.436	128.937	0
-449.63	556.493	1513.551	743.672	128.937	0
-467.37	578.459	1543.368	771.909	128.936	0
-485.11	600.425	1573.186	800.146	128.936	0
-502.86	622.39	1603.004	828.382	128.936	0
-520.6	644.356	1632.821	856.619	128.936	0
-538.34	666.322	1662.639	884.855	128.936	0
-556.08	688.287	1692.457	913.092	128.935	0
-573.83	710.253	1722.274	941.329	128.935	0
-591.57	732.219	1752.092	969.565	128.935	0
-609.31	754.184	1781.909	997.802	128.935	0
-627.06	776.15	1811.727	1026.038	128.935	0
-644.8	798.116	1841.545	1054.275	128.935	0
-662.54	820.081	1871.362	1082.512	128.935	0
-680.29	842.047	1901.18	1110.748	128.934	0
-698.03	864.012	1930.998	1138.985	128.934	0
-715.77	885.978	1960.815	1167.221	128.934	0
-733.51	907.944	1990.633	1195.458	128.934	0
-751.26	929.909	2020.45	1223.694	128.934	0
-769	951.875	2050.268	1251.931	128.934	0
-786.74	973.841	2080.086	1280.168	128.934	0

续表

北坐标 X(m)	东坐标 Y(m)	垂深 Z(m)	闭合距(m)	闭合方位(°)	全角变化率(°)/30m
-804.49	995.806	2109.903	1308.404	128.934	0
-822.23	1017.772	2139.721	1336.641	128.934	0
-839.97	1039.738	2169.539	1364.877	128.934	0
-857.72	1061.703	2199.356	1393.114	128.934	0
-875.46	1083.669	2229.174	1421.351	128.933	0
-893.2	1105.635	2258.992	1449.587	128.933	0
-910.94	1127.6	2288.809	1477.824	128.933	0
-928.69	1149.566	2318.627	1506.06	128.933	0
-946.43	1171.532	2348.444	1534.297	128.933	0
-964.17	1193.497	2378.262	1562.534	128.933	0
-981.92	1215.463	2408.08	1590.77	128.933	0
-999.66	1237.428	2437.897	1619.007	128.933	0
-1017.4	1259.394	2467.715	1647.243	128.933	0
-1035.15	1281.36	2497.533	1675.48	128.933	0
-1052.89	1303.325	2527.35	1703.717	128.933	0
-1070.63	1325.291	2557.168	1731.953	128.933	0
-1088.38	1347.257	2586.986	1760.19	128.933	0
-1106.12	1369.222	2616.803	1788.426	128.933	0
-1123.86	1391.188	2646.621	1816.663	128.933	0
-1141.6	1413.154	2676.438	1844.899	128.933	0
-1159.35	1435.119	2706.256	1873.136	128.933	0
-1177.09	1457.085	2736.074	1901.373	128.933	0
-1194.83	1479.051	2765.891	1929.609	128.933	0
-1212.58	1501.016	2795.709	1957.846	128.933	0
-1230.32	1522.982	2825.527	1986.082	128.932	0
-1248.06	1544.948	2855.344	2014.319	128.932	0
-1265.81	1566.913	2885.162	2042.556	128.932	0
-1283.55	1588.879	2914.98	2070.792	128.932	0
-1301.29	1610.845	2944.797	2099.029	128.932	0
-1319.03	1632.81	2974.615	2127.265	128.932	0
-1336.78	1654.776	3004.432	2155.502	128.932	0
-1354.52	1676.741	3034.25	2183.739	128.932	0
-1372.26	1698.707	3064.068	2211.975	128.932	0
-1390.01	1720.673	3093.885	2240.212	128.932	0
-1407.75	1742.638	3123.703	2268.448	128.932	0
-1425.49	1764.604	3153.521	2296.685	128.932	0

附表 1-2 B5 定向井井眼轨迹数据

北坐标 X(m)	东坐标 Y(m)	垂深 Z(m)	闭合距(m)	闭合方位(°)	全角变化率(°)/30m
0	0	0	0	0	0
0	0	33.492	0	0	0
0	0	66.985	0	0	0
0	0	100.477	0	0	0
0	0	133.969	0	0	0
0	0	167.462	0	0	0
0	0	200.954	0	0	0
0	0	234.446	0	0	0
0	0	267.939	0	0	0
0	0	301.431	0	0	0
0	0	334.923	0	0	0
0	0	368.416	0	0	0
0	0	401.908	0	0	0
0	0	435.4	0	0	0
0	0	468.893	0	0	0
0	0	502.385	0	0	0
0	0	535.877	0	0	0
0	0	569.369	0	0	0
0	0	602.862	0	0	0
0	0	636.354	0	0	0
0	0	669.846	0	0	0
0	0	703.339	0	0	0
0	0	736.831	0	0	0
0	0	770.323	0	0	0
0	0	803.816	0	0	0
0	0	837.308	0	0	0
0	0	870.8	0	0	0
0	0	904.293	0	0	0
0	0	937.785	0	0	0
0	0	971.277	0	0	0
0	0	1004.77	0	0	0
0	0	1038.262	0	0	0
0	0	1071.754	0	0	0

续表

北坐标 X(m)	东坐标 Y(m)	垂深 Z(m)	闭合距(m)	闭合方位(°)	全角变化率(°)/30m
0	0	1105.247	0	0	0
0	0	1138.739	0	0	0
0	0	1172.231	0	0	0
0	0	1205.724	0	0	0
0	0	1239.216	0	0	0
0	0	1272.708	0	0	0
0	0	1306.201	0	0	0
0	0	1339.693	0	0	0
0	0	1373.185	0	0	0
0	0	1406.678	0	0	0
0	0	1440.17	0	0	0
0	0	1473.662	0	0	0
0	0	1507.155	0	0	0
0	0	1540.647	0	0	0
0	0	1574.139	0	0	0
0	0	1607.632	0	0	0
0	0	1641.124	0	0	0
0	0	1674.616	0	0	0
0	0	1708.108	0	0	0
0	0	1741.601	0	0	0
0	0	1775.093	0	0	0
0	0	1808.585	0	0	0
0	0	1842.078	0	180	0
0	0	1875.57	0	0	0
0	0	1909.062	0	180	0
0	0	1942.555	0	0	0
0	0	1976.047	0	179.816	0
0	0	2009.539	0	178.984	0
0	0	2043.032	0.007	1.742	0
0.01	0	2076.524	0.057	162.938	0.004
−0.05	0.017	2110.016	0.467	106.783	0.021
−0.13	0.447	2143.506	2.694	35.76	0.128
2.19	1.574	2176.899	6.643	6.839	0.145

续表

北坐标 X(m)	东坐标 Y(m)	垂深 Z(m)	闭合距(m)	闭合方位(°)	全角变化率(°)/30m
6.6	0.791	2210.09	12.921	178.529	0.101
12.92	−0.332	2242.961	21.193	175.16	0.1
21.12	−1.788	2275.401	31.372	173.461	0.1
31.17	−3.573	2307.3	43.408	172.481	0.1
43.03	−5.68	2338.549	57.322	171.861	0.104
56.74	−8.115	2369.01	72.168	171.464	0.053
71.37	−10.712	2399.028	87.046	171.202	0.002
86.02	−13.314	2429.032	101.918	171.016	0
100.67	−15.915	2459.04	116.792	170.878	0
115.31	−18.516	2489.047	131.666	170.771	0
129.96	−21.117	2519.055	146.541	170.685	0
144.61	−23.718	2549.062	161.416	170.616	0
159.26	−26.32	2579.069	176.291	170.558	0
173.9	−28.921	2609.077	191.166	170.509	0
188.55	−31.522	2639.084	206.042	170.467	0
203.2	−34.123	2669.091	220.917	170.431	0
217.84	−36.724	2699.098	235.793	170.399	0
232.49	−39.325	2729.106	250.669	170.372	0
247.14	−41.926	2759.113	265.544	170.347	0
261.78	−44.527	2789.12	280.42	170.325	0
276.43	−47.128	2819.127	295.296	170.305	0
291.08	−49.73	2849.135	310.172	170.287	0
305.73	−52.331	2879.142	325.048	170.271	0
320.37	−54.932	2909.149	339.924	170.256	0
335.02	−57.533	2939.156	354.801	170.242	0
349.67	−60.135	2969.163	369.672	170.23	0
364.31	−62.733	2999.173	384.564	170.217	0.001
378.97	−65.342	3029.172	399.394	170.209	0.004
393.58	−67.921	3059.202	414.154	170.204	0.004
408.12	−70.466	3089.266	428.893	170.2	0.001
422.64	−73	3119.341	443.633	170.197	0
437.16	−75.534	3149.416	458.373	170.194	0
451.68	−78.065	3179.49	473.113	170.192	0

附表1-3　A1H水平井井眼轨迹数据

北坐标 X(m)	东坐标 Y(m)	垂深 Z(m)	闭合距(m)	闭合方位(°)	全角变化率(°)/30m
0	0	0	0	0	0
0	0	41.149	0	0	0
0	0	82.297	0	0	0
0	0	123.446	0	0	0
0	0	164.595	0	0	0
0	0	205.743	0	0	0
0	0	246.892	0	0	0
0	0	288.041	0	0	0
0	0	329.189	0	0	0
0	0	370.338	0	0	0
0	0	411.487	0	0	0
0	0	452.636	0	0	0
0	0	493.784	0	0	0
0	0	534.933	0	0	0
0	0	576.082	0	0	0
0	0	617.23	0	0	0
0	0	658.379	0	0	0
0	0	699.528	0	0	0
0	0	740.676	0	0	0
0	0	781.825	0	0	0
0	0	822.974	0	0	0
0	0	864.122	0	0	0
0	0	905.271	0	0	0
0	0	946.42	0	0	0
0	0	987.568	0	0	0
0	0	1028.717	0	0	0
0	0	1069.866	0	0	0
0	0	1111.015	0	0	0
0	0	1152.163	0	0	0
0	0	1193.312	0	0	0
0	0	1234.461	0	180	0
0	0	1275.609	0	0	0
0	0	1316.758	0	180	0

续表

北坐标 X(m)	东坐标 Y(m)	垂深 Z(m)	闭合距(m)	闭合方位(°)	全角变化率(°)/30m
0	0	1357. 907	0. 001	180	0
0	0	1399. 055	0. 003	0. 26	0
0	0	1440. 204	0. 004	0. 226	0
0	0	1481. 353	0. 135	171. 239	0. 005
-0. 13	0. 021	1522. 501	1. 542	90. 767	0. 051
-0. 02	1. 542	1563. 622	6. 011	107. 507	0. 111
-1. 81	5. 733	1604. 517	13. 447	110. 603	0. 099
-4. 73	12. 587	1644. 986	22. 59	111. 614	0. 059
-8. 32	21. 002	1685. 104	31. 681	112. 04	0. 002
-11. 89	29. 366	1725. 236	40. 75	112. 276	0. 001
-15. 45	37. 709	1765. 372	49. 824	112. 426	0
-19. 01	46. 056	1805. 508	58. 898	112. 53	0
-22. 57	54. 403	1845. 644	67. 972	112. 606	0
-26. 13	62. 749	1885. 779	77. 046	112. 664	0
-29. 69	71. 096	1925. 915	86. 12	112. 71	0
-33. 25	79. 443	1966. 051	95. 194	112. 747	0
-36. 81	87. 79	2006. 186	104. 268	112. 778	0
-40. 37	96. 137	2046. 322	113. 343	112. 804	0
-43. 93	104. 484	2086. 458	122. 417	112. 826	0
-47. 49	112. 83	2126. 593	131. 491	112. 845	0
-51. 05	121. 177	2166. 729	140. 566	112. 861	0
-54. 61	129. 524	2206. 864	149. 64	112. 876	0
-58. 17	137. 871	2247	158. 714	112. 889	0
-61. 73	146. 218	2287. 136	167. 789	112. 9	0
-65. 29	154. 565	2327. 271	176. 863	112. 91	0
-68. 85	162. 911	2367. 407	185. 937	112. 919	0
-72. 41	171. 258	2407. 543	195. 012	112. 928	0
-75. 97	179. 605	2447. 678	204. 1	112. 935	0
-79. 54	187. 965	2487. 811	213. 684	112. 926	0. 017
-83. 24	196. 805	2527. 828	225. 275	112. 85	0. 071
-87. 48	207. 596	2567. 309	238. 733	112. 724	0. 067
-92. 22	220. 202	2606. 191	254. 023	112. 558	0. 067
-97. 45	234. 588	2644. 387	271. 11	112. 364	0. 067

续表

北坐标 X(m)	东坐标 Y(m)	垂深 Z(m)	闭合距(m)	闭合方位(°)	全角变化率(°)/30m
-103.15	250.719	2681.81	289.96	112.15	0.067
-109.32	268.561	2718.372	310.529	111.923	0.067
-115.94	288.074	2753.991	332.774	111.69	0.067
-122.99	309.212	2788.584	356.642	111.457	0.067
-130.46	331.923	2822.074	382.083	111.226	0.067
-138.33	356.162	2854.381	409.04	111	0.067
-146.59	381.872	2885.431	437.447	110.781	0.067
-155.2	408.989	2915.158	467.242	110.57	0.067
-164.16	437.453	2943.489	498.359	110.368	0.067
-173.45	467.2	2970.36	530.726	110.175	0.067
-183.04	498.164	2995.709	564.27	109.991	0.067
-192.91	530.271	3019.477	598.914	109.816	0.067
-203.03	563.45	3041.61	634.575	109.65	0.066
-213.4	597.618	3062.064	671.174	109.493	0.067
-223.96	632.704	3080.786	708.628	109.343	0.067
-234.72	668.626	3097.732	746.851	109.202	0.067
-245.64	705.299	3112.865	785.755	109.068	0.067
-256.7	742.643	3126.149	825.251	108.94	0.067
-267.86	780.569	3137.553	865.249	108.82	0.067
-279.12	818.992	3147.053	905.656	108.705	0.067
-290.43	857.823	3154.624	946.378	108.595	0.066
-301.78	896.973	3160.259	987.325	108.491	0.067
-313.14	936.351	3163.936	1028.401	108.392	0.067
-324.48	975.87	3165.65	1069.512	108.298	0.067
-335.78	1015.436	3165.384	1110.623	108.21	0.011
-347.08	1054.998	3164.797	1151.736	108.129	0.002
-358.38	1094.56	3164.153	1192.851	108.054	0
-369.68	1134.121	3163.513	1233.967	107.983	0
-380.98	1173.683	3162.874	1275.086	107.917	0
-392.28	1213.245	3162.234	1316.206	107.856	0
-403.58	1252.807	3161.595	1357.327	107.798	0
-414.87	1292.368	3160.956	1398.45	107.743	0
-426.17	1331.93	3160.317	1439.574	107.691	0

附表 1-4　A6H 定向井井眼轨迹数据

北坐标 X(m)	东坐标 Y(m)	垂深 Z(m)	闭合距(m)	闭合方位(°)	全角变化率(°)/30m
0	0	0	0	0	0
0	0	44.244	0	0	0
0	0	88.488	0	0	0
0	0	132.732	0	0	0
0	0	176.976	0	180	0
0	0	221.22	0.004	177.77	0
0	0	265.464	0.009	11.956	0
0.01	0.002	309.708	0.762	85.357	0.022
-0.06	-0.76	353.946	2.894	84.357	0.04
-0.28	-2.88	398.138	6.387	84.162	0.04
-0.65	-6.353	442.244	11.243	84.092	0.04
-1.16	-11.183	486.221	17.438	84.059	0.04
-1.8	-17.344	530.029	23.573	84.044	0.002
-2.45	-23.446	573.846	29.729	84.035	0.001
-3.09	-29.568	617.66	35.885	84.029	0
-3.73	-35.691	661.473	42.039	84.025	0
-4.38	-41.81	705.287	48.264	84.021	0.002
-5.03	-48.002	749.091	55.756	84.012	0.038
-5.82	-55.451	792.696	66.542	83.994	0.099
-6.96	-66.177	835.605	80.625	83.973	0.101
-8.47	-80.179	877.548	98.027	83.951	0.104
-10.33	-97.481	918.226	115.596	83.936	0.005
-12.21	-114.949	958.833	133.164	83.924	0
-14.09	-132.416	999.439	150.735	83.916	0
-15.98	-149.886	1040.044	168.307	83.909	0
-17.86	-167.356	1080.65	185.878	83.903	0
-19.74	-184.827	1121.255	203.449	83.899	0
-21.62	-202.297	1161.86	221.021	83.895	0
-23.51	-219.767	1202.465	238.592	83.892	0
-25.39	-237.238	1243.07	256.164	83.889	0
-27.27	-254.708	1283.675	273.735	83.886	0
-29.15	-272.178	1324.281	291.307	83.884	0
-31.04	-289.648	1364.886	308.878	83.882	0
-32.92	-307.119	1405.491	326.449	83.88	0

续表

北坐标 X(m)	东坐标 Y(m)	垂深 Z(m)	闭合距(m)	闭合方位(°)	全角变化率(°)/30m
-34.8	-324.589	1446.096	344.021	83.879	0
-36.68	-342.059	1486.701	361.592	83.877	0
-38.57	-359.53	1527.307	379.164	83.876	0
-40.45	-377	1567.912	396.735	83.875	0
-42.33	-394.47	1608.517	414.306	83.874	0
-44.21	-411.941	1649.122	431.878	83.873	0
-46.1	-429.411	1689.727	449.449	83.872	0
-47.98	-446.881	1730.332	467.021	83.871	0
-49.86	-464.351	1770.938	484.592	83.87	0
-51.74	-481.822	1811.543	502.164	83.87	0
-53.63	-499.292	1852.148	519.735	83.869	0
-55.51	-516.762	1892.753	537.306	83.868	0
-57.39	-534.233	1933.358	554.878	83.868	0
-59.27	-551.703	1973.963	572.449	83.867	0
-61.16	-569.173	2014.569	590.021	83.867	0
-63.04	-586.644	2055.174	607.592	83.866	0
-64.92	-604.114	2095.779	625.164	83.866	0
-66.8	-621.584	2136.384	642.735	83.865	0
-68.69	-639.054	2176.989	660.306	83.865	0
-70.57	-656.525	2217.594	677.878	83.865	0
-72.45	-673.995	2258.2	695.449	83.864	0
-74.33	-691.465	2298.805	713.021	83.864	0
-76.22	-708.936	2339.41	730.592	83.864	0
-78.1	-726.406	2380.015	748.164	83.863	0
-79.98	-743.876	2420.62	765.735	83.863	0
-81.86	-761.347	2461.225	783.306	83.863	0
-83.75	-778.817	2501.831	800.878	83.862	0
-85.63	-796.287	2542.436	818.449	83.862	0
-87.51	-813.757	2583.041	836.024	83.862	0
-89.39	-831.231	2623.645	853.589	83.862	0
-91.27	-848.695	2664.253	871.006	83.863	0.005
-93.11	-866.015	2704.924	889.948	83.846	0.05
-95.4	-884.82	2744.908	910.884	83.806	0.066
-98.28	-905.567	2783.88	933.773	83.744	0.067

续表

北坐标 X(m)	东坐标 Y(m)	垂深 Z(m)	闭合距(m)	闭合方位(°)	全角变化率(°)/30m
-101.75	-928.213	2821.73	958.548	83.663	0.067
-105.8	-952.691	2858.363	985.145	83.565	0.067
-110.41	-978.938	2893.68	1013.498	83.451	0.067
-115.59	-1006.89	2927.588	1043.533	83.325	0.067
-121.3	-1036.46	2959.996	1075.17	83.187	0.067
-127.55	-1067.58	2990.82	1108.333	83.04	0.067
-134.3	-1100.17	3019.974	1142.931	82.886	0.067
-141.55	-1134.13	3047.384	1178.873	82.725	0.067
-149.27	-1169.38	3072.98	1216.07	82.561	0.067
-157.45	-1205.83	3096.688	1254.423	82.393	0.067
-166.06	-1243.38	3118.448	1293.83	82.223	0.067
-175.08	-1281.93	3138.205	1334.191	82.052	0.067
-184.47	-1321.38	3155.904	1375.396	81.881	0.067
-194.24	-1361.61	3171.501	1417.342	81.711	0.067
-204.33	-1402.54	3184.951	1459.916	81.542	0.067
-214.74	-1444.04	3196.217	1503.005	81.374	0.067
-225.42	-1486	3205.275	1546.499	81.209	0.067
-236.36	-1528.33	3212.092	1590.28	81.046	0.067
-247.52	-1570.9	3216.661	1634.234	80.886	0.067
-258.87	-1613.6	3218.953	1678.244	80.728	0.069
-270.39	-1656.32	3218.88	1722.26	80.578	0.011
-281.94	-1699.03	3218.418	1766.288	80.435	0
-293.49	-1741.73	3217.941	1810.326	80.3	0
-305.03	-1784.44	3217.462	1854.373	80.17	0
-316.58	-1827.15	3216.983	1898.43	80.047	0
-328.13	-1869.86	3216.505	1942.495	79.929	0
-339.68	-1912.57	3216.026	1986.568	79.817	0
-351.22	-1955.27	3215.547	2030.648	79.709	0
-362.77	-1997.98	3215.068	2074.736	79.606	0
-374.32	-2040.69	3214.59	2118.829	79.507	0
-385.87	-2083.4	3214.111	2162.929	79.412	0

附录2 温度压力场数据

附表2-1 A3定向井和B5定向井温度压力场数据

A3定向井			B5定向井		
井深(m)	温度(℃)	压力(MPa)	井深(m)	温度(℃)	压力(MPa)
39	57.46	47.69	33	83.07	47.09
78	58.63	47.77	66	84.03	47.16
117	59.8	47.84	99	85	47.22
156	60.96	47.91	132	85.96	47.28
195	62.13	47.98	165	86.92	47.34
234	63.29	48.06	198	87.89	47.41
273	64.46	48.13	231	88.85	47.47
312	65.62	48.2	264	89.81	47.53
351	66.79	48.28	297	90.77	47.59
390	67.95	48.35	330	91.72	47.66
429	69.12	48.42	363	92.68	47.72
468	70.28	48.5	396	93.63	47.78
507	71.44	48.57	429	94.58	47.84
546	72.61	48.64	462	95.54	47.91
585	73.77	48.72	495	96.48	47.97
624	74.93	48.79	528	97.43	48.03
663	76.09	48.86	561	98.38	48.09
702	77.25	48.93	594	99.33	48.16
741	78.41	49.01	627	100.27	48.22
780	79.57	49.08	660	101.21	48.28
819	80.73	49.15	693	102.15	48.34
858	81.89	49.23	726	103.08	48.41
897	83.05	49.3	759	104.02	48.47
936	84.2	49.37	792	104.95	48.53
975	85.36	49.45	825	105.88	48.59
1014	86.52	49.52	858	106.81	48.66
1053	87.67	49.59	891	107.74	48.72

续表

A3定向井			B5定向井		
井深(m)	温度(℃)	压力(MPa)	井深(m)	温度(℃)	压力(MPa)
1092	88.82	49.66	924	108.66	48.78
1131	89.97	49.74	957	109.58	48.84
1170	91.13	49.81	990	110.5	48.91
1209	92.28	49.88	1023	111.41	48.97
1248	93.42	49.96	1056	112.32	49.03
1287	94.57	50.03	1089	113.23	49.09
1326	95.72	50.1	1122	114.14	49.16
1365	96.86	50.18	1155	115.04	49.22
1404	98	50.25	1188	115.94	49.28
1443	99.15	50.32	1221	116.83	49.34
1482	100.29	50.4	1254	117.73	49.41
1521	101.42	50.47	1287	118.61	49.47
1560	102.56	50.54	1320	119.5	49.53
1599	103.69	50.62	1353	120.37	49.59
1638	104.82	50.69	1386	121.25	49.66
1677	105.95	50.76	1419	122.12	49.72
1716	107.08	50.83	1452	122.98	49.78
1755	108.2	50.91	1485	123.84	49.84
1794	109.32	50.98	1518	124.7	49.91
1833	110.44	51.05	1551	125.55	49.97
1872	111.55	51.13	1584	126.39	50.03
1911	112.66	51.2	1617	127.23	50.09
1950	113.77	51.27	1650	128.06	50.16
1989	114.87	51.34	1683	128.89	50.22
2028	115.97	51.42	1716	129.71	50.28
2067	117.06	51.49	1749	130.52	50.34
2106	118.15	51.56	1782	131.33	50.41
2145	119.23	51.64	1815	132.12	50.47
2184	120.31	51.71	1848	132.91	50.53
2223	121.39	51.78	1881	133.7	50.59
2262	122.45	51.86	1914	134.47	50.66
2301	123.51	51.93	1947	135.24	50.72
2340	124.57	52	1980	135.99	50.78
2379	125.61	52.08	2013	136.74	50.84
2418	126.65	52.15	2046	137.48	50.91
2457	127.68	52.22	2079	138.2	50.97
2496	128.71	52.3	2112	138.92	51.03

续表

A3定向井			B5定向井		
井深(m)	温度(℃)	压力(MPa)	井深(m)	温度(℃)	压力(MPa)
2535	129.72	52.37	2145	139.63	51.09
2574	130.72	52.44	2178	140.32	51.16
2613	131.71	52.51	2211	141.01	51.22
2652	132.7	52.59	2244	141.68	51.28
2691	133.67	52.66	2277	142.34	51.34
2730	134.62	52.73	2310	142.98	51.41
2769	135.57	52.81	2343	143.61	51.47
2808	136.5	52.88	2376	144.23	51.53
2847	137.41	52.95	2409	144.83	51.59
2886	138.31	53.03	2442	145.42	51.66
2925	139.19	53.1	2475	145.99	51.72
2964	140.06	53.17	2508	146.54	51.78
3003	140.9	53.24	2541	147.08	51.84
3042	141.73	53.32	2574	147.6	51.91
3081	142.53	53.39	2607	148.1	51.97
3120	143.31	53.46	2640	148.58	52.03
3159	144.07	53.54	2673	149.04	52.09
3198	144.8	53.61	2706	149.48	52.16
3237	145.51	53.68	2739	149.89	52.22
3276	146.18	53.76	2772	150.29	52.28
3315	146.82	53.83	2805	150.66	52.34
3354	147.44	53.9	2838	151	52.41
3393	148.01	53.98	2871	151.32	52.47
3432	148.55	54.05	2904	151.62	52.53
3471	149.05	54.12	2937	151.88	52.59
3510	149.51	54.2	2970	152.12	52.66
3549	149.92	54.27	3003	152.32	52.72
3588	150.29	54.34	3036	152.5	52.78
3627	150.61	54.41	3069	152.64	52.84
3666	150.87	54.49	3102	152.75	52.91
3705	151.08	54.56	3135	152.83	52.97
3744	151.23	54.63	3168	152.86	53.03
3783	151.31	54.71	3201	152.86	53.09
3822	151.33	54.78	3234	152.82	53.16
3861	151.27	54.85	3267	152.74	53.22
3900	151.14	54.93	3300	152.62	53.28

附表 2-2　A1H 水平井和 B6H 水平井温度压力场数据

A1H 水平井			B6H 水平井		
井深(m)	温度(℃)	压力(MPa)	井深(m)	温度(℃)	压力(MPa)
35	94.4	47.44	36	81.91	46.49
70	95.41	47.5	72	82.94	46.56
105	96.42	47.57	108	83.96	46.63
140	97.43	47.63	144	84.98	46.7
175	98.43	47.7	180	86	46.76
210	99.44	47.77	216	87.03	46.83
245	100.44	47.83	252	88.04	46.9
280	101.44	47.9	288	89.06	46.97
315	102.44	47.97	324	90.07	47.04
350	103.44	48.03	360	91.08	47.1
385	104.43	48.1	396	92.09	47.17
420	105.43	48.16	432	93.1	47.24
455	106.42	48.23	468	94.11	47.31
490	107.41	48.3	504	95.11	47.38
525	108.39	48.36	540	96.11	47.45
560	109.38	48.43	576	97.1	47.51
595	110.36	48.5	612	98.1	47.58
630	111.34	48.56	648	99.09	47.65
665	112.32	48.63	684	100.08	47.72
700	113.29	48.7	720	101.06	47.79
735	114.27	48.76	756	102.05	47.85
770	115.24	48.83	792	103.03	47.92
805	116.2	48.89	828	104	47.99
840	117.17	48.96	864	104.98	48.06
875	118.13	49.03	900	105.95	48.13
910	119.09	49.09	936	106.91	48.2
945	120.04	49.16	972	107.87	48.26
980	121	49.23	1008	108.83	48.33
1015	121.94	49.29	1044	109.79	48.4
1050	122.89	49.36	1080	110.74	48.47
1085	123.83	49.42	1116	111.68	48.54
1120	124.77	49.49	1152	112.62	48.6
1155	125.7	49.56	1188	113.56	48.67
1190	126.63	49.62	1224	114.49	48.74

续表

A1H水平井			B6H水平井		
井深(m)	温度(℃)	压力(MPa)	井深(m)	温度(℃)	压力(MPa)
1225	127.55	49.69	1260	115.42	48.81
1260	128.47	49.76	1296	116.34	48.88
1295	129.39	49.82	1332	117.26	48.95
1330	130.3	49.89	1368	118.17	49.02
1365	131.21	49.95	1404	119.08	49.08
1400	132.11	50.02	1440	119.98	49.15
1435	133	50.09	1476	120.88	49.22
1470	133.89	50.15	1512	121.77	49.29
1505	134.78	50.22	1548	122.65	49.36
1540	135.66	50.29	1584	123.53	49.42
1575	136.53	50.35	1620	124.4	49.49
1610	137.4	50.42	1656	125.26	49.56
1645	138.26	50.49	1692	126.12	49.63
1680	139.11	50.55	1728	126.97	49.7
1715	139.96	50.62	1764	127.81	49.77
1750	140.8	50.69	1800	128.64	49.83
1785	141.63	50.75	1836	129.47	49.9
1820	142.45	50.82	1872	130.28	49.97
1855	143.27	50.88	1908	131.09	50.04
1890	144.08	50.95	1944	131.89	50.11
1925	144.88	51.02	1980	132.68	50.17
1960	145.67	51.08	2016	133.47	50.24
1995	146.45	51.15	2052	134.24	50.31
2030	147.22	51.22	2088	135	50.38
2065	147.99	51.28	2124	135.75	50.45
2100	148.74	51.35	2160	136.49	50.52
2135	149.48	51.41	2196	137.22	50.58
2170	150.21	51.48	2232	137.94	50.65
2205	150.93	51.55	2268	138.65	50.72
2240	151.64	51.61	2304	139.34	50.79
2275	152.34	51.68	2340	140.03	50.86
2310	153.02	51.74	2376	140.7	50.92
2345	153.7	51.81	2412	141.35	50.99
2380	154.35	51.88	2448	141.99	51.06

续表

A1H 水平井			B6H 水平井		
井深(m)	温度(℃)	压力(MPa)	井深(m)	温度(℃)	压力(MPa)
2415	155	51.94	2484	142.62	51.13
2450	155.63	52.01	2520	143.23	51.2
2485	156.24	52.08	2556	143.83	51.27
2520	156.84	52.14	2592	144.41	51.33
2555	157.43	52.21	2628	144.98	51.4
2590	158	52.28	2664	145.53	51.47
2625	158.55	52.34	2700	146.06	51.54
2660	159.08	52.41	2736	146.58	51.61
2695	159.6	52.48	2772	147.07	51.67
2730	160.09	52.54	2808	147.55	51.74
2765	160.57	52.61	2844	148.01	51.81
2800	161.03	52.67	2880	148.44	51.88
2835	161.46	52.74	2916	148.86	51.95
2870	161.88	52.81	2952	149.26	52.02
2905	162.27	52.87	2988	149.63	52.08
2940	162.64	52.94	3024	149.8	52.15
2975	162.98	53.01	3060	150.3	52.22
3010	163.3	53.07	3096	150.6	52.29
3045	163.6	53.14	3132	150.88	52.36
3080	163.87	53.2	3168	151.13	52.42
3115	164.11	53.27	3204	151.35	52.49
3150	164.32	53.34	3240	151.55	52.56
3185	164.5	53.4	3276	151.71	52.63
3220	164.66	53.47	3312	151.85	52.7
3255	164.78	53.54	3348	151.96	52.77
3290	164.86	53.6	3384	152.03	52.83
3325	164.92	53.67	3420	152.07	52.9
3360	164.94	53.73	3456	152.08	52.97
3395	164.92	53.8	3492	152.05	53.04
3430	164.87	53.87	3528	151.99	53.11
3465	164.77	53.93	3564	151.89	53.17
3500	164.64	54	3600	151.75	53.24

参考文献

[1] 高德利．油气井管柱力学与工程[M]．东营：中国石油大学出版社，2006. 12.

[2] Jones H H. How to Drill a Vertical Oil Well or Drilling Straight Holes by Gravity[J]. Oil & Gas Journal, 1929, 27(9): 9-13.

[3] Capelushnikov M. Why Holes Go Crooked in Drilling[J]. World Petroleum, 1930 (5): 191-196.

[4] Clark L V W. A Theoretical Examination of Straight and Directed Drilling Techniques[J]. Journal of Petroleum Technology, 1936, 22(3): 130-136.

[5] Lubinski A. A Study of the Buckling of Rotary Drilling String[J]. Drilling and Production Practice, 1950: 178-214.

[6] Lubinski A. Influence of Tension and Compression on Straightness and Buckling of Tubular Goods in Oil Wells[C]. API 31st Annual Meeting, 1951: 31, 34.

[7] Lubinski A, Blenkarn K A. Buckling of Tubing in Pumping Wells, Its Effects and Means for Controlling it[J]. AIME, 1957, 210: 73-88.

[8] Lubinski A, Althouse W S, Logan J L. Helical Buckling of Tubing Sealed in Packers[J]. Journal of Petroleum Technology, 1962, 14(3): 655-670.

[9] Hammerlindl D J. Movement, Forces, and Stresses Associated with Combination Tubing Strings Sealed in Packers[J]. Journal of Petroleum Technology, 1977, 29(1): 195-208.

[10] Hammerlindl D J. Packer-to-Tubing Forces for Intermediate Packers[J]. Journal of Petroleum Technology, 1980, 32 (2): 515-527.

[11] Hammerlindl D J. Basic Fluid and Pressure Forces on Oilwell Tubulars[J]. Journal of Petroleum Technology, 1980, 32 (3): 153-159.

[12] Goins W C. Better Understanding Prevents Tubular Buckling Problems Part1[J]. World Oil, 1980, 190(1): 101-104.

[13] Goins W C. Better Understanding Prevents Tubular Buckling Problems Part2[J]. World Oil, 1980, 190(2): 35-40.

[14] Seldenrath T, Wright A W. Note on Buckling of Tubing in Pumping Wells[C]. SPE1053.

[15] Mitchell R F. Buckling Behavior of Well Tubing: The Packer Effect[J]. Society of Petroleum Engineers Journal, 1982, 22(5): 616-624.

[16] Johansick C A, Dawson R, Friesen D B. Torque and Drag in Directional Wells - Prediction and Measurement[J]. Journal of Petroleum Technology, 1983, 36(7): 987-992.

[17] 曾宪平．油管柱的受力与变形[J]．西南石油学院学报，1980，3(1)：39-67.

[18] 梁政，邓雄．高温高压深井测试管柱力学研究初探[J]．天然气工业，1998，18(4)：62-65.

[19] 高德利，刘凤梧，徐秉业．油气井管柱的屈曲行为研究[J]．自然科学进展，2001，11(9)：976-980.

[20] 高德利，刘凤梧，徐秉业．弯曲井眼中管柱屈曲行为研究[J]．石油钻采工艺，2000，22(4)：1-4.

[21] 高宝奎，高得利．高温对油管屈曲变形的影响[J]．中国海上油气(工程)，2000，12(5)：30-32.

[22] 刘凤梧，高德利，徐秉业．受径向约束细长水平管柱的正弦屈曲[J]．工程力学，2002，19(6)：44-47.

[23] 李子丰，蒋恕，阳鑫军．油气井杆管柱力学研究现状和发展方向[J]．石油机械，2002(12)：30-33，60.

[24] 李子丰．油气井杆管柱动力学基本方程及应用[C]．中国石油石化工程技术和物装手册(第一分册)：中国石油和石化工程研究会，2003：235-237.

[25] 魏大农，周志宏．垂直井眼中管柱屈曲精确解的应用[J]．油气井测试，2005(1)：12-14，74.

[26] 董蓬勃，窦益华．封隔器管柱屈曲变形及约束载荷分析[J]．石油矿场机械，2007(10)：14-17.

[27] 王祖文，朱炳坤，窦益华．定向井降斜井段中管柱的屈曲分析[J]．钻采工艺，2007(6)：41-43，143.

[28] Aitken J. An Account of Some Experiments on Rigidity Produced by Centrifugal Force [J]. Philosophical magazine，1878(5)：81-105.

[29] Shilling R，Lou Y K. An Experimental Study on the Dynamic Response of a Vertical Cantilever Pipe on the Dynamic Response of a Vertical Cantilever Pipe Conveying Fluid[J]. Journal of Energy Resources Technology，1980，102：129-135.

[30] 黄桢．油管柱振动机理研究与动力响应分析[D]．成都：西南石油学院，2005.

[31] Liang Z，Deng X，Yu X L. An Analysis of Lateral Vibration of Test String in High Temperature and High Pressure Deep Well [J]. Well Testing，1999，8(4)：5-10.

[32] 曾志军，胡卫东，刘竟成．高温高压深井天然气测试管柱力学分析[J]．天然气工业，2010，30(2)：85-87.

[33] 王宇，樊洪海，张丽萍，等．高温高压气井测试管柱的横向振动与稳定性[J]．石油机械，2011，39(01)：36-38+56+96-97.

[34] Ilgamov M A，Lukmanov R L. Nonlinear Vibrations of a Pipeline under the Action of Pressure Waves in Fluid [C]. Ninth International Offshore and Polar Engineering Conference，1999.

[35] Adnan S，Chen Y C，Chen P. Vortex-Induced Vibration of Tubing and Piping with Nonlinear Geometry[C]. SPE 100173，2006.

[36] Han S M，Benaroya H. Non-linear Coupled Transverse and Axial Vibration of a Complant

Structure, Part 1: Formulation and Free Vibration[J]. Journal of Sound & Vibration, 2000, 237(5): 837-873.

[37] 邢誉峰，梁昆．梁纵向与横向耦合非线性振动分析[J]．北京航空航天大学学报，2015，41(08)：1359-1366.

[38] Liu J, Zhao H L, Yang S X, et al. Nonlinear Dynamic Characteristic Analysis of a Landing String in Deepwater Riserless Drilling[J]. 2018.

[39] 谈梅兰．三维曲井内钻柱的双重非线性静力有限元法[D]．南京：南京航空航天大学，2005.

[40] 范青，练章华，邓玮，等．三高气井管柱损伤研究现状[J]．重庆科技学院学报(自然科学版)，2010，12(2)：63-67.

[41] 王文明，熊明皓，陈钱荣，等．深海垂直管中管载荷传递模拟分析[J]．石油矿场机械，2015，44(3)：1-5.

[42] Li C N. Buckling of Concentric String Pipe-in-Pipe[J]. SPE-187445-MS, 2017.

[43] 阳明君，李海涛，蒋睿，等．尤拉屯高产气井完井管柱振动损伤研究[J]．西南石油大学学报(自然科学版)，2016，38(1)：158-163.

[44] Pereira M S, Nikravesh P. Impact Dynamics of Multibody Systems with Frictional Contact Using Joint Coordinates and Canonical Equation of Motion[J]. Nonlinear Dynamics. 1996, 9: 53-71.

[45] Piedbceuf J C, Carufel J D, Richard H. Friction and Stick-Slip in Robots: Simulation and Experimentation[J]. Multibody System Dynamics. 2000, 4: 341-353.

[46] Nagaraj B P, Nataraju B S. Dynamics of a Two-Link Flexible System Undergoing Locking: Mathematical Modelling and Comparison with Experiments[J]. Journal of Sound and Vibration. 1997, 207(4): 567-589.

[47] Hariharesan S, Barhorst A A. Modelling Simulation and Experimental Verification of Contact/Impact Dynamics in Flexible Mulit-Body Systems[J]. Journal of Sound and Vibration. 1999, 221(4): 709-732.

[48] 洪景丰，赵守钧，蒋自龙，等．热交换器管子与支撑隔板碰撞的分析和实验研究[J]．核科学与工程．1982，2(2)：117-130.

[49] 宾一康，姜南燕，韩良弼．与支承间存在间隙的弹性直管碰撞力的分析[J]．振动与冲击．1986，19(3)：28-34.

[50] 丁传义，沈时芳，贾斗南．换热器传热管与支承板间碰撞力的分析和实验研究[J]．核科学与工程，1989(1)：6，34-44.

[51] 沈时芳，丁传义．换热器传热管与支承板碰撞力的数值模拟[J]．核动力工程，1990(2)：8-13.

[52] 张磊，宋汉文．单边碰撞悬臂梁系统的实验研究和数值模拟[J]．噪声与振动控制．2015，35(4)：25-42.

[53] Paslay P R, Bogy D B. The Stability of a Circular Rod Laterally Constrained to Be in Contact With an Inclined Circular Cylinder[J]. Journal of Applied Mechanics, 1964, 31(3): 605-610.

[54] Dawson R, Paslay P R. Drillpipe Buckling in Inclined Holes[J]. Journal of Petroleum Technology, 1984, 36(5): 1119-1125.

[55] Chen Y C; Lin Y H; Cheatham, J B. Tubing and Casing Buckling in Horizontal wells [J]. J. Pet. Tech., 1990, 42(1): 140-141.

[56] Wu J, Juvkam-wold H. C. Helical Buckling of Pipes in Extended Reach and Horizontal Wells-Part2: Frictional Drag Anaiysis [J]. Jour. of Energy Resources Tech., 1993, 115 (3): 190-195.

[57] Wu J, Juvkam-wold H C. Helical Buckling of Pipes in Extended Reach and Horizontal Wells-Part2: Frictional Drag Anaiysis [J]. Jour. of Energy Resources Tech., 1993, 115 (3): 196-201.

[58] He X, Kyllingstad A. Helical Buckling and Lock up Conditions for Coiled Tubing in Curved Wells [C]. SPE 25370, 1993.

[59] 陈敏. 深直井钻柱空转功率和屈曲的理论研究[D]. 北京: 中国地质大学(北京), 2005.

[60] 李文飞. 直井钻柱安全可靠性分析方法研究[D]. 东营: 中国石油大学(华东), 2008.

[61] 夏辉. 基于屈曲理论的定向井管柱安全性分析[D]. 西安: 西安石油大学, 2013.

[62] Russel W L, Wright T R. Casing Wear: Some Causes, Effects and Control Measures [J]. World Oil, 1974(4): 211-218.

[63] Bradley W B, Fontenot J E. The Prediction and Control of Casing Wear [J]. JPT, 1975 (2): 233-245.

[64] Williamson S J. Casing Wear: The Effect of Contact Pressure [J]. SPE 10236, 1981.

[65] Bruno B. Casing Wear Caused by Tool joint Hard facing [J]. SPE 11992, 1986: 62-70.

[66] White J P, Dawson R. Casing Wear: Laboratory Measurements and Field Predictions [J]. SPE 14325, 1987.

[67] 黄伟和. YKI 井技术套管磨损分析[J]. 石油钻探技术, 1997, 5(4): 17-22.

[68] 韩勇. 钻杆接头与套管摩擦磨损问题的理论与试验研究[D]. 南充: 西南石油学院, 2001: 33-68.

[69] 于会媛, 张来斌, 樊建春. 深井、超深井中套管磨损机理及试验研究发展综述[J]. 石油矿场机械, 2006, 35(4), 4-7.

[70] 董小钧, 杨作峰, 何文涛. 套管磨损研究进展[J]. 石油矿场机械, 2008, 37(4), 32-36.

[71] True M E, Weiner P D. Optimum Means of Protecting Casing and Drill pipe Tool joints A-

gainst Wear [J]. Pet. Tech, 1975(2): 246-252.

[72] Russell W H. Laboratory Casing Wear Test [C]. Energy sources Technology Conterence & Exhibition, 1993: 1-8.

[73] 林元华，付建红，施太和，等．套管磨损机理及其防磨措施研究[J]. 天然气工业，2004，24(7)：58-61.

[74] 张明友，窦益华．影响套管磨损的因素、磨损预测及剩余强度分析[J]. 中国西部科技：学术版，2007(9)：27-28.

[75] 党兴武．基于35CrMo/GCr15摩擦副的疲劳磨损机理研究[D]. 兰州：兰州理工大学，2017.

[76] 徐学利，王涛，余晗，等．低摩擦速度下CT80油管摩擦磨损性能[J]. 润滑与密封，2019，44(2)：66 - 71.

[77] 余磊，张来斌，樊建春．重晶石和铁矿粉对套管/钻杆摩擦副摩擦磨损性能的影响[J]. 摩擦学学报，2004，24(5)：462-466.

[78] 曹银萍，王小增，王新河，等．钻井液密度对高钢级套管磨损量的影响研究[J]. 石油机械，2013，41(8)：5-8.

[79] 梁尔国，李子丰，王金敏，等．油气井套管磨损规律试验研究[J]. 石油钻探技术，2015，43(1)：69-74.

[80] 刘飞，方春飞，夏成宇，等．页岩气井钻井过程中套管磨损的计算分析[J]. 中国科技论文，2016，11(15)：1699-1702.

[81] Bradley W B, Fontenot J E. The Prediction and Control of Casing Wear [J]. JPT, 1975 (2): 233-245.

[82] Hall R W, Garkasi J A, Deskins G. Recent Advances in Casing Technology [J]. SPE 27532, 1994.

[83] 谢小鹏．基于实验数据的磨损量计算方法[C]// 全国青年摩擦学学术会议．1995.

[84] 唐世忠，李娟，张晓峰，等．大位移井套管磨损量分析模型[J]. 钻采工艺，2008(6)：6，31-33，37.

[85] 窦益华，张福祥，王维君，等．井下套管磨损深度及剩余强度分析[J]. 石油钻采工艺，2007，29(4)：36-39.

[86] 窦益华，张福祥，王维君，等．井下套管磨损深度及剩余强度分析[J]. 石油钻采工艺，2007，29(4)：36-39.

[87] 余磊，张来斌．钻杆涡动引起的套管磨损解析分析[J]. 钻采工艺，2004，27(4)：66-69.

[88] 刘书杰，谢仁军，刘小龙．大位移井套管磨损预测模型研究及其应用[J]. 石油钻采工艺，2010(6)：18-22.

[89] 杨景文．定向井井下套管磨损分析及安全评价[D]. 西安：西安石油大学，2013.

[90] 谭树志．深井、超深井套管磨损预测及剩余强度分析[D]. 北京：中国石油大学(北

京)，2014.
[91] 李海洋．深井套管磨损预测及防磨减摩措施研究[D]．成都：西南石油大学(北京)，2014.
[92] 杨春旭，孙铭新，唐洪林．大位移井套管磨损预测及防磨技术研究[J]．石油机械，2016.
[93] 李昆成．大斜度井套管磨损预测研究[D]．成都：西南石油大学，2016.
[94] 练章华，于浩，刘永辉，等．大斜度井中套管磨损机理研究[J]．西南石油大学学报：自然科学版，2016(38)：182.
[95] 刘业文，胥豪，程丙方，等．中深层水平井套管磨损预测与分析技术[J]．石油机械，2019，47(1)：134-140.
[96] 高雷雷．直井杆管磨损寿命预测模型与软件开发[D]．秦皇岛：燕山大学，2014.
[97] 何欢．P110 油管与 BG140 套管的往复摩擦磨损研究及管柱完整性评价[D]．西安：西安石油大学，2015.
[98] 赵廷峰，赵春艳，何帆，等．抽油杆柱磨损分析与安全性评价[J]．石油机械，2017(8).
[99] 孙秀荣．基于抽油杆柱屈曲构型仿真的直井杆管偏磨理论研究[D]．秦皇岛：燕山大学，2018.
[100] 储胜利，张来斌，樊建春，等．基于钻杆检测的套管磨损监测技术研究与试验[J]．石油机械，2013(06)：29-32.
[101] 王国辉，张宝栋，李向荣，等．基于 BP 神经网络的身管磨损量监测系统设计[J]．兵器装备工程学报，2019.
[102] Song J. S. The Internal Pressure Capacity of Crescent Shaped Wear Casing [J]. SPE 23902, 1984.
[103] Kuriyama Y, Tsukano Y, Mimaki T. Effect of Wear and Bending on Casing Collapse Strength [J]. SPE 24597, 1992.
[104] Wu J, Zhang M. G. Casing Burst Strength after Casing Wear [J]. SPE 94304, 1992.
[105] Shen Z, Beck F. E. Intermediate Casing Collapse Induced by Casing Wear in High-Temperature and High-Pressure Wells [J]. SPE 155973, 2012.
[106] 仇伟德．套管的挤压分析[J]．石油学报，1995，16(2)：99-107.
[107] 覃成锦，徐秉业，高德利．套管磨损后剩余抗挤强度的数值分析[J]．石油钻采工艺，2000，22(1)：6-8.
[108] 高连新，杨勇，张风锐．套管内壁磨损对其抗挤毁性能影响的有限元分析[J]．石油矿场机械，2000，29(3)：39-41.
[109] 王小增，窦益华，杨久红．偏心磨损套管应力分布的双极坐标解答[J]．石油钻探技术，2006，34(2)：18-21.
[110] 廖华林，管志川．深井超深井内壁磨损套管剩余强度计算[J]．工程力学，2010，27(2)：250-256.

[111] 王同涛，闫相祯．深井、超深井套管磨损后剩余强度分析[J]．石油机械，2009，37(10)：30-33.

[112] 李乐．高压油气井套管磨损对抗内压强度的影响分析研究[D]．兰州：兰州理工大学，2012.

[113] 王长进．钻杆与套管摩擦磨损研究[D]．秦皇岛：燕山大学，2007.

[114] 冯进，李东海，张曼来．磨损套管抗内压强度试验与有限元分析[J]．石油机械，2012，40(8)：5-9.

[115] 谭树志．深井、超深井套管磨损预测及剩余强度分析[D]．北京：中国石油大学(北京)，2014.

[116] 冯国庆．船舶结构疲劳强度评估方法研究[D]．哈尔滨：哈尔滨工程大学，2006.

[117] Miner M A. Camulative Damage in Fatigue[J]. Journal of Applied Mechanics, ASME, 1945, 12(3): 159-164.

[118] Collins J A. Failure of Materials in Mechanical Design [C]. Analysis Prediction Prevention. New York: J Wiley, 1981. 629-633.

[119] 薛景川．工程结构的疲劳寿命估算方法和许用强度确定[M]．北京：清华大学出版社，1988.

[120] Dale B A. An Experimental in Vestigation of Fatigue Crack Growth in Drill String Tubulars [C]. Proceedings of Society Petroleum Engineers, 1986.

[121] Baryshnikow A. Calderion A., Ligrone A., et al. A New Approach to the Analysis of Drillstring Fatigue Behavior[J]. SPE 30524.

[122] 路永明，陈国明，薛世峰，等．钻柱疲劳强度的实验研究[J]．石油矿场机械，1996(6)：29-31.

[123] Howard J A et. al. Systematic Tracking of Fatigue and Crack Growth to Optimize Drillstring Reliability [C]. Proceeding of Society of Petroleum Engineers, 1993.

[124] Edmond I B, Jackie E S. The Goodman Diagram as an Analytical Tool to Optimize Fatigue Life of Rotary Shouldered Connections[C]. Proceedings of Society of Petroleum Engineers, 2003.

[125] Hossain MM, Ralunan MK, Rahman SS. Fatigue Life Evaluation: a Key to Avoid Drill Pipe Failure Due to Die Marks [C]. Proceedings of Society of Petroleum Engineers, 1998.

[126] 郑立春，姚卫星．疲劳裂纹形成寿命预测方法综述[J]．力学与实践，1996(4)：10-15.

[127] 林元华，邹波，张建兵，等．考虑钻柱运动状态的疲劳寿命预测研究[J]．天然气工业，2004(5)：10，76-79.

[128] 赵增新，高德利，张辉．钻柱正弦屈曲对裂纹疲劳寿命的影响[J]．石油钻采工艺，2008，30(1)：15-18.

[129] 杨冬平，高学仕．钻杆柱疲劳寿命的计算模型研究[J]．石油工业计算机应用，2006(3)：13-15.

[130] 邓涛，刘衍聪，杨冬平．钻柱疲劳寿命计算方法研究[J]．现代制造技术与装备，2006(06)：41-43，60.

[131] 艾池，盖伟涛，王黎明，等．钻柱在扭转、纵向振动下的疲劳寿命估算[J]．东北石油大学学报，2006，30(4)：9-11.

[132] 李文飞，管志川．深井钻柱疲劳强度计算与分析[J]．石油机械，2007，35(4).

[133] 李文飞，管志川，赵洪山．基于可靠性理论的钻柱疲劳寿命预测[J]．石油钻采工艺，2008(01)：18-20，24.

[134] 王涛．水平井下部钻柱疲劳寿命的预测方法[J]．江西建材，2014(11)：214-214.

[135] 杨建波，蒋平．空气钻井钻柱疲劳寿命预测研究[J]．西部探矿工程，2009，21(4)：61-66.

[136] 朱德武，于会娟，苟治平．空气钻井钻柱疲劳断裂计算分析[J]．石油矿场机械，2010(8)：64-68.

[137] 吴立新，陈平，祝效华，等．气体钻井钻柱疲劳失效周期分析[J]．石油钻探技术，2012(1)：46-50.

[138] 李金和，黄崇君，席仲君，等．气体钻井钻柱损伤疲劳寿命预测模型研究[J]．石油化工高等学校学报，2013(5)：69-72.

[139] 程彩霞，樊建春，胡治斌，等．全尺寸钻柱弯曲疲劳损伤试验研究[J]．石油机械，2017，45(5)：38-41，56.

[140] 胡治斌，樊建春，程彩霞，等．基于金属磁记忆的钻柱疲劳损伤早期监测方法[J]．石油机械，2017，45(3)：30-34.

[141] Belkacem L，Abdelbaki N，et al. Using a Supperficially Treated 2024 Aluminum Alloy Drill Pipe Todelay Failure During Dynamic Loading [J]. Engineering Failure Analysis，2019(104)：261-273.

[142] Avakov V A. Coiled Tubing Fatigue Life Evaluation[R]. Technical Report Otis Engineering Corp，1992.

[143] Avakov V A. Fatigue Strength Distributions [J]. International Journal of Fatigue (UK)，1993，15(2)：85-91.

[144] Avakov V A，Foster J C. Coiled Tubing Life Strain Reliability Function[C]. 2nd World Oil Coile Tubing Technol. Int. Conf，1994，(4)：9-18.

[145] Wu J. Coiled Tubing Working Life Prediction[C]. SPE 29461，1995：181-187.

[146] 王优强，张嗣伟．连续油管疲劳可靠性分析的新方法[J]．石油机械，2000，28(1)：5-8.

[147] 王优强，张嗣伟．连续油管疲劳寿命的预测及模糊优选[J]．石油矿场机械，2001，30：13-17.

[148] 王优强，韩翠花．连续油管模糊可靠性寿命的预测[J]．青岛建筑工程学院学报，2001，22(2)：42-46.

[149] Tipton S M, Newburn D A. Plasticity and Fatigue Damage Modeling of Severely Loade Tubing [C]. Advances in Fatigue Lifetime Predictive Techniques, 1990.

[150] 赵旭升．连续油管柱设计时需考虑的问题及疲劳预测探讨[J]．油气井测试，2007，16(5)：61-62.

[151] Pardon T. Effect of External Mechanical Damage on the Fatigue Life of Coiled Tubing Exposed to Sour Environments[C]. SPE-113149-MS, 2008.

[152] 蒋维奇，张智亮，都金荣．连续油管有限元分析及优化设计[J]．现代制造技术与装备，2009，(1)：25-26.

[153] 何春生，刘巨保，岳欠杯，等．基于椭圆度及壁厚参数的连续油管低周疲劳寿命预测[J]．石油钻采工艺，2013，35(6)：15-18.

[154] 程文．连续油管力学特性分析与疲劳寿命研究[D]．成都：西南石油大学，2016.

[155] 俞树荣，柴宝堆，凌晓，等．轴向裂纹对海洋立管疲劳寿命影响的数值分析[J]．兰州理工大学学报．2014，40(1)：59-63.

[156] Xu J, Wang D, Huang H, et al. A Vortex-Induced Vibration Model for the Fatigue Analysis of a Marine Drilling Riser [J]. Ships and Offshore Structures. 2017, 12: 280-287.

[157] 刘红兵，陈国明，刘康，等．深水测试管柱-隔水管耦合涡激疲劳分析[J]．中国石油大学学报(自然科学版)，2017，41(1)：138-143.

[158] 胡瑾秋，贺维维，郭家洁，等．基于断裂力学的海洋管道焊接接头疲劳寿命计算[J]．石油矿场机械．2018，47(2)：21-27.

[159] Geovana P D, Ilson P P, Bianca C P, et al. Pipelines, Risers and Umbilicals Failures: A Literature Review [J]. Ocean Engineering, 2018, 148: 412-425.

[160] 刘秀全，陈国明，畅元江．油气管柱共振弯曲疲劳实验平台研制[J]．实验室研究与探索，2018，37(1)：54-57.

[161] 杨向同，沈新普，王克林，等．完井作业油管柱失效的力学机理——以塔里木盆地某高温高压井为例[J]．天然气工业，2018，38(7)：86-92.

[162] 刘修善．实钻井眼轨迹的客观描述与计算[J]．石油学报，2007，28(5)：128-132，138.

[163] 杜春常．用三次样条模拟定向井井眼轨迹[J]．石油学报，1988，9(1)：112-120.

[164] 刘清友，何玉发．深井注入管柱力学行为及应用[M]．北京：科学出版社，2013.

[165] Gopal V. Gas z-factor equations developed for computer [J]. Oil and Gas Journal (Aug 8, 1977), 1977: 58-60.

[166] 黄涛．钻柱耦合振动的理论及试验研究[D]．北京：中国石油大学(北京)，2001.

[167] 陈康．钻柱屈曲特性模拟与分析[D]．成都：西南石油大学，2015.

[168] Wen S T, Huang P, Tian Y, et al. Principles of Tribology, 5th ed. [M]. Beijing: Tsinghua university press, 2018.

[169] SY/T 5724—2008 套管柱结构与强度设计[S].

[170] 徐秉业，刘信声．应用弹塑性力学[M]．北京：清华大学出版社，1995：183-229.
[171] 李彬．雨流计数法在结构疲劳损伤计算中的应用[J]．科技视界，2015(16)：190，244.
[172] Matsuishi M, Endo T. Fatigue of Metals Subjected to Varying Stress Presented to the Japan [J]. Society of Mechanical Engineers Fukuoka Japan, 1968.
[173] 李永利等．疲劳试验测试分析理论与实践[M]．北京：国防工业出版社，2011.